W0253748

Rechnerunterstütztes Projektieren und Konstruieren

H. G. Baumann · K.-H. Looschelders

# Rechnerunterstütztes Projektieren und Konstruieren

## Grundlagen und Regeln für die Bearbeitung komplexer technischer Systeme

Mit 103 Abbildungen, 42 Tafeln
und 26 Programmablaufplänen

1982
Springer-Verlag Berlin Heidelberg New York
Verlag Stahleisen m.b.H., Düsseldorf

Professor Dr.-Ing. HANS G. BAUMANN
Mannesmann Demag AG und Rheinisch-Westfälische Technische Hochschule Aachen

Dipl.-Ing. KARL-HEINZ LOOSCHELDERS
Mannesmann Demag AG

CIP-Kurztitelaufnahme der Deutschen Bibliothek

Baumann, Hans G.
Rechnerunterstütztes Projektieren und Konstruieren
Grundlagen und Regeln für die Bearbeitung
komplexer technischer Systeme H. G. Baumann; K.-H. Looschelders
Berlin, Heidelberg, New York: Springer, 1982

ISBN-13:978-3-642-81747-2 e-ISBN-13:978-3-642-81746-5
DOI: 10.1007/978-3-642-81746-5

NE: Looschelders, Karl-Heinz



2060/3020 – 5 4 3 2 1 0

# Geleitwort

Besonders in den Anlagen- und Maschinenbauunternehmen mit auftragsgebundener Einzelfertigung ist Projektieren und Konstruieren heute noch vielfach durch zufallsbedingtes und auf persönlicher Erfahrung beruhendes Vorgehen der Ingenieure gekennzeichnet. Das hat die Einführung der EDV-Technik mit ihren Rationalisierungsmöglichkeiten in die Projektierungs- und Konstruktionsbereiche dieser Unternehmen bisher behindert.
Gleichzeitig ist eine zunehmende Verschärfung der Wettbewerbssituationen bei kürzer werdenden Zeiten für die Projektierung und Auftragsabwicklung der Erzeugnisse zu verzeichnen. Auch der Umfang der vom Auftraggeber gestellten Bedingungen zur Lieferung technischer Systeme hat erheblich zugenommen.
Das zwingt die Unternehmen dazu,

- ihre Erzeugnisse schneller den sich ändernden Erfordernissen anzupassen,
- die Erzeugnisse in kürzeren Zeiträumen zu projektieren, zu konstruieren und zu fertigen sowie
- ihre Leistungen zu verbessern, Kräfte zu konzentrieren und Reaktionsfähigkeiten zu steigern.

Damit besteht ein Zwang zu besserer Nutzung und wirksamer Rationalisierung der Projektierungs- sowie Konstruktionsbereiche der Anlagen- und Maschinenbauunternehmen. Deshalb müssen heute neue Wege in Form systematischer Arbeitsabläufe beim Projektieren und Konstruieren beschritten werden.

Es ist ein Verdienst der Verfasser, daß sie mit dem vorliegenden Buch den Projekteuren und Konstrukteuren komplexer technischer Systeme eine geschlossene Darstellung des Aufbaues sowie des Ablaufes von Programmsystemen für das rechnerunterstützte Projektieren und Konstruieren geben. Einerseits sind die zu beachtenden Beziehungen zwischen den einzelnen Teilschritten der Programmsysteme und die funktionellen Zusammenhänge des jeweils zu bearbeitenden technischen Systems mit wissenschaftlicher Klarheit dargestellt. Andererseits wurden für den Praktiker die theoretisch ausführlich beschriebenen Sachverhalte durch Anwendungsbeispiele verdeutlicht.
Wir betrachten das vorliegende Buch als wertvolle Bereicherung der Kenntnisse auf dem Gebiete des Rechnereinsatzes, weil hiermit den Projektierungs- und Konstruktionsbereichen eine umfassende, praxisorientierte rechnerunterstützte Arbeitsweise verfügbar gemacht wurde. Dabei ist unter anderem die Flexibilität der Programmsysteme beim Einstieg in das rechnerunterstützte Arbeiten und die Anwendungsmöglichkeiten dieser Arbeitsweise auf unterschiedlichste technische Systeme bedeutsam.
Das rechnerunterstützte systematische Projektieren und Konstruieren kann zur

- Reproduzierbarkeit der Arbeitsabläufe,
- schnelleren Verfügbarkeit von Daten,
- Entlastung der Projekteure und Konstrukteure von Routinetätigkeiten,

- Bearbeitung von Aufgaben, die ohne EDV-Einsatz technisch und/oder wirtschaftlich nicht durchführbar sind,
- Vereinfachung der Erstellung alternativer technischer Lösungen,
- Verbesserung der Entscheidungsgrundlagen,
- Minderung der Fehlerhäufigkeit,
- Verbesserung der Erzeugnisse,
- günstigen Beeinflussung der vor- und/oder nachgeordneten Arbeitsabläufe sowie
- Minderung der Kosten beim Projektieren und Konstruieren

führen.

Duisburg und Aachen,
im Sommer 1981

Hans Günter Müller    Winfried Dahl

# Vorwort

Die in dem vorliegenden Buch beschriebenen Vorgehensweisen und Zusammenhänge zeigen, wie das neuzeitliche technische Hilfsmittel EDV-Anlage für das Projektieren und Konstruieren komplexer technischer Systeme sinnvoll einzusetzen ist. Dabei wird von den Grundstrukturen einer neuartigen, für den rechnerunterstützten Einsatz weiterentwickelten, Projektierungs- und Konstruktions-Systematik ausgegangen. Zu den Grundstrukturen zählen insbesondere

- die stufenweise Bearbeitung nach Komplexitätsebenen und
- das gleichartige schrittweise Vorgehen innerhalb jeder dieser Ebenen.

Ausgehend von diesen wesentlichen Grundlagen wird das rechnerunterstützte systematische Projektieren und Konstruieren hier vorgestellt. Dann wird der allgemeingültige Aufbau und Ablauf eines Programmsystems beschrieben und am Beispiel eines Anwendungsprogrammes für das Projektieren von Feuerverzinkungslinien verdeutlicht. Daneben wird dargelegt, wie vorzugehen ist und welche Zusammenhänge zu berücksichtigen sind, damit das Projektieren und Konstruieren komplexer technischer Systeme einer umfassenden und wirtschaftlichen rechnerunterstützten Bearbeitung zugänglich gemacht werden kann.

Die beschriebene rechnerunterstützte Arbeitsweise ist unter anderem dadurch gekennzeichnet, daß

- ein zu projektierendes oder zu konstruierendes Erzeugnis vom Gesamten zum Einzelnen in Ebenen schrittweise bearbeitet wird,
- das Programmsystem den Projekteur oder Konstrukteur folgerichtig von Entscheidung zu Entscheidung leitet und aufgrund dieser Entscheidungen Berechnungen durchführt,
- der gesamte technische Projektierungs- oder Konstruktionsprozeß, ausgehend von den kundenseitig gestellten Anforderungen an die technischen Systeme über die Auslegungsberechnung bis hin zu den zu erstellenden Zeichnungen, rechnerunterstützt ablaufen kann sowie
- ein Rückgriffsystem in den Ablauf integriert ist, welches den gezielten Zugriff auf vorhandene, wiederverwendungsfähige Projektierungs- und Konstruktionsunterlagen erlaubt.

Dabei sollte die EDV möglichst schrittweise unter Zugrundelegung eines Gesamtkonzeptes in den Projektierungs- und Konstruktionsablauf einbezogen werden. Damit ist eine möglichst frühzeitige wirtschaftliche Nutzung der EDV zu erzielen.
Wegen der Artgleichheit der Tätigkeiten beim Projektieren und Konstruieren war es bezogen auf eine Erzeugnisgruppe, beispielsweise Feuerverzinkungslinien für Stahlband, möglich, ein Programmsystem für das rechnerunterstützte Projektieren sowie Konstruieren dieser Erzeugnisse zu erstellen. Hiermit können Vorausberechnungen dieser technischen Systeme schrittweise als Gesamtberechnungen durchgeführt werden. Beim Einsatz eines solchen Programmsystems unterscheidet sich das Projektieren vom Konstruieren im wesentlichen dadurch, daß auf den oberen Komplexitätsebenen projektiert und nach Erhalt eines Auftrages auf den unteren Ebenen

konstruiert wird. Mit Hilfe eines Programmsystems der beschriebenen Art wird es möglich, bereits beim Projektieren hohe Konkretisierungsgrade, welche sich auf den tatsächlichen Konstruktionsmöglichkeiten des Bieters/Herstellers abstützen, in verhältnismäßig kurzer Zeit zu erreichen. Solche abgesicherten Konkretisierungsgrade waren bislang bei der Bearbeitung komplexer technischer Systeme mit auftragsgebundener Einzelfertigung nur im Rahmen des Konstruierens nach Auftragseingang zu erhalten. Mit solchen Programmsystemen können also die technischen und kostenmäßigen Wagnisse beim Projektieren und Auftragsabwickeln erheblich gemindert werden.

Dieses Buch soll Projekteuren, Konstrukteuren, Berechnungsingenieuren sowie Systemtechnikern, die sich mit der Berechnung und Verwirklichung komplexer Erzeugnisse der Anlagen-, Maschinen-, Geräte- und Apparatebauunternehmen befassen, eine Hilfe zur Beurteilung und Durchführung rechnerunterstützter Arbeitsweisen sein. Daneben sollte das Buch Lehrern, Lernenden sowie Praktikern bei ihrer beruflichen Ausbildung und Weiterbildung auf den Gebieten des Projektierens sowie Konstruierens dienen.

Herrn Professor Dr.-Ing. Hans Günter Müller, Vorsitzender des Vorstandes der Mannesmann Demag Aktiengesellschaft sind wir besonders für seine ständige Unterstützung unserer wissenschaftlichen Tätigkeiten sowie für wertvolle Anregungen zu großem Dank verpflichtet. Daneben gilt unser Dank den Herren Dr.-Ing. Klaus Brückner und Dipl.-Ing. Franz Sieverding, Mitglieder des Vorstandes der Mannesmann Demag AG, für ihre Unterstützung unserer wissenschaftlichen Arbeiten.

Grundlage für das vorliegende Buch war die Dr.-Ing.-Dissertation K.-H. Looschelders. Den Herren Professor Dr. rer. nat. Winfried Dahl, Professor Dr.-Ing. Walter Eversheim sowie seinen Mitarbeitern und Professor Dr.-Ing. Reiner Kopp, Rheinisch-Westfälische Technische Hochschule Aachen, sowie Ing. (grad.) Horst von Wyl, Duisburg, danken wir für viele Hinweise und Anregungen bei Fachgesprächen über rechnerunterstützte Arbeitsweisen.

Dem Verlag Stahleisen m.b.H., Düsseldorf, und dem Springer-Verlag, Berlin, Heidelberg, New York, sei für die gute Zusammenarbeit gedankt.

Duisburg und Kempen,
im Sommer 1981

Hans G. Baumann Karl-Heinz Looschelders

# Inhalt

# 1. Einleitung

Technische Systeme sind Erzeugnisse der Anlagen-, Maschinen-, Geräte- und Apparatebauunternehmen. Als Beispiele für komplexe technische Systeme aus dem Bereich Hüttentechnik können Elektrostahlwerke, Kaltbreitbandwalzwerke, Stranggießbetriebe, Tandemstraßen, Verzinkungslinien, Glühlinien, Schmiedebetriebe, Elektrolichtbogen-Ofenanlagen, Entstaubungsanlagen, Freiformschmiede-Anlagen, Rohrschweißanlagen, Wickelaggregate und S-Rolleneinheiten genannt werden. Solche Hüttenwerksysteme werden im allgemeinen in auftragsgebundener Einzelfertigung hergestellt und können zu den im wesentlichen stoffdurchsetzenden technischen Systemen gezählt werden. Sie sollten wie alle anderen technischen Systeme möglichst hohe technische und wirtschaftliche Wertigkeiten haben.

Projektieren und Konstruieren sind Ingenieurtätigkeiten, welche der Lösung einer Aufgabe zur Verwirklichung eines technischen Systems dienen. Beide Tätigkeiten sind Teilvorgänge des Erzeugnisentstehungsprozesses. Der Erzeugnisentstehungsprozeß beginnt, wenn hier von der Entwicklung neuartiger Erzeugnisse abgesehen wird, beim Hersteller komplexer technischer Systeme im allgemeinen mit der Bearbeitung einer Kundenanfrage. Dieser Prozeß endet, unter Voraussetzung des Auftragerhaltes, nach Inbetriebnahme des technischen Systems mit der Übernahme des Erzeugnisses durch den Kunden.

Der Erzeugnisentstehungsprozeß kann unterteilt werden in die Phasen

1. Projektierung,
2. Konstruktion,
3. Fertigung,
4. Zusammenbau,
5. Versand,
6. Montage und
7. Inbetriebnahme.

Die Phasen 2. bis 7. (Konstruktion bis Inbetriebnahme) werden oft in dem Begriff "Auftragsabwicklung" / 1 / zusammengefaßt. Im folgenden wird im wesentlichen über die Phasen Projektierung und Konstruktion berichtet.
Bei einer ereignisorientierten Betrachtungsweise ist unter Projektierung die Summe der Tätigkeiten zu verstehen, die von den Anlagen-, Maschinen-, Geräte- und Apparatebau-Unternehmen beginnend mit dem Erhalt einer zu bearbeitenden Kundenanfrage bis zum Erhalt eines Kundenauftrages zur Lieferung eines Erzeugnisses durchgeführt werden. Entsprechend einer solchen Betrachtungsweise ist Auftragsabwicklung die Summe der Tätigkeiten, die bei den Anlagen-, Maschinen-, Geräte- und Apparatebau-Unternehmen im allgemeinen vom Erhalt eines Kundenauftrages bis zur Übergabe des Erzeugnisses in den Verantwortungsbereich des Kunden anfallen. Dabei werden nach Erhalt eines Auftrages zunächst Konstruktionstätigkeiten ausgeführt. Das Konstruieren ist beendet, wenn die zur Erstellung des Erzeugnisses notwendigen Unterlagen angefertigt sind.

Obwohl das Projektieren die Erstellung der Angebote und das Konstruieren die Anfertigung der Erstellungsunterlagen zum Ziele hat, sind aus tätigkeitsorientierter Sicht Projektieren, auch Angebotskonstruktion genannt / 2 /, und Konstruieren nahe miteinander verwandt. Bei diesen beiden Phasen handelt es sich im weitesten Sinne um ein auf Wissen sowie Erfahrung der Ingenieure beruhendes Vorausdenken technischer Systeme. Die Tiefe des Vorausdenkens und damit der Konkretisierungsgrad der technischen Lösung ist aber beim Projektieren und Konstruieren unterschiedlich. Unter Konkretisierungsgrad soll hier die Anzahl sowie Dichte der Informationen über das technische System verstanden sein. Dieser Konkretisierungsgrad ist beim Konstruieren größer als beim Projektieren. Dementsprechend ist auch der vom Hersteller technischer Systeme zu erbringende Aufwand beim Konstruieren größer als beim Projektieren. Dabei ist zu berücksichtigen, daß nicht jedes Projekt zu einem Auftrag führt. Je nach Unternehmen und/oder Erzeugnis liegen die Umwandlungsraten, das ist das Verhältnis der Anzahl Aufträge zur Anzahl Projekte, zwischen etwa 5 % und 40 %.

Beim Projektieren eines komplexen technischen Systems mit auftragsgebundener Einzelfertigung ist zwischen der Anfertigung der Angebotsunterlagen für ein

- Kontaktangebot,
- Richtangebot und
- Festangebot

zu unterscheiden / 3 /. Kontakt- sowie Richtangebote werden manchmal in der Praxis auch als "Schätzangebote" (unverbindliche Angebote) und Festangebote als "verbindliche Angebote" bezeichnet. Festangebote können Festpreise und/oder Gleitpreise beinhalten. Die Angebotsarten, Kontakt-, Richt- und Festangebot, unterscheiden sich im wesentlichen durch die Anzahl, Dichte und Genauigkeit der in ihnen enthaltenen Informationen. Diese steigen vom Kontaktangebot, über das Richtangebot, zum Festangebot hin. In gleicher Reihenfolge nimmt auch der Aufwand zur Erstellung eines Angebotes und der Umfang des Angebotes zu. Aufgrund der erheblichen Unterschiede in den Projektierungsaufwänden, Angebotsumfängen und damit verbundenen Kosten bei den drei Angebotsarten sollte vor der Bearbeitung einer Anfrage stets sorgfältig geprüft werden, welche Angebotsart für den jeweiligen Bedarfsfall zu wählen ist. Voraussetzung für das Planen stoffdurchsetzender komplexer technischer Systeme, die ein Produkt erzeugen, ist im allgemeinen der Produktbedarf der Märkte. Dieser Produktbedarf wird von den Interessenten oder Kunden, im folgenden kurz Kunden genannt, die am Erwerb technischer Systeme interessiert sind, in Form einer Marktanalyse ermittelt. Unter Zugrundelegung dieser Marktanalyse wird die Beschaffung der zur Herstellung der Produkte notwendigen technischen Systeme vom Kunden in Form einer Studie geplant, **Bild 1.** Diese Planungsstudie ist die Grundlage zur Formulierung einer Anfrage für die Bieter oder Hersteller (Lieferanten technischer Systeme), im folgenden kurz Hersteller genannt. Der Hersteller komplexer technischer Systeme mit auftragsgebundener Einzelfertigung erstellt nach Erhalt der Anfrage und nach mehr oder weniger vielen Rücksprachen mit dem Kunden im Rahmen des Projektierens zunächst ein Kontaktangebot, in dem unter anderem erste Preisvorstellungen des Herstellers dokumentiert sind. Dieses Angebot führt beim Kunden meist zu einer Investitionsstudie. Aufgrund unterschiedlicher Kontaktangebote von mehreren Herstellern und der daraus erstellten

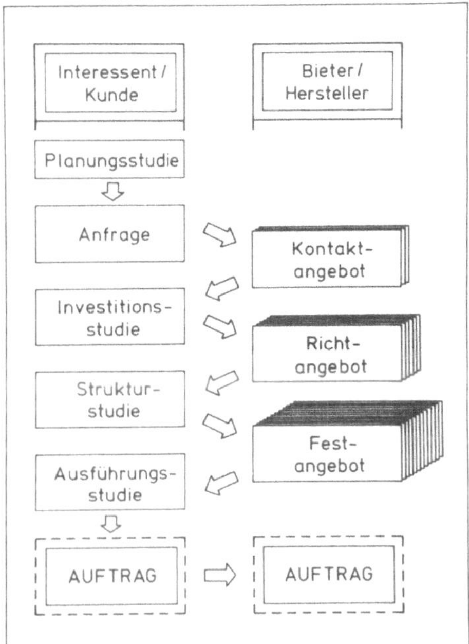


**Bild 1:** Darstellung zur Verdeutlichung von Planung und Projektierung komplexer technischer Systeme mit auftragsgebundener Einzelfertigung sowie der Wechselbeziehungen zwischen Kunde und Hersteller.

Investitionsstudie kann der Kunde eine erste Auswahl von Herstellern treffen. Die Investitionsstudie sowie weitere Kontakte zwischen dem Kunden und den zunächst ausgewählten Herstellern sind Voraussetzungen zur Ausarbeitung der Richtangebote mit, im Gegensatz zu den Kontaktangeboten, spezifizierteren Angaben sowie Preisen. Mit den Richtangeboten werden die Strukturen der technischen Systeme und der Auftragsabwicklung deutlicher. Diese Angebote führen zu einer Strukturstudie des Kunden, und er kann eine zweite Auswahl von Herstellern treffen. Danach erstellen die ausgewählten Hersteller, im Rahmen ihrer weiteren Projektierung, Festangebote, deren Umfänge größer als diejenigen der Richtangebote und viel größer als die der Kontaktangebote sind. Mit den Festangeboten kann der Kunde eine Ausführungsstudie anfertigen und, nach einer letzten Bewertung der einzelnen Hersteller, den endgültigen Hersteller bestimmen. Festangebot des endgültigen Herstellers und Ausführungsstudie sind Grundlagen für die Formulierung des Kundenauftrages an den Hersteller.
Im Rahmen des Konstruierens haben Anzahl, Dichte und Genauigkeit der Informationen stets den Zustand zu erreichen, der für die Erstellung des Erzeugnisses notwendig ist.

Beim Konstruieren wird von den während der Projektierung festgelegten und vom Kunden im Auftrag niedergelegten Sachbeständen und Sachverhalten ausgegangen. Wesentliche Tätigkeiten beim Projektieren und Konstruieren sind artgleich. Deshalb konnte eine Projektierungs- und Konstruktions-Systematik / 4 bis 7 / entwickelt werden, die sowohl beim Projektieren als auch beim Konstruieren einsetzbar ist. Diese Systematik, deren wesentliche Grundlagen und Voraussetzungen im folgenden unter 3. zusammenfassend beschrieben werden, ist die Grundlage für das rechnerunterstützte systematische Projektieren und Konstruieren.

Komplexe technische Systeme wurden und werden besonders infolge der steigenden Forderungen hinsichtlich Durchsatzmengen sowie Güten der Stoffe und der fortschreitenden Automatisierung immer komplizierter. Damit ist auch die steigende Zahl ihrer Teilsysteme zu erklären. Aufgrund dieser Kompliziertheit haben die beim Projektieren und Konstruieren solcher Systeme zu berücksichtigenden Daten sowie funktionellen Zusammenhänge einen Umfang angenommen, der von den Ingenieuren mit klassischer Arbeitsweise meist nicht mehr zu erfassen und zu bewältigen ist. Das gilt in besonderem Maße für Ingenieure der Unternehmensbereiche, in denen viele unterschiedliche, komplexe technische Systeme bearbeitet werden.
Gleichzeitig werden für das Projektieren und Konstruieren immer kürzere Zeiten gefordert. Daneben steigt mit größer werdender Komplexität eines Systems im allgemeinen die beim Projektieren und Konstruieren zu berücksichtigende Anzahl von Daten, funktionellen Zusammenhängen und Teilsystemen. Die notwendige Erfassung und Bearbeitung großer Datenmengen und vieler funktioneller Zusammenhänge sowie daraus herrührender Teilsysteme ist nur durch eine schrittweise Bearbeitung aufgrund einer sinnvollen Einteilung möglich. Dabei muß eine solche Einteilung gewählt werden, daß der Datenumfang und die Menge der funktionellen Zusammenhänge überschaubar ist sowie mit jedem Arbeitsschritt eine Teillösung erreicht wird. Mit jeder Teillösung und weiteren Daten muß es möglich werden, weitere Teillösungen zu erarbeiten, so daß bei Beendigung des Projektierungs- oder Konstruktionsgeschehens die Gesamtlösung erreicht ist.
Eine solche Vorgehensweise ermöglicht auch ihre Verarbeitung auf elektronischen Datenverarbeitungsanlagen (EDV-Anlagen). Das führt unter anderem zu

- einem schnelleren Projektierungs- und Konstruktionsablauf,
- einer besseren Reproduzierbarkeit des Projektierungs- und Konstruktionsgeschehens,
- einer vollständigen Erfaßbarkeit aller funktionellen Zusammenhänge sowie
- einer kurzfristigen Erarbeitbarkeit von Lösungsalternativen.

Der Tätigkeitsanteil für das Berechnen beim Projektieren und Konstruieren komplexer technischer Systeme, die beispielsweise von den Hüttenanlagenbau-Unternehmen hergestellt werden, ist heute noch im allgemeinen verhältnismäßig klein. Dieser kleine Anteil ist darauf zurückzuführen, daß meist durch fehlende Unterlagen sowie Übersicht und aus Zeitmangel die zu berechnenden Größen oft geschätzt oder von ähnlichen Systemen übernommen werden. Das kann beispielsweise zu über- oder unterdimensionierten technischen Systemen führen sowie den Tätigkeitsanteil für Änderungen zur Beseitigung von Fehlern erhöhen.
Daneben werden wissenschaftliche Erkenntnisse immer schneller in die Praxis umgesetzt und die Lebensdauer der technischen Systeme ist kürzer geworden. Gleichzeitig ist eine zunehmende Verschärfung der Wettbewerbssituationen aufgrund des Wandels sowie der Verflechtung der Absatzmärkte und schwindender Bedeutung der Marktgrenzen zu verzeichnen. Auch der Umfang der vom Auftraggeber gestellten Bedingungen zur Lieferung technischer Systeme hat erheblich zugenommen und die Personal- sowie Sachkosten steigen.

Vor 1970 waren die Märkte der Hüttenwerks-Anlagenbauunternehmen vorzugsweise klassische

Industrieländer, beispielsweise Deutschland, Großbritannien, Vereinigte Staaten von Amerika und Japan. Die Hüttenwerksunternehmen dieser Staaten haben im allgemeinen mehr oder weniger große Planungs- und Ingenieurabteilungen, welche für die Durchführung von Neubau, Erweiterung sowie Umbau technischer Systeme zuständig sind. Deshalb waren damals und sind in manchen Fällen heute noch die Leistungen der Hüttenwerks-Anlagenbauunternehmen auf die Lieferung einzelner komplexer technischer Systeme, beispielsweise Schmelzbetriebe, Gießbetriebe, Walzstraßen, Bandbehandlungslinien oder Rohrstraßen, in klassische Industriestaaten begrenzt. Diese Systeme wurden in Zusammenarbeit mit den Planungs- sowie Ingenieurabteilungen der Hüttenwerksunternehmen klassischer Industriestaaten, zum Teil nach deren Vorstellungen und Vorarbeiten, projektiert.
Nach 1970 führte in jungen Industriestaaten, beispielsweise China, Indien, Persien, Algerien, Portugal, Venezuela, Mexiko und Brasilien,

- die Verfügbarkeit von Energie- sowie Rohstoffreserven,
- der zur Bildung von Infrastrukturen zunehmende Stahlverbrauch,
- das Bemühen, statt Eisenerze oder Energieträger, in zunehmendem Maße Stahlhalbzeuge oder Walzstahl-Fertigprodukte zu exportieren,
- das Bestreben nach Unabhängigkeit von Stahlimporten und
- die Vorrangigkeit des Aufbaues von Grundstoffindustrien

zur Errichtung neuer Hüttenwerke. Diese Gegebenheiten wurden unter anderem durch die zunehmenden Umweltbelastungen und überdurchschnittlichen Kostensteigerungen in klassischen Industriestaaten für Rohstoffe, Energien sowie Arbeitskräfte begünstigt. Den Unternehmen der jungen Industriestaaten fehlten und fehlen zum Teil heute noch die Erfahrungen zur Verwirklichung ihrer Neubauvorhaben sowie die dazu notwendigen Planungs- und Ingenieurabteilungen. Deshalb mußten und müssen die Hüttenwerks-Anlagenbauunternehmen im Gegensatz zu früher wesentlich erweiterte Aufgaben- sowie Leistungsumfänge übernehmen und bewältigen. Ein solcher Aufgaben- und Leistungsumfang erstreckt sich oft auf die Projektierung, Konstruktion, Lieferung sowie Erstellung schlüsselfertiger Werke mit Transport-, Versorgungs- und Entsorgungssystemen sowie Hallen, Gebäuden und Fundamenten einschließlich verantwortlicher Inbetriebnahme. Zu diesen Leistungen gehört manchmal auch die Ausbildung des Betriebspersonals und das Betreiben der technischen Systeme während eines vereinbarten Zeitraumes. Das Verlangen nach schlüsselfertigen komplexen technischen Systemen mit Standorten in jungen Industrieländern nimmt zu. Damit steigen die Forderungen an die Leistungsfähigkeit der Anlagenbauindustrien weiter.

Aufgrund der vorbeschriebenen Gegebenheiten besteht ein Zwang zu besserer Nutzung und wirksamerer Rationalisierung der Produktionsbereiche in den Maschinenbauunternehmen, die im wesentlichen aus den Projektierungs-, Konstruktions- und Fertigungsbereichen bestehen. In den Fertigungsbereichen wurde ein verhältnismäßig hoher Entwicklungsstand bei gleichzeitiger Rationalisierung und Leistungssteigerung erreicht. Dieser Entwicklungsstand ist beispielsweise durch den Einsatz automatisierter Systeme (NC-Maschinen, Bearbeitungszentren und Transferstraßen) sowie durch ein schrittweises Vorgehen bei der Herstellung technischer Systeme - Fertigung planen, Fertigung vorbereiten und fertigen - gekennzeichnet. Ein solches schrittweises Vorgehen ist auch in den Projektierungs- sowie Konstruktionsbereichen zweckmäßig. Die Rationalisierungsmöglichkeiten sind in einigen Fertigungsbereichen heute weitgehend ausgeschöpft. In den Projektierungs- sowie Konstruktionsbereichen sind bis heute keine mit den Fertigungsbereichen vergleichbaren Rationalisierungserfolge und Leistungssteigerungen erzielt worden. Deshalb sind diese Bereiche zu wesentlichen Engpässen der Unternehmen geworden. Diese Engpässe können durch systematisches, methodisches Vorgehen bei gleichzeitigem Einsatz neuzeitlicher organisatorischer sowie technischer Hilfsmittel beseitigt werden.

Ein technisches Hilfsmittel für das Projektieren und Konstruieren ist eine EDV-Anlage. Voraussetzung für den sinnvollen Einsatz von EDV-Anlagen ist im wesentlichen eine eindeutige Beschreibbarkeit der Projektierungs- sowie Konstruktionstätigkeiten und die Gewähr für den möglichst häufigen Einsatz der Rechenprogramme über einen längeren Zeitraum. Dann sind die manchmal verhältnismäßig hohen Programmerstellungs- und Rechnerkosten gerechtfertigt. Die Kosten für EDV-Anlagen sind in den Jahren nach 1968 erheblich gesunken, **Bild 2.** Demgegenüber sind die Projekteur- sowie Konstrukteurkosten unaufhaltsam gestiegen, **Bild 3.**

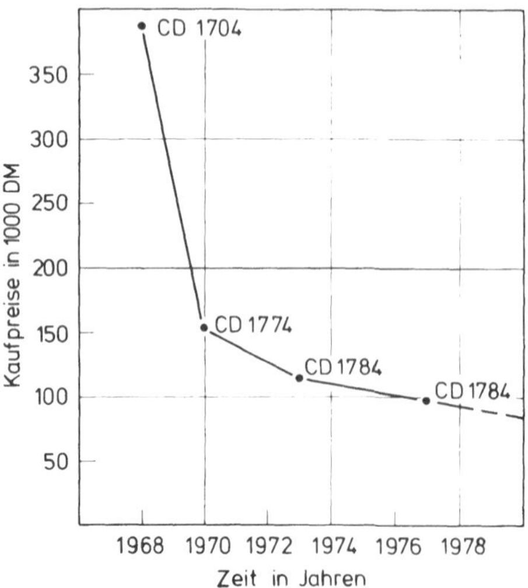


**Bild 2:** Zeitlicher Verlauf der Rechnerkosten am Beispiel der Kaufpreise einer Rechnerzentraleinheit mit 32 K Worten zu 16 Bits. (Quelle: Control Data GmbH, Düsseldorf).

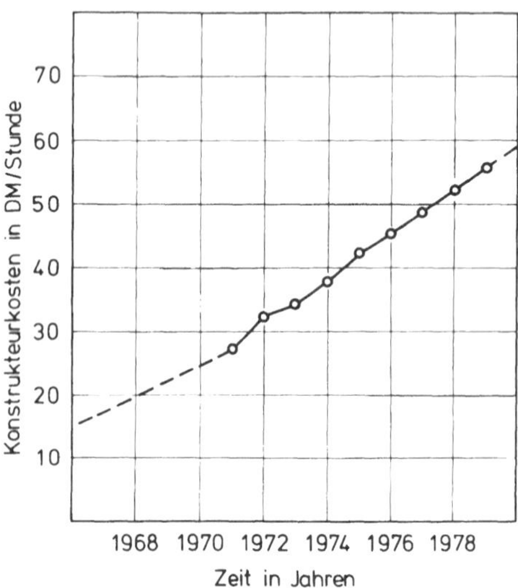


**Bild 3:** Zeitlicher Verlauf der Konstrukteur-Kosten.

Im folgenden wird zunächst über technische Systeme, deren Einteilung sowie Entstehung und über Feuerverzinkungslinien als Beispiel komplexer technischer Systeme berichtet. Anschließend wird eine praxisorientierte Systematik für das Projektieren und Konstruieren komplexer technischer Systeme beschrieben. Diese Systematik ist durch ein planmäßiges sowie schrittweises Vorgehen nach Regeln gekennzeichnet. Ihre Hauptschritte sind

- Klärung der Aufgabe,
- Festlegung der logischen Wirkzusammenhänge,
- Festlegung der physikalischen Wirkzusammenhänge,
- Festlegung der konstruktiven Wirkzusammenhänge
  und
- Anfertigung der Angebotsunterlagen beim Projektieren sowie
  Anfertigung der Erstellungsunterlagen beim Konstruieren.

Danach werden EDV-Anlagen unter besonderer Berücksichtigung der graphischen Datenverarbeitung als technische Hilfsmittel für die Projektierung und Konstruktion vorgestellt. Dann folgt die Beschreibung einer für komplexe technische Systeme entwickelten allgemeingültigen Vorgehensweise zum rechnerunterstützten Projektieren und Konstruieren. Diese Vorgehensweise ist unter anderem dadurch gekennzeichnet, daß

- ein zu projektierendes oder zu konstruierendes Erzeugnis vom Gesamten zum Einzelnen in Ebenen schrittweise bearbeitet wird sowie
- das Programmsystem den Benutzer folgerichtig von Entscheidung zu Entscheidung leitet und aufgrund dieser Entscheidungen Berechnungen durchführt.

Damit wird durch sinnvolle Verbindung der Fähigkeiten des Menschen mit den Möglichkeiten der EDV-Technik das Projektierungs- und Konstruktionsgeschehen entscheidend verbessert. Die Beschreibung und Darstellung der rechnerunterstützten Arbeitsweise wird mit Hilfe eines Programmsystems zum Projektieren der Feuerverzinkungslinien für Stahlband verdeutlicht.

# 2. Technische Systeme

Unter einem System wird im allgemeinen ein in sich geschlossenes, geordnetes und gliederbares Ganzes verstanden. Das ist eine Gesamtheit von Bestandteilen, welche voneinander abhängig sind, ineinandergreifen und/oder zusammenwirken.
Im Sinne der Systemtechnik ist ein System insbesondere durch zwei Merkmale gekennzeichnet / 8 bis 12 /:

1. Es besteht aus wenigstens zwei Elementen.
2. Unter den Elementen eines Systems, zwischen dem System und seiner Umgebung und/oder zwischen dem System und seinen Elementen bestehen Beziehungen, die bestimmten Gesetzmäßigkeiten unterliegen.

Beide Merkmale treffen auf nahezu alle Objekte, das sind im weitesten Sinne Sachen und Handlungen, zu.
Wenn ein Objekt die genannten Merkmale besitzt, braucht es deshalb noch nicht als System angesprochen zu werden. Es bedarf stets der Entscheidung des Betrachters, ein Objekt als System oder auf andere Weise zu behandeln. Maßgeblich für die Entscheidung, ein Objekt als System zu betrachten, ist der Nutzen, der sich bei der Lösung einer bestimmten Aufgabe ergibt.
Zur näheren Kennzeichnung der Systeme können beispielsweise

- reale oder ideelle,
- statische oder dynamische,
- künstliche oder natürliche,
- offene oder geschlossene,
- determinierte oder probabilistische

Systeme unterschieden werden. Real werden Systeme genannt, die in der Wirklichkeit gegenständlich bestehen. Ideelle Systeme bestehen nur in Form von Begriffen, Vorstellungen und Zeichen. Statische Systeme sind dadurch gekennzeichnet, daß ihre Elemente und Beziehungen unveränderlich sind. Dynamische Systeme sind durch zeitabhängige Änderungen ihrer Systemeigenschaften gekennzeichnet. Künstlich werden Systeme im allgemeinen dann genannt, wenn sie von Menschen geschaffen sind. Folglich sind natürliche Systeme solche, die nicht vom Menschen erstellt wurden. Offene Systeme stehen in Beziehung zu ihrer Umgebung. In geschlossenen Systemen bestehen nur Beziehungen innerhalb des Systems. Determinierte Systeme verhalten sich vollständig vorhersagbar. Bei probabilistischen Systemen ist das Systemverhalten zufallsbedingt und bestenfalls mit statistischen Methoden voraussehbar.

Unter Zugrundelegung dieser kennzeichnenden Merkmale sind technische Systeme weitgehend reale, dynamische, künstliche, offene sowie determinierte Systeme, die, wie folgt, von anderen Systemen abgegrenzt werden können. Technische Systeme sind gegenständlich bestehende, von Menschen, aufgrund gesellschaftlicher Bedürfnisse, bewußt geschaffene Gebilde, deren Funktionen auf dem Zusammenwirken physikalischer Geschehnisse beruhen.
In und mit technischen Systemen finden im allgemeinen Flüsse sowie Umsätze von durch-

zusetzenden Stoffen, Energien und/oder Signalen statt. Deshalb sind Stoffe, Energien und Signale wesentliche Aus- sowie Eingangsdaten technischer Systeme. Unter den Flüssen sind hier Bewegungen durchzusetzender Stoffe, Energien sowie Signale und unter den Umsätzen sind Änderungen ihrer Eigenschaften oder Zustände, im weiteren Sinne Umwandlungen, zu verstehen. Flüsse sind ohne Umsätze möglich. Umsätze sind oft mit Flüssen verbunden. In technischen Systemen sind, gemäß ihrer Aufgabe, Flüsse sowie Umsätze entweder von Stoffen, Energien oder Signalen vorherrschend. Aus diesem Grunde wird der jeweils vorherrschende Fluß sowie Umsatz als Hauptfluß sowie -umsatz bezeichnet. Es gibt keine Flüsse und Umsätze von Stoffen oder Signalen ohne begleitende Energieflüsse und -umsätze. Durchsätze sind Mengen von Stoffen, Energien oder Signalen, welche je Zeiteinheit die technischen Systeme während ihrer Nutzung durchlaufen.

## 2.1. Einteilung technischer Systeme

Technische Systeme sind zerlegbar. Die Bestandteile eines Systems können selbst wieder Systeme sein. Solche untergeordneten Systeme werden im Hinblick auf das übergeordnete System "Teilsysteme" genannt. Demzufolge heißt das ursprüngliche System "Gesamtsystem". Wenn ein Gesamtsystem in Teilsysteme unterteilt und diese Teilsysteme wieder in deren Teilsysteme aufgeteilt werden und so weiter, dann ist eine hierarchische Ordnung erkennbar, in der Ebenen deutlich werden. Zum Zwecke der Vergleichbarkeit technischer Systeme hinsichtlich ihrer Stellung in einer solchen hierarchischen Ordnung ist es erforderlich, eine Ebene als Bezugsebene festzulegen. Das ist die Ebene, deren Systembestandteile vereinbarungsgemäß nicht weiter unterteilt werden. Diese kleinsten Bestandteile eines technischen Systems werden Teile genannt. Teile sind nur durch einen zerstörenden Trennvorgang zu zerlegen. Mehrere Teile können, sofern sie zur Erfüllung einer Aufgabe sinnvoll zueinander angeordnet sind, eine Teilegruppe bilden. Teile einer solchen Gruppe sind lösbar miteinander verbunden. Die Teilegruppe ist eine meist nicht selbständig funktionierende Einheit. Teilegruppen können eine Maschine, ein Gerät oder einen Apparat bilden. Dabei sind technische Systeme mit vorherrschenden Umsätzen von durchzusetzenden Stoffen "Apparate", solche mit vorherrschenden Energieumsätzen "Maschinen" und diejenigen mit vorherrschendem Signalumsatz "Geräte". Das sind Einheiten, die Funktionen selbständig ausüben. Wenigstens zwei Maschinen, Geräte und/oder Apparate können in einer Gruppe zusammengefaßt sein. Mehrere Maschinen-, Geräte-, und/oder Apparategruppen können eine Anlage bilden. Demnach können auch mehrere Anlagen eine Anlagengruppe und mindestens zwei Anlagengruppen ein Werk sein. Mehrere Werke bilden eine Werkegruppe. Dabei ist jedes nachgeordnete technische System ein Teilsystem des jeweils vorgeordneten. Teile und technische Systeme sind Erzeugnisse der Anlagen-, Maschinen-, Geräte- und Apparatebauindustrien. Maschinen, Geräte und Apparate sowie Maschinen-, Geräte- und Apparategruppen werden im folgenden kurz nur Maschinen sowie Maschinengruppen genannt / 7 /.

Die hier beschriebene Einteilung technischer Systeme ist auch dem **Bild 4** zu entnehmen. Wenn in dieser Weise alle Erzeugnisse in Ebenen eingeordnet werden, dann ist damit ein kennzeichnendes Merkmal der Erzeugnisse festgelegt, welches unterschiedliche Systeme vergleichbar macht. Dieses kennzeichnende Merkmal wird "Komplexität" genannt. Damit hat jedes Erzeugnis einen bestimmten Komplexitätsgrad. Dementsprechend heißen die Ebenen Komplexitätsebenen. Die Komplexität eines technischen Systems ist durch die Beziehungen von den Teilen zu den Teilsystemen und von den Teilsystemen zum Gesamtsystem geprägt. In Bild 4 ist links der Bereich der technischen Systeme sowie Teile und rechts derjenige der komplexen technischen Systeme dargestellt. Nach Bild 4, rechts, sind Anlagen und Werke sowie deren Gruppen "komplexe technische Systeme". Hierzu können auch Maschinen und deren Gruppen gezählt werden. Je tiefer ein System unterteilt werden kann, desto höher ist sein Komplexitätsgrad. **Tafel 1** zeigt einige nach Komplexitätsgraden geordnete technische Systeme.

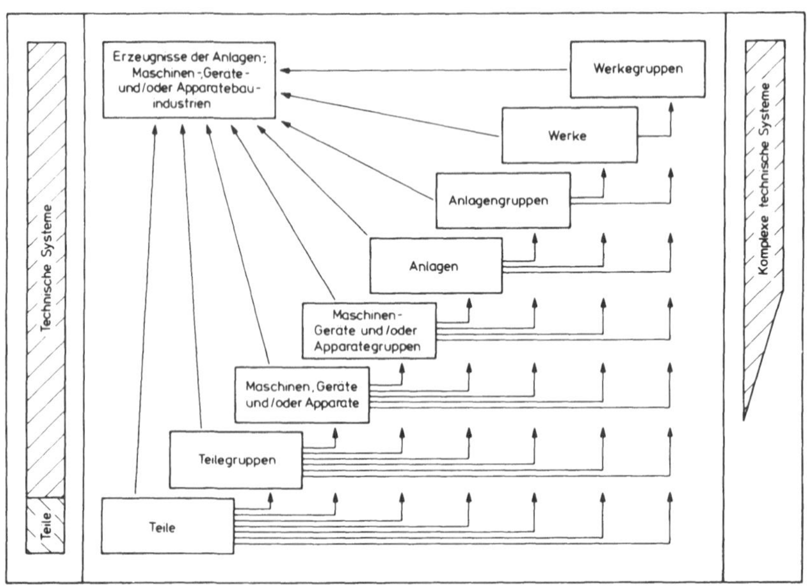


**Bild 4:** Einteilung der Erzeugnisse der Anlagen-, Maschinen-, Geräte- und Apparatebauindustrien nach Komplexitätsgraden.

Die in Bild 4 dargestellte Einteilung technischer Systeme nach Komplexitätsgraden ist auch eine wesentliche Grundlage für das Gliedern der Erzeugnisse der Anlagen-, Maschinen-, Geräte- und Apparatebauindustrien. **Bild 5** zeigt eine solche Erzeugnisgliederung in allgemeingültiger, schematischer Darstellung. In dieser Gliederung werden Ebenen deutlich, die jeweils einer Komplexitätsebene entsprechen. Ausgehend von einer Anlagengruppe, beispielsweise eines Schmelzbetriebes, Gießbetriebes, einer Walzstraße oder einer Bandbehandlungslinie, entspricht die Gliederungsebene 1 (erste Auflösungsebene) des Bildes 5 der Komplexitätsebene Anlagen und die Gliederungsebene 2 (zweite Auflösungsebene) der Komplexitätsebene Maschinengruppen. In

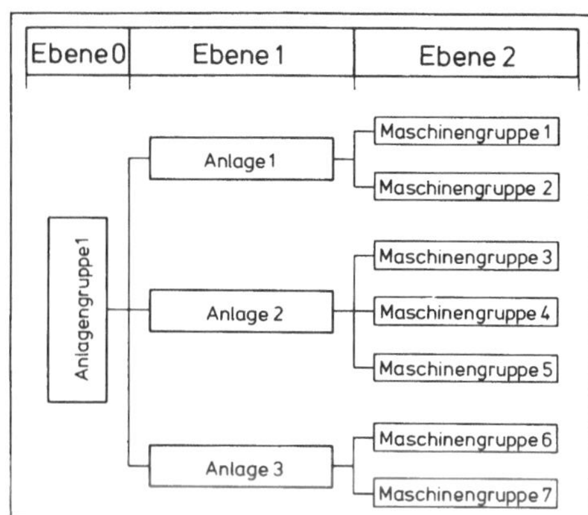


**Bild 5:** Erzeugnisgliederung einer Anlagengruppe in allgemeingültiger, schematischer Darstellung.

| Komplexitäts-Ebenen | Beispiele technischer Systeme |
|---|---|
| Werkegruppen | BERGWERKEGRUPPEN, HUETTENWERKEKOMBINAT, CHEMIEKOMBINAT, FERTIGUNGSKOMBINAT. |
| Werke | BERGWERK, ERZAUFBEREITUNGSWERK, BRIKETTIERWERK; HOCHOFENWERK, STAHLWERK, SCHMIEDEWERK, WARMBREITBAND-WALZWERK, STABSTAHL- UND DRAHTWALZWERK, ROHRWALZWERK, KALTBREITBAND-WALZWERK; RAFFINERIE, KUNSTSTOFFWERK, FARBWERK, PAPIERWERK; MOTORENWERK, KAROSSERIEWERK, KUGELLAGERWERK; KRAFTWERK, FERNHEIZWERK, WASSERWERK. |
| Anlagengruppen | HOCHOFENBETRIEB, SCHMELZBETRIEB, STRANGGIESSBETRIEB, FREIFORM-SCHMIEDEBETRIEB, WAERMEBEHANDLUNGSBETRIEB, WARMBREITBAND-WALZSTRASSE, DRAHTWALZSTRASSE, BEIZLINIE, TANDEMWALZSTRASSE, UMKEHRWALZSTRASSE, DRESSIERSTRASSE, VERZINKUNGSLINIE, CHROMATIERLINIE, LACKIERLINIE, UMWICKEL- UND INSPEKTIONSLINIE, VERPACKUNGSLINIE, KOMMISSIONIERBETRIEB; ELEKTRIZITAETSVERSORGUNGSBETRIEB, WASSERAUFBEREITUNGSBETRIEB; RECHENZENTRUM. |
| Anlagen | GESENKSCHMIEDEANLAGE, SCHMIEDEMANIPULATOR; WALZANLAGE, STRECKRICHTANLAGE, DRAHTBLOCK, ADJUSTAGEANLAGE; EINLAUFANLAGE, ENTZUNDERUNGSANLAGE, BEIZANLAGE, AUSLAUFANLAGE; KRANANLAGE, FLURFOERDERANLAGE; FRAKTIONIERANLAGE, ENTSTAUBUNGSANLAGE, HYDRAULIKBAGGER; DAMPFERZEUGUNGSANLAGE, TURBOGENERATORANLAGE, KLIMAANLAGE; MESS-, STEUER- UND REGELANLAGE, ELEKTRONISCHE DATENVERARBEITUNGSANLAGE. |
| Maschinen-, Geräte- und Apparategruppen | BUNDHUBWAGEN-AGGREGAT, ABWICKELAGGREGAT, BIEGERICHTAGGREGAT, TREIBAGGREGAT, QUERTEIL-SCHERENAGGREGAT, SCHWEISSAGGREGAT; ABKANTPRESSE, EXTRUDER, KALANDER; KOHLENMUEHLE, WANDERROSTFEUERUNG, FRAKTIONIERKOLONNE; NOTSTROMAGGREGAT, ZENTRALHEIZUNG; MESSGERAETEGRUPPE, GROSSRECHNER, TELEFONZENTRALE. |
| Maschinen, Geräte und Apparate | FAHRANTRIEB, VERSTELLANTRIEB, HUBEINHEIT; VENTILATOR, KLEINVERDICHTER, SCHUETTELROST, ZENTRIFUGE; HYDRAULISCHE EINSPANNEINHEIT, SERVOVENTIL, MAGNETSCHALTER; ULTRASCHALL-DICKENMESSGERAET, KREISELKOMPASS, TASCHENRECHNER, RADIOGERAET, FERNSEHGERAET; ELEKTRISCHE KAFFEEMUEHLE. |
| Teilegruppen | PLANETENGETRIEBE, KURBELTRIEB, SCHNECKENTRIEB, KUPPLUNG, KARDANGELENK, KUGELLAGER; PLUNGER, VENTIL, SCHALTER; BUEGELMESSSCHRAUBE, MESSSCHIEBER; REISSZEUG, DREHSTUHL. |

**Tafel 1:** Ordnung technischer Systeme nach Komplexitätsgraden.

solchen Erzeugnisgliederungen in Form graphisch dargestellter Aufbauübersichten können technische Systeme strukturiert und überschaubar gemacht werden.

Wenn viele unterschiedliche Beziehungen zwischen den Bestandteilen eines technischen Systems bestehen und die Anzahl unterschiedlicher Bestandteile groß ist, dann wird das System "kompliziert" genannt. Sowohl die Kompliziertheit als auch die Komplexität eines Systems sind bestimmend für seine Struktur. Vereinfachend kann gesagt werden:

- komplexe Systeme sind tief strukturiert und
- komplizierte Systeme sind breit strukturiert.

Im allgemeinen nimmt mit steigender Komplexität auch die Kompliziertheit eines Systems zu. Ausgehend von Bild 5 wird deutlich, daß ein technisches System entsprechend dieser Strukturierung, von der vorgeordneten zur nachgeordneten Komplexitätsebene hin, ebenenweise zu projektieren und zu konstruieren ist. **Bild 6** zeigt diese systematische Vorgehensweise, vom übergeordneten System hin zum untergeordneten System, in vereinfachter Darstellung. Dieses systematische, stufenweise Vorgehen macht unter anderem den sinnvollen Einsatz von EDV-Anlagen für das Projektieren und Konstruieren komplexer technischer Systeme möglich.

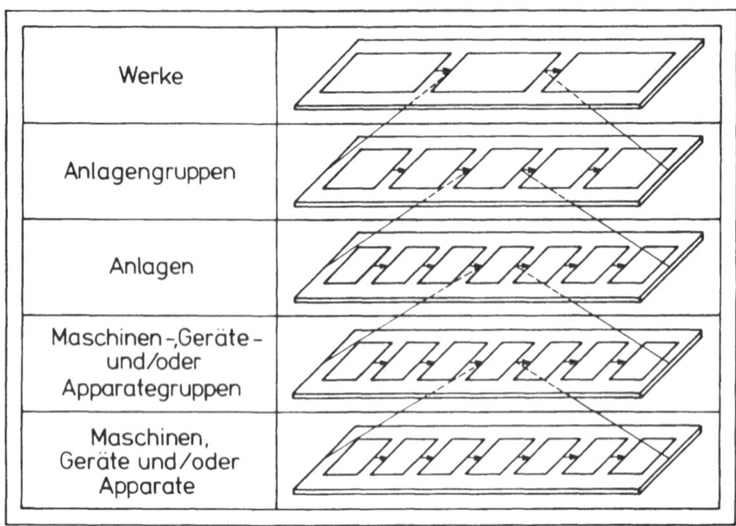


**Bild 6:** Vereinfachte Darstellung zur Verdeutlichung der systematischen Vorgehensweise vom übergeordneten zum untergeordneten technischen System beim Einteilen, Projektieren und Konstruieren.

## 2.2. Entstehung technischer Systeme

Technische Systeme entstehen in den Entwicklungs-, Projektierungs-, Konstruktions- und Fertigungsbereichen der Anlagen-, Maschinen-, Geräte- und Apparatebauindustrien. Solche Systeme sind Erzeugnisse dieser Industrieunternehmen und stehen während ihres Betriebes in Wechselwirkung zu ihrer Umwelt. Diese Umwelt besteht im weitesten Sinne, neben dem Menschen, aus unterschiedlichen Gegebenheiten, **Bild 7**. Aufgrund menschlicher und gesellschaftlicher Wünsche sowie Forderungen entwickeln sich Bedarfszustände, welche die Planung technischer Systeme auslösen. Diese Planung wird im allgemeinen von am Betreiben technischer Systeme interessierten Unternehmen durchgeführt und von anderen mehr oder weniger mittel- sowie unmittelbar beeinflußt. Infolge der Planung sowie deren Beeinflussungen entstehen Anforderungen und Bedingungen an die zu entwickelnden, projektierenden, konstruierenden sowie zu fertigenden technischen Systeme. Aufgrund von Anforderungen und Bedingungen können viele Lösungen ermittelt werden. Auf diese Lösungsvielfalt wirken die einschränkenden

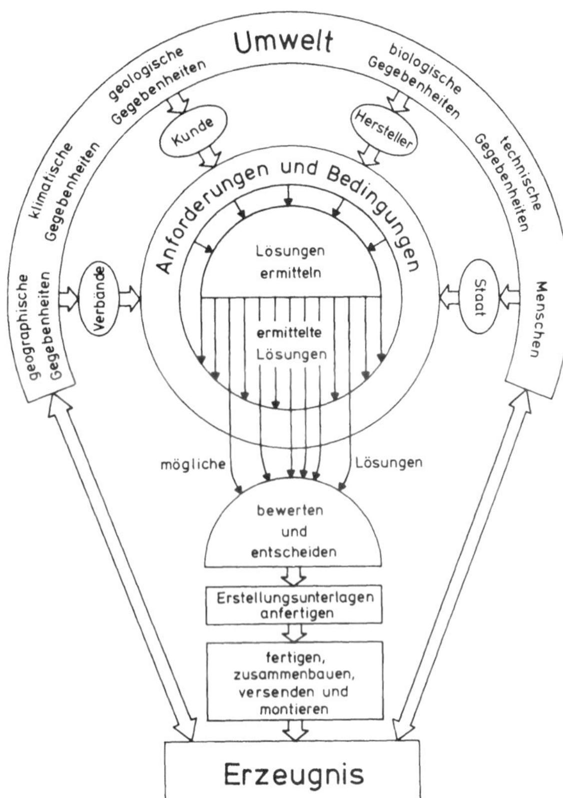


**Bild 7:** Darstellung zur Verdeutlichung der Entstehung technischer Systeme.

Bedingungen wie ein Filter, das letztlich nur für diejenigen konstruktiven Lösungen durchlässig ist, die allen festgelegten Bedingungen genügen. Aus den übriggebliebenen Lösungen wird die beste ausgewählt. Diese Auswahl kann mit Hilfe technischer und wirtschaftlicher Bewertungen durchgeführt werden. Dabei können auch gestellte Bedingungen als Bewertungsmerkmale herangezogen werden. Nach Anfertigung der Erstellungsunterlagen werden die technischen Systeme gefertigt, zusammengebaut, versandt, montiert und in Betrieb genommen. Mit der Inbetriebnahme kann das Erzeugnis seine Umwelt, deren Bestandteil es dann ist, unmittelbar beeinflussen.

Voraussetzungen für das Schaffen neuer, bisher nicht entwickelter technischer Systeme sind Forschungstätigkeiten, **Bild 8.** Unter "Forschen" ist eine Tätigkeit zu verstehen, die das Ziel hat, in nachprüfbarer Weise neue wissenschaftliche Erkenntnisse zu gewinnen. Das sind wesentliche Voraussetzungen für das Entwickeln technischer Systeme. Forschen kann sich - als Voraussetzung für das Entwickeln technischer Systeme - beispielsweise auch auf das Finden neuer Verfahrensabläufe und volkswirtschaftlicher Zusammenhänge erstrecken. Deshalb reicht in Bild 8 das Forschen über die Behandlung technischer Systeme und deren Teile hinaus. "Entwickeln" technischer Systeme ist zweckgerichtetes Auswerten und Anwenden von Forschungsergebnissen sowie Erfahrungen mit dem Ziel, entweder neue Systeme zu schaffen

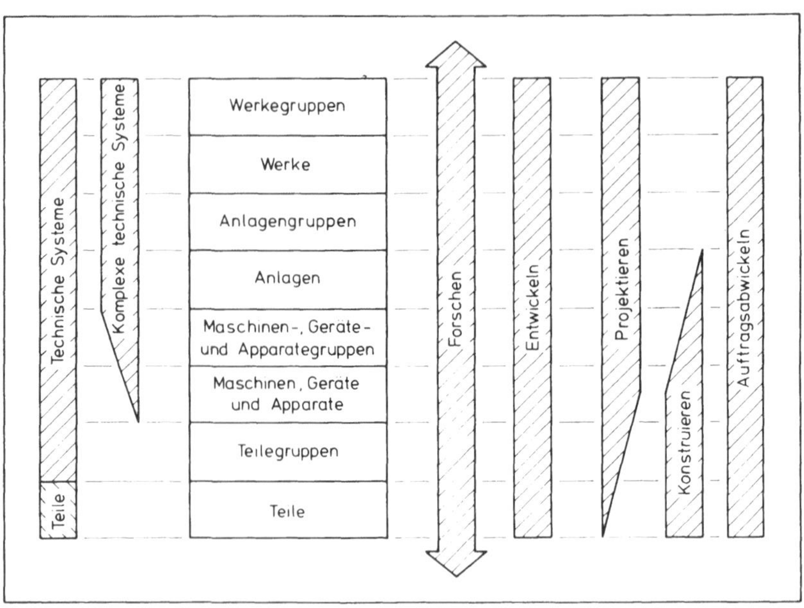


**Bild 8:** Darstellung zur Verdeutlichung technischer Systeme und Tätigkeiten, die mit der Entstehung solcher Systeme zusammenhängen.

(Neuentwickungen) oder bestehende Systeme zu verbessern (Weiterentwicklungen). Unter "Projektieren" ist im klassischen Sinne das Auslegen und Gestalten komplexer technischer Systeme bis zum Erhalt eines Auftrages zu verstehen. Dabei umfaßt die technische Projektierungstätigkeit im allgemeinen das

- Konzipieren sowie Entwerfen des technischen Systems,
- technische sowie wirtschaftliche Bewerten des Systems,
- Erstellen der Grundlagen für die Vorkalkulation,
- Festlegen der Gewährleistungen und
- Ausarbeiten des Angebotes.

Das Projektieren kann, je nach Komplexität des zu bearbeitenden Systems, von der Werkegruppen-Ebene bis zu einzelnen Teilen des Systems reichen. Hierbei werden nur wesentliche Teile (beispielsweise Stütz- sowie Führungsrollen der Stahlstrang-Gießanlagen oder Walzen der Walzanlagen) und Teilegruppen (beispielsweise Getriebe der Walzanlagen) bearbeitet. Deshalb ist in Bild 8 das Projektieren zur Teilegruppen- und Teile-Ebene hin übergreifend dargestellt. Unter "Konstruieren" ist im klassischen Sinne ein auf Wissen sowie Erfahrung beruhendes Vorausdenken technischer Systeme, das Ermitteln ihres funktionellen sowie strukturellen Aufbaues und das Erstellen der Fertigungsunterlagen zu verstehen. Konstruieren umfaßt bei komplexen technischen Systemen die Bearbeitung von Teilen, Teilegruppen, Maschinen, Geräten sowie Apparaten und kann auch die Behandlung einzelner Maschinen-, Geräte- sowie Apparategruppen und Anlagen einschließen. Deshalb ist in Bild 8 das Konstruieren zur Maschinengruppen- und Anlagen-Ebene hin übergreifend dargestellt. "Auftragsabwickeln" ist im allgemeinen durch die Haupttätigkeit des Einteilens, Abstimmens, Überwachens, Darlegens (Dokumentierens) und Informierens gekennzeichnet. Diese Tätigkeiten können, besonders bei der Erstellung komplexer technischer Systeme mit auftragsgebundener Einzelfertigung, von der Auftragserteilung über das Konstruieren, Fertigen, Zusammenbauen, Versenden, Montieren und Inbetriebnehmen bis zum Betreiben des Systems reichen / 7 /.

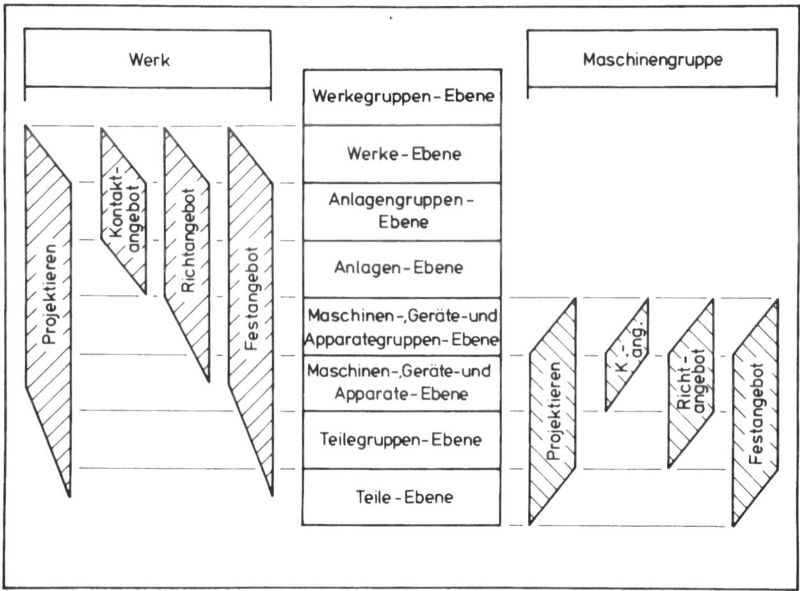


**Bild 9:** Darstellung zur Verdeutlichung des Projektierungsaufwandes bei unterschiedlichen Angebotsarten für Werke und Maschinengruppen mit auftragsgebundener Einzelfertigung.

Beim Projektieren eines komplexen technischen Systems mit auftragsgebundener Einzelfertigung ist, wie bereits unter 1. gesagt und gezeigt, Bild 1, zwischen der Anfertigung der Angebotsunterlagen für ein

- Kontaktangebot,
- Richtangebot sowie
- Festangebot

zu unterscheiden. **Bild 9** zeigt, daß das Projektieren eines Werkes, beispielsweise Stahlwerkes, Warmband-Walzwerkes, Kaltband-Walzwerkes, Stabstahl- und Drahtwalzwerkes, Rohrwalzwerkes oder Schmiedewerkes, von der Bearbeitung des Werkes in der Werke-Ebene bis zur Ermittlung von Teilegruppen und wesentlichen Teilen in deren Ebenen reicht. Das im Rahmen des Projektierens eines solchen Werkes erstellte Kontaktangebot umfaßt in seinem technischen Teil hauptsächlich Daten sowie Beschreibungen, die sich auf

- das Werk,

- die Anlagengruppen des Werkes und
- wesentliche Anlagen der Anlagengruppen

sowie damit zusammenhängende Gegebenheiten und Bedingungen beziehen. Das Richtangebot für ein Werk umfaßt in seinem technischen Teil hauptsächlich Daten sowie Beschreibungen, die sich auf

- das Werk,
- die Anlagengruppen des Werkes,
- die Anlagen der Anlagengruppen,
- wesentliche Maschinengruppen der Anlagen und
- einige Maschinen wesentlicher Maschinengruppen

sowie damit zusammenhängende Gegebenheiten und Bedingungen beziehen. Das Festangebot für ein Werk umfaßt in seinem technischen Teil hauptsächlich Daten sowie Beschreibungen, die sich auf

- das Werk,
- die Anlagengruppen des Werkes,
- die Anlagen der Anlagengruppen,
- die Maschinengruppen der Anlagen,
- viele Maschinen der Maschinengruppen,
- wesentliche Teilegruppen vieler Maschinen und
- einige Teile wesentlicher Teilegruppen

sowie damit zusammenhängende Gegebenheiten und Bedingungen beziehen.
Dem Bild 9 ist auch zu entnehmen, daß das Projektieren einer Maschinengruppe, beispielsweise Treib-, Richt-, S-Rollen- oder Scherenaggregat, von der Bearbeitung der Maschinengruppen-Ebene bis zur Ermittlung von Teilen in deren Ebene reicht. Ein durch Projektieren einer Maschinengruppe erstelltes Kontaktangebot umfaßt in seinem technischen Teil hauptsächlich Daten sowie Beschreibungen, die sich auf

- die Maschinengruppe und
- wesentliche Maschinen der Maschinengruppe

und damit zusammenhängende Gegebenheiten sowie Bedingungen beziehen. Das Richtangebot für eine Maschinengruppe umfaßt in seinem technischen Teil hauptsächlich Daten sowie Beschreibungen, die sich auf

- die Maschinengruppe,
- die Maschinen der Maschinengruppe und
- wesentliche Teilegruppen der Maschinen

sowie damit zusammenhängende Gegebenheiten und Bedingungen beziehen. Das Festangebot für eine Maschinengruppe umfaßt in seinem technischen Teil hauptsächlich Daten sowie Beschreibungen, die sich auf

- die Maschinengruppe,
- die Maschinen der Maschinengruppe

- die Teilegruppen der Maschinen und
- wesentliche Teile der Teilegruppen

sowie damit zusammenhängende Gegebenheiten und Bedingungen beziehen.
Bei dieser im Zusammenhang mit Bild 9 stehenden Betrachtungsweise und gleichzeitigem Rückblick auf das Konstruieren in Bild 8 wird deutlich, daß das Projektieren von weniger komplexen Systemen in größerem Maße dem Konstruieren gleicht als das Projektieren von höher komplexen Systemen.

## 2.3. Technische Systeme für das Verzinken von Stahlband

Produktionslinien für das Beschichten der Stahlbänder mit Zink, kurz Verzinkungslinien genannt, sind komplexe technische Systeme der Hüttenindustrie. Solche Linien sind Anlagengruppen und werden im folgenden als Beispiel technischer Systeme beschrieben. Verzinkungslinien wurden hier als Beispiel gewählt, weil die in den folgenden Kapiteln zur Verdeutlichung der Systematik aufgeführten Anwendungsbeispiele sich meist auf diese technischen Systeme sowie deren Teilsysteme beziehen und weil das unter 5. behandelte "Rechnerunterstützte systematische Projektieren und Konstruieren" erstmals für das Projektieren sowie Konstruieren solcher Produktionslinien erprobt und eingesetzt wurde.

Ausgangsprodukte der Verzinkungslinien sind im allgemeinen zu Bunden gewickelte, zinkbeschichtete Stahlbänder mit

- Breiten zwischen etwa 600 mm und 1800 mm,
- Dicken zwischen etwa 0,2 mm und 4,5 mm sowie
- Bundgewichten zwischen etwa 5 t und 20 t.

Die Produktionsmenge verzinkten Stahlbandes je Linie und Jahr ist insbesondere von der Bauart der Linie sowie dem Produktionsprogramm abhängig. Es wurden bereits Produktionsmengen von mehr als 200.000 Tonnen je Linie und Jahr erreicht.
Der **Tafel 2** sind Produktionsmengen,

- verzinktes Blech,
- Walzstahl-Fertigerzeugnisse und
- Rohstahl,

der Länder Bundesrepublik Deutschland, Japan und USA zwischen 1967 und 1978 zu entnehmen / 13 /. Diese Tafel zeigt, daß die in der Bundesrepublik Deutschland und in Japan hergestellten Mengen verzinkten Bleches nach 1967 erheblich gestiegen sind. Dieser Anstieg wird in der **Tafel 3** noch deutlicher. Darin sind die Produktionsmengen verzinkten Bleches im Verhältnis zu den Produktionsmengen von verzinktem Blech im Jahre 1967 sowie zu denjenigen von Walzstahl-Fertigerzeugnissen und Rohstahl in Prozent zusammengestellt. Bei der Betrachtung der Zuwachsraten ist zu berücksichtigen, daß die Entwicklung bei Flachprodukten zu

| JAHRE | PRODUKTIONSMENGEN IN 1000 T | | | | | | | | |
|---|---|---|---|---|---|---|---|---|---|
| | VERZINKTES BLECH | | | WALZSTAHL-FERTIGERZEUGNISSE | | | ROHSTAHL | | |
| | BRD | JAPAN | USA* | BRD | JAPAN | USA* | BRD | JAPAN | USA |
| 1967 | 650 | 1995 | 4157 | 24633 | 50258 | 84444 | 36744 | 62154 | 115406 |
| 1968 | 877 | 2824 | 4691 | 28416 | 55491 | 89916 | 41159 | 66893 | 119260 |
| 1969 | 981 | 3586 | 4571 | 31918 | 66936 | 80511 | 45316 | 82166 | 127450 |
| 1970 | 985 | 3878 | 4359 | 31967 | 75785 | 76835 | 45041 | 93322 | 119308 |
| 1971 | 1130 | 3764 | 4597 | 28244 | 71927 | 75582 | 40313 | 88557 | 109264 |
| 1972 | 1302 | 4375 | 5005 | 30718 | 81970 | 80256 | 43705 | 96900 | 120874 |
| 1973 | 1453 | 5375 | 6247 | 36151 | 100053 | 97361 | 49521 | 119322 | 136803 |
| 1974 | 1326 | 5301 | 5538 | 38859 | 100170 | 95654 | 53232 | 117131 | 132195 |
| 1975 | 1032 | 4307 | 3375 | 28873 | 85681 | 69855 | 40415 | 102313 | 105816 |
| 1976 | 1442 | 5824 | 4699 | 29797 | 92927 | 78642 | 42415 | 107399 | 116120 |
| 1977 | 1391 | 5904 | 5132 | 28758 | 89953 | 80427 | 38985 | 102405 | 113168 |
| 1978 | 1417 | 5915 | 5834 | 30198 | 91202 | 86871 | 41253 | 102105 | 124002 |

* FÜR USA GILT: LIEFERMENGEN

**Tafel 2:** Produktionsmengen von verzinktem Blech, Walzstahlfertigerzeugnissen sowie Rohstahl in der Bundesrepublik Deutschland, Japan und den Vereinigten Staaten von Amerika zwischen 1967 und 1978.

| JAHRE | PRODUKTIONSMENGEN VERZINKTES BLECH ZU PRODUKTIONSMENGEN | | | | | | | | |
|---|---|---|---|---|---|---|---|---|---|
| | IM JAHRE 1967 VERZINKTES BLECH (%) | | | WALZSTAHL-FERTIGERZEUGNISSE (%) | | | ROHSTAHL (%) | | |
| | BRD | JAPAN | USA* | BRD | JAPAN | USA* | BRD | JAPAN | USA |
| 1967 | 100 | 100 | 100 | 2,64 | 3,97 | 4,92 | 1,76 | 3,21 | 3,60 |
| 1968 | 135 | 142 | 113 | 3,09 | 5,09 | 5,22 | 2,13 | 4,22 | 3,93 |
| 1969 | 151 | 180 | 110 | 3,07 | 5,36 | 5,68 | 2,16 | 4,36 | 3,59 |
| 1970 | 152 | 194 | 105 | 3,08 | 5,12 | 5,67 | 2,18 | 4,16 | 3,65 |
| 1971 | 174 | 189 | 111 | 4,00 | 5,23 | 6,08 | 2,80 | 4,25 | 4,21 |
| 1972 | 200 | 219 | 120 | 4,24 | 5,34 | 6,24 | 2,98 | 4,51 | 4,14 |
| 1973 | 224 | 269 | 150 | 4,02 | 5,37 | 6,42 | 2,93 | 4,50 | 4,57 |
| 1974 | 204 | 266 | 133 | 3,41 | 5,29 | 5,79 | 2,49 | 4,53 | 4,19 |
| 1975 | 159 | 216 | 81 | 3,57 | 5,03 | 4,83 | 2,55 | 4,21 | 3,19 |
| 1976 | 222 | 292 | 113 | 4,84 | 6,27 | 5,98 | 3,40 | 5,42 | 4,05 |
| 1977 | 214 | 296 | 123 | 4,84 | 6,56 | 6,38 | 3,57 | 5,77 | 4,53 |
| 1978 | 218 | 296 | 140 | 4,69 | 6,49 | 6,72 | 3,43 | 5,79 | 4,70 |

* FÜR USA GILT: LIEFERMENGEN

**Tafel 3:** Darstellung zur Verdeutlichung des Anstieges der Produktionsmengen an verzinktem Blech in der Bundesrepublik Deutschland, Japan und den Vereinigten Staaten von Amerika zwischen 1967 und 1978.

dünneren Blechdicken führt. Deshalb würde ein Vergleich der verzinkten Oberflächen einen noch größeren Anstieg zeigen. Der größte Teil der Produktionsmenge verzinkten Bleches der Bundesrepublik Deutschland wird im Bereich des Bauwesens, beispielsweise für Tore, Türen, Deckenverkleidungen, Fassaden, Heizungen, Lüftungen und Sicherheitsplanken der Straßen, eingesetzt. Die Restmenge verteilt sich im wesentlichen auf die Bereiche

- Elektrotechnik,
- Fahrzeugbau und
- Maschinenbau.

Die steigenden Mengen verzinkten Bleches können unter anderem auf seine gute Korrosionsbeständigkeit, die Vielzahl der Einsatzmöglichkeiten sowie eine verhältnismäßige Preisgünstigkeit im Vergleich zu anderen korrosionsbeständigen Werkstoffen zurückgeführt werden. Der Verbundwerkstoff (verzinktes Stahlblech) ist besonders dadurch gekennzeichnet, daß seine Zinkschicht den Grundwerkstoff (Stahl) vor atmosphärischen Einflüssen schützt und das Formänderungsvermögen des Grundwerkstoffes weitgehend erhalten bleibt.
Eingangsprodukte der Verzinkungslinien sind zu Bunden gewickelte Stahlbänder mit

- Breiten zwischen etwa 600 mm und 1800 mm,
- Dicken zwischen etwa 0,2 mm und 4,5 mm sowie
- Bundgewichten zwischen etwa 5 t und 45 t.

Die zu verzinkenden Stahlsorten sind unlegierte Stähle und allgemeine Baustähle.
Das Verhältnis zwischen der Menge verzinkten Bandes und der Menge eingesetzten Stahlbandes hat bei Verzinkungslinien im allgemeinen einen Wert größer als eins, weil der Gewichtszuwachs durch die Zinkbeschichtung die Stahlbandverluste übersteigt. Dieses Verhältnis liegt jedoch bezogen auf die Menge Stahl am Ausgang und die Menge Stahl am Eingang einer Verzinkungslinie bei etwa 95 Prozent. Ein solches Verhältnis wird auch "Stahl-Ausbringen" genannt.

Verzinktes Blech kann auf zwei Wegen,

- dem "Feuerverzinken" oder
- dem "elektrolytischen Verzinken",

hergestellt werden. Beim Feuerverzinken wird das Stahlband durch schmelzflüssiges Zink gezogen und so eine Stahloberfläche erhalten, die mit genügend schmelzflüssigem Zink behaftet ist. Dann wird die gewünschte Zinkschichtdicke im schmelzflüssigen Zustand eingestellt und danach das zinkbeschichtete Band abgekühlt. Beim elektrolytischen Verzinken wird das Stahlband durch ein Elektrolytbad, welches meist auf der Grundlage von Zinksulfat aufgebaut ist, gezogen und dabei mit Hilfe elektrischen Stromes, der die Bildung von festem Zink auf der Bandoberfläche bewirkt, beschichtet. Mit diesem Verfahren ist eine beidseitige oder eine einseitige Beschichtung des Bandes möglich. Der Anteil des in der Bundesrepublik Deutschland feuerverzinkten Bleches betrug 1977 etwa 90 Prozent der Gesamtmenge zinkbeschichteten Stahlbleches und war wesentlich größer als derjenige elektrolytisch verzinkten Bleches mit etwa 10 Prozent. Elektrolytisch verzinktes Blech wird mit Zinkschichtdicken bis zu 7,5 Mikrometer angeboten / 14 /. Weil die Korrosionsbeständigkeit verzinkter Stahlbänder proportional der

Zinkschichtdicke ist, reicht eine derartige dünne Schicht für viele Verwendungszwecke nicht aus. Feuerverzinkte Bänder haben Zinkschichtdicken zwischen etwa 10 und 80 Mikrometer / 15 /.

Es können vier Feuerverzinkungs-Verfahren,

- Sendzimir-Verfahren,
- United-States-Steel-Verfahren,
- Cook-Norteman-Verfahren sowie
- Granite-City-Verfahren,

unterschieden werden / 16 /. Bereits 1931 wurde das erste technische System, welches nach dem Sendzimir-Verfahren arbeitete, erstellt.
Eingangsstoff für Feuerverzinkungslinien ist meist Feinblech mit Banddicken bis zu 3 Millimetern. Dieses Feinblech wird aus Warmband mit größeren Banddicken hergestellt. Dabei wird das Warmband zunächst durch Beizen von Zunder befreit und danach auf gewünschte Dicken kaltgewalzt. Aufgrund der Verfestigung des Stahles beim Kaltwalzen ist es für die zur Herstellung von Endprodukten oft notwendige weitere Umformung, beispielsweise durch Tiefziehen, ungeeignet. Die Bandoberfläche ist durch Walzemulsionen oder Walzöle verunreinigt. Daneben kann sich auf der Bandoberfläche eine dünne Eisenoxidschicht bis zum Zeitpunkt des Verzinkens bilden. Diese Verunreinigungen müssen zur Sicherung einer guten Zinkhaftung auf dem Stahl entfernt werden, bevor ein Band das Zinkbad erreicht. Eine Verfestigung des Stahles kann durch Wärmebehandlung nur vor dem Verzinken beseitigt werden, weil die dafür erforderlichen Glühtemperaturen oberhalb des Zink-Schmelzpunktes liegen.
Die genannten Verfahren können in zwei Gruppen eingeteilt werden. Beim Cook-Norteman-Verfahren und beim Granite-City-Verfahren wird der Glühprozeß nicht innerhalb der Verzinkungslinie durchgeführt, sondern die kaltgewalzten Stahlbunde werden außerhalb der Linie vor dem Verzinken in Haubenöfen geglüht. Demgegenüber haben das Sendzimir-Verfahren und das United-States-Steel-Verfahren den Glühprozeß in die Verzinkungslinie integriert. Das beeinflußt die Energiebilanz günstig, weil das Stahlband bei allen Verfahren innerhalb der Verzinkungslinie vor Eintritt in das Zinkbad erwärmt werden muß. Darüber hinaus unterscheiden sich die vier genannten Verfahren durch die Art und Weise der Reinigung der Bandoberfläche. Diese Reinigung wird beim Sendzimir-Verfahren durch Oxidation und anschließende Reduktion der Stahlband-Oberfläche in voneinander getrennten Öfen durchgeführt. In Linien, die nach dem United-States-Steel-Verfahren arbeiten, sind elektrolytisch-alkalische Entfettungssysteme eingesetzt. Die Bandoberfläche wird beim Cook-Norteman-Verfahren gebeizt, das heißt desoxidiert, und unmittelbar danach alkalisch gereinigt. In nach dem Granite-City-Verfahren arbeitenden Verzinkungslinien wird das Band zunächst in zwei Stufen alkalisch gereinigt und anschließend gebeizt / 16 /.

Neuzeitliche Feuerverzinkungslinien arbeiten meist nach dem "abgewandelten Sendzimir-Verfahren" / 16 /. **Bild 10** zeigt eine nach diesem Verfahren arbeitende Linie in schematischer Darstellung. Das abgewandelte Sendzimir-Verfahren unterscheidet sich von dem Sendzimir-Verfahren im wesentlichen dadurch, daß anstelle eines Oxidationsofens ein Vorerhitzer, der mit

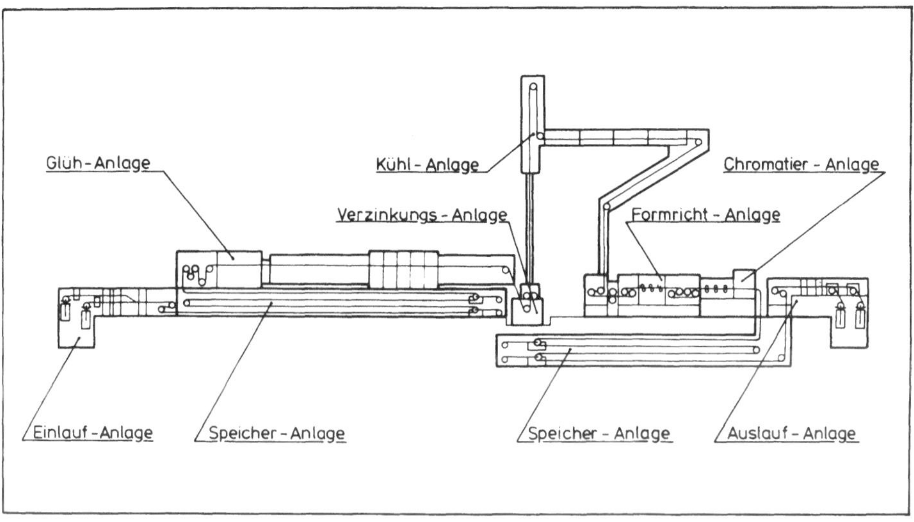


**Bild 10:** Schematische Darstellung einer Feuerverzinkungslinie für Stahlband.

dem anschließenden Glühofen die Einheit Ofenanlage bildet, eingesetzt ist. Im Vorerhitzer, dessen Innenwandtemperatur etwa 1.300 °C beträgt, wird das Band unter Vermeidung einer Oxidation des Stahles erwärmt. Dabei verdampfen und/oder verbrennen Verunreinigungen der Bandoberfläche, beispielsweise Reste von Walzemulsionen. Bei Vorhandensein von Walzölresten, die nicht vollständig verbrennen, kann das Band vor Eintritt in den Vorerhitzer mit Hilfe alkalischer Reinigungsbäder entfettet werden. Innerhalb der Ofenanlage ist das Stahlband von Schutzgas (etwa 90 % Stickstoff und 10 % Wasserstoff) umgeben. Dadurch wird eine Oxidation des Stahles vermieden und eventuell vorhandene, dünne Eisenoxidschichten werden reduziert. Die Temperaturführung innerhalb der Ofenanlage einer nach dem abgewandelten Sendzimir-Verfahren arbeitenden Verzinkungslinie für niedriggekohlte Stahlbänder ist der **Tafel 4** zu entnehmen.

Im Gegensatz zum Sendzimir-Verfahren kann beim abgewandelten Sendzimir-Verfahren, aufgrund des schnelleren und höheren Aufheizens, unter Voraussetzung einer gleichen Ofenlänge der Durchsatz gesteigert oder unter Voraussetzung gleicher Durchsatzmengen die Baulänge des Ofens und damit der gesamten Verzinkungslinie verkürzt werden / 16 /.

Feuerverzinkungslinien, die nach dem abgewandelten Sendzimir-Verfahren arbeiten, sind kontinuierlich betriebene Anlagengruppen. Sie produzieren also 24 Stunden je Tag und 7 Tage je Woche. Solche Linien werden nur für Überholungs- und Reparaturarbeiten stillgesetzt. Das **Bild 11** zeigt eine derartige Linie mit etwa 280 m Länge, 40 m Breite und 35 m Höhe in Seitenansicht und Draufsicht. Einige technologische Daten der in Bild 11 dargestellten Linie sind der **Tafel 5** zu entnehmen. Diese Linie setzt sich aus Einlauf-, Behandlungs- und Auslaufsystemen zusammen. Einlaufsysteme der Linie sind

- Einlauf-Anlage und

- Einlaufspeicher-Anlage.

Die Behandlungssysteme bestehen aus

- Entfettungs-Anlage,
- Glüh-Anlage,
- Verzinkungs-Anlage
- Kühl-Anlage,
- Formricht-Anlage und
- Chromatier-Anlage.

Anschließende Auslaufsysteme sind

- Auslaufspeicher-Anlage und
- Auslauf-Anlage.

Somit umfaßt diese Anlagengruppe, Verzinkungslinie, zehn Anlagen. In der Einlauf-Anlage werden die zu verzinkenden Stahlbänder zu einem gleichsam endlosen Band zusammengefügt und in der Auslauf-Anlage wieder getrennt. Dabei ergeben sich Zeiten, in denen die Einlauf-Anlage kein Band den Behandlungssystemen zuführen und die Auslauf-Anlage von diesen kein Band aufnehmen kann. Damit die Behandlungssysteme während dieser Zeiten unabhängig von Einlauf- und Auslauf-Anlage arbeiten können, muß jeweils ein Bandvorrat (Speicher) in Form einer oder mehrerer Schlingen zwischengeschaltet sein.
Im folgenden werden entsprechend ihrer Anordnung im Hauptstofffluß (Bandverlauf) die einzelnen Anlagen der Feuerverzinkungslinie des Bildes 11 erklärt.

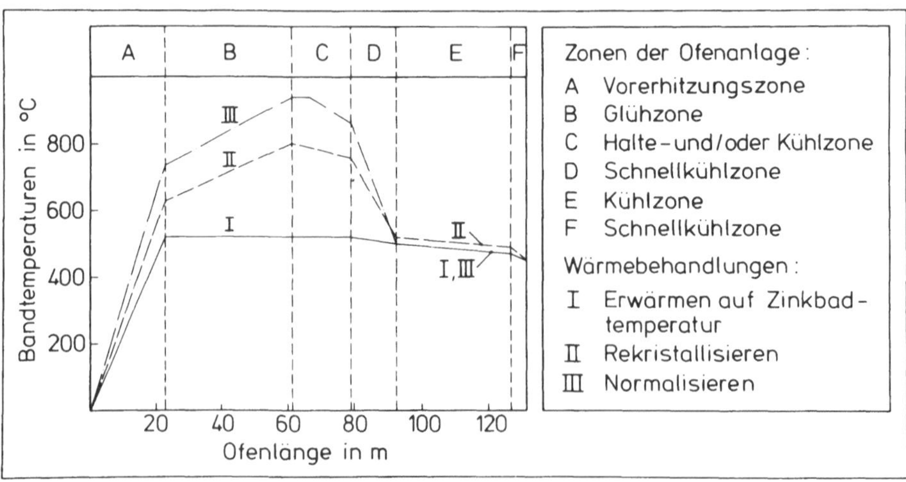


**Tafel 4:** Schematische Darstellung des Temperaturverlaufes innerhalb der Ofenanlage einer nach dem abgewandelten Sendzimirverfahren betriebenen Feuerverzinkungslinie für kaltgewalzte, niedriggekohlte Stahlbänder.

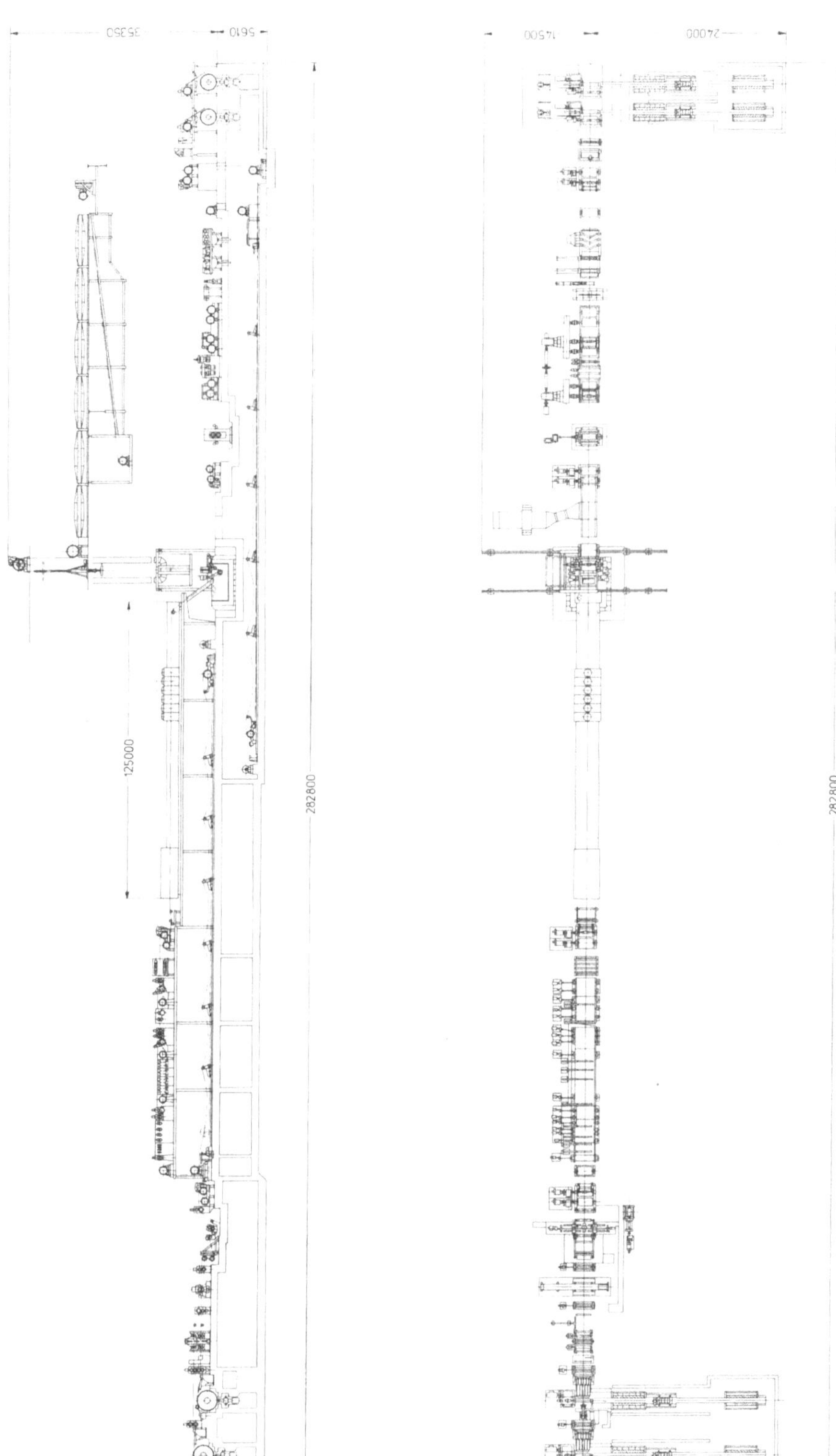


**Bild 11:** Feuerverzinkungslinie für Stahlband in Seitenansicht und Draufsicht.

| Technologische Daten einer Feuerverzinkungslinie für Stahlband | | |
|---|---|---|
| **Einlaufsysteme** | **Behandlungssysteme** | **Auslaufsysteme** |
| Bandbreiten:<br>grösste 1550 mm<br>kleinste 600 mm<br>Banddicken:<br>grösste 1,50 mm<br>kleinste 0,22 mm<br>Bundgewichte:<br>grösstes 30000 kg<br>kleinstes 5000 kg<br>Bundaussendurchmesser:<br>grösster 2300 mm<br>kleinster 1000 mm<br>Bundinnendurchmesser:<br>grösster 750 mm<br>kleinster 508 mm<br>Werkstoffe: im wesentlichen walzharte, niedriggekohlte Stahlbänder<br>Bandgeschwindigkeiten:<br>grösste 220 m/min<br>kleinste 15 m/min<br>Einfädeln 28 m/min<br>Saumschrottbreiten:<br>grösste (einseitig) 25 mm<br>Bandlängen im Einlaufspeicher:<br>grösste 200 m | Zinkschichtaufträge:<br>Bandunterseite:<br>grösster 312 $g/m^2$<br>kleinster 50 $g/m^2$<br>Bandoberseite:<br>grösster 312 $g/m^2$<br>kleinster 50 $g/m^2$<br>mittlerer Auftrag 125 $g/m^2$<br>Zinkschichtdicken:<br>Bandunterseite:<br>grösste 44 $10^{-6}$m<br>kleinste 7 $10^{-6}$m<br>Bandoberseite:<br>grösste 44 $10^{-6}$m<br>kleinste 7 $10^{-6}$m<br>mittlere Dicke 18 $10^{-6}$m<br>Wärmebehandlungen:<br>Full-Hard 550 °C<br>Produktionsanteil 10 %<br>Rekristallisieren 843 °C<br>Produktionsanteil 40 %<br>Normalisieren 950 °C<br>Produktionsanteil 50 %<br>Ofenlänge: 125 m<br>Bandgeschwindigkeiten:<br>grösste 180 m/min<br>kleinste 15 m/min | Jahresproduktion: 200000 t<br>bei: 7200 h/a<br>Bandbreiten:<br>grösste 1500 mm<br>kleinste 600 mm<br>Banddicken:<br>grösste 1,50 mm<br>kleinste 0,22 mm<br>Bundgewichte:<br>grösstes 20000 kg<br>kleinstes 3000 kg<br>Bundaussendurchmesser:<br>grösster 1800 mm<br>kleinster 1000 mm<br>Bundinnendurchmesser: 508 mm<br>Werkstoffe: im wesentlichen normalisierend oder rekristallisierend geglühte, zinkbeschichtete, niedriggekohlte Stahlbänder<br>Bandgeschwindigkeiten:<br>grösste 220 m/min<br>kleinste 15 m/min<br>Bandlängen im Auslaufspeicher:<br>grösste 120 m |

**Tafel 5:** Technologische Daten der Feuerverzinkungslinie des Bildes 11.

Die zum Verzinken bestimmten Stahlbänder werden in Form von Bunden, beispielsweise mit Hilfe eines Kranes, der Einlauf-Anlage der Feuerverzinkungslinie zugeführt. Bei der Einlauf-Anlage sind im wesentlichen zwei Betriebsweisen zu unterscheiden. Diese beiden Betriebsweisen werden "Einfädelbetrieb" und "Normalbetrieb" genannt. Während des Einfädelbetriebes fördert die Einlauf-Anlage kein Band in die nachgeordnete Speicher-Anlage. Die Dauer der dabei aus der Sicht der Speicher-Anlage entstehenden Wartezeit ist von der Art der Einlauf-Anlage abhängig. Zum Einfädelbetrieb gehören die Tätigkeiten:

- Aufnehmen eines neuen Bundes, Verfahren des Bundes zum Abwickel-Aggregat und Übergeben des Bundes an das Abwickel-Aggregat mit Hilfe eines Hubwagen-Aggregates,
- Andrücken der äußeren Windungen des Bundes sowie Öffnen des Bundes im Zusammenspiel zwischen Abwickel-Aggregat und Öffner-Aggregat,
- Einbringen des Bandanfanges in ein Treib-Aggregat und Fördern des Bandes mit Hilfe des Treib-Aggregates während des Einfädelvorganges,
- Glätten des Bandanfanges in einem Biegericht-Aggregat bei zu starker Krümmung des Bandanfanges und -endes aufgrund von Überdicken,

- Messen der Banddicke mit einer Meß-Gerätegruppe,
- Schopfen des Bandanfanges sowie Entfernen vorhandener Überdicken in einem Scheren-Aggregat, querteilend, und
- Fügen des einlaufenden Bandanfanges an das Bandende des bereits abgewickelten Bundes in einem Schweiß-Aggregat zu einem gleichsam endlosen Band.

Zum Zwecke der Verkürzung der Zeiten, in denen die Einlauf-Anlage kein Band in die Speicher-Anlage fördert, sind die technischen Systeme vor dem Schweiß-Aggregat im allgemeinen zweifach vorhanden. Dabei sind zwei Bandlaufebenen vorhanden, so daß gleichzeitig, während ein Bund abgewickelt wird, das Band des nächsten Bundes bereits bis zum Schweiß-Aggregat eingefädelt werden kann.

Beim Normalbetrieb fördert die Einlauf-Anlage Band in die Einlaufspeicher-Anlage. Dabei sind die meisten der für den Einfädelvorgang benötigten technischen Systeme außer Eingriff. Weil der Speicher entweder gefüllt ist oder gefüllt werden muß, ist die Bandgeschwindigkeit in der Einlauf-Anlage entweder gleich oder größer als die Behandlungsgeschwindigkeit. Während des Normalbetriebes wird das Band durch die Einlauf-Anlage gezogen. Hierbei bringt das Abwickel-Aggregat zusammen mit dem am Ausgang der Einlauf-Anlage angeordneten S-Rollen-Aggregat den notwendigen Bandzug auf. In der im Bild 11 dargestellten Feuerverzinkungslinie ist zwischen Schweiß-Aggregat und S-Rollen-Aggregat ein Kreismesserbesäum-Aggregat angeordnet. Mit diesem System werden die Bandkanten, wenn sie beschädigt sind oder die Bandbreite berichtigt werden soll, parallel zueinander beschnitten.

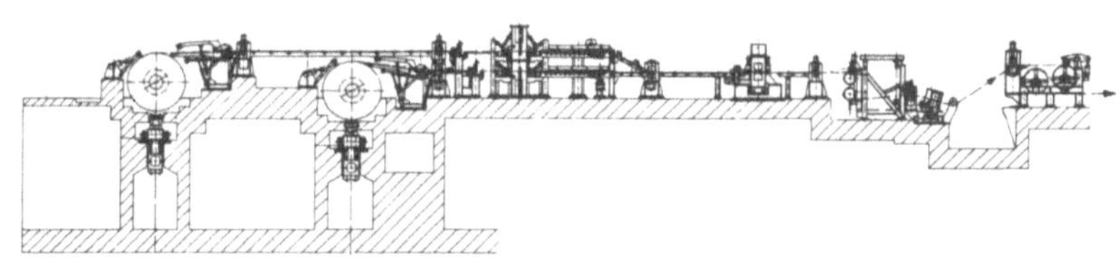

**Bild 12:** Einlaufanlage einer Feuerverzinkungslinie für Stahlband.

Die Einlauf-Anlage der Feuerverzinkungslinie des Bildes 11 ist in **Bild 12** dargestellt und enthält die Teilsysteme

- Hubwagen-Aggregat, I,
- Abwickel-Aggregat, I,
- Öffner-Aggregat, I,
- Treib-Aggregat, I,
- Hubwagen-Aggregat, II,
- Abwickel-Aggregat, II,
- Öffner-Aggregat, II,
- Treib-Aggregat, I, II,

- Meß-Gerätegruppe, I, II,
- Scheren-Aggregat, querteilend, I, II,
- Schweiß-Aggregat,
- Kreismesserbesäum-Aggregat und
- S-Rollen-Aggregat,

welche der Maschinengruppenebene zuzuordnen sind.

Nach der Einlauf-Anlage ist die Einlaufspeicher-Anlage waagerecht angeordnet. Anstelle waagerechter Speicher-Anlagen, die mit Schlingenwagen ausgerüstet sind, können unter bestimmten Voraussetzungen auch senkrechte Speicher-Anlagen, sogenannte Schlingentürme, eingesetzt werden.

Die Speicher-Anlage bildet einen Puffer zwischen der Einlauf-Anlage und den Behandlungssystemen. Der Puffer wirkt so, daß bei, am Anlagenausgang gegebener, konstanter Bandgeschwindigkeit $v_A$ am Anlageneingang die Bandgeschwindigkeit $v_E$ drei zu unterscheidende Wertebereiche annehmen kann:

$v_E > v_A$ ,
$v_E < v_A$ und
$v_E = v_A$ .

Wenn $v_E$ größer als $v_A$ ist, dann wird der Speicher gefüllt. Ist $v_E$ kleiner als $v_A$ verringert sich der Bandvorrat. Bei $v_E$ gleich $v_A$ ist der Speicher gefüllt. Für das bei $v_E$ ungleich $v_A$ erforderliche Vergrößern oder Verkleinern der Schlingenlänge wird bei waagerechten Speicher-Anlagen ein Schlingenwagen-Aggregat eingesetzt. Zur Erzielung eines anlagenmittigen Bandverlaufes ist am Ausgang der Speicher-Anlage ein Steuerrollen-Aggregat angeordnet.

Damit besteht die waagerechte Einlaufspeicher-Anlage aus den Maschinengruppen

- Schlingenwagen-Aggregat und
- Steuerrollen-Aggregat.

Die elektrolytisch arbeitende Entfettungs-Anlage reinigt Bänder, die mit synthetischen Ölen gewalzt wurden. Das gilt im allgemeinen für Bänder mit einer Banddicke bis 0,4 Millimeter. Bänder mit größeren Banddicken werden meist ohne Berührung mit den Reinigungsbädern durch diese Anlage geleitet. In der Entfettungs-Anlage wird der Entfettungsvorgang in zwei Stufen durchgeführt. Dabei tritt das zu entfettende Band zunächst in ein alkalisches Bad ein, in dem es, durch Bürstensätze unterstützt, vorgereinigt wird. Anschließend wird es mit Hilfe elektrischen Stromes in einem ebenfalls alkalischen Bad von noch anhaftendem Fett befreit. Danach muß die auf dem Band befindliche Lauge abgespült und das Band getrocknet werden.

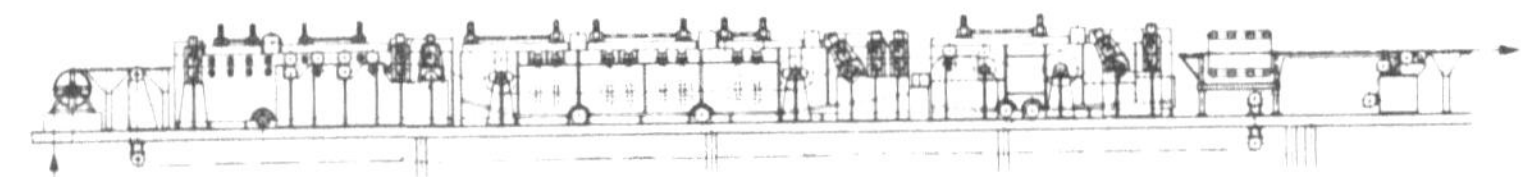

**Bild 13:** Elektrolytische Entfettungsanlage einer Feuerverzinkungslinie für Stahlband.

Die für den Entfettungsvorgang benötigten Maschinengruppen sind

- Reinigungs-Aggregat, alkalisch,
- Reinigungs-Aggregat, elektrolytisch,
- Wasserspül-Aggregat und
- Trocknungs-Aggregat.

Das **Bild 13** zeigt die Entfettungs-Anlage der Feuerverzinkungslinie des Bildes 11.

Nach der Entfettungs-Anlage erreicht das Band die Glüh-Anlage. Innerhalb dieser Anlage kann das zu verzinkende Band auf Zinkbadtemperatur, etwa 450 $^{o}$C, erwärmt und darüberhinaus eine kontrollierte Wärmebehandlung zur Verbesserung der technologischen Eigenschaften des kaltgewalzten Stahlbandes durchgeführt werden. Dabei wird das Band zur Vermeidung eines Kontaktes mit Sauerstoff entgegen der Bandlaufrichtung von Schutzgas umspült.
Die zu verzinkenden Bänder werden nur auf Zinkbadtemperatur erwärmt, wenn

- aus kaltgewalzten, ungeglühten Stahlbändern walzharte,
- aus kaltgewalzten, in Haubenglühöfen bereits wärmebehandelten Stahlbändern oder
- aus warmgewalzten Stahlbändern

verzinkte Bänder hergestellt werden sollen. Diese Verfahrensweise wird jedoch nur bei einem verhältnismäßig kleinen Anteil der zu verzinkenden Stahlbänder angewendet. Der größte Teil der in einer Feuerverzinkungslinie zu verarbeitenden Bänder ist kaltgewalzt, nicht geglüht und muß deshalb entweder

- rekristallisierend oder
- normalisierend

behandelt werden. Unter Rekristallisieren ist ein Wärmebehandeln zu verstehen, bei dem die Verfestigung des Stahlbandes, welche infolge einer Kaltformgebung entstanden ist, durch Bildung neuer Kristallisationskeime im Stahl und deren Wachstum beseitigt wird. Bei der normalisierenden Wärmebehandlung wird durch zweifache Umrekristallisierung ein vom Ausgangszustand des Stahles weitgehend unabhängiges, feinkörniges und gleichmäßiges Gefüge erzielt. Temperaturverläufe in den einzelnen Wärmebehandlungszonen einer Glüh-Anlage sind der Tafel 4 zu entnehmen.
Zur Glüh-Anlage gehören, neben den Wärmebehandlungssystemen, zwei weitere Systeme für die Aufrechterhaltung des erforderlichen Bandzuges. Das sind ein am Eingang der Anlage angeordnetes S-Rollen-Aggregat und eine Bandzugmeß-Gerätegruppe. Anstelle der Bandzugmeß-Gerätegruppe, welche sich besonders für dünne Bänder bis etwa 2 Millimeter Dicke bewährt hat, wird in Feuerverzinkungslinien, die im wesentlichen dickere Bänder durchsetzen, oft ein Tänzerrollen-Aggregat eingesetzt. Dieses Aggregat kann kleine Bandzugschwankungen selbständig ausgleichen.
Die Glüh-Anlage der Feuerverzinkungslinie des Bildes 11 setzt sich aus

- S-Rollen-Aggregat,
- Bandzugmeß-Gerätegruppe,

- Vorerhitzer-Aggregat,
- Glüh-Aggregat,
- Halte/Kühl-Aggregat,
- Schnellkühl-Aggregat,
- Kühl-Aggregat und
- Schnellkühl-Aggregat

zusammen.

Das Band mit metallisch reiner Oberfläche und einer Temperatur von etwa 450 °C läuft ohne vorherige Berührung mit Luft in die Verzinkungs-Anlage ein. Innerhalb dieser Anlage wird das Band mit Zink beschichtet und die gewünschte Zinkschichtdicke eingestellt. Beim Feuerverzinken taucht das Band in schmelzflüssiges Zink ein, wird innerhalb des Zinkbades, dessen Temperatur etwa 450 °C beträgt, umgelenkt und verläßt dieses beheizbare Bad des Schmelzofen-Aggregates mit einer dünnen Eisen-Zink-Legierungsschicht sowie darauf haftendem schmelzflüssigen Zink. In nach 1970 in Betrieb genommenen Feuerverzinkugnslinien wird die Dicke und Gleichmäßigkeit der Zinkschicht mit dem "Düsenabstreifverfahren", auch "Jet-Prozeß" genannt, erzielt / 16 bis 21 /. Dabei wird mit Hilfe eines gasförmigen Stoffes, meist Luft, welcher unmittelbar nach dem Zinkbad auf das Band gedüst wird, die überschüssige Zinkmenge in noch schmelzflüssigem Zustande durch ein sogenanntes Verzinkungs-Aggregat abgestreift. Dieses Verfahren machte es im Gegensatz zu dem vorher üblichen "Rollenabquetschverfahren" möglich,

- größere Bandgeschwindigkeiten zu erzielen,
- Zinkschichtdicken kleiner und genauer einzustellen sowie
- auf den beiden Bandseiten unterschiedliche Zinkschichtdicken aufzutragen.

Wenn mit der Linie sogenanntes galvannealtes Band hergestellt werden soll, dann ist oberhalb des Verzinkungs-Aggregates ein in den Bandverlauf einfahrbares Glühofen-Aggregat angeordnet, in welchem das Band kurzzeitig auf etwa 540 °C erwärmt wird. Infolge dieser Erwärmung wird die gesamte aufgetragene Zinkschicht mit dem Eisen des Grundwerkstoffes zu einer festen Eisen-Zink-Legierung umgesetzt.

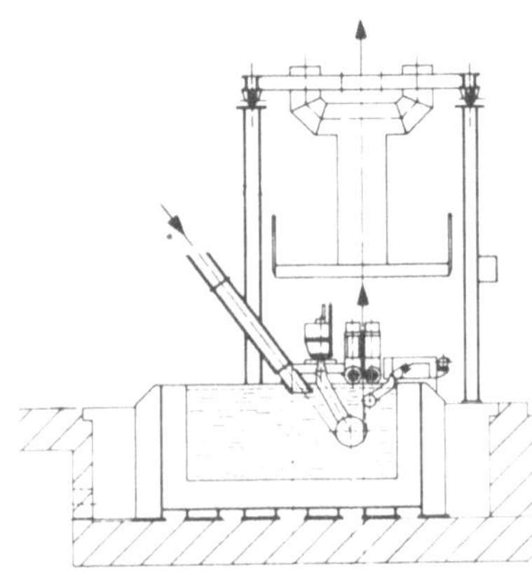

**Bild 14:** Verzinkungsanlage einer Feuerverzinkungslinie für Stahlband.

Die Verzinkungs-Anlage der Feuerverzinkungslinie des Bildes 11 ist in **Bild 14** dargestellt. Diese Anlage besteht aus den Maschinengruppen

- Schmelzofen-Aggregat,
- Verzinkungs-Aggregat, Düsenabstreif-Verfahren, und
- Glühofen-Aggregat.

Nach Verlassen der Verzinkungs-Anlage läuft das Band in die Kühl-Anlage ein. Innerhalb dieser Anlage wird galvannealtes Band von etwa 540 °C und nur verzinktes Band von etwa 450 °C auf ungefähr 50 °C abgekühlt. Die Zinkschicht der nicht galvannealten Bänder muß zunächst aus dem noch schmelzflüssigen Zustand in den festen Zustand bei etwa 420 °C umgewandelt werden. Vor der ersten Umlenkung des Bandes nach dem Verzinken ist es notwendig, die Temperatur des verzinkten Bandes auf etwa 300 °C zu senken. Bei 300 °C ist gewährleistet, daß Schicht und Grundwerkstoff durch die Biegung beim Umlenken nicht geschädigt werden. Das galvannealte Band wird bei etwa 370 °C umgelenkt. Diese Vorgänge laufen in einer senkrechten Kühlstrecke ab. Dabei wird das Band zunächst nur durch Kontakt mit der umgebenden Atmosphäre gekühlt. Vor der ersten Umlenkung ist zur Verkürzung der senkrechten Kühlstrecke im allgemeinen ein Kühl-Aggregat angeordnet, welches durch Aufblasen von Luft auf beide Bandseiten die Bandtemperatur senkt. Bei der beschriebenen Verfahrensweise entstehen auf der Bandoberfläche verhältnismäßig großflächige Zinkkristalle, "Zinkblumen" genannt. Für manche Verwendungszwecke soll die Zinkschicht jedoch aus kleineren und gleichmäßig großen Zinkkristallen bestehen. Derartige Bänder werden hergestellt, indem sie bei Erstarrungstemperatur der Zinkschicht beispielsweise mit einem Luft-Wasser-Gemenge besprüht werden. Dadurch wird die Keimbildung angeregt und es entsteht eine Vielzahl kleiner Zinkkristalle. Diese Funktion wird von einem Zinkblumenunterdrückungs-Aggregat, welches innerhalb der senkrechten Kühlstrecke fahrbar angeordnet ist, ausgeübt. Die Länge der senkrechten Kühlstrecke ist im wesentlichen von der größten Bandbehandlungsgeschwindigkeit abhängig. Am Ausgang der senkrechten Kühlstrecke befindet sich eine steuerbare Umlenkrolle. Dieses Steuerrollen-Aggregat bewirkt den anlagenmittigen Bandlauf innerhalb der Verzinkungs-Anlage. Zur weiteren Kühlung des Bandes blasen bei der in Bild 11 dargestellten Verzinkungslinie sechs waagerecht angeordnete Kühl-Aggregate beidseitig Luft auf das Band. Für den anlagenmittigen Bandverlauf innerhalb der Kühl-Anlage ist nach den Kühl-Aggregaten ein weiteres Steuerrollen-Aggregat angeordnet. Bei manchen Linien wird zur weiteren Temperatursenkung eine zusätzliche Wasserkühlung mit anschließender Trocknung des Bandes eingesetzt.

Teilsysteme der Kühl-Anlage der Linie des Bildes 11 sind die Maschinengruppen

- Zinkblumenunterdrückungs-Aggregat,
- Kühl-Aggregat, Luft, I,
- Steuerrollen-Aggregat,
- Kühl-Aggregat, Luft, II bis VII, sowie
- Steuerrollen-Aggregat.

Der Kühl-Anlage ist eine Formricht-Anlage nachgeordnet. Diese Anlage dient der mechanischen Nachbehandlung verzinkter Stahlbänder und besteht im wesentlichen aus einem Glätt- sowie einem Streckbiegericht-System. Mit diesen beiden Systemen können die Form, Oberflächenbeschaffenheit und mechanischen Eigenschaften der Bänder beeinflußt werden. Formfehler, beispielsweise Rand- und Mittelwellen, eines Bandes können beim Kaltwalzen und/oder innerhalb der Verzinkungslinie infolge ungleichförmiger Beanspruchungen über die Bandbreite sowie bei der Wärmebehandlung durch Änderung der Eigenspannungen des Bandes entstehen. Solche Fehler können mit Hilfe eines Streckbiegericht-Aggregates, dem S-Rollen-Aggregate zur Erzielung des erforderlichen Bandzuges vor- und nachgeordnet sind, berichtigt werden. Vor dem Streckbiegericht-Aggregat befindet sich ein Duo-Walz-Aggregat, welches durch das zwischen diesen beiden Systemen angeordnete S-Rollen-Aggregat vom Streckbiegericht-Aggregat entkoppelt ist. Damit wird die Bandlängung durch das Nachwalzen vom Reckgrad des Streckbiegerichtens getrennt einstellbar und erfaßbar. Dem Duo-Walz-Aggregat vorgeordnet ist ein weiteres S-Rollen-Aggregat, welches das Band durch die vorgelagerten Behandlungssysteme zieht und den Rückzug gegenüber dem Duo-Walz-Aggregat aufrecht hält. Die Hauptaufgabe des Walz-Aggregates ist das Glätten der Zinkschicht. Durch den von den Walzen dieses Aggregates, welches im Schleppbetrieb arbeitet, auf das Band ausgeübten Druck ergibt sich eine sehr gleichmäßige, zinkblumenfreie Oberfläche der verzinkten Bänder. Deshalb ist dieses Aggregat auch nur im Eingriff, wenn Band mit einer solchen Oberflächengüte hergestellt werden soll. Wenn nicht vorgesehen ist, daß eine Feuerverzinkungslinie diese nachgewalzte Güte erzeugen soll, enthält die Linie auch kein Duo-Walz-Aggregat. Weil die mechanische Nachbehandlungsanlage in diesem Falle nur aus den Systemen zum Streckrichten besteht, wird sie dann Streckricht-Anlage genannt.

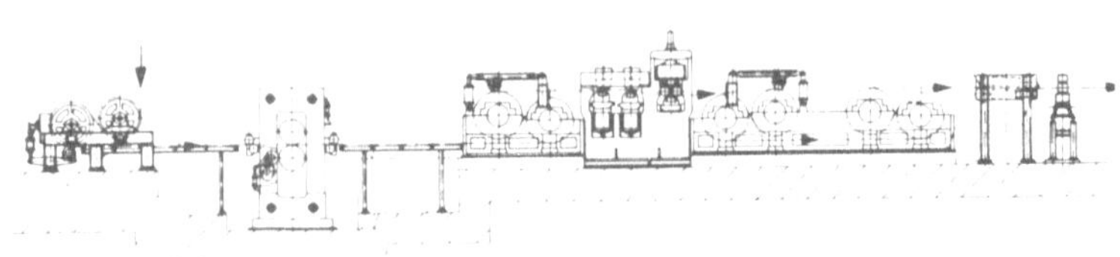

**Bild 15:** Formrichtanlage einer Feuerverzinkungslinie für Stahlband.

Die mit Bild 11 vorgestellte Feuerverzinkungslinie enthält eine Formricht-Anlage, **Bild 15**, bestehend aus

- S-Rollen-Aggregat,
- Duo-Walz-Aggregat,
- S-Rollen-Aggregat,
- Streckbiegericht-Aggregat,
- S-Rollen-Aggregat und
- Meß-Gerätegruppe.

Eine am Ausgang der Anlage angeordnete Meß-Gerätegruppe dient dem Messen der Zinkschichtdicke der Bandober- und Bandunterseite.

In der folgenden Chromatier-Anlage wird das Band chemisch nachbehandelt. Diese Nachbehandlung mit verdünnter Chromsäure bei etwa 60 °C dient der Verbesserung des Korrosionsverhaltens der Zinkschicht. Durch die Chromatierung wird die Gefahr eines Glanzverlustes der Zinkschicht infolge Weißrostbildung bei Transport und Lagerung erheblich gemindert. Unter Weißrost ist ein grauer bis weißlicher Belag aus Zinkhydroxid und Zinkoxid zu verstehen, der sich bildet, wenn die Zinkschicht ohne freien Luftzutritt längere Zeit mit Wasser in Berührung kommt

In der Chromatier-Anlage wird zunächst verdünnte Chromsäure auf das Band gesprüht. Danach wird die überschüssige Behandlungsflüssigkeit mit Hilfe eines Rollenpaares vom Band entfernt und das Band anschließend durch Aufblasen von Luft getrocknet.

Die für diesen Verfahrensschritt benötigten Maschinengruppen sind

- Chromatier-Aggregat und
- Trocknungs-Aggregat.

Der Chromatier-Anlage schließt sich die, entsprechend der Einlaufspeicher-Anlage, waagerecht angeordnete Auslaufspeicher-Anlage an. Die Auslaufspeicher-Anlage bildet einen Puffer zwischen den Behandlungssystemen und der Auslauf-Anlage. Der Puffer wirkt so, daß bei am Anlageneingang konstanter Bandgeschwindigkeit $v_E$ am Anlagenausgang die Bandgeschwindigkeit $v_A$ drei zu unterscheidende Wertebereiche annehmen kann:

$v_A > v_E$,
$v_A < v_E$ und
$v_A = v_E$.

Wenn $v_A$ größer als $v_E$ ist, dann wird der Speicher entleert Bei $v_A$ kleiner als $v_E$ füllt sich der Speicher. Nimmt $v_A$ den gleichen Wert wie $v_E$ an, so ist der Speicher leer. Für das bei $v_A$ ungleich $v_E$ erforderliche Verkleinern oder Vergrößern der Schlingenlänge wird ein Schlingenwagen-Aggregat eingesetzt. Zur Erzielung eines anlagenmittigen Bandverlaufes ist am Ausgang der Speicher-Anlage ein Steuerrollen-Aggregat angeordnet. Damit besteht die waagerechte Auslauf speicher-Anlage aus den Maschinengruppen

- Schlingenwagen-Aggregat und
- Steuerrollen-Aggregat.

Von der Auslaufspeicher-Anlage läuft das Band in die Auslauf-Anlage. Bei der Auslauf-Anlage sind, wie bei der Einlauf-Anlage, im wesentlichen zwei Betriebsweisen zu unterscheiden. Diese beiden Betriebsweisen werden "Normalbetrieb" und "Ausfädelbetrieb" genannt. Beim Normalbetrieb entnimmt die Auslauf-Anlage Band aus der Auslaufspeicher-Anlage. Wenn der Speicher entweder leer ist oder entleert werden muß, ist die Bandgeschwindigkeit in der Auslauf-Anlage entweder gleich oder größer als die Behandlungsgeschwindigkeit. Während des Normalbetriebes wird das Band durch die Einlauf-Anlage gezogen. Hierbei bringt ein Aufwickel-Aggregat zusammen mit dem am Eingang der Auslauf-Anlage angeordneten S-Rollen-Aggregat den notwendigen Bandzug auf. Vor dem Aufwickel-Aggregat befindet sich ein Einöl-Aggregat. Mit dem von diesem Aggregat aufgetragenen Öl kann die Zinkschicht-Oberfläche über einen begrenzten Zeitraum vor Oxidation geschützt werden. Für die Ermittlung der durch das Aufwickel-Aggregat zu wickelnden Bandlänge wird eine Meß-Gerätegruppe eingesetzt, welche nach dem S-Rollen-Aggregat angeordnet ist und erforderlichenfalls auch die Bänder kennzeichnet.

Während des Ausfädelbetriebes wird kein Band aus der Auslaufspeicher-Anlage in die Auslauf-Anlage gefördert. Die Dauer der dabei aus der Sicht der Speicher-Anlage entstehenden Wartezeit hängt von der Art der Auslauf-Anlage ab. Zum Ausfädelvorgang gehören die Tätigkeiten:

- Trennen des gleichsam endlosen Bandes entsprechend dem gewünschten Bundgewicht mit Hilfe eines Scheren-Aggregates, querteilend,
- Aufwickeln des Bandendes mit Unterstützung des Umlenkrollen-Aggregates, welches den zum Wickeln erforderlichen Gegenzug aufbringt, durch das Aufwickel-Aggregat,
- Abschieben des Bundes im Zusammenspiel zwischen Aufwickel-Aggregat und Hubwagen-Aggregat sowie
- Verfahren und Ablegen des Bundes.

Danach folgt das Einfädeln des Anfanges des aufzuwickelnden Bandes im Zusammenspiel zwischen S-Rollen-Aggregat und Aufwickel-Aggregat mit Unterstützung des Umlenkrollen-Aggregates. Zur Verkürzung der Zeiten, in denen die Auslauf-Anlage kein Band aufwickeln kann, sind die technischen Systeme nach dem Scheren-Aggregat, querteilend, im allgemeinen zweifach vorhanden.

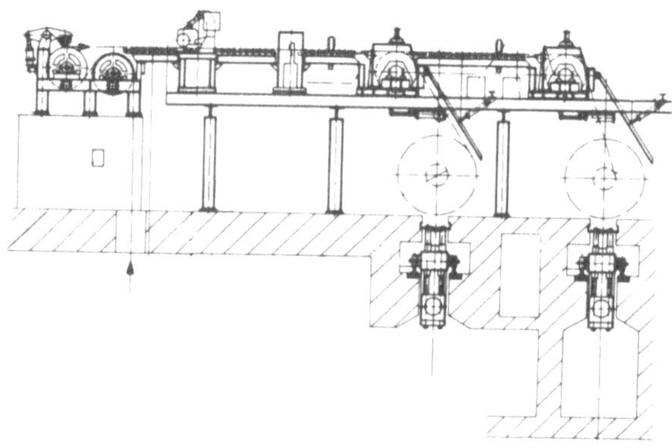

**Bild 16:** Auslaufanlage einer Feuerverzinkungslinie für Stahlband.

Die Auslauf-Anlage der Feuerverzinkungslinie des Bildes 11 ist in **Bild 16** dargestellt und enthält die Teilsysteme

- S-Rollen-Aggregat,
- Meß-Gerätegruppe,
- Scheren-Aggregat, querteilend,
- Umlenkrollen-Aggregat, I,
- Einöl-Aggregat, I,
- Aufwickel-Aggregat, I,

- Hubwagen-Aggregat, I,
- Umlenkrollen-Aggregat, II,
- Einöl-Aggregat, II,
- Aufwickel-Aggregat, II, und
- Hubwagen-Aggregat, II,

welche der Maschinengruppenebene zuzuordnen sind.

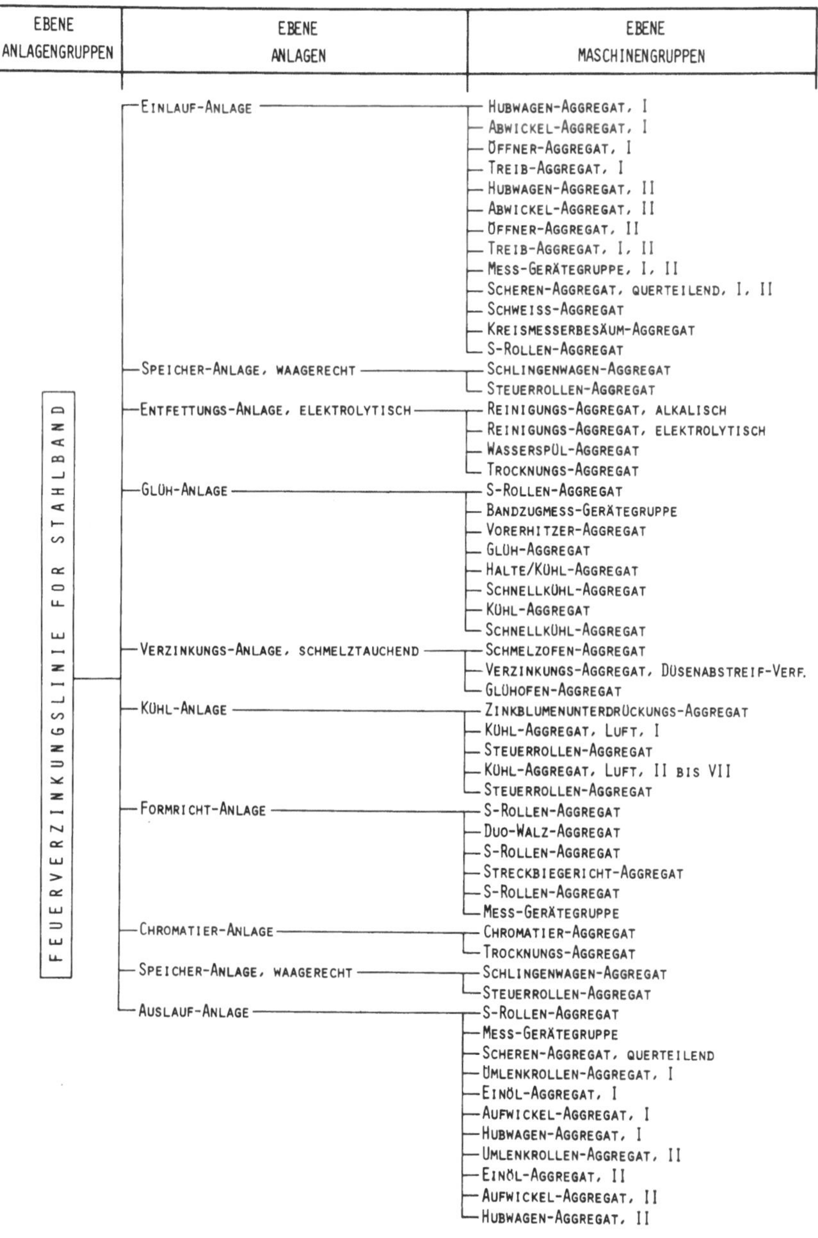


**Tafel 6:** Erzeugnisgliederung der Feuerverzinkungslinie des Bildes 11 in Form einer Aufbauübersicht.

**Tafel 6** zeigt die Erzeugnisgliederung der in Bild 11 dargestellten Feuerverzinkungslinie für Stahlband in Form einer Aufbauübersicht. In dieser Tafel sind die Teilsysteme, Anlagen sowie Maschinengruppen, der Linie ihren Komplexitätsebenen zugeordnet und innerhalb dieser Ebenen, dem Hauptstofffluß (Bandverlauf) folgend, nacheinander aufgelistet.

# 3. Systematisches Projektieren und Konstruieren

Derzeitige Gegebenheiten haben erhebliche Auswirkungen auf die Anlagen-, Maschinen-, Geräte- sowie Apparatebau-Unternehmen und führen zu steigenden Forderungen an diese Unternehmen, **Tafel 7.** Damit besteht ein Zwang zu besserer Nutzung und wirksamer Rationalisierung der Produktionsbereiche in den Unternehmen, die im wesentlichen aus den Projektierungs-, Konstruktions- und Fertigungsbereichen bestehen. In den Fertigungsbereichen wurde ein verhältnismäßig hoher Entwicklungsstand bei gleichzeitiger Rationalisierung und Leistungssteigerung erreicht. Dieser Entwicklungsstand ist beispielsweise durch den Einsatz automatisierter Systeme - NC-Maschinen, Bearbeitungszentren und Transferstraßen - sowie durch ein schrittweises Vorgehen bei der Herstellung technischer Systeme - Fertigung planen, Fertigung vorbereiten und Fertigung durchführen - gekennzeichnet. Ein solches schrittweises Vorgehen - Projektierung sowie Konstruktion planen, Projektierung sowie Konstruktion vorbereiten und Projektierung sowie Konstruktion durchführen - ist auch in den Projektierungs- sowie Konstruktionsbereichen notwendig. In diesen Bereichen sind bis heute keine mit den Fertigungsbereichen vergleichbaren Rationalisierungserfolge und Leistungssteigerungen erzielt worden. Deshalb sind die Projektierungs- und Konstruktionsbereiche zu wesentlichen Engpässen der Unternehmen geworden. Das gilt besonders für die Schwermaschinenbau-Unternehmen mit auftragsgebundener Einzelfertigung, in denen Projektieren und Konstruieren heute noch in hohem Maße durch zufalls- sowie erfahrungsbedingte Intuition der Ingenieure gekennzeichnet ist.

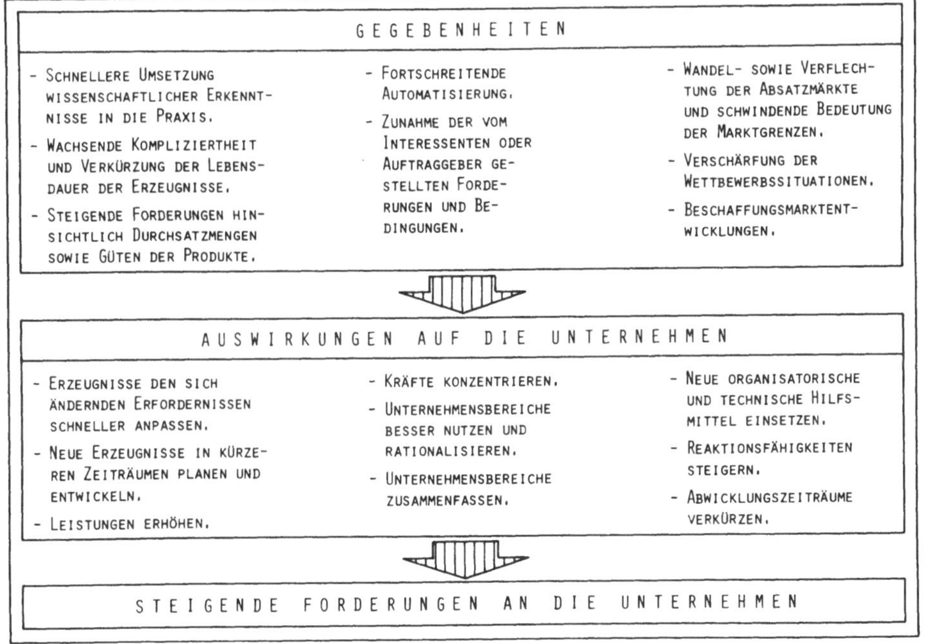


**Tafel 7:** Gegebenheiten bei den Anlagen-, Maschinen-, Geräte- sowie Apparatebauunternehmen und deren Auswirkungen auf diese Unternehmen.

Zur Erfüllung der steigenden Forderungen an die Unternehmen und zur Bewältigung ihrer erheblich erweiterten Aufgaben- sowie Leistungsumfänge ist eine systematische Vorgehensweise nach Regeln, welche den Einsatz neuzeitlicher organisatorischer und technischer Hilfsmittel einschließt, für das Projektieren sowie Konstruieren komplexer technischer Systeme entwickelt worden / 4 bis 7 und 22 bis 29 /.

H. Morsek / 28 / und G. Scheffler / 29 / haben einzelne Schritte des systematischen Konstruierens erfolgreich durchgeführt und im Rahmen ihrer Arbeiten behandelt. Seitdem ist die Projektierungs- und Konstruktionssystematik erheblich weiter entwickelt worden. Diese erweiterte Systematik ist eine wesentliche Voraussetzung sowie Grundlage für das rechnerunterstützte Projektieren und Konstruieren komplexer technischer Systeme. Deshalb wird im folgenden über diese systematische Vorgehensweise berichtet.

Systematisches Projektieren eines technischen Systems ist eine Ingenieurtätigkeit, die in planmäßigem Vorgehen schrittweise nach Regeln durchgeführt wird und von der Aufgabenstellung bis nach der Anfertigung der Angebotsunterlagen reicht.

Systematisches Konstruieren eines technischen Systems ist eine Ingenieurtätigkeit, die in planmäßigem Vorgehen schrittweise nach Regeln durchgeführt wird und von der Aufgabenstellung bis nach der Anfertigung der Erstellungsunterlagen reicht.

Hauptschritte dieser Systematik für das Projektieren sowie Konstruieren sind den **Tafeln 8 und 9** zu entnehmen. Hier wird zunächst zwischen dem Planen, Vorbereiten und Durchführen unterschieden. In der Praxis sind diese Tätigkeiten, die vom Planen zum Vorbereiten sowie diejenigen, welche vom Vorbereiten zum Durchführen der Projektierung oder Konstruktion führen, oft nicht voneinander zu trennen. Deshalb wurde bei diesen drei Unterscheidungsmerkmalen in den Tafeln 8 und 9 eine übergreifende Darstellung gewählt. Das gilt sinngemäß auch für die konkreteren Merkmale

- Aufgabenstellung,
- qualitative Projektierung und
- quantitative Projektierung

beim systematischen Projektieren sowie

- Aufgabenstellung,
- qualitative Konstruktion und
- quantitative Konstruktion

beim systematischen Konstruieren technischer Systeme. Die ersten vier Hauptschritte

- Klärung der Aufgabe,
- Festlegung der logischen Wirkzusammenhänge,
- Festlegung der physikalischen Wirkzusammenhänge und
- Festlegung der konstruktiven Wirkzusammenhänge

sind beim systematischen Projektieren und Konstruieren artgleich.

Im Rahmen der Aufgabenklärung werden die Forderungen und Bedingungen hinsichtlich des zu projektierenden oder zu konstruierenden technischen Systems erarbeitet. Die Gegebenheiten am

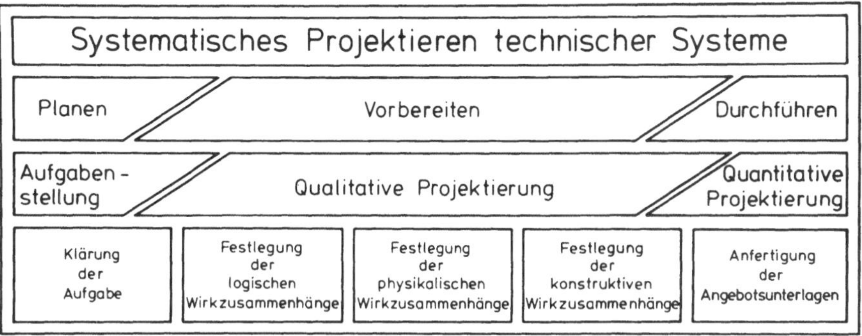


**Tafel 8:** Hauptschritte beim systematischen Projektieren technischer Systeme.

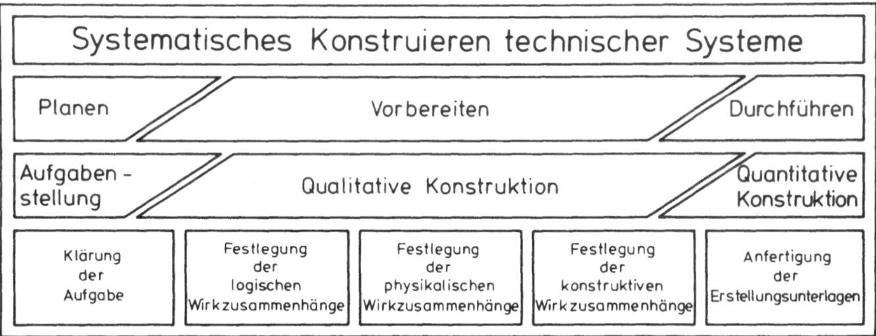


**Tafel 9:** Hauptschritte beim systematischen Konstruieren technischer Systeme.

Ausgang eines technischen Systems sind anders als diejenigen an seinem Eingang, wenn innerhalb des technischen Systems Prozesse ablaufen. Diese Vorgänge können

- abstrakt-logisch,
- durch physikalische Gesetzmäßigkeiten und
- konkret durch das Zusammenspiel der Teilsysteme

erklärt und beschrieben werden. Dementsprechend sind drei Wirkzusammenhänge zu unterscheiden. Dabei beschreiben

- logische Wirkzusammenhänge, **was** geschehen **muß,**
- physikalische Wirkzusammenhänge, **wie** dieses Geschehen ablaufen **kann** und
- konstruktive Wirkzusammenhänge, **welche** gegenständliche Gestaltvariante diesen Ablauf verwirklichen **kann.**

Der fünfte Hauptschritt ist beim systematischen Projektieren die Anfertigung der Angebotsunterlagen und beim systematischen Konstruieren die Anfertigung der Erstellungsunterlagen. Durch die Verbindung der Hauptschritte des systematischen Projektierens und Konstruierens in den Tafeln 8 und 9 mit den nach Komplexitätsgraden geordneten technischen Systemen der Bilder 4 und 5 ergibt sich das **Bild 17.** Hiernach wird beispielsweise beim systematischen Projektieren der Anlagengruppen eines Werkes von den Daten sowie Angebotsunterlagen für das Werk ausgegangen und, auf der Anlagengruppen-Ebene einsetzend, in waagerechter Richtung schrittweise bis zur Fertigstellung der Angebotsunterlagen für die Anlagengruppen vorgegangen. Das sind die Unterlagen, welche dann dem systematischen Projektieren oder Konstruieren der Anlagen dienen. Diese Vorgehensweise wird in den folgenden Ebenen bis zu den Erstellungsunterlagen sowie Daten für die Teilegruppen in der hier nicht dargestellten Ebene unterhalb der Maschinen-, Geräte- und Apparateebene fortgesetzt und endet mit den erstellten Herstellungsunterlagen für die Teile. Dabei wird grundsätzlich vom

- Abstrakten zum Konkreten,
- Gesamten zum Einzelnen und
- übergeordnet zum untergeordnet komplexen System

vorgegangen. Bei dieser Vorgehensweise des systematischen Konstruierens nimmt die Zahl der Daten, auch Informationen genannt, sowohl in waagerechter als auch in senkrechter Richtung zu.

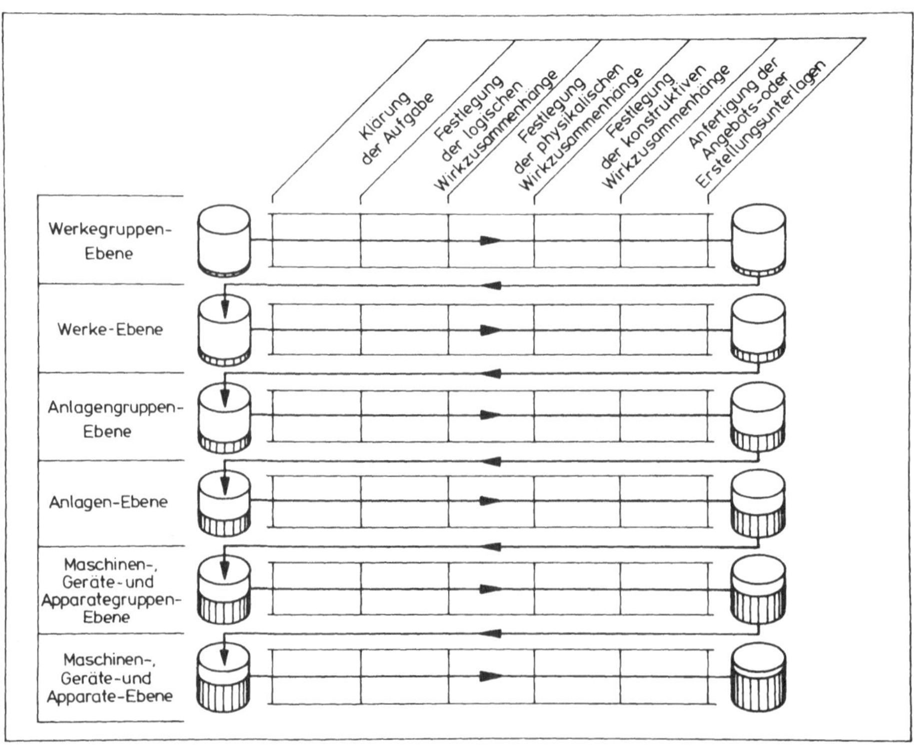


**Bild 17:** Vorgehensweise beim systematischen Projektieren und Konstruieren technischer Systeme.

Die Verknüpfung

- einer stufenweisen Bearbeitung eines technischen Systems über Komplexitätsebenen mit
- einer schrittweisen Bearbeitung auf einer jeden Ebene

bewirkt, daß diese Systematik für das Projektieren sowie Konstruieren komplexer technischer Systeme, beispielsweise Hochofenwerke, Stahlwerke, Walzwerke, Bandbehandlungslinien und Schmiedebetriebe, besonders geeignet ist.
Durch diese Merkmale des stufen- und schrittweisen Projektierens sowie Konstruierens unterscheidet sich die hier behandelte und für den Rechnereinsatz zugrundezulegende Systematik ganz wesentlich von anderen bekannten Konstruktionsmethoden / 30 bis 103 /, welche sich vorzugsweise mit technischen Systemen niedrigerer Komplexität, beispielsweise Teilegruppen, Maschinen, Geräte oder Apparate befassen und/oder als Hilfsmittel für die mehr den Entwicklungsbereichen der Unternehmen zuzuordnende Neukonstruktion technischer Systeme zu verstehen sind.

## 3.1. Klärung der Aufgabe

Bei der Klärung der Aufgabe / 104 / wird von der Aufgabenstellung, auch Anfrage, Pflichten- oder Lastenheft genannt, ausgegangen. Die Praxis hat gezeigt und bestätigt immer wieder, daß Aufgabenstellungen meist unvollständig sowie undeutlich sind. Manchmal ist eine Aufgabenstellung auch mit Fehlern behaftet. Manche Mängel einer Aufgabenstellung lassen sich durch klärende Gespräche mit dem Auftraggeber (Interessent/Kunde) beseitigen, andere Mängel müssen vom Auftragnehmer (Bieter/Hersteller) vorgeklärt und danach mit dem Auftraggeber ausgeräumt werden. Nicht beseitigte Unvollständigkeiten, Undeutlichkeiten oder Fehler einer Aufgabenstellung führen während der Projektierung, Konstruktion sowie weiteren Auftragsabwicklung unter anderem zu Doppelbearbeitungen, Terminüberschreitungen, unvollständigen oder fehlerhaften Angeboten, Berechnungen, Konstruktionen sowie Kalkulationen und letztlich zu Meinungsverschiedenheiten oder gar Rechtsstreiten zwischen Auftraggeber und Auftragnehmer. Hierdurch wird das Betriebsergebnis des Herstellers technischer Systeme in vielen Fällen erheblich beeinflußt. Deshalb ist eine gründliche sowie systematische Klärung der gestellten Aufgabe am Anfang der Durchführung eines Auftrages notwendig. Das dient sowohl dem Auftragnehmer als auch dem Auftraggeber.
Die während der Aufgabenklärung gewonnenen Informationen werden zweckmäßigerweise nach Regeln geordnet und in Anforderungslisten eingetragen. Inhalte und Umfänge solcher Anforderungslisten gehen, mit den durch die Aufgabenklärung gewonnenen Informationen, weit über den Rahmen der Aufgabenstellungen hinaus. Eine mit Abschluß der Aufgabenklärung vom Auftragnehmer fertiggestellte und mit dem Auftraggeber abgestimmte Anforderungsliste ist die Grundlage für das weitere Vorgehen.
Die **Tafeln 10 bis 15** zeigen eine Bearbeitungsleitlinie in Form von Merkmallisten zur Einteilung und Erfassung der während der Erstellung einer Anforderungsliste zu berücksichtigenden sowie

| | MERKMALE ZUR ERSTELLUNG EINER ANFORDERUNGSLISTE | BLATT 1 |
|---|---|---|

1. KUNDENBEZOGENE DATEN

1.1. KENNZEICHNUNG DES KUNDEN
1.1.1. NAME UND ANSCHRIFT
1.1.2. ZUSTAENDIGKEITEN BEIM KUNDEN

1.2. KENNZEICHNUNG DES PROJEKTES/AUFTRAGES
1.2.1. NAME DES PROJEKTES/AUFTRAGES
1.2.2. PROJEKT/AUFTRAGSNUMMER
1.2.3. UMFANG DES PROJEKTES/AUFTRAGES

2. HERSTELLERBEZOGENE DATEN

2.1. KENNZEICHNUNG DES HERSTELLERS
2.1.1. NAME UND ANSCHRIFT
2.1.2. ZUSTAENDIGKEITEN BEIM HERSTELLER

2.2. KENNZEICHNUNG DES PROJEKTES/AUFTRAGES
2.2.1. NAME DES PROJEKTES/AUFTRAGES
2.2.2. PROJEKT/AUFTRAGSNUMMER
2.2.3. UMFANG DES PROJEKTES/AUFTRAGES

2.3. KENNZEICHNUNG DES TECHNISCHEN SYSTEMES
2.3.1. NAME DES TECHNISCHEN SYSTEMES
2.3.2. ZUGEHOERIGKEIT DES TECHNISCHEN SYSTEMES
2.3.3. KOMPLEXITAET DES TECHNISCHEN SYSTEMES
2.3.4. KLASSIFIZIERUNGSNUMMER DES TECHNISCHEN SYSTEMES

2.4. TERMINE
- GEFORDERT
- MOEGLICH

2.5. ZWECKBESCHREIBUNGEN
2.5.1. ZWECKBESCHREIBUNG DES PROJEKTES/AUFTRAGES
2.5.2. ZWECKBESCHREIBUNG DES TECHNISCHEN SYSTEMES

3. STOFFE, ENERGIEN UND SIGNALE

3.1. PRODUKTE (AM AUSGANG DES TECHNISCHEN SYSTEMES)

3.1.1. STOFFE

3.1.1.1. ARTEN

3.1.1.1.1. FORMEN

3.1.1.1.2. GUETEN

3.1.1.1.2.1. AUFBAU
- ZUSAMMENSETZUNG
- GEFUEGE

3.1.1.1.2.2. BESCHAFFENHEIT
- INNERE BESCHAFFENHEIT
- AEUSSERE BESCHAFFENHEIT

3.1.1.1.2.3. EIGENSCHAFTEN
- MECHANISCHE EIGENSCHAFTEN
- PHYSIKALISCHE EIGENSCHAFTEN
- CHEMISCHE EIGENSCHAFTEN
- TECHNOLOGISCHE EIGENSCHAFTEN

3.1.1.2. MENGEN
- ABSOLUTE MENGEN (SOLLMENGEN)
- MENGENVERTEILUNGEN (MENGENGERUESTE)

3.1.2. ENERGIEN

3.1.2.1. ARTEN
3.1.2.1.1. FORMEN
3.1.2.1.2. GUETEN

3.1.2.2. MENGEN

3.1.3. SIGNALE

3.1.3.1. ARTEN
3.1.3.1.1. FORMEN
3.1.3.1.2. GUETEN

3.1.3.2. MENGEN

**Tafel 10:** Leitlinie zur Erstellung der Anforderungslisten.

| | MERKMALE ZUR ERSTELLUNG EINER ANFORDERUNGSLISTE | BLATT 2 |
|---|---|---|

| | | | |
|---|---|---|---|
| 3.2. | PRODUKTE (AM EINGANG DES TECHNISCHEN SYSTEMES) | 3.3. | BETRIEBSMITTEL |
| 3.2.1. | STOFFE | 3.3.1. | STOFFE |
| 3.2.1.1. | ARTEN | 3.3.1.1. | ARTEN |
| 3.2.1.1.1. | FORMEN | 3.3.1.1.1. | FORMEN |
| 3.2.1.1.2. | GUETEN | 3.3.1.1.2. | GUETEN |
| 3.2.1.1.2.1. | AUFBAU<br>- ZUSAMMENSETZUNG<br>- GEFUEGE | 3.3.1.2. | MENGEN |
| 3.2.1.1.2.2. | BESCHAFFENHEIT<br>- INNERE BESCHAFFENHEIT<br>- AEUSSERE BESCHAFFENHEIT | 3.3.2. | ENERGIEN |
| | | 3.3.2.1. | ARTEN |
| | | 3.3.2.1.1. | FORMEN |
| | | 3.3.2.1.2. | GUETEN |
| | | 3.3.2.2. | MENGEN |
| 3.2.1.1.2.3. | EIGENSCHAFTEN<br>- MECHANISCHE EIGENSCHAFTEN<br>- PHYSIKALISCHE EIGENSCHAFTEN<br>- CHEMISCHE EIGENSCHAFTEN<br>- TECHNOLOGISCHE EIGENSCHAFTEN | 3.3.3. | SIGNALE |
| | | 3.3.3.1. | ARTEN |
| | | 3.3.3.1.1. | FORMEN |
| | | 3.3.3.1.2. | GUETEN |
| 3.2.1.2. | MENGEN<br>- ABSOLUTE MENGEN (SOLLMENGEN)<br>- MENGENVERTEILUNGEN (MENGENGERUESTE) | 3.3.3.2. | MENGEN |
| | | 4. | ZEITEN |
| 3.2.2. | ENERGIEN | 4.1. | ZEITBILANZEN<br>- KALENDERZEIT (BEZUGSZEITRAUM)<br>- BETRIEBSZEIT<br>- STILLSTANDSZEIT<br>- NUTZUNGSZEIT<br>- UNTERBRECHUNGSZEIT<br>- NUTZUNGSHAUPTZEIT<br>- NUTZUNGSNEBENZEIT |
| 3.2.2.1. | ARTEN | | |
| 3.2.2.1.1. | FORMEN | | |
| 3.2.2.1.2. | GUETEN | | |
| 3.2.2.2. | MENGEN | | |
| 3.2.3. | SIGNALE | | |
| 3.2.3.1. | ARTEN | 4.2. | ZEITGRADE<br>- NUTZUNGSGRAD<br>- VERFUEGBARKEITSGRAD<br>- VERLUSTZEITGRAD |
| 3.2.3.1.1. | FORMEN | | |
| 3.2.3.1.2. | GUETEN | | |
| 3.2.3.2. | MENGEN | | |

**Tafel 11:** Leitlinie zur Erstellung der Anforderungslisten (Fortsetzung I).

| | MERKMALE ZUR ERSTELLUNG EINER ANFORDERUNGSLISTE | BLATT 3 |
|---|---|---|

5. UMWELT- UND SYSTEMEINFLUESSE

5.1. UMWELTEINFLUESSE

5.1.1. GEOGRAPHISCHE EINFLUESSE

5.1.1.1. LAGE

5.1.1.2. BESTEHENDE VERKEHRSVERBINDUNGEN
- SEESCHIFFAHRTSWEGE
- BINNENSCHIFFAHRTSWEGE
- SCHIENENWEGE
- STRASSEN
- FLUGHAEFEN

5.1.1.3. ZULIEFERMAERKTE

5.1.1.4. ABSATZMAERKTE

5.1.2. KLIMATISCHE EINFLUESSE
- LUFTTEMPERATUR
  - TAG/NACHT
  - SOMMER/WINTER
- LUFTFEUCHTIGKEIT
  - TAG/NACHT
  - REGENZEIT/TROCKENZEIT
- LUFTDRUCK
- LUFTBEWEGUNG
  - WINDSTAERKEN
  - WINDRICHTUNGSVERTEILUNG
- LUFTANALYSE
  - ZUSAMMENSETZUNG
  - BESONDERE BEIMISCHUNGEN
    - GASE
    - AEROSOLE

5.1.3. GEOLOGISCHE EINFLUESSE

5.1.3.1. BODENVERHAELTNISSE
- BODENART
- BODENGESTALT
- BODENBESCHAFFENHEIT
- ABGRABUNGEN (BERGBAU)

5.1.3.2. ROHSTOFF- UND ENERGIEVORKOMMEN

5.1.3.3. SEISMIZITAET

5.1.4. BIOLOGISCHE GEGEBENHEITEN
- LANDSCHAFTSSCHUTZGEBIET
- TIERSCHUTZGEBIET
- SCHAEDLINGE

5.1.5. GEGEBENHEITEN DURCH BENACHBARTE TECHNISCHE SYSTEME
- ERSCHUETTERUNGEN
- DUNST
- STAUB
- CHEMISCH AKTIVE SUBSTANZEN
- LAERM

5.1.6. EINFLUESSE DURCH MENSCHEN

5.1.6.1. ARBEITSMARKT
- BESCHAEFTIGUNGSNIVEAU
- LOHNKOSTENNIVEAU
- AUSBILDUNGSNIVEAU

5.1.6.2. BEVOELKERUNG
- SIEDLUNGSDICHTE
- OEFFENTLICHE MEINUNG

5.1.6.3. POLITISCHE STRUKTUR UND WIRTSCHAFTSSTRUKTUR
- STAATSFORM
- WIRTSCHAFTSFORM
- INDUSTRIELLE UND GEWERBLICHE NUTZUNG
- LAND- UND FORSTWIRTSCHAFTLICHE NUTZUNG

5.2. SYSTEMEINFLUESSE

**Tafel 12:** Leitlinie zur Erstellung der Anforderungslisten (Fortsetzung II).

| | MERKMALE ZUR ERSTELLUNG EINER ANFORDERUNGSLISTE | BLATT 4 |
|---|---|---|

6. UMWELT- UND SYSTEMBEZOGENE BEDINGUNGEN

6.1. UMWELTBEZOGENE BEDINGUNGEN

6.1.1. ABFALLBESEITIGUNG (DEPONIE)

6.1.2. IMMISSIONSSCHUTZ

6.1.2.1. REINHALTUNG DER LUFT

6.1.2.2. REINHALTUNG DES WASSERS
- GRUNDWASSER
- BINNENGEWAESSER
- KUESTENGEWAESSER
- HOHE SEE

6.1.2.3. REINHALTUNG DES BODENS

6.1.2.4. REINHALTUNG VON NATUR UND LANDSCHAFT

6.1.2.5. EINSCHRAENKUNG VON BELASTUNGEN DURCH
- SCHALL
- ERSCHUETTERUNGEN
- WAERME
- STRAHLEN
- GERUECHE

6.2. SYSTEMBEZOGENE BEDINGUNGEN

6.2.1. ART UND UMFANG VON KUNDENBEISTELLUNGEN

6.2.2. BESONDERE EIGENSCHAFTEN VON SYSTEMEN HINSICHTLICH
- AUSBAUFAEHIGKEIT
- UMRUESTBARKEIT
- WECHSELBARKEIT
- AUSTAUSCHBARKEIT VON TEILSYSTEMEN UNTEREINANDER

6.2.3. ZUSAETZLICH GEFORDERTE FUNKTIONEN UND TEILSYSTEME

6.2.4. FESTLEGUNG BESTIMMTER UNTERLIEFERANTEN FUER ZUKAUFSYSTEME

6.2.5. ZUSAETZLICHE SICHERHEITSVORKEHRUNGEN

6.2.6. BESONDERE BERECHNUNGEN ZU TEILSYSTEMEN UND TEILEN

6.2.7. DATEN, DIE AUFGRUND DURCHGEFUEHRTER PROJEKTIERUNGS- ODER KONSTRUKTIONSARBEITEN DIE VARIATIONSMOEGLICHKEITEN BEGRENZEN.

6.2.8. DATEN, DIE ERFAHRUNGSGEMAESS ZUR BERECHNUNG DER TEILSYSTEME NOTWENDIG SIND:
- TECHNOLOGISCHE GRENZWERTE
- FUER DIE BERECHNUNGEN ERFORDERLICHE CHARAKTERISTISCHE DATEN
- SYSTEMSPEZIFISCHE KONSTANTEN

**Tafel 13:** Leitlinie zur Erstellung der Anforderungslisten (Fortsetzung III).

| | MERKMALE ZUR ERSTELLUNG EINER ANFORDERUNGSLISTE | BLATT 5 |
|---|---|---|

7. PROJEKTIERUNGS- UND KONSTRUKTIONSBEDINGUNGEN

7.1. FESTLEGUNG VON BERECHNUNGSGAENGEN
- VERFAHREN
- REIHENFOLGE
- AUSFUEHRUNG

7.2. VERWENDUNG VON NORM- UND SERIENTEILEN

7.3. BERUECKSICHTIGUNG VON BAUREIHEN UND BAUKASTENSYSTEMEN

7.4. ALLGEMEINE AUSFUEHRUNGSBESTIMMUNGEN

7.4.1. AESTHETISCHE EIGENSCHAFTEN
- FORM
- FARBE
- STRUKTUR

7.4.2. GEBRAUCHSEIGENSCHAFTEN
- BEDIENBARKEIT
- ZUGAENGLICHKEIT
- UEBERSICHTLICHKEIT

7.5. AUSFUEHRUNG DER DOKUMENTATION
- UMFANG
- AUSFUEHRLICHKEIT
- AUFBAU
- SPRACHE

8. SONSTIGE TECHNISCHE BEDINGUNGEN

8.1. FERTIGUNGSBEDINGUNGEN

8.1.1. BEDINGUNGEN AN DIE FERTIGUNGSBEREICHE
- FERTIGUNGSORTE
- FERTIGUNGSVERFAHREN
- AUSFUEHRUNG DER BEARBEITUNG

8.1.2. BEDINGUNGEN VON DEN FERTIGUNGSBEREICHEN
- HERSTELLBARE GROESSEN UND GEWICHTE DER WERKSTUECKE
- MOEGLICHE TOLERANZEN UND GUETEN
- ZU BEVORZUGENDE FERTIGUNGSVERFAHREN

8.2. ZUSAMMENBAU-, VERSAND- UND MONTAGEBEDINGUNGEN

8.2.1. BEDINGUNGEN AN DIE ZUSAMMENBAU- UND MONTAGEBEREICHE

8.2.1.1. AUFTEILUNG DER ERFORDERLICHEN ARBEITEN AUF WERKSTATT UND BAUSTELLE

8.2.1.2. BERUECKSICHTIGUNG DER BETRIEBLICHEN ERFORDERNISSE SOWIE GEGEBENHEITEN AM AUFSTELLUNGSORT
- ZULAESSIGE STOERUNGEN DES LAUFENDEN BETRIEBES
- BEVORZUGTE MONTAGEZEITEN (WERKSFERIEN, LAENGERE PLANMAESSIGE WARTUNGSZEITEN)

8.2.1.3. AUFTEILUNG DER LEISTUNGEN UND BEISTELLUNGEN FUER DIE MONTAGE
- PERSONAL
- VERWALTUNGS- UND SOZIALEINRICHTUNGEN
- NACHRICHTENVERBINDUNGEN
- LAGER- UND ARBEITSBEREICHE
- FOERDERMITTEL
- MONTAGEAUSRUESTUNGEN UND WERKZEUGE
- ENERGIEN
- VERBRAUCHSSTOFFE

8.2.2. BEDINGUNGEN VON DEN ZUSAMMENBAU- UND MONTAGEBEREICHEN

8.2.2.1. VERFUEGBARE TECHNISCHE MOEGLICHKEITEN
- STAND DER AUTOMATISIERUNG
- RAEUMLICHE UND GEWICHTSBEZOGENE EINSCHRAENKUNGEN
- VORHANDENE WERKZEUGE UND EINRICHTUNGEN

**Tafel 14:** Leitlinie zur Erstellung der Anforderungslisten (Fortsetzung IV).

| | MERKMALE ZUR ERSTELLUNG EINER ANFORDERUNGSLISTE | BLATT 6 |
|---|---|---|

8.2.3. BEDINGUNGEN AN DIE VERSANDBEREICHE
- VERSANDART (TRANSPORTMITTEL)
- VERSANDWEG
- VERPACKUNG, SICHERUNG UND SCHUTZ
- VERANTWORTLICHKEIT FUER DEN VERSAND

8.2.4. BEDINGUNGEN VON DEN VERSANDBEREICHEN
- EINSCHRAENKUNG DER GEWICHTE
- EINSCHRAENKUNG DER ABMESSUNGEN

8.3. INBETRIEBNAHME- UND BETRIEBSBEDINGUNGEN

8.3.1. INBETRIEBNAHMEBEDINGUNGEN

8.3.1.1. BEDINGUNGEN VON DEN INBETRIEBNAHMEBEREICHEN
- RESERVE- UND ERSATZTEILE
- FUNKTIONAL SELBSTAENDIGE BAUEINHEITEN

8.3.1.2. FESTLEGUNG VON INBETRIEBNAHMEBEDINGUNGEN ZWISCHEN HERSTELLER UND KUNDEN
- VERANTWORTLICHKEIT
- PERSONAL
- EINSATZSTOFFE
- BETRIEBSMITTEL
- VORRICHTUNGEN
- BEEINFLUSSUNG DER PRODUKTION ANDERER TECHNISCHER SYSTEME
- KNOW-HOW-VERMITTLUNG

8.3.2. BETRIEBSBEDINGUNGEN

8.3.2.1. BETRIEBSBEDINGUNGEN DES KUNDEN AN DEN HERSTELLER
- BETREIBEN DES TECHNISCHEN SYSTEMS DURCH DEN HERSTELLER ODER VON IHM BEAUFTRAGTE FIRMEN UEBER DEN ZEITRAUM DER INBETRIEBNAHME HINAUS
- UEBERWACHUNG DES BETRIEBSABLAUFS DURCH DEN HERSTELLER
- BERATUNG DES KUNDEN DURCH DEN HERSTELLER
- ART UND DAUER VON GEWAEHRLEISTUNGEN
- RESERVE- UND ERSATZTEILE

8.3.2.2. BETRIEBSBEDINGUNGEN DES HERSTELLERS AN DEN KUNDEN

8.4. PRUEFUNGS- UND ABNAHMEBEDINGUNGEN
- HINREICHEND GENAUE BEZEICHNUNG DER PRUEFGEGENSTAENDE
- ART DER PRUEFUNGEN
  - WERKSTOFFPRUEFUNGEN
  - SICHERHEITSPRUEFUNGEN
  - FUNKTIONSPRUEFUNGEN
  - BETRIEBSFUNKTIONSPRUEFUNGEN
  - BETRIEBSPRUEFUNGEN
  - LEISTUNGSNACHWEISE
- ORTE UND ZEITPUNKTE DER PRUEFUNGEN
- MESSVERFAHREN UND MESSSTELLEN
- PRUEFANFORDERUNGEN
  - BELASTUNGEN
  - DAUER
- ZULAESSIGE ABWEICHUNGEN DURCH
  - MESSFEHLER
  - SYSTEMBEDINGTE GEGEBENHEITEN
- ART DER DOKUMENTATION UND GLAUBHAFTMACHUNG VON PRUEFERGEBNISSEN
- PRUEFENDE INSTANZEN/PERSONEN

9. ANSCHLUSS- UND SCHNITTSTELLENBEDINGUNGEN

9.1. ANSCHLUSSBEDINGUNGEN

9.2. SCHNITTSTELLENBEDINGUNGEN

**Tafel 15:** Leitlinie zur Erstellung der Anforderungslisten (Fortsetzung V).

zu verdeutlichenden Fragenkomplexe und Fragen. Entsprechend diesen Merkmallisten sind, nach Festlegung der kunden- und herstellerbezogenen Daten, Aussagen über

- Stoffe, Energien und Signale,
- Zeiten,
- Umwelt- und Systemeinflüsse,
- umwelt- und systembezogene Bedingungen,
- Projektierungs- und Konstruktionsbedingungen,
- Fertigungsbedingungen,
- Zusammenbau-, Versand- und Montagebedingungen,
- Inbetriebnahme- und Betriebsbedingungen,
- Prüfungs- und Abnahmebedingungen sowie
- Anschluß- und Schnittstellenbedingungen

möglichst genau darzulegen und durch Zahlen sowie Maßeinheiten zu verdeutlichen. Wenn das nicht möglich ist, dann sind verbale Aussagen klar, eindeutig und leicht verständlich zu formulieren.

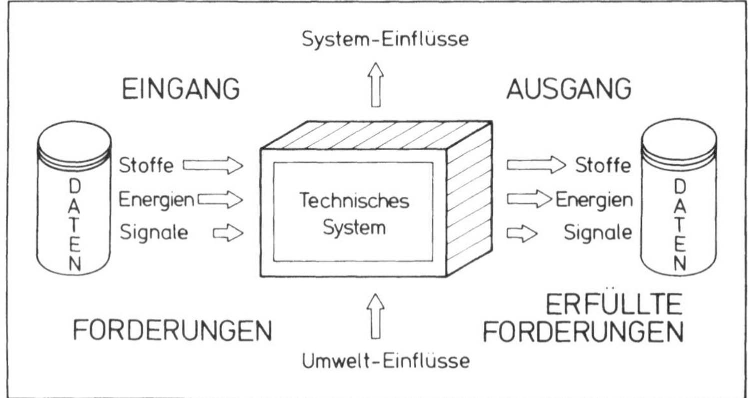


**Bild 18:** Allgemeine Darstellung eines technischen Systems als "Schwarzer Kasten" mit Bezeichnungen zur Verdeutlichung der Aus- und Eingangsdaten sowie Umwelt- und Systemeinflüsse.

Während der Aufgabenklärung wird das zu projektierende oder zu konstruierende technische System abstrakt als "Schwarzer Kasten" betrachtet, **Bild 18.** Bei der Betrachtung des "Schwarzen Kastens" wird zunächst zwischen dem Aus- sowie Eingang und damit zwischen den an diesen Grenzen des technischen Systems gegebenen Informationen unterschieden. Ausgangsdaten sind meist vorrangig, weil mit der Aufgabenstellung oft nur erfüllte Forderungen in Form von Daten über Qualität sowie Quantität von Stoffen, Energien und/oder Signalen, welche das zu bearbeitende technische System verlassen, gegeben werden. Aus den erfüllten Forderungen am Ausgang des technischen Systems können Forderungen am Eingang des Systems hergeleitet werden. Es ist auch eine Herleitung in umgekehrter Richtung möglich. Somit sind am Eingang

eines Systems Forderungen gestellt und an seinem Ausgang diese Forderungen erfüllt.
In stoffdurchsetzenden technischen Systemen zu Produktionszwecken einzusetzende Stoffe werden als Einsatz- oder Eingangsstoffe und die ein solches System verlassenden Stoffe als Produkte oder Ausgangsstoffe bezeichnet. Die darüberhinaus zur Aufrechterhaltung des Betriebsablaufes notwendigen Stoffe, Energien und/oder Signale sind Betriebsmittel. Aus praxisorientierter Sicht sind für stoffdurchsetzende technische Systeme die Energien besonders wichtig, welche zur Erzeugung oder Aufrechterhaltung eines technischen Verfahrensablaufes dienen. Das sind beispielsweise Antriebsenergien oder Energien zur Temperaturerhöhung.

Nach Klärung der geforderten Stoff-, Energie- und/oder Signal-Flüsse sowie -Umsätze, deren Qualitäts- und Quantitätsmerkmale am Aus- und Eingang des technischen Systems Arten sowie Mengen sind, werden Zeiten ermittelt. Die hier behandelten Zeiten beziehen sich auf das Betriebsverhalten der technischen Systeme und sind keine Termine.

Unter der Umwelt eines technischen Systems sind alle Gegebenheiten in seiner vorgesehenen oder tatsächlichen Umgebung zu verstehen, mit denen das System mittelbar sowie unmittelbar in Wechselwirkungen steht oder treten kann. Diese Wechselwirkungen müssen beim Projektieren und Konstruieren technischer Systeme berücksichtigt werden. Dabei sind einerseits die Umwelt- und Systemeinflüsse und andererseits die umwelt- und systembezogenen Bedingungen zu unterscheiden. Umwelteinflüsse sind Gegebenheiten, die von der Umwelt auf das technische System wirken. Systemeinflüsse sind Gegebenheiten, die von dem System auf die Umwelt wirken. Umwelteinflüsse gehen beispielsweise von

- geographischen,
- klimatischen,
- geologischen,
- biologischen und/oder
- technischen

Gegebenheiten sowie vom Menschen aus. Bei der Einteilung der Daten über Umwelteinflüsse müssen Komplexität sowie Zugehörigkeit des zu bearbeitenden technischen Systems beachtet werden. Der Tafel 12 sind Merkmale zu entnehmen, die insbesondere bei der Projektierung, beispielsweise eines Hüttenwerkekombinates (Werkegruppe), zu berücksichtigen sind.
Systemeinflüsse haben ihren Ursprung in dem technischen System. Deshalb können die Wirkungen der Systemeinflüsse erst dann ermittelt werden, wenn die konstruktive Ausführung des Systems festgelegt ist. Die Wirkungen der Systemeinflüsse sind aber bei der Aufgabenklärung aufgrund ihrer Kenntnis bei ähnlichen, schon verwirklichten technischen Systemen zumindest teilweise quantifizierbar und zum großen Teil qualifizierbar. Eine Liste der Systemeinflüsse kann im allgemeinen nach den gleichen Merkmalen wie diejenige der Umwelteinflüsse eingeteilt werden.

Umweltbezogene Bedingungen grenzen die zu erwartenden Systemeinflüsse auf die Umwelt ein und sind Vereinbarungen, Verpflichtungen, Bestimmungen sowie Abmachungen zwischen Vertragspartnern oder Vertragspartnern und Dritten. Zur vollständigen Erfassung dieser Bedingungen ist die Kenntnis von damit in Zusammenhang stehenden, einzuhaltenden Gesetzen und anderen Vorschriften erforderlich. Umweltbezogene Bedingungen können von

- dem Auftraggeber (Kunden),
- technischen Fachverbänden,
- dem Staat,
- zwischenstaatlichen Organisationen,
- nichtstaatlichen internationalen Organisationen und
- privaten nationalen Organisationen

festgelegt werden.
Systembezogene Bedingungen sind Vereinbarungen, Verpflichtungen, Bestimmungen und Abmachungen, die sich unmittelbar auf bestimmte technische Systeme beziehen. Sie verringern oft die Lösungsvielfalt und begrenzen dadurch die Handlungsfreiheit des Projekteurs sowie Konstrukteurs. Einerseits können diese Bedingungen den Arbeitsaufwand beim Projektieren sowie Konstruieren verkleinern, indem beispielsweise bestimmte konstruktive Lösungen oder Teilsysteme vorgegeben werden. Andererseits können solche Bedingungen den Arbeitsaufwand vergrößern, wenn beispielsweise durch vorgegebene konstruktive Lösungen oder technische Teilsysteme umfangreiche Aufwendungen zur Anpassung sowie Integration in Gesamtsysteme notwendig werden. Systembezogene Bedingungen können von

- dem Auftraggeber (Kunden),
- Fachverbänden,
- dem Staat und
- dem Auftragnehmer (Hersteller)

sowie aufgrund von Arbeitsergebnissen aus vorgeordneten Komplexitätsebenen festgelegt werden.

Projektierungs- und Konstruktionsbedingungen sind Vereinbarungen, Verpflichtungen, Bestimmungen und Abmachungen, die sich auf Art, Umfang und Ausführung der Arbeitsgänge und -ergebnisse beim Projektieren und Konstruieren beziehen. Diese Bedingungen können sich sowohl auf beide Tätigkeiten, als auch nur auf eine dieser Tätigkeiten beziehen.

Bei den Fertigungsbedingungen sind die vom Kunden an die Fertigungsbereiche zu stellenden Bedingungen und die von den Fertigungsbereichen an die Projektierungs- und Konstruktionsbereiche zu stellenden Bedingungen voneinander zu unterscheiden.

Technische Systeme werden aus ihren Bestandteilen in zwei grundsätzlich voneinander zu unterscheidenden Zeitabschnitten zusammengesetzt. Im ersten Zeitabschnitt wird das System oder Teilsystem nach Beendigung der Teilefertigung in der Werkstatt zusammengebaut. Dieser Abschnitt wird im allgemeinen Zusammenbau genannt. Der zweite Zeitabschnitt, in dem das technische System auf der Baustelle errichtet wird, heißt Baustellenmontage, kurz Montage genannt. Manchmal werden Teilsysteme in der Werkstatt oder auf der Baustelle vormontiert und als fertige Baugruppen in das Gesamtsystem eingesetzt. Die Teile eines Systems werden im

allgemeinen nach der Fertigung nur soweit zusammengebaut, wie dies für die im Fertigungsbereich notwendigen Funktions- und Abnahmeprüfungen erforderlich ist. Danach werden sie zu versandgerechten Baugruppen, die, soweit möglich, gleich den vorher zusammengebauten Teilsystemen sein sollten, zusammengestellt und durch zweckentsprechende Verpackung vor Beschädigung bei Handhabung, Transport sowie Lagerung geschützt. In dieser Form werden die Systeme, Teilsysteme oder Teile zur Baustelle bewegt. Diese Tätigkeit, einschließlich Planung, Überwachung und Abwicklung aller Vorgänge, welche erforderlich sind, das technische System oder seine Teilsysteme und Teile vom Fertigungs- oder Versandort zum Aufstellungs- oder Montageort (zur Baustelle) zu bewegen, wird Versand genannt. Der Ablauf dieser Tätigkeiten ist durch Versandbedingungen geregelt. Während und nach Beendigung der folgenden Montage sowie Inbetriebnahme des Systems werden im allgemeinen weitere Abnahmeprüfungen gemäß den dafür geltenden Abnahmebedingungen durchgeführt.
Bei den Zusammenbau-, Versand- und Montagebedingungen sind, ebenso wie bei den Fertigungsbedingungen, Bedingungen von den Bereichen und solche an die mit diesen Aufgaben befaßten Unternehmensbereiche zu unterscheiden.

Die Inbetriebnahme eines technischen Sytems erfolgt nach Abschluß der Montage und erfolgreichen Betriebsfunktionsprüfungen, die beispielsweise bei Stahlstrang-Gießanlagen ohne flüssigen Stahl oder bei Walzstraßen ohne Einsatzstoffe durchgeführt werden. Mit der ersten zu gießenden Schmelze oder der ersten Walzung beginnt die Inbetriebnahme von Gießanlagen oder Walzstraßen. Während der Inbetriebnahmezeit, die sich über einen mehr oder weniger langen Zeitraum, je nach Erfordernissen und Vereinbarungen, hinziehen kann, werden verschiedenartige Betriebsprüfungen bei unterschiedlichen Nennbelastungen durchgeführt. Dabei wird auch die Leistungsfähigkeit des technischen Systems geprüft. Nach geprüfter Leistungsfähigkeit wird der Leistungsnachweis erbracht. Dieser Nachweis bezieht sich einerseits auf das technische System und andererseits auf die Produktion. Mit erfolgreicher Beendigung des Leistungsnachweises geht im allgemeinen die Verantwortlichkeit für das technische System von dem Hersteller auf den Kunden über. Dieser Übergang wird auch Gefahrenübergang genannt. Danach beginnt der Betrieb des technischen Systems.
Inbetriebnahmebedingungen können

- vom Inbetriebnahmebereich an die Projektierungs- oder Konstruktionsbereiche,
- vom Kunden an den Inbetriebnahmebereich und
- vom Inbetriebnahmebereich an den Kunden

gestellt werden.
Nach erfolgreich erbrachtem Leistungsnachweis beginnt im allgemeinen der Betrieb des technischen Systems. Dazu sind Bedingungen einerseits des Herstellers an den Kunden und andererseits des Kunden an den Hersteller festzulegen.

Technische Systeme und deren Teile müssen vor, während und nach ihrer Verwirklichung dahingehend geprüft werden, ob sie den beim Projektieren sowie Konstruieren festgelegten Anforderungen und Bedingungen genügen. Solche erfolgreich durchgeführten Prüfungen werden Abnahmen genannt. **Bild 19** ist zu entnehmen, daß verschiedenartige Prüfungen zu unterscheiden sind. Diese werden bei den Herstellungstätigkeiten in den unterschiedlichsten Komplexitätsebenen durchgeführt. Dabei wird beim Prüfen sowie Abnehmen technischer Systeme und deren Teile - im Gegensatz zur Vorgehensweise beim systematischen Projektieren und Konstruieren - beginnend mit dem Rohling oder Teil vom untergeordneten zum übergeordneten komplexen System vorgegangen. Bei den Prüfungen und Abnahmen beispielsweise eines Kaltwalzwerkes werden zunächst Werkstoffe geprüft. Über die Prüfung der Teile, Teilegruppen, Maschinen, Maschinengruppen und Anlagen wird schließlich der Nachweis der Leistungsfähigkeit der Anlagengruppen und damit des Werkes erbracht.

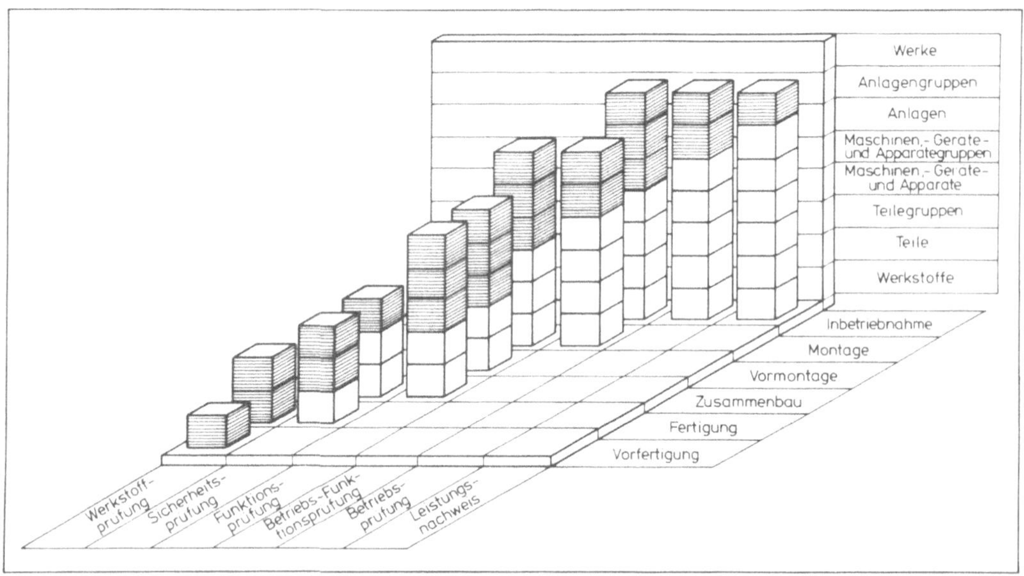


**Bild 19:** Prüfungen der Bestandteile, Teile und Teilsysteme eines Werkes während seiner schrittweisen Verwirklichung.

Anschlußstellen und Schnittstellen dienen bei einem technischen System oder einem seiner Teile der eindeutigen Abgrenzung gegen seine Umgebung. Dabei sind unter Umgebung sowohl die Gegebenheiten der natürlichen Umwelt als auch benachbarte technische Systeme oder Teile zu verstehen. "Schnittstellenbedingungen" und deren Befolgung sind Voraussetzungen für die Berechnung sowie Gestaltung technischer Systeme beim systematischen Projektieren und Konstruieren unter Zugrundelegung ihrer Einteilbarkeit in Komplexitätsebenen. Die Beachtung der "Anschlußbedingungen" erleichtert den Vorgang des Einfügens eines fertigen Systems in seine Umgebung. Gleichzeitig grenzen diese Bedingungen die Verantwortungsbereiche der Kunden von denjenigen der Hersteller bei der Erstellung des technischen Systems ab.

Als Anschlußbedingungen werden alle erforderlichen Informationen bezeichnet, welche die Anschlußstellen sowie mit ihnen zusammenhängende Gegebenheiten unmißverständlich beschreiben. Somit können die organisatorischen Einheiten des Kunden und diejenigen des Herstellers in selbständigen Arbeitsabläufen ohne Kenntnis der Arbeitsmethoden, Problemlösungen und Zwischenergebnisse des jeweiligen Partners zu Ergebnissen gelangen, die miteinander vereinbar, zusammenpassend und widerspruchsfrei sind. Sie bilden gleichzeitig die Grundlage zur Festlegung des Liefer- oder Leistungsumfanges und damit zur Formulierung des Angebotes oder Auftrages. Die genannten Informationen können sowohl organisatorische als auch technische Daten beinhalten.

Beim Projektieren oder Konstruieren technischer Systeme sind meist mehrere Komplexitätsebenen zu bearbeiten. Dabei nimmt der Datenumfang während der Bearbeitung eines Gesamtsystems von einer Ebene in die jeweils nachgeordnete Ebene zu. Weil zur Bearbeitung eines Gesamtsystems der Datenumfang in überschaubaren Grenzen gehalten werden muß und jedes Teilsystem gleichsam unabhängig von anderen Teilsystemen zu projektieren oder zu konstruieren ist, werden im Rahmen der Aufgabenklärung alle auf der jeweiligen Komplexitätsebene zu bearbeitenden technischen Systeme durch eindeutig zu definierende Schnittstellenbedingungen voneinander gelöst.

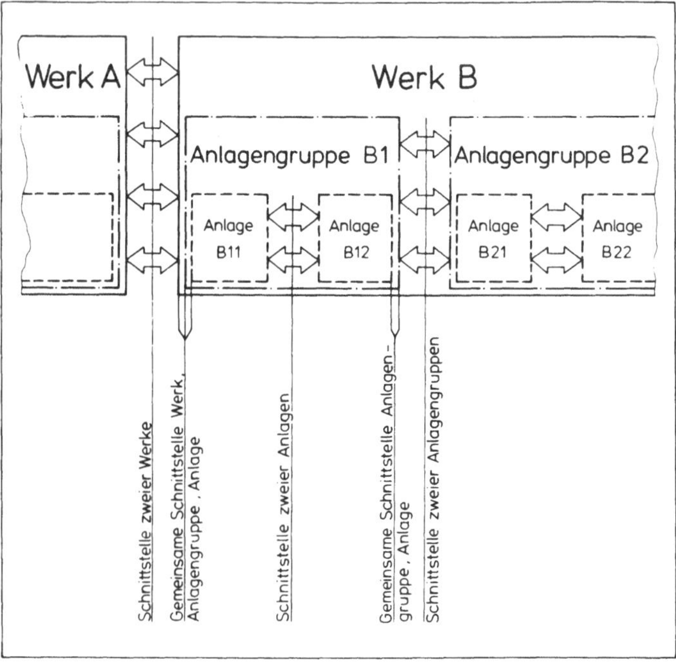


**Bild 20:** Schematische Darstellung von Schnittstellen zwischen zwei Werken und ihren Anlagengruppen sowie Anlagen.

Schnittstellenbedingungen beschreiben zum Beispiel die Zeit- und Durchsatzmengenbilanzen zwischen den Anlagengruppen zur Berechnung stoffdurchsetzender technischer Systeme auf der Anlagenebene oder den Zusammenhang zwischen Spannungen, Dehnungen, Biegewechselbelastungen und Temperaturen eines durchzusetzenden Stoffes an den Grenzen der Anlagen des gleichen Gesamtsystems auf der Maschinengruppenebene. Schnittstellenbedingungen sind auf die jeweilige Komplexitätsebene zu beziehen. Demzufolge sind Schnittstellenbedingungen verschiedener Komplexitätsebenen unterschiedlich voneinander. Das gilt auch dann, wenn sie sich auf dieselbe Schnittstelle beziehen, **Bild 20.**

Schnittstellen sind keine ursächlichen gegenständlichen Bestandteile technischer Systeme, sondern sind konkrete Denkmodelle, die der Erleichterung sowie Vereinfachung der Projektierungs- und Konstruktionstätigkeiten dienen. Mit Abschluß der Bearbeitung aller Teilsysteme in einer Komplexitätsebene, unter Einhaltung der Schnittstellenbedingungen, gehen die Schnittstellen zwischen den Teilsystemen im Gesamtsystem auf und verlieren ihre Bedeutung für das technische System. Damit sind die Teilsysteme sozusagen fugenlos miteinander verbunden und bilden wieder eine Einheit.

## 3.2. Festlegung der logischen Wirkzusammenhänge

Bei der Klärung der Aufgabe wurde das technische System bildhaft als schwarzer Kasten dargestellt. Das einzig Bekannte waren die Forderungen an seinem Eingang und die erfüllten Forderungen an seinem Ausgang. Was dabei im Inneren des Kastens vorging, war unbekannt und bisher auch unwesentlich. Bildlich gesprochen wird bei der Festlegung logischer Wirkzusammenhänge erstmals der Deckel des schwarzen Kastens gelüftet. Damit wird ein erstes Erkennen seines Inneren möglich und die grundlegende funktionelle Struktur des technischen Systems kann ermittelt und dargestellt werden.

Die verdeutlichte und vervollständigte Aufgabenstellung ist in der Anforderungsliste niedergelegt. Davon wird zur Festlegung der logischen Wirkzusammenhänge / 105 bis 109 / ausgegangen. Jede einzelne Anforderung muß berücksichtigt werden, nichts darf ausgelassen, nichts hinzugefügt werden. Zur Festlegung logischer Wirkzusammenhänge wird im wesentlichen ermittelt,

- welche Eingangsgrößen des technischen Systems innerhalb des Systems Änderungen erfahren müssen,
- welcher Art diese Änderungen zu sein haben,
- welche Auswirkungen die Änderungen auf andere Größen haben und welche Voraussetzungen erfüllt sein müssen, damit die Änderungen möglich werden.

Die Arbeitsweise bei der Festlegung logischer Wirkzusammenhänge ist im Vergleich zu den folgenden Hauptschritten des systematischen Projektierens und Konstruierens sehr abstrakt und stellt besondere Ansprüche an das diskursive Denken des Bearbeiters. Aufgrund dieser besonderen Ansprüche ist es unerläßlich bei dem Hauptschritt der Festlegung logischer Wirkzusammenhänge mit äußerster Sorgfalt und ständiger Selbstkontrolle zu arbeiten. Dabei ist es hilfreich, stets bewußt in kleinen Schritten vorzugehen und alle Ideenassoziationen, die nur schwer oder gar nicht kontrolliert zu vergegenwärtigen sind, zu erkennen und sorgfältig zu prüfen. Das wird beispielsweise erreicht, indem alle Gedanken erst einmal in Zweifel gezogen

und nicht nur Argumente dafür, sondern auch dagegen in Rechnung gestellt werden.
In diesem Zusammenhang stoßen zwei gegensätzliche Forderungen aufeinander. Einerseits kann eine möglichst hohe Abstraktionsstufe die Fehler, welche durch assoziative gedankliche Verknüpfungen einfliessen, weitgehend vermeiden helfen. Andererseits sollen die anzuwendenden Vorgehensweisen für jeden Anwender verständlich und praxisnah sein, ohne dabei Unsicherheiten, Verständnisschwierigkeiten und Unzuordbarkeiten hervorrufen.

Unter logischen Wirkzusammenhängen ist die Gesamtheit der Ursachen zu verstehen, die eine Änderung von Größen innerhalb eines technischen Systems bewirken. Jeder einzelnen Ursache entspricht eine logische Funktion. Eine solche Funktion beschreibt die Beziehung zwischen Ein- und Ausgangsgrößen. Eine logische Funktion ist vollständig festgelegt, wenn ihre Ein- und Ausgangsgrößen, die Art der Beziehung zwischen diesen Größen sowie die zur Funktionserfüllung notwendigen Voraussetzungen am Ein- und Ausgang bekannt sind. Stoffe, Energien und Signale sowie Stoffflüsse, Energieflüsse und Signalflüsse werden in diesem Zusammenhang "Grundgrößen" genannt. Zur Erleichterung des Arbeitens mit logischen Funktionen können diese Grundgrößen aus zwei verschiedenen Blickwinkeln gesehen und unterteilt werden:

- Alle Grundgrößen können hier idealisiert in der Weise betrachtet werden, daß sie aus
  - einem statischen Anteil und
  - einem dynamischen Anteil

  zusammengesetzt sind. Bei sogenannten "statischen Grundgrößen" ist der dynamische Anteil Null. Grundgrößen, die einen dynamischen Anteil haben, der größer als Null ist, sollen "zeitbezogene Grundgrößen" genannt werden.
- Daneben können Grundgrößen, statische und zeitbezogene, in anderer Weise idealisiert so betrachtet werden, daß sie aus
  - einem quantitativen Anteil und
  - einem qualitativen Anteil

  bestehen.

Logische Funktionen können somit auf

- verschiedene Grundgrößen, also Stoffe, Energien, Signale und deren Flüsse, sowie
- statische, dynamische, qualitative und/oder quantitative Anteile dieser Grundgrößen

bezogen sein. Daneben können unter Umständen zwei logische Funktionen durch die Anzahl ihrer Ein- und Ausgangsgrößen unterschieden werden. Wesentliche logische Funktionen, Begriffserklärungen und Sachverhalte, insbesondere für die Bearbeitung stoffdurchsetzender technischer Systeme, sind den **Tafeln 16 und 17** zu entnehmen. Darin sind die

- Funktionsbegriffe,
- zugehörigen Bildzeichen,
- Kurzbeschreibungen der Beziehungen sowie
- miteinander verknüpften Größen

zusammengestellt. Den logischen Funktionen der Tafeln 16 und 17 liegt ein für die praxisgerechte Anwendung im Konstruktions- und Projektierungsbereich höchster, noch sinnvoller

Abstraktionsgrad zugrunde. Je nach Art der Konstruktionsaufgabe ist es aber nicht immer notwendig, so abstrakt zu formulieren. Denn die Formulierung der logischen Wirkzusammenhänge soll so abstrakt wie nötig, nicht aber so abstrakt wie möglich sein.

Die Anwendung hoher Abstraktionsstufen ist besonders dann zweckmäßig, wenn Neues gefunden

| Logische Funktionen | Beziehungen zwischen Ein-und Ausgangsgrößen | In Beziehung gesetzte Größen am Eingang | | am Ausgang |
|---|---|---|---|---|
| umwandeln 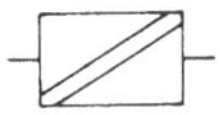 | Umsetzung einer Grundgrösse in eine andere Grundgrösse. | ein Stoff<br>eine Energie<br>eine Energie<br>ein Signal | →<br>→<br>→<br>→ | eine Energie<br>ein Stoff<br>ein Signal<br>eine Energie |
| wandeln 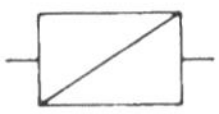 | Änderung des qualitativen Anteiles oder der Güte einer Grundgrösse (Überführen einer verfügbaren Grösse in einen der Aufgabe entsprechenden, nutzbaren Zustand). | ein Stoff<br>eine Energie<br>ein Signal | →<br>→<br>→ | ein Stoff<br>eine Energie<br>ein Signal |
| verbinden 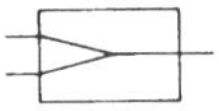 | Änderung des qualitativen Anteiles oder der Güte durch Zusammensetzen von Grössen (Koppeln von für die Aufgabe nützlichen Eigenschaften durch Kopplung der Träger dieser Eigenschaften). | zwei oder mehr verschiedene Stoffe<br>zwei oder mehr verschiedene Energien<br>zwei oder mehr verschiedene Signale | →<br>→<br>→ | ein Stoff<br>eine Energie<br>ein Signal |
| trennen 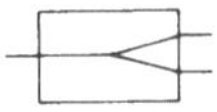 | Änderung des qualitativen Anteiles oder der Güte durch Zerlegen zusammengesetzter Grössen. | ein Stoff<br>eine Energie<br>ein Signal | →<br>→<br>→ | zwei oder mehr verschiedene Stoffe<br>zwei oder mehr verschiedene Energien<br>zwei oder mehr verschiedene Signale |
| vergrößern/ verkleinern 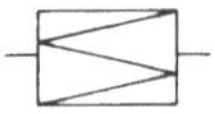 | Änderung des quantitativen Anteiles, der Menge oder des absoluten Betrages einer Grundgrösse. | ein Stoff<br>ein Stofffluss<br>eine Energie<br>ein Energiefluss<br>ein Signal<br>ein Signalfluss | →<br>→<br>→<br>→<br>→<br>→ | ein Stoff<br>ein Stofffluss<br>eine Energie<br>ein Energiefluss<br>ein Signal<br>ein Signalfluss |
| fügen 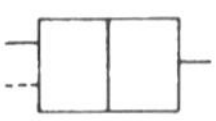 | Erhöhung des quantitativen Anteiles oder der Menge infolge Kopplung mehrerer Grundgrössen. | zwei oder mehr Stoffe<br>zwei oder mehr Energien<br>zwei oder mehr Signale<br>zwei oder mehr Flüsse | →<br>→<br>→<br>→ | ein Stoff<br>eine Energie<br>ein Signal<br>ein Fluss |

**Tafel 16:** Bezeichnungen, Bildzeichen und zusammenfassende Beschreibungen logischer Funktionen.

werden soll, also bei der

- Entwicklung neuartiger technischer Systeme ohne Vorbilder (Neukonstruktion),
- Verbesserung bekannter technischer Systeme (Verbesserungskonstruktion) sowie
- Ermittlung neuer Anwendungsmöglichkeiten für vorhandene technische Systeme (Diversifikationskonstruktion).

| Logische Funktionen | Beziehungen zwischen Ein-und Ausgangsgrößen | In Beziehung gesetzte Größen am Eingang | am Ausgang |
|---|---|---|---|
| teilen | Verminderung des quantitativen Anteiles oder der Menge durch Zerlegen einer Grundgrösse. | ein Stoff<br>eine Energie<br>ein Signal<br>ein Fluss | zwei oder mehr Stoffe<br>zwei oder mehr Energien<br>zwei oder mehr Signale<br>ein, zwei oder mehr Flüsse |
| zeitwandeln | Änderung des dynamischen Anteiles einer zeitabhängigen Grundgrösse. | ein Stofffluss<br>ein Energiefluss<br>ein Signalfluss | ein Stofffluss<br>ein Energiefluss<br>ein Signalfluss |
| führen | Festlegung der Freiheitsgrade zeitabhängiger Grössen (Erzwingen eines vorgegebenen, definierten Weges). | Stofffluss<br>Energiefluss<br>Signalfluss | Stofffluss<br>Energiefluss<br>Signalfluss |
| leiten | Erzwingen, erhalten oder ermöglichen der Bewegung einer zeitabhängigen Grundgrösse (Antreiben, Bewegen). | Stofffluss<br>Energiefluss<br>Signalfluss | Stofffluss<br>Energiefluss<br>Signalfluss |
| zuführen | Verbindung des Systems mit einer gedachten unendlichen Quelle. | | Stoff<br>Stofffluss<br>Energie<br>Energiefluss<br>Signal<br>Signalfluss |
| wegführen | Verbindung des Systems mit einer gedachten unendlichen Senke. | Stoff<br>Stofffluss<br>Energie<br>Energiefluss<br>Signal<br>Signalfluss | |
| | | | |

**Tafel 17:** Bezeichnungen, Bildzeichen und zusammenfassende Beschreibungen logischer Funktionen (Fortsetzung).

Wenn es das ausdrückliche Ziel der Konstruktionsaufgabe ist,

- an bekannten Vorbildern weitgehend orientierte Lösungen zu finden (Vorbildkonstruktion),
- durch Rückgriff auf vorhandene Unterlagen schon gebauter Teilsysteme variante Konstruktionslösungen aus bereits konstruierten Elementen zusammenzusetzen (Variantenkonstruktion) oder
- technische Systeme ausschließlich durch das Zusammenstellen der Elemente eines Baukastens zu gestalten (Baukastenkonstruktion),

dann ist im allgemeinen eine weniger abstrakte Formulierung logischer Wirkzusammenhänge vorteilhaft. Dabei können logische Funktionen vereinfachend als grundlegende, vom technischen System auszuführende Tätigkeiten ausgedrückt werden. Die in den Tafeln 16 und 17 enthaltenen logischen Funktionen sind in ihrer gezeigten Darstellungsform auf allen Komplexitätsebenen anwendbar.
Bei der Ermittlung und Festlegung logischer Funktionen wird sinnvollerweise mit der Bearbeitung der Informationen, die den im System vorherrschenden Durchsatz (Hauptfluß) beschreiben, begonnen; das sind bei vorwiegend stoffdurchsetzenden technischen Systemen die stoffbezogenen Daten. Wenn beispielsweise das zu projektierende oder zu konstruierende technische System eine Feuerverzinkungslinie für Stahlband ist - diese Festlegung kann entweder durch den Kunden oder durch die Ergebnisse der vorgeordneten Komplexitätsebene, in diesem Falle die Anlagengruppenebene, getroffen worden sein -, dann wird "Stahlband mit flüssigem Zink verbinden" zur Hauptfunktion. Danach können unter Berücksichtigung der Anforderungen und Bedingungen, ausgehend von der Hauptfunktion, weitere Funktionen ermittelt werden.
Wenn das technische System mehrere Betriebsweisen auszuüben hat, oder wenn die Herstellung mehrerer Produkte berücksichtigt werden muß, dann sollten die Funktionen für diese einzelnen Betriebsweisen sowie Produkte in mehreren Arbeitsgängen, getrennt voneinander, ermittelt werden. In gleicher Weise werden die logischen Funktionen für Energien und Signale erarbeitet.

Zur Erzielung einer logischen Folge der Funktionen ist es notwendig, diese Funktionen sinnvoll zu ordnen. Aus den geordneten logischen Funktionen ergeben sich die logischen Funktionsketten. Nach dem Bezug der in ihnen enthaltenen Funktionen auf Stoffe, Energien und Signale können logische Funktionsketten in stoffbezogene, energiebezogene und signalbezogene Ketten eingeteilt werden. Aufgrund ihrer äußeren Erscheinungsform lassen sich einfache und verzweigte Ketten unterscheiden. Von einfachen logischen Funktionsketten wird dann gesprochen, wenn alle Funktionen der Kette in einer Reihe nacheinander angeordnet sind. Dabei hat jede Funktion in der Kette, mit Ausnahme der ersten, nur einen unmittelbaren Vorgänger sowie, mit Ausnahme der letzten Funktion, nur einen unmittelbaren Nachfolger. Verzweigte logische Funktionsketten sind dadurch gekennzeichnet, daß sie Funktionen enthalten, die unmittelbar mit zwei oder mehr weiteren Funktionen verbunden sind. Innerhalb der Funktionsketten bestehen also Verzweigungen und/oder Zusammenführungen.

Durch Zusammenfassung der logischen Funktionsketten für Stoffe, Energien und Signale entsteht der logische Funktionsplan. Mit diesem Plan kann das Zusammenwirken der in einem System bestehenden Flüsse und damit das Betriebsverhalten des technischen Systems übersichtlich dargestellt werden. Zur Erstellung des logischen Funktionsplanes wird von der logischen Funktionskette des Hauptflusses ausgegangen. An die Kette des Hauptflusses werden die logischen Funktionsketten der Nebenflüsse angetragen. Bei einem komplexen technischen System ergibt sich oft eine verhältnismäßig komplizierte logische Funktionskette für den Hauptfluß sowie je eine oder mehrere kurze, weniger komplizierte Ketten für die Nebenflüsse, **Bild 21.**

Eine weitere Möglichkeit, logische Funktionsketten miteinander zu verbinden, stellt das logische Funktionsnetz dar. Ein solches Netz entsteht durch das Zusammenfassen der logischen Funktionsketten, die von der Bearbeitung eines technischen Systems auf mehreren aufeinanderfolgenden Komplexitätsebenen herrühren. Im Hinblick auf die Erhaltung der Übersichtlichkeit werden Funktionsnetze zweckmäßigerweise für stoff-, energie- und signalbezogene Funktionen getrennt dargestellt.

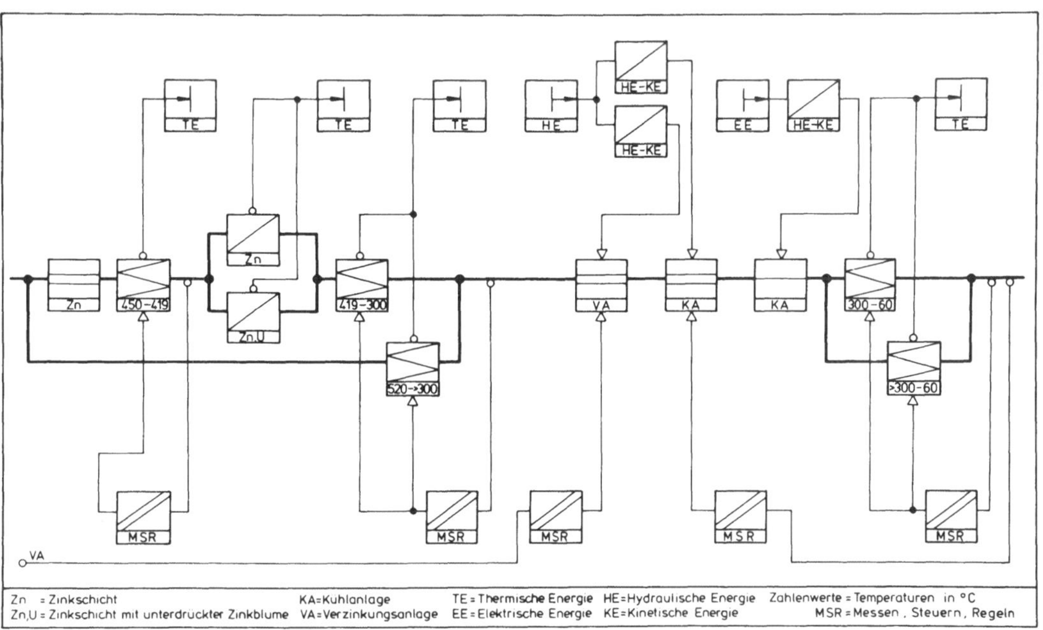


**Bild 21:** Vereinfachter logischer Funktionsplan der Kühlanlage einer Feuerverzinkungslinie.

## 3.3. Festlegung der physikalischen Wirkzusammenhänge

Die Festlegung physikalischer Wirkzusammenhänge / 110 bis 114 / ist ein wichtiges Bindeglied zwischen der durch logische Funktionen abstrakt formulierten Aufgabe und der durch konstruktive Wirkzusammenhänge festzulegenden Gestalt des gegenständlichen Erzeugnisses. Hierbei werden die im Rahmen der Festlegung logischer Wirkzusammenhänge ermittelten Beziehungen durch naturgesetzliche Gegebenheiten konkretisiert. Damit können bereits vor der konstruktiven Gestaltung des technischen Systems die in ihm zu verwirklichenden Verfahrensabläufe berücksichtigt werden.

Die bei der Festlegung physikalischer Wirkzusammenhänge zu berücksichtigenden Wirksamkeiten können Gegenstand verschiedener Wissenschaftsbereiche, beispielsweise der

- Physik,
- Chemie oder
- Biologie,

sein.

Einerseits beruhen die Vorgänge sowie Zusammenhänge in technischen Systemen im wesentlichen auf physikalischen Gegebenheiten. Andererseits bedienen sich andere Wissenschaftsbereiche oft physikalischer Methoden und ihre wissenschaftlichen Arbeitsergebnisse sind häufig mit physikalischen Gesetzen beschreibbar. Deshalb und der Kürze wegen wird im folgenden bei der Behandlung physikalischer, chemischer, biologischer oder ähnlicher Wirkzusammenhänge nur von physikalischen Wirkzusammenhängen gesprochen.

Zur Festlegung der physikalischen Wirkzusammenhänge wird von logischen Wirkzusammenhängen, die in Form logischer Funktionspläne oder logischer Funktionsketten für Stoffe, Energien und/oder Signale festgelegt wurden, ausgegangen. Physikalischen Wirkzusammenhängen liegen einzelne Wirksamkeiten zugrunde. Das sind physikalische Effekte oder physikalische Funktionen. Als physikalische Funktionen werden diese Wirksamkeiten dann bezeichnet, wenn sie zur Erfüllung einer bestimmten Aufgabe - das ist hier das Erzwingen einer logischen Funktion - angewendet werden. Physikalische Funktionen sind also zweckgebunden. Das dritte Newtonsche Axiom (actio = reactio), nach dem jede Kraft eine gleichgroße, ihr entgegengerichtete Reaktionskraft erzeugt, ist eine physikalische Wirksamkeit. Diese Wirksamkeit nutzt ein Flößer, der seine Muskelkraft über eine Stange auf den Grund überträgt und so, mit Hilfe der Reaktionskraft, sein Floß vorwärts treibt. Das dritte Newtonsche Axiom ist aber stets, auch ohne eine zweckgebundene Nutzung durch Menschen, gültig. Es besteht und bestand auch unabhängig von seiner Entdeckung und Beschreibung durch Isaac Newton. Deshalb sind physikalische Wirksamkeiten, welche ohne Bezug auf eine konkrete Aufgabenstellung betrachtet werden, im folgenden als physikalische Effekte bezeichnet. Physikalische Effekte sind also zweckfrei. Durch Anwendung auf eine bestimmte Aufgabe wird ein physikalischer Effekt zu einer physikalischen Funktion.

Physikalische Effekte werden manchmal auch als "Physikalische Grundprinzipien", "Sätze der Physik", "physikalische Gesetzmäßigkeiten" oder "Naturgesetze" bezeichnet. Beispiele hierfür sind die Hauptsätze der Thermodynamik, der Impulssatz, der Hebeleffekt, das Gravitationsgesetz, die Stoßgesetze, das Hookesche Gesetz, der Doppler-Effekt, das Huygensche Prinzip der Wellenausbreitung und der Carnotsche Kreisprozeß. Diese Vorstellung von physikalischen Effekten ist im Rahmen des systematischen Projektierens und Konstruierens komplexer technischer Systeme in Richtung auf

- Gesetzmäßigkeiten anderer naturwissenschaftlicher Bereiche sowie
- vollständige, unter einem feststehenden Begriff bekannt gewordene Verfahren

zu erweitern. Beispiele für diese erweiterte Vorstellung physikalischer Effekte sind biologische Verfahren zur Abwasserreinigung und Abfallbeseitigung, das Niederdruckverfahren nach Ziegler zur Herstellung von Polyäthylen, die Verfahren zur Sodaherstellung nach Leblanc oder Solvay, das Hochofenverfahren zur Herstellung von Roheisen, das Purofer-Verfahren und das Midrex-Verfahren für die Herstellung von Eisenschwamm, das LD-Verfahren zur Erzeugung von Rohstahl sowie das Sendzimir-Verfahren zum Feuerverzinken von Stahlband.
Die Wirkung einer physikalischen Funktion ist stets an einen Funktionsträger gebunden. Je nach Art der Funktion kann der Funktionsträger stofflich und/oder energetisch sein. Der Funktionsträger gibt der Funktion eine reale Erscheinungsform. Besonders beim Konstruieren niedrigkomplexer technischer Systeme und Teile ist die Wahl des Werkstoffes von entscheidender Bedeutung für die Festlegung des Funktionsträgers. Gleichzeitig sind Funktionsträger oft eine wesentliche Hilfe zur Verbesserung des Verständnisses und der Anschaulichkeit von Wirkzusammenhängen. Beispielsweise ist ein Hebel einfacher vorstellbar als das Hebelprinzip.

Physikalische Wirksamkeiten - sowohl Effekte als auch Funktionen - können grundsätzlich mit

- Worten,
- Bildern oder Bildzeichen und/oder
- mathematischen Methoden

dargestellt sowie beschrieben werden. Bei der Bearbeitung physikalischer Wirkzusammenhänge im Rahmen des systematischen Projektierens und Konstruierens technischer Systeme ist die Darstellung und Beschreibung der Funktionen mit mathematischen Methoden besonders bedeutsam. Dabei können aufgrund ihrer äußeren Erscheinungsform zwei Darstellungsarten,

- Größengleichungen und
- Nomogramme,

unterschieden werden. Grundlagen zur Erstellung sowohl von Größengleichungen als auch von Nomogrammen können

- Meßreihen,
- theoretische Ableitungen und/oder
- Erfahrungswerte

sein.

Im Rahmen der Festlegung physikalischer Wirkzusammenhänge werden zunächst für jede logische Funktion der logischen Funktionskette oder des Funktionsplanes physikalische Effekte, die zu deren Erfüllung geeignet sind, ermittelt. Dazu ist es sinnvoll, mit den logischen Funktionen des Hauptflusses zu beginnen. Das sind bei stoffdurchsetzenden technischen Systemen diejenigen der stoffbezogenen logischen Funktionskette. Diese Funktionen sind in der Reihenfolge zu bearbeiten, die durch die logische Funktionskette vorgegeben ist. Danach sind in entsprechender Weise die Ketten der Nebenflüsse zu behandeln.

Physikalische Effekte können über Effektkataloge ermittelt werden. Sie sind auch dem Fachschrifttum sowie den Projektierungs- und Konstruktionsunterlagen zu entnehmen. Allerdings ist die Darlegung physikalischer Effekte in solchen Unterlagen oft nicht unmittelbar zur Anwendung beim systematischen Projektieren und Konstruieren geeignet. Zuordnungen, beispielsweise zu logischen Funktionen oder Komplexitätsebenen technischer Systeme, müssen in der Regel vom Bearbeiter selbst getroffen werden. Kennzeichnende und abgrenzende Daten zu einem physikalischen Effekt sind oft aus verschiedenen Unterlagen zu entnehmen.
Bereits während der Ermittlung physikalischer Effekte können durch Einsatz günstiger Ermittlungsverfahren die Eigenschaften der zu projektierenden oder zu konstruierenden technischen Systeme verbessert werden. Seit langem bekannte Effekte können durch Anwendung auf neue Aufgaben zu bisher unbekannten physikalischen Funktionen führen. Ein solches Vorgehen wird "physikalische Funktionsdiversifikation" genannt. Bei der Ermittlung physikalischer Effekte ist es also sinnvoll, nicht nur den eigenen, bereits bekannten sowie oft weitgehend ausgeschöpften Erfahrungsbereich, sondern zumindest auch angrenzende Fachgebiete heranzuziehen und zu berücksichtigen.
Eine andere Möglichkeit der Anwendung physikalischer Effekte, als allgemein üblich, ist manchmal durch die Nutzung ihrer Nebenwirkungen gegeben. Beispiele hierfür sind die sogenannten "Abfallprodukte" der Raumfahrttechnik oder die Nutzung der kinetischen und thermischen Energie von Abgasen in Verbrennungsmotoren mit Turboladern.

Mehrere physikalische Effekte können zur Erfüllung derselben Aufgabe, das ist hier das Erzwingen einer logischen Funktion, geeignet sein. Aus solchen Effekten gebildete physikalische Funktionen werden variant genannt. Physikalische Funktionen sind somit Varianten wenn sie zur Erfüllung derselben Aufgabe geeignet und vorgesehen sind. Von zwei physikalischen Effekten, die bei der Anwendung auf eine bestimmte Aufgabenstellung zu Varianten werden, kann bei der Betrachtung ihrer Anwendbarkeit auf eine andere Aufgabenstellung unter Umständen nur eine zu einer physikalischen Funktion führen. Das Freiform-Schmiedeverfahren und das Blockwalzverfahren sind beispielsweise im Hinblick auf die Aufgabe "nach dem Blockgießverfahren hergestellte Stahlblöcke für das Stabstahl- und Drahtwalzen kleiner Erzeugungsmengen vorbereiten" als variante physikalische Funktionen zu behandeln. Wegen der begrenzten Durchsatzleistung beim Freiform-Schmieden ist es nicht sinnvoll, Schmiedeverfahren zur Herstellung von Massenstahl großer Erzeugungsmengen als Variante zum Blockwalzverfahren einzusetzen. Varietät ist also kein Merkmal zur Kennzeichnung ähnlicher physikalischer Effekte, sondern kann erst bei dem Übergang zur physikalischen Funktion in Verbindung mit einer Aufgabenstellung auftreten.
Hier wird auch ein wesentlicher Unterschied zwischen der Festlegung logischer und der Festlegung physikalischer Wirkzusammenhänge deutlich. Denn aus bestimmten, vollständig und widerspruchsfrei formulierten Anforderungen können eindeutig nur bestimmte logische Funktionen hergeleitet werden. Zu einer jeden logischen Funktion können aber oft mehrere variante physikalische Funktionen, welche alle zur Erfüllung der gestellten Aufgabe geeignet sind, ermittelt werden. Weil das Ziel der Projektierungs- und Konstruktionstätigkeiten die Verwirklichung nur eines technischen Systems ist, muß aus der Vielzahl möglicher Lösungen nach

Bewertung eine ausgewählt werden. Diese auf Bewertung der physikalischen Funktionen aufbauende Auswahl führt im wesentlichen zu einer Verminderung des beim Projektieren und Konstruieren mitzuführenden Datenumfanges und damit zu einer Arbeitserleichterung. **Bild 22** zeigt Beispiele zur Verdeutlichung der Varietät physikalischer Funktionen.

Manchmal besteht zur Erfüllung einer Aufgabe der Bedarf nach Eigenschaften, die auf mehrere variante Funktionen verteilt sind. In einem solchen Falle können auch zwei oder mehr variante physikalische Funktionen, welche die geforderten Eigenschaften besitzen, zur Erzwingung einer logischen Funktion miteinander kombiniert werden.

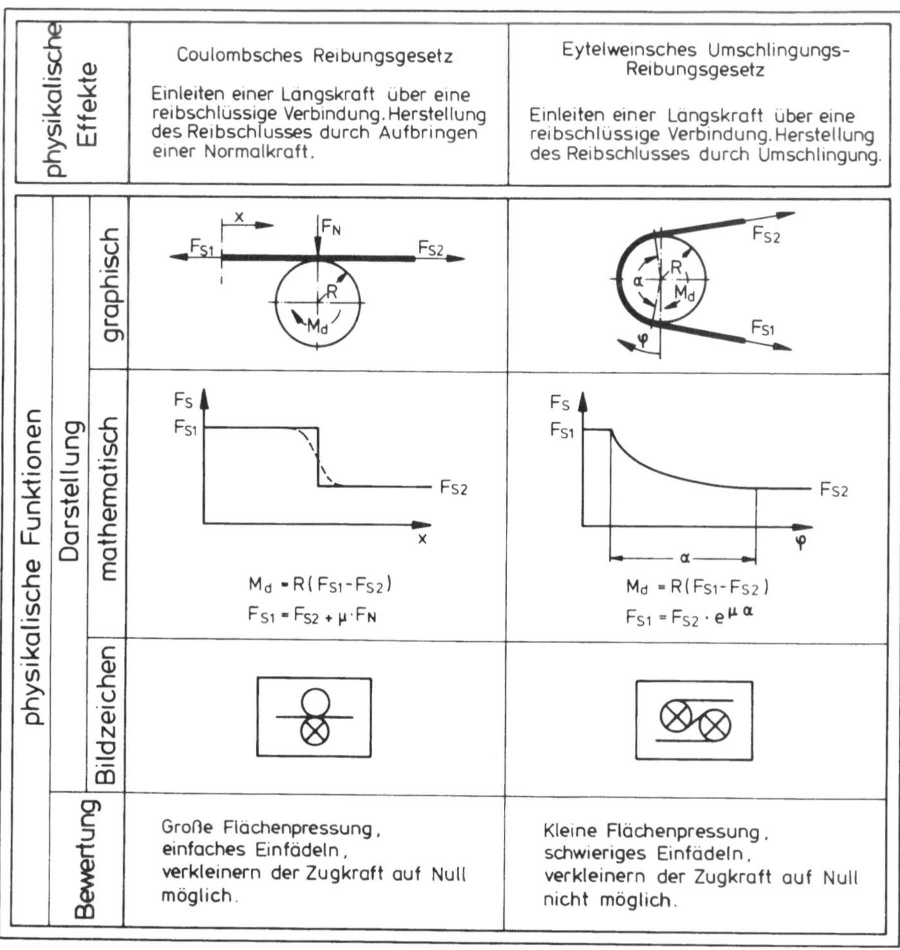


**Bild 22:** Variante physikalische Funktionen zur Verwirklichung der logischen Funktion "Bandzugkraft verkleinern" (Maschinengruppenebene).

Wenn entsprechend den Regeln für die Ermittlung physikalischer Funktionen alle zur Erfüllung einer logischen Funktionskette erforderlichen physikalischen Funktionen festgelegt sind, dann müssen diese Funktionen zu einer physikalischen Funktionskette miteinander verknüpft werden. Zur Bestimmung der erforderlichen Reihenfolge der Funktionen sind grundsätzlich dieselben Merkmale zu berücksichtigen, die auch zur Ordnung innerhalb der logischen Funktionskette geführt haben. Deshalb wird bei der Ordnung physikalischer Funktionen zu Funktionsketten von derjenigen Reihenfolge ausgegangen, welche durch die Folge der Funktionen in den logischen Funktionsketten festgelegt ist. Daneben sind noch zusätzliche Informationen, die bei der Ermittlung und Festlegung der physikalischen Funktionen gewonnen wurden und im wesentlichen Nebenwirkungen oder funktionelle Unverträglichkeiten betreffen, zu berücksichtigen.

Bei der Festlegung physikalischer Wirkzusammenhänge können ebenso wie bei logischen Wirkzusammenhängen einfache sowie offen oder geschlossen verzweigte Funktionsketten unterschieden werden. Die äußere Form der physikalischen Funktionskette ist in der Regel gleich derjenigen der logischen Funktionskette. Das gilt auch dann, wenn bei technischen Systemen mit mehreren zu unterscheidenden Betriebsweisen oder Hauptdurchsätzen parallel angeordnete logische Funktionen durch einzelne physikalische Funktionen erzwungen werden können. Dabei kann sich zwar, beispielsweise zur Vereinfachung, die Darstellungsform der Kette, nicht aber ihre Charakteristik ändern. Deshalb brauchen zur Ermittlung und Festlegung verzweigter physikalischer Funktionsketten auch keine Einzelketten erstellt und danach zu einer Gesamtkette zusammengesetzt werden, sondern man kann, ausgehend von der verzweigten logischen Funktionskette unmittelbar die physikalische Funktionskette aufstellen.
Gleichwertige variante Funktionen können durch das Bilden einer entsprechenden Anzahl varianter Funktionsketten berücksichtigt werden. Bei Vorhandensein vieler varianter Funktionen kann die Darstellung aller im weiteren zu berücksichtigender Kombinationen in Form von Funktionsketten unübersichtlich werden. Deshalb werden zur Dokumentation varianter physikalischer Funktionsketten oft morphologische Kästen verwendet, **Bild 23.** Im morphologischen Kasten sind in den Zeilen mögliche physikalische Funktionsvarianten zur Erzwingung jeweils einer logischen Funktion und in den Spalten die zur Erzwingung der logischen Funktionskette erforderlichen verschiedenen physikalischen Funktionen geordnet aufgeführt. Durch Eintragen beispielsweise von senkrecht verlaufenden Ablauflinien (Pfaden) können die aus Kombinationen der Einzelfunktionen sich ergebenden sinnvollen physikalischen Funktionsketten dargestellt werden. Bild 23 zeigt den morphologischen Kasten für die Festlegung physikalischer Wirkzusammenhänge eines Abwickelaggregates mit der schließlich ausgewählten physikalischen Funktionskette sowie eine schematische Zeichnung des bearbeiteten technischen Systems.

Alle in einer physikalischen Funktionskette enthaltenen einzelnen Funktionen müssen zur Erfüllung der gestellten Aufgabe sinnvoll zusammenwirken. Nur durch ein solches sinnvolles sowie zweckgerichtetes Zusammenwirken der physikalischen Funktionen und nicht durch eine summarische Zusammenfassung ihrer einzelnen Eigenschaften kann eine physikalische Kette "funktionieren". Deshalb ist es notwendig, nach der isolierten Betrachtung der physikalischen Funktionen, die physikalische Funktionskette als geschlossenes Ganzes zu beurteilen. Diese Beurteilung der physikalischen Funktionskette sowie die weiteren Teilschritte bei der Festlegung physikalischer Wirkzusammenhänge sind durch weitgehende Anwendung mathema-

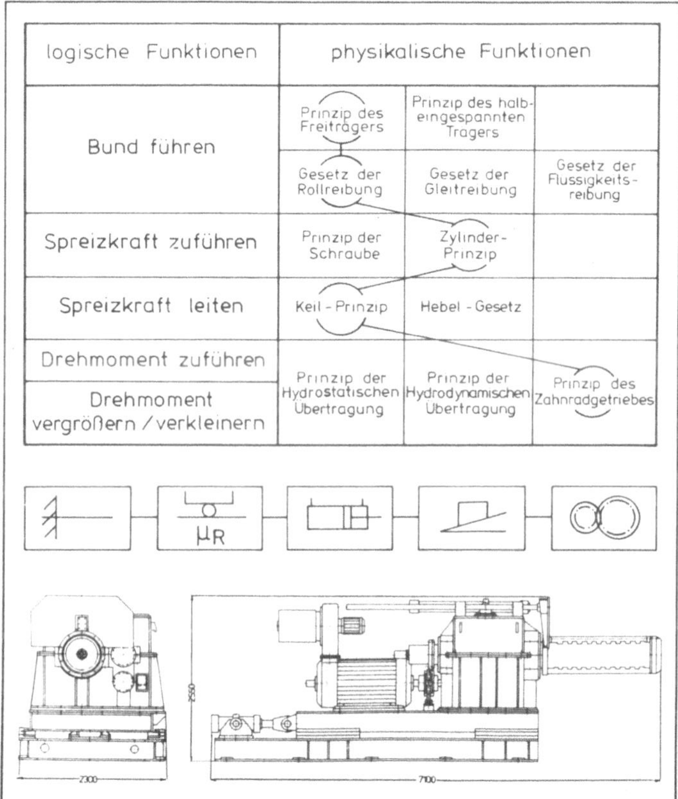


**Bild 23:** Morphologischer Kasten mit ausgewählten physikalischen Funktionen eines Abwickelaggregates für Stahlband, stoffbezogene physikalische Funktionskette des Abwickelaggregates in Bildzeichen sowie Vorder- und Seitenansicht des Aggregates.

tischer Methoden gekennzeichnet.

Beim Projektieren und Konstruieren technischer Systeme, beispielsweise in den Erzeugnisbereichen "Stahlwerksbau" oder "Walzwerksbau" eines Anlagenbauunternehmens, kann festgestellt werden, daß viele der zur Bearbeitung physikalischer Funktionsketten erforderlichen Berechnungsgänge sich ständig wiederholen. Daneben sind bei artgleichen oder ähnlichen Systemen in der Folge einzelner Berechnungen Gleichartigkeiten erkennbar. Dabei ist der Gegenstand dieser Berechnungen im allgemeinen von der bearbeiteten Komplexitätsebene und die Art der Berechnungen hauptsächlich von den zugrundeliegenden Funktionen abhängig. Die Berechnungsfolge entspricht im wesentlichen der Funktionsfolge der Funktionskette. Deshalb ist es zur Vereinfachung des Vorgehens bei der Berechnung physikalischer Wirkzusammenhänge sinnvoll, funktionsspezifische Berechnungsbausteine mit definierten Übergangsstellen zu entwickeln und durch Arbeitsablaufpläne miteinander zu koppeln. Dabei sind alle wesentlichen varianten Funktionen zu berücksichtigen und der Ablaufplan ist so zu gestalten, daß die in ihm enthaltenen Kombinationsmöglichkeiten berücksichtigt werden können. So entsteht ein Berechnungssystem, dessen Aufbau einem morphologischen Kasten ähnlich ist. Ein sinnvoll aufgebautes Berechnungssystem ist leicht an sich ändernde Aufgabenstellungen sowie an den technischen Fortschritt anpaßbar. Dabei können Bausteine erweitert, gegeneinander ausgetauscht oder durch neue ersetzt werden. Ein derart systematisierter und modular aufgebauter Berechnungsablauf ist im allgemeinen auch problemlos auf Rechner übertragbar.

Bei der Berechnung zur Beurteilung gesamter physikalischer Funktionsketten sind zunächst diejenigen Wirkzusammenhänge zu betrachten, welche in unmittelbarem Zusammenhang mit der gestellten Aufgabe stehen Dazu zählen in erster Linie alle diejenigen Wirkungen und Nebenwirkungen der in der Kette enthaltenen Funktionen, welche von Schnittstellenbedingungen abhängen oder auf diese Einfluß nehmen können.

Zur Berechnung dieser physikalischen Wirkzusammenhänge werden die Schnittstellenbedingungen am Eingang oder am Ausgang des zu bearbeitenden technischen Systems zugrunde gelegt. Davon ausgehend werden alle physikalischen Funktionen in der durch die Kette gegebenen Reihenfolge abgearbeitet. Durch physikalische Funktionen festgelegte Beziehungen werden auf die in den Schnittstellenbedingungen qualitativ und quantitativ beschriebenen physikalischen Größen angewendet. Dieser Arbeitsgang kann als physikalische Auslegungsberechnung bezeichnet werden. Die dabei zu betrachtenden physikalischen Wirkzusammenhänge stehen im allgemeinen in enger Beziehung zu dem durchzusetzenden Hauptfluß des technischen Systems. Hier getroffene Festlegungen wirken meist unmittelbar auf die Haupteingangs- und/oder Hauptausgangsgrößen des Systems, also "nach außen". Deshalb werden die unmittelbar schnittstellenabhängigen physikalischen Wirkzusammenhänge manchmal auch "äußere physikalische Wirkzusammenhänge" und deren Auslegung "Berechnung der äußeren physikalischen Wirkzusammenhänge" genannt. Diesem Arbeitsgang kommt besondere Bedeutung zu, weil hier die Betriebspunkte oder Betriebsbereiche der aus den physikalischen Funktionen entstehenden technischen Systeme sowie Grundlagen zur späteren Festlegung konstruktiver Wirkzusammenhänge bestimmt werden.

Schnittstellenbedingungen können in Ausnahmefällen auch außerhalb des Wertebereiches der betrachteten physikalischen Funktionskette liegen. Das bedeutet, daß mit der gewählten Kombination physikalischer Funktionen eine Erfüllung der durch die Anforderungsliste festgelegten Aufgabenstellung nicht möglich ist. Diese Unstimmigkeit muß beseitigt werden.

Die Berechnung der unmittelbar schnittstellenabhängigen physikalischen Wirkzusammenhänge erbringt einen ganz erheblicher Informationszuwachs über die Eigenschaften und die Wirkungsweise des zu bearbeitenden technischen Systems. Für den Fall, daß nach der ersten Bewertung der physikalischen Funktionen gleichwertige Varianten übrig bleiben, sind nun Daten verfügbar, die eine neue Bewertung möglich machen. Daneben bilden die in diesem Arbeitsgang erhaltenen Informationen die Grundlage für die Berechnung der mittelbar schnittstellenabhängigen Wirkzusammenhänge.

In einer physikalischen Funktionskette sind in der Regel auch physikalische Zusammenhänge wirksam, welche zu den Schnittstellenbedingungen entweder nur mittelbar oder gar nicht in Beziehung stehen. Diese Wirkzusammenhänge werden nach Berechnung der unmittelbar schnittstellenabhängigen Wirkzusammenhänge in einem gesonderten Berechnungsgang untersucht und festgelegt. Dabei können sowohl einzelne physikalische Funktionen voneinander getrennt als auch die physikalische Funktionskette als Gesamtheit zu betrachten sein. Mittelbar schnittstellenabhängige Wirkzusammenhänge sind ausgehend von den unmittelbar schnittstellenabhängigen Wirkzusammenhängen zu berechnen, ohne daß die Berechnungsergebnisse die Schnittstellen beeinflussen können. Schnittstellenunabhängige physikalische Wirkzusammenhänge treten besonders häufig in den Ketten der Nebenflüsse - das sind bei vorwiegend stoffdurchsetzenden technischen Systemen die energiebezogenen und die signalbezogenen physikalischen Funktionsketten - auf. Schnittstellenbedingungen bestehen nämlich immer zwischen Teilsystemen, deren Komplexitätsgrad um eine Stufe höher als die zu bearbeitende Komplexitätsebene ist. Kopplungen und Verzweigungen der Nebenketten mit der Hauptkette liegen aber meist innerhalb eines solchen Teilsystems. In diesen Fällen werden die Schnittstellen also von den Nebenflüssen gar nicht berührt. Bei vorwiegend stoffdurchsetzenden technischen Systemen ist die grundlegende Anforderung das Umsetzen der Eingangs- in die Ausgangsstoffe. Für Energien und Signale bestehen mit der Aufgabenstellung oft keine Forderungen zum Umsatz, sondern manchmal nur einschränkende Bedingungen für ihre Nutzung. Energie- sowie signalbezogene Funktionen und Funktionsketten werden hauptsächlich aus den Erfordernissen der stoffbezogenen Funktionskette hergeleitet.

Aufgrund der für die mittelbar sowie nicht schnittstellenabhängigen physikalischen Wirkzusammenhänge typischen Berechnungsinhalte wird der Arbeitsgang zu ihrer Festlegung manchmal auch physikalische Dimensionierungsberechnung oder Berechnung der inneren physikalischen Wirkzusammenhänge genannt. Die meisten physikalischen Funktionen sowie Funktionsketten des Hauptflusses erfordern sowohl eine physikalische Auslegungsberechnung als auch eine physikalische Dimensionierungsberechnung.

Die physikalischen Funktionsketten für Stoffe, Energien und Signale können zu umfassenderen Darstellungen gekoppelt werden. Dabei sind, ebenso wie bei der Festlegung logischer Wirkzusammenhänge zwei verschiedene Arten der Koppelung,

- physikalische Funktionspläne und
- physikalische Funktionsnetze,

zu unterscheiden.

Physikalische Funktionspläne sind Darstellungen physikalischen Geschehens, welche die Folge und das Zusammenwirken physikalischer Funktionen sowie Funktionsketten gleicher Komplexität für Stoffe, Energien und Signale zeigen. Ein physikalischer Funktionsplan enthält in konzentrierter Form alle Informationen über die physikalischen Gegebenheiten eines technischen Systems sowie über die möglichen physikalischen Vorgänge in dem System, welche im Verlaufe der Festlegung physikalischer Wirkzusammenhänge der jeweils bearbeiteten Komplexitätsebene gesammelt wurden. Damit verdeutlicht dieser Funktionsplan auch die Kompliziertheit eines technischen Systems.

Mit physikalischen Funktionsnetzen wird der Zusammenhang zwischen physikalischen Funktionsketten, welche bei der Bearbeitung eines technischen Systems in mehreren nacheinanderfolgenden Komplexitätsebenen ermittelt wurden, dokumentiert. Sie sind im allgemeinen nur auf eine der drei physikalischen Grundgrößen - Stoffe, Energien oder Signale - bezogen. Ein physikalisches Funktionsnetz spiegelt also die stoff-, energie- oder signalbezogene physikalische

Struktur eines technischen Systems wieder und gibt damit ein anschauliches Bild von dessen Komplexität.

## 3.4. Festlegung der konstruktiven Wirkzusammenhänge

Im vierten Hauptschritt der Projektierungs- und Konstruktionssystematik, Festlegung der konstruktiven Wirkzusammenhänge, werden das äußere Erscheinungsbild und die gegenständliche Struktur technischer Systeme festgelegt / 115 bis 119 /. Wesentlicher Zweck dieses Hauptschrittes im Rahmen des systematischen Projektierens und Konstruierens ist die Übersetzung theoretischer Erkenntnisse aus den vorangegangenen Hauptschritten in eine gegenständliche Gestalt und damit die Schaffung der Grundlagen für die Bearbeitung des folgenden Hauptschrittes sowie der nachgeordneten Komplexitätsebene. Die dem Hauptschritt "Festlegung der konstruktiven Wirkzusammenhänge" zugrundeliegenden Regeln und Vorgehensweisen sind auch ohne Durchführung vorheriger Hauptschritte der Projektierungs- sowie Konstruktionssystematik zur Erleichterung und/oder Verbesserung der Tätigkeitsabläufe beim Projektieren oder Konstruieren anwendbar. Denn durch gezielte Ermittlung und Bewertung konstruktiver Varianten können technisch-wirtschaftliche Bestlösungen beispielsweise hinsichtlich

- Werkstoffe,
- Beanspruchungen,
- Gewicht und Raumbedarf,
- Fertigung,
- Zusammenbau, Versand und Montage,
- Handhabung und Bedienung,
- Sicherheit,
- Wartung,
- Ersatzteilhaltung sowie
- Aussehen

erhalten werden. Eine nach feststehenden Regeln durchgeführte, möglichst objektive und nachvollziehbare Bewertung konstruktiver Lösungen erleichtert die Argumentation des Projekteurs oder Konstrukteurs sowohl beim Kunden als auch im eigenen Unternehmen.

Das Ziel des systematischen Projektierens und Konstruierens, die Anfertigung von Angebots- oder Erstellungsunterlagen für ein technisches Erzeugnis, wird in mehreren Teilzielen, die durch zunehmenden Konkretisierungs- und Detaillierungsgrad gekennzeichnet sind, erreicht. Diese Teilziele entsprechen den Ergebnissen, die auf den einzelnen nacheinander zu durchlaufenden Komplexitätsebenen erhalten werden. Dabei wird jedes Teilziel in fünf Hauptschritten erreicht. Während der Bearbeitung dieser Hauptschritte wechselt die Art und Weise, in welcher der Bearbeiter das technische Erzeugnis sieht und beschreibt, entsprechend dem Zweck und Inhalt des jeweiligen Hauptschrittes, zwischen "ganzheitlich" und "systemorientiert".

Im ersten Hauptschritt, Klärung der Aufgabe, wird das zu bearbeitende technische Erzeugnis als Gesamtheit (schwarzer Kasten), also ganzheitlich, durch die Menge der an das Erzeugnis gestellten Anforderungen beschrieben. Im zweiten Hauptschritt, Festlegung der logischen Wirkzusammenhänge, wird diese Gesamtheit in funktionelle Bestandteile zerlegt; und es werden Beziehungen zwischen diesen Bestandteilen hergestellt. Diese Bestandteile und Beziehungen werden im dritten Hauptschritt, Festlegung der physikalischen Wirkzusammenhänge, eingehend theoretisch beschrieben und untersucht. Somit sind der zweite und dritte Hauptschritt also weitgehend durch eine systemorientierte Betrachtungsweise gekennzeichnet. Während des vierten Hauptschrittes, Festlegung der konstruktiven Wirkzusammenhänge, gibt der Bearbeiter den theoretisch beschriebenen Bestandteilen sowie den zwischen ihnen bestehenden Beziehungen gegenständliche Erscheinungsformen. Dazu hat er sich zunächst mit der Gestalt jedes einzelnen dieser Bestandteile zu befassen. Jeder Bestandteil für sich stellt wieder eine eigene Gesamtheit und alle gemeinsam das technische System dar.

Demnach können bei der Festlegung konstruktiver Wirkzusammenhänge zunächst zwei wesentliche Teilschritte,

- Festlegen der Gestalt und
- Festlegen des Aufbaues,

voneinander unterschieden werden. Im ersten der genannten Teilschritte steht jeder einzelne Bestandteil des zu bearbeitenden technischen Systems, getrennt von den übrigen Bestandteilen, im Vordergrund der Betrachtung, und die hierbei wesentliche Fragestellung lautet vereinfacht: "Wie sehen die einzelnen Bestandteile des technischen Systems aus?" Der zweite Teilschritt befaßt sich vorrangig mit der körperlich-räumlichen Struktur des Gesamtsystems und gibt Auskunft auf die Frage: "Wie setzt sich das technische System zusammen?" Diese Teilung des Hauptschrittes, Festlegung der konstruktiven Wirkzusammenhänge, ist im Grundsatz mit dem Vorgehen bei der Festlegung logischer sowie physikalischer Wirkzusammenhänge vergleichbar. Auch dort werden zunächst einzelne Funktionen ermittelt, die danach zu Funktionsketten, -plänen und -netzen zu koppeln sind. Beim Festlegen des Aufbaues werden Bestandteile zu einem Gesamtsystem zusammengefügt. Auch dieses Gesamtsystem ist als ganzheitliches technisches Gebilde durch eine Gestalt geprägt. Diese Gestalt des gesamten technischen Erzeugnisses ist gemäß dem bisher Gesagten auf der vorgeordneten Bearbeitungsebene (= vorgeordneten Komplexitätsebene) festgelegt worden. Hier war es selbst wieder Bestandteil eines höherkomplexen Systems (beispielsweise hochkomplexes Gesamtsystem in seiner Umgebung), **Bild 24.** Demzufolge muß also das auf der zu betrachtenden Ebene entstehende technische Gesamtsystem durch mehr als nur seine Gestalt gekennzeichnet sein. Dieses "mehr" sind die vergegenständlichten geometrischen Beziehungen der Bestandteile untereinander, also der innere körperlich-räumliche Aufbau des Gesamtsystems. Auch hier kann eine Übereinstimmung mit anderen, bereits beschriebenen Grundlagen der Projektierungs- und Konstruktionssystematik festgestellt werden. Denn bei der Aufgabenklärung wird, wie bereits gesagt, ein zu verwirklichendes technisches System abstrakt als schwarzer Kasten dargestellt und behandelt. Durch die Festlegung logischer Wirkzusammenhänge wird erstmalig ein Blick auf die funktionelle Struktur, also in das Innere dieses schwarzen Kastens, ermöglicht. In einem

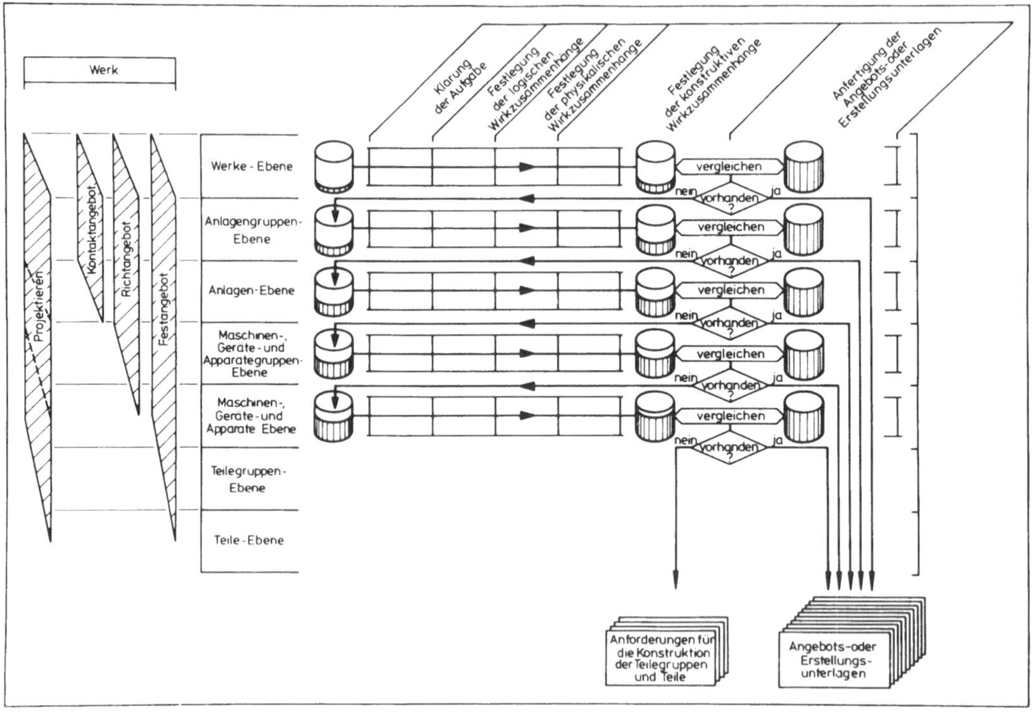


**Bild 24:** Vorgehensweise beim systematischen Projektieren und Konstruieren komplexer technischer Systeme einschließlich Rückgriffsystematik zur Wiederverwendung vorhandener Zeichnungen sowie sonstiger Unterlagen.

ähnlichen Bedeutungszusammenhang stehen die Begriffe "Gestalt des vorgeordneten Gesamtsystems" und "Aufbau der Bestandteile zum Gesamtsystem" zueinander.

Ein dritter wesentlicher Teilschritt der Festlegung konstruktiver Wirkzusammenhänge, das

- Festlegen der Bewegungsverhältnisse,

ist durch die Tatsache gekennzeichnet, daß die geometrischen Beziehungen zwischen den Bestandteilen technischer Systeme oft und ihre Gestalten manchmal nicht starr, sondern aufgrund innerer und/oder äußerer Einflüsse während ihres Wirkens veränderlich sind. Viele Systeme erfüllen ihre Aufgabe dadurch, daß sie bestimmte Bewegungen ausführen. Kurbeltrieb und Zylinder sind Beispiele für zeitabhängige Änderungen der Beziehungen zwischen Systemelementen, Faltenbalg und Bimetallfeder sind solche für zeitabhängige Änderungen der Gestalt technischer Gebilde. Während in den beiden erstgenannten Teilschritten, Festlegen der Gestalten und des Aufbaues, die zu bearbeitenden Erzeugnisse als in einem bestimmten Zustand eingefroren betrachtet wurden, ist beim dritten Teilschritt zu untersuchen, in welchem Rahmen und nach welchen Gesetzmäßigkeiten sich dieser Zustand ändern kann.

Die konstruktiven Wirkzusammenhänge in einem technischen System sind also entsprechend den beschriebenen Teilschritten durch drei Merkmale,

- Gestalt,
- Aufbau und
- Bewegungsverhältnisse,

gekennzeichnet. Diese drei Merkmale können Einfluß aufeinander nehmen und auch von unterschiedlicher Bedeutung für ein technisches System und seine Bestandteile sein. Beispielsweise ist die Gestalt eines Zahnrades unter Zugrundelegung der Kinematik des Getriebes festzulegen und nicht umgekehrt. Demnach ist die Folge der Bearbeitung der Teilschritte nicht notwendigerweise gleich der Reihenfolge der hier genannten Merkmale sowie der dazu gegebenen Beschreibungen, sondern diese Folge muß für jedes technische System, aufgrund der Aufgabenstellung, seiner Eigenart entsprechend bestimmt werden. Dabei kann unter Umständen auch eine Parallelbearbeitung der drei Teilschritte oder ein iteratives Vorgehen zweckmäßig sein.
Neben diesen drei "allgemeinen" konstruktiven Merkmalen technischer Erzeugnisse sind manchmal noch sogenannte "spezielle" konstruktive Merkmale zu berücksichtigen. Zu den speziellen konstruktiven Merkmalen zählen beispielsweise

- Farbe, Glanz und Oberflächenbeschaffenheit,
- Ebenmaß und Verträglichkeit der Formen, visuelle Struktur,
- Einfachheit und Übersichtlichkeit sowie
- einige Werkstoffeigenschaften.

Die Berücksichtigung dieser Merkmale kann in die Bearbeitung der drei Teilschritte der Festlegung allgemeiner konstruktiver Merkmale integriert werden. Spezielle konstruktive Merkmale werden deshalb so genannt, weil sie im Gegensatz zu den drei allgemeinen Merkmalen nur für die Bearbeitung bestimmter Komplexitätsebenen und einer begrenzten Gruppe technischer Erzeugnisse bedeutsam sind.

Ziel jeder ingenieurmäßigen Planungs-, Projektierungs- und Konstruktionstätigkeit ist letztlich die gegenständliche Verwirklichung technischer Erzeugnisse. Deshalb sind die Objekte der im vierten Hauptschritt, Festlegung der konstruktiven Wirkzusammenhänge, durchgeführten Bearbeitung in der Regel als gegenständlich bestehende, körperliche Gebilde, kurz Körper genannt, zu betrachten. Ein Körper tritt nach außen in erster Linie durch seine Gestalt in Erscheinung. Die Gestalt eines Körpers wird unmittelbar durch seine

- Form und
- Abmessungen

bestimmt.
Häufig wird die Gestalt eines Körpers nicht auf die vorbeschriebene, unmittelbare Weise, sondern mit Hilfe von Ersatzgrößen, das sind beispielsweise Flächen, Linien oder Punkte, angesprochen. Dafür sind im wesentlichen drei Gründe maßgebend.
Erstens besitzt der Mensch kein Sinnesorgan zur unmittelbaren Wahrnehmung gesamter Körper. Er kann nur Oberflächen, Körperkanten und -ecken sehen oder ertasten. Darüber hinaus muß der Mensch sich zum Erkennen eines Körpers noch weiterer Hilfsmittel sowie seiner Erfahrung bedienen. Beispielsweise führt das Ertasten der Oberfläche eines Steines und der Eindruck der auf die Hand wirkenden Gewichtskraft zu dem Schluß, daß es sich dabei um einen Körper

handelt. Demnach nimmt der Mensch das Vorhandensein dieses Steines in Form von Flächen, Linien, Punkten sowie anderen Körpereigenschaften, beispielsweise Massenträgheit oder Gewichtskraft, auf. Es kann also zwischen gegenständlich bestehenden Objekten der wirklichen Umgebung und deren Wahrnehmung durch einen Beobachter unterschieden werden. Dieser Unterschied zwischen Original (gegenständlich bestehender Körper) und Abbild (Wiedergabe des Originals durch die Ersatzgrößen Fläche, Linie und Punkt) ist für alle folgenden Betrachtungen von grundlegender Bedeutung und für das Verständnis des Gestaltungsprozesses unerläßlich.

Zweitens ist es schwierig und für die Tätigkeiten in technischen Unternehmensbereichen aus wirtschaftlichen und arbeitstechnischen Gründen in der Regel nicht sinnvoll, Körper als Körper, beispielsweise in Form gegenständlicher Modelle, darzustellen. Deshalb wurde vereinbart, die Gestalt eines Körpers nach festgelegten Regeln und Merkmalen durch die ihn begrenzenden Flächen zu beschreiben. Solche zweidimensionalen, oft mehr oder weniger vereinfachten, Darstellungen dreidimensionaler technischer Gebilde werden technische Zeichnungen genannt.

Drittens können nur die durch feststehende Definitionen festgelegten Grundformen der Körper mit einfachen Begriffen angesprochen werden. Wenn für jede beliebige Körperform ein eigener Name eingeführt würde, dann entstünde eine unübersehbare Begriffsvielfalt und eine Verständigung wäre nahezu unmöglich. Deshalb ist es nicht nur sinnvoll, sondern meist unumgänglich, anstelle der unmittelbaren Beschreibung eines Körpers (Original) durch seine Form und Abmessungen die mittelbare Beschreibung (Abbild) mit Hilfe der ihn begrenzenden Flächen, Linien und/oder Punkte zu wählen, **Bild 25.**

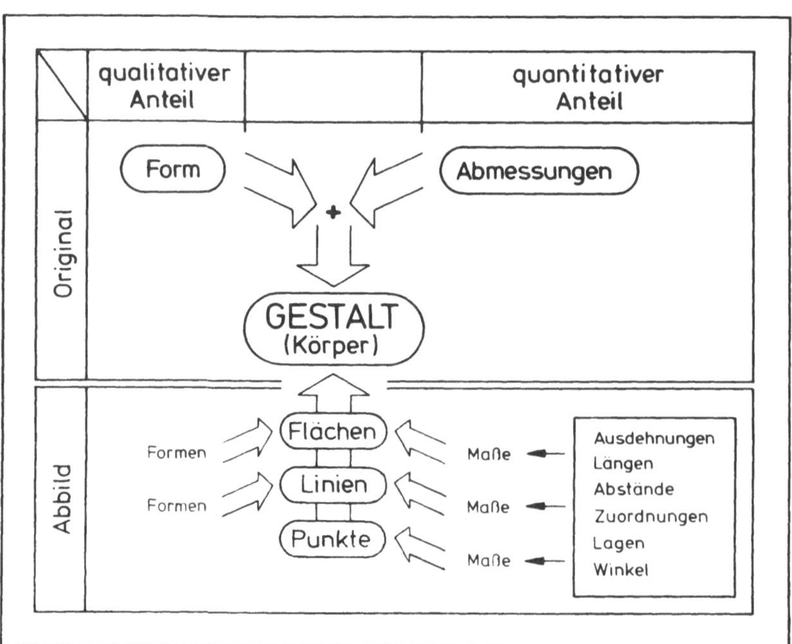


**Bild 25:** Darstellung zur Verdeutlichung der unmittelbaren und mittelbaren Beschreibung der Gestalt eines Körpers.

Eine Fläche wird durch Angabe

- ihrer Form und Maße,
- der Formen und Maße der sie begrenzenden Linien oder
- der Bemaßung der sie begrenzenden Punkte

eindeutig festgelegt, Bild 25.
Im Falle der Verwendung von Flächen als Ersatzgrößen zur Beschreibung von Körpern bezeichnen die zugehörigen Maße einerseits die Ausdehnungen einzelner Flächen und andererseits die gegenseitigen Zuordnungen mehrerer Flächen, wodurch beispielsweise die Umhüllende eines Körpers gebildet wird. Dabei sind in der Regel sowohl ebene Flächen - deren Ausdehnungen auf die beiden Dimensionen Länge und Breite begrenzt sind - als auch unebene Flächen - deren räumliche Ausdehnungen zusätzlich anzugeben sind - gleichartig zu behandeln.
Wenn zur Beschreibung von Flächen feststehende, allgemein bekannte und eindeutige Formbegriffe nicht verfügbar sind, dann können solche Flächen auch durch die Beschreibung der sie begrenzenden Linien und/oder Punkte dargestellt werden. Für Formen von Linien gilt sinngemäß das für Flächenformen Gesagte. Maßangaben beschreiben hier meist Längenausdehnungen sowie gegenseitige Zuordnungen von Linien und Zuordnungen von Linien zu Flächen oder Punkten. Punkte sind, den Vorstellungen der analytischen Geometrie entsprechend, formlos. Deshalb ist die Beschreibung von Flächen mit Hilfe von Punkten und Punktmengen auf die Angabe von Abstands- und/oder Richtungsmaßen begrenzt.
Die Ausdehnung einer Fläche oder Linie sowie die Lage von Punkten kann, außer durch Längenmaßangaben, auch durch andere quantitative Größen, beispielsweise

- Anzahl,
- Zuordnung,
- Abstand,
- Winkel oder
- Größenverhältnis,

beschrieben werden. Diese Beschreibungsformen können einerseits auf die ausschließliche Angabe von Abstandsmaßen, beispielsweise im kartesischen Koordinatensystem, zurückgeführt werden. Andererseits gelten sie für die mittelbare Beschreibung der Gestalt eines Körpers.
Die Darstellung eines Körpers kann niemals die vollständige Wiedergabe aller Einzelheiten seiner Gestalt umfassen. Dem stehen einerseits naturgegebene und/oder technische Grenzen entgegen. Andererseits ist es in der Regel nicht sinnvoll, jede noch so unbedeutende Einzelheit des Originals abbilden zu wollen. Denn Darstellungen von Körpern werden immer zu bestimmten Zwecken angefertigt. Dabei werden diejenigen Gestaltmerkmale, die für den vorgesehenen Verwendungszweck wesentlich sind, hervorgehoben und andere vernachlässigt oder unterdrückt. Eine solche Nachbildung eines Körpers ist immer mehr oder weniger subjektiv - von den Absichten und Zielvorstellungen des Bearbeiters - geprägt und gibt die objektive Wirklichkeit nie vollständig wieder. Vor und während des Arbeitsganges der Darstellung läuft stets ein Auswahl- und Entscheidungsprozeß ab, bei dem Wichtiges von Unwichtigem getrennt, Zweckdienliches verstärkt und Nebensächliches abgeschwächt wird. Dieser Auswahl- und Entscheidungsprozeß ist außer von der Zielsetzung auch vom Umfang der verfügbaren Informationen

abhängig. Das Ergebnis ist in jedem Falle ein mehr oder weniger abstraktes Abbild der objektiven Wirklichkeit.

Bei manchen physikalischen Wirksamkeiten ist die zu erzielende Wirkung eng an bestimmte geometrische Gegebenheiten gebunden. Solche geometrischen Gegebenheiten sind beispielsweise beim Hebeleffekt durch das Längenverhältnis der Hebelarme und die Richtungen der angreifenden Kräfte gegeben. Zur Festlegung konstruktiver Wirkzusammenhänge können diese geometrischen Gegebenheiten physikalischer Funktionen in der Regel unmittelbar in Körperformen und Abmessungen umgesetzt werden. Derart vergegenständlichte geometrische Gegebenheiten physikalischer Funktionen werden auch als funktionsrelevante geometrische Merkmale der im Rahmen der Festlegung konstruktiver Wirkzusammenhänge entstehenden technischen Erzeugnisse bezeichnet. Sie betreffen manchmal den gesamten Körper oder Raum, häufiger aber nur einzelne Flächen, Linien, Punkte oder Orte. Weil in ihnen die Wirkung der zugrundeliegenden physikalischen Funktion eingeleitet, abgeführt oder übertragen wird, werden die betreffenden funktionsrelevanten geometrischen Merkmale oft

- Wirkkörper,
- Wirkräume,
- Wirkflächen,
- Wirklinien,
- Wirkpunkte und
- Wirkorte

genannt. Beispiele technischer Systeme, an oder in denen die genannten funktionsrelevanten Merkmale deutlich in Erscheinung treten, sind Federn (Wirkkörper), Kolbenkraftmaschinen (Wirkräume), Gleitlager (Wirkflächen), Scheren (Wirklinien) und Zirkel (Wirkpunkte). Unter einem Wirkort ist in diesem Zusammenhang ein nicht fest umgrenzter Bereich zu verstehen, dessen Ausdehnung aus der zugrundeliegenden physikalischen Funktion nicht ableitbar ist. Ein Wirkort kann unter anderem durch die Angabe seines Mittelpunktes beschrieben werden. Alle funktionsrelevanten geometrischen Merkmale eines technischen Erzeugnisses bilden gemeinsam dessen Wirkgeometrie.

Die Wirkgeometrie eines technischen Erzeugnisses kann bildlich durch Anordnen seiner funktionsrelevanten geometrischen Merkmale in einer Schemaskizze dargestellt werden. Eine Strichskizze, in der die einzelnen Elemente der Wirkgeometrie durch Linien oder Flächen miteinander verbunden sind, wird auch "freigemachtes technisches System" genannt. Ein solches freigemachtes System dient als Grundlage für die Festlegung der endgültigen Gestalt. Es wird schrittweise konkretisiert. Dabei nimmt das Erzeugnis Gestalt an. Gestaltmerkmale, die nicht der Wirkgeometrie unterliegen oder sich nicht eindeutig aus Bedingungen der Anforderungsliste ergeben, bilden den Freiraum für die Kreativität des Projekteurs oder Konstrukteurs. Weil die Menge der funktionsrelevanten Merkmale häufig von derjenigen der nicht gebundenen Merkmale weit übertroffen wird, läßt sich oft eine Vielzahl unterschiedlich gestalteter technischer Systeme für dieselbe physikalische Funktion finden.

Voraussetzung für die Herleitung der Gestalt eines technischen Erzeugnisses über die Wirkgeometrie ist stets eine physikalische Funktion, deren Wirkung im wesentlichen auf eindeutig beschreibbaren und konkretisierbaren geometrischen Beziehungen beruht. Solche physikalischen Wirksamkeiten treten nahezu ausschließlich auf den unteren Komplexitätsebenen auf. Demzufolge ist dieser Weg des Überganges von physikalischen zu konstruktiven Wirkzusammenhängen hauptsächlich für die Teile- und Teilegruppenebene, weniger für die Maschinenebene und im allgemeinen nicht für höhere Komplexitätsebenen bedeutsam.

Vielfach, insbesondere bei der Bearbeitung höherer Komplexitätsebenen, reichen funktionsrelevante geometrische Merkmale zum Übergang von physikalischen zu konstruktiven Wirkzusammenhängen nicht aus. In solchen Fällen ist die Verwendung zusätzlicher arbeitstechnischer Mittel erforderlich. Für die Bereitstellung solcher Mittel sind einige Vorarbeiten unabdinglich. Hierzu müssen zunächst bereits projektierte, konstruierte oder in Betrieb genommene technische Systeme der zu bearbeitenden Art im Einklang mit den Grundsätzen der Projektierungs- und Konstruktionssystematik gegliedert werden. Gleichzeitig sind die charakteristischen Daten der untersuchten technischen Systeme zu ermitteln. Die Entscheidung darüber, welche Angaben zur Charakterisierung eines Erzeugnisses notwendig und hinreichend sind, ist abhängig von der Art der Informationen, welche auf der dem Erzeugnis entsprechenden Komplexitätsebene aus der Aufgabenklärung sowie der Festlegung physikalischer und konstruktiver Wirkzusammenhänge zu erwarten sind. Anschließend können die technischen Systeme klassifiziert und gemeinsam mit den gewonnenen Daten in Dateien gesammelt werden. Zur Herleitung der Gestalt eines technischen Erzeugnisses mit Hilfe von Rückgriffsystemen werden die bei der Festlegung physikalischer Wirkzusammenhänge über dieses Erzeugnis gewonnen Informationen zusammen mit den zutreffenden Daten aus der Anforderungsliste in eine Vergleichsdatenliste eingetragen. Diese Vergleichsdatenliste enthält dann alle wesentlichen kennzeichnenden und abgrenzenden Merkmale des gesuchten Erzeugnisses. Durch Vergleich dieser Merkmale mit den "Charakteristischen Daten" der in der Rückgriffdatei gespeicherten technischen Systeme können alle dem Hersteller verfügbaren, bereits bestehenden konstruktiven Lösungen, mit denen die gestellten Anforderungen erfüllbar sind, ermittelt werden, Bild 24. Aus diesen sogenannten Wiederholsystemen ist das günstigste auszuwählen. Wird kein Wiederholsystem gefunden, so sind Merkmale der Vergleichsdaten in die Anforderungsliste der folgenden zu bearbeitenden Komplexitätsebene zu übernehmen. In der Regel darf ein Wiederholsystem nicht ohne eingehende Nachrechnung verändert werden. Ausnahmen hiervon sind nur auf der letzten zu bearbeitenden Komplexitätsebene zulässig. In einem solchen Falle kann, beispielsweise zur vorläufigen Ermittlung des Raumbedarfes eines Stahlwerkes auf der Anlagengruppenebene für ein Kontaktangebot, dasjenige technische System ausgewählt werden, das den gestellten Anforderungen am nächsten kommt, auch wenn es diese Anforderungen nicht ganz erfüllt. Dieses Erzeugnis dient dann als Grundlage für die weitere Festlegung konstruktiver Wirkzusammenhänge und darf auch in Grenzen variiert werden.

Die Grenzen der Einsatzmöglichkeit von Rückgriffsystemen zur Herleitung der Gestalt technischer Erzeugnisse sind dann erreicht, wenn die Anforderungen an das gesuchte Erzeugnis wesentlich von den Möglichkeiten der gespeicherten Wiederholsysteme abweichen. Wenn solche Abweichungen häufiger zu erwarten sind, dann ist, zum Zwecke des Überganges von physikalischen zu konstruktiven Wirkzusammenhängen, eine Abwandlung des beschriebenen Rückgriffverfahrens zweckmäßig. Dazu werden alle einem Hersteller verfügbaren, projektierten, konstruierten, gefertigten oder in Betrieb genommenen technischen Systeme in Gruppen gleicher Art und ähnlicher Gestalt eingeteilt. Für jede dieser Gruppen werden solche Gestaltmerkmale bestimmt, welche allen Bestandteilen der Gruppe gemeinsam sind. Diese gemeinsamen Gestaltmerkmale werden zu einem Konstruktionsurbild verdichtet. Zu jedem Konstruktionsurbild werden charakteristische Daten sowie Regeln und Einschränkungen für den Form- und Abmessungswechsel festgelegt. Mit diesen charakteristischen Daten werden, wie beim Rückgriffverfahren, die zur Erfüllung bestimmter Anforderungen geeigneten Konstruktionsurbilder ermittelt. Mit Hilfe zugeordneter Variationsregeln können diese Konstruktionsurbilder dann in den festgelegten Grenzen verändert werden. Solche Regeln und Grenzen können beispielsweise aus den unterschiedlichen Gestaltmerkmalen der zu einer Gruppe zusammengefaßten, untersuchten Erzeugnisse ermittelt werden.

Der wesentliche Unterschied zwischen den beiden zuletzt beschriebenen Wegen zur Herleitung der Gestalt eines technischen Erzeugnisses besteht darin, daß mit einem durch Rückgriff gefundenen Wiederholsystem auch ein unmittelbarer Zugriff auf dessen Bestandteile sowie alle seine Projektierungs- und Konstruktionsunterlagen möglich ist. Dagegen gibt eine über das Konstruktionsurbild gewonnene Gestalt nur Aufschluß über den Raumbedarf dieses Erzeugnisses. Mit der Ermittlung eines vollkommen anforderungsentsprechenden Wiederholsystems ist also der Projektierungs- oder Konstruktionsablauf für dieses technische System beendet, Bild 24.

Der Aufbau eines technischen Systems, also seine körperlich-räumliche Struktur, wird durch die

- Lage und
- Anzahl

seiner Bestandteile bestimmt. Unter Lage der Bestandteile sind hier die geometrischen Zuordnungen der feststehenden Bezugspunkte konstruktiver Elemente zueinander zu verstehen. Dabei bleiben im allgemeinen Beziehungen zu anderen Bezugssystemen, beispielsweise zu benachbarten technischen Gesamtsystemen oder zur Umgebung, soweit sie nicht durch Bedingungen der Anforderungsliste gegeben sind (das sind insbesondere die Anschluß- oder Schnittstellenbedingungen sowie systembezogene Bedingungen), unberücksichtigt. Häufig ergeben sich Hinweise oder Notwendigkeiten zur Festlegung der Lage aus physikalischen Gegebenheiten der Stoff-, Energie- und/oder Signalflüsse sowie aus in der Anforderungsliste niedergelegten räumlichen Begrenzungen. Solche räumlichen Begrenzungen beruhen meist auf Gestaltmerkmalen des bereits früher festgelegten, vorgeordneten Gesamtsystems und sind grundsätzlich zu beachten. Denn beim systematischen Projektieren gilt wegen des Vorgehens nach Komplexitätsebenen die Regel, daß die Gestalt eines technischen Erzeugnisses durch den Aufbau seiner Bestandteile nicht grundlegend verändert werden darf.
Bei der Festlegung des Aufbaues müssen manchmal festgelegte Teilsysteme, das sind beispielsweise Kundenbeistellungen oder Komponenten eines technischen Baukastens, deren Gestalten nicht verändert werden dürfen, in das zu erstellende Gesamtsystem integriert werden. Solche technischen Teilsysteme müssen selbstverständlich die von ihnen geforderten Funktionen

ausüben. Dennoch kann der Einbau festgelegter Teilsysteme zu Anpassungsschwierigkeiten führen, wenn sie aus konstruktiven Gründen nicht

- unmittelbar miteinander,
- mit den übrigen Teilsystemen oder
- mit der Umgebung

kompatibel sind. Zur Überwindung dieser Schwierigkeiten ist es oft sinnvoll, sogenannte Anpaßsysteme einzusetzen. Solche Systeme dienen der Anpassung von Hauptsystemen an geometrische Gegebenheiten und haben in der Regel niedrigere Komplexitätsgrade als diese. Deshalb werden sie auf der Komplexitätsebene, auf der sie ermittelt wurden, nicht weiter behandelt. Kenngrößen und Eigenschaften der Anpaßsysteme werden dann als systembezogene Bedingungen formuliert und entweder im Rahmen des systematischen Projektierens und Konstruierens auf der ihnen angemessenen Komplexitätsebene oder in einem getrennten Arbeitsgang im Anschluß an den Konstruktionsablauf der Hauptsysteme bearbeitet.
Anpaßsysteme können sowohl auf die von den Hauptsystemen durchzusetzenden Stoffe, Energien und/oder Signale, als auch auf diese Hauptsysteme selbst wirken. Dementsprechend werden sie manchmal in Verbindungssysteme und Tragsysteme unterschieden. Verbindungssysteme dienen ausschließlich der geometrischen Anpassung und sind nicht aus physikalischen Funktionen hergeleitet, **Bild 26.**

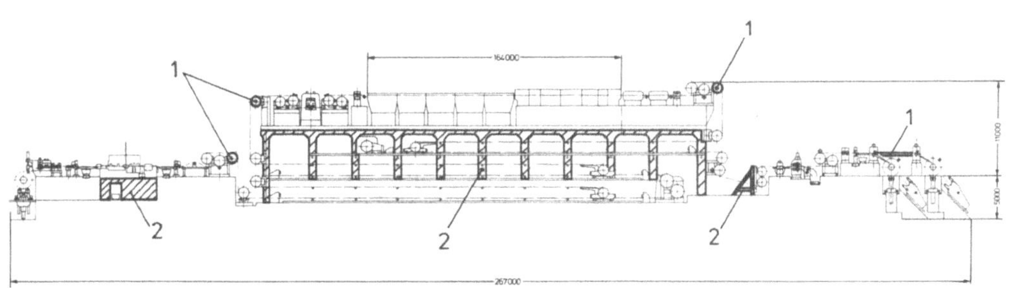


1. Verbindungssysteme
2. Tragsysteme

**Bild 26:** Anpaßsysteme zwischen den Anlagen einer Beizlinie für Stahlband.

Unter der Anzahl von Bestandteilen ist hier neben der Summe aller ermittelten Teilsysteme des zu konstruierenden technischen Systems insbesondere die Vielzahl gleicher oder ähnlicher Teilsysteme, auf welche die gegenständliche Verwirklichung jeweils einer physikalischen Funktion aufgeteilt wird, zu verstehen.
Zwischen den Aufbaumerkmalen "Lage" und "Anzahl" bestehen meist unmittelbare Wechselwirkungen. Deshalb ist es im allgemeinen notwendig, diese beiden Merkmale in gegenseitiger Abstimmung gemeinsam festzulegen. Im Zusammenhang mit dieser Festlegung ist auch zu

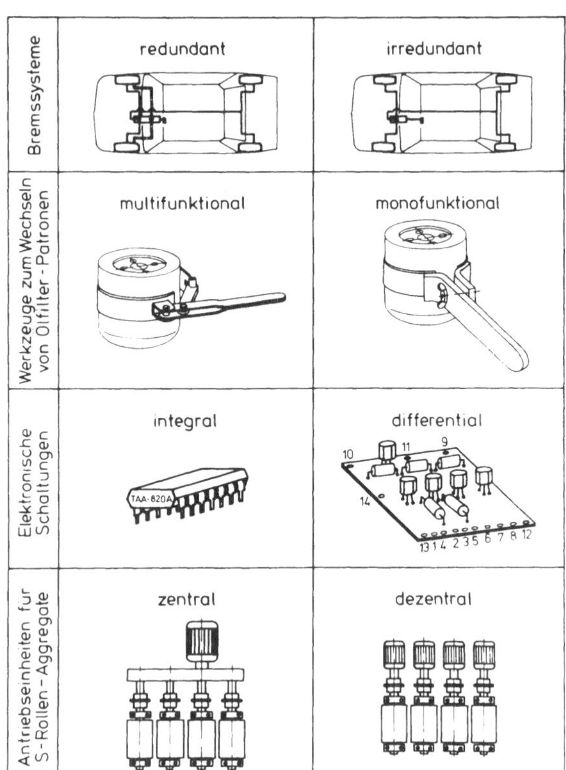


**Bild 27:** Allgemeine Beispiele grundlegender Aufbauprinzipien technischer Systeme.

klären, ob alle oder einzelne Teilsysteme

- redundant oder irredundant,
- multifunktional oder monofunktional,
- integral oder differential,
- zentral oder dezentral

ausgelegt werden müssen. Dabei ist unter Redundanz die mehrfache Ausführung von Teilsystemen gleicher Wirkung zur Erhöhung der Zuverlässigkeit und Betriebssicherheit beziehungsweise zur Verringerung der Ausfallwahrscheinlichkeit zu verstehen. Irredundant werden solche Teilsysteme ausgeführt, deren Versagen nur geringe Auswirkungen auf die Funktion des Gesamtsystems haben. Multifunktionale Teilsysteme können im Gegensatz zu monofunktionalen die Verwirklichung mehrerer verschiedener physikalischer Funktionen auf sich vereinigen. Die Integralbauweise ist insbesondere aus der Elektrotechnik, von integrierten Schaltkreisen, bekannt. Hierbei werden mehrere Teilsysteme zu einer baulichen Einheit verbunden. Die Umkehrung dieses Konstruktionsprinzips kann dementsprechend Differentialbauweise genannt werden. Schließlich kann beispielsweise die Zufuhr mechanischer Energie zu mehreren Arbeitsmaschinen von einer zentralen Antriebseinheit aus oder umgekehrt der Antrieb einer Arbeitsmaschine von mehreren dezentralen Motoren aus erfolgen. Beispiele solcher grundlegender Aufbauprinzipien technischer Systeme sind dem **Bild 27** zu entnehmen.

Die geometrischen Verhältnisse in einem technischen System müssen häufig zur Erfüllung der festgelegten Funktionen zu verschiedenen Zeitpunkten verschiedene Zustände annehmen oder während bestimmter Zeiträume sich bestimmten kontinuierlichen Zustandsänderungen unterziehen. Die Untersuchung solcher Bewegungsverhältnisse kann einerseits

- die Gestalten einzelner Bestandteile und/oder
- den Aufbau

des technischen Systems sowie andererseits

- die Stoff-, Energie- und/oder Signaldurchsätze zwischen den Bestandteilen

des Systems zum Gegenstand haben. Dabei erstreckt sich die Festlegung der Bewegungsverhältnisse sowohl auf zu erzwingende als auch auf zu verhindernde Zustandsänderungen geometrischer Verhältnisse. Gestalt- und Aufbauänderungen werden manchmal, in Anlehnung an den Begriff der Wirkgeometrie, als Wirkbewegungen des technischen Systems bezeichnet.

Im Rahmen der Festlegung konstruktiver Wirkzusammenhänge ist es meist nicht erforderlich, alle Phasen und Einzelheiten solcher Bewegungsabläufe sowie deren sämtliche Auswirkungen auf das technische System zu untersuchen. Kräfte und Leistungen sind beispielsweise nur dann zu berechnen, wenn das bei der Festlegung physikalischer Wirkzusammenhänge noch nicht möglich oder nötig war und diese Informationen zur Ermittlung und Bewertung konstruktiver Varianten erforderlich sind. Von den während eines Prozesses auftretenden Zuständen sind weiterhin nur diejenigen zu berücksichtigen, die auf Gestalt und/oder Aufbau sowie auf andere spezielle konstruktive Merkmale des technischen Systems ursächlich und maßgeblich Einfluß nehmen können. Das sind in der Regel die eine Zustandsänderung begrenzenden Extremzustände sowie gegebenenfalls ein den Prozeß kennzeichnender Normalzustand. Solche Extremzustände und wesentlichen Bewegungsphasen sind beispielsweise die Endlagenstellungen eines Hydraulikzylinders oder auch die äußersten Auslegerstellungen und der Greifbereich eines Wippdrehkranes, **Bild 28.**

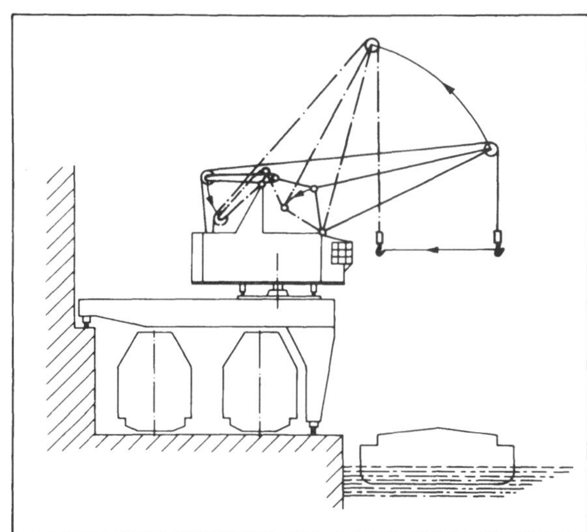

**Bild 28:** Darstellung zur Verdeutlichung des Greifbereiches und der Auslegerbewegung eines Wippdrehkranes.

Der vierte Hauptschritt der Projektierungs- und Konstruktionssystematik - Festlegung konstruktiver Wirkzusammenhänge - ist in hohem Maße durch die Anwendung gegenstandsnaher bildhafter Darstellungsmethoden gekennzeichnet. Daneben umfaßt dieser Schritt aber auch einen großen Teil Berechnungen. Dabei können zunächst nach ihrer Zielrichtung zwei Gruppen,

- Berechnungen zur Ermittlung konstruktiver Wirkzusammenhänge und
- Berechnungen zur Beurteilung konstruktiver Wirkzusammenhänge,

unterschieden werden.

Berechnungen zur Ermittlung konstruktiver Wirkzusammenhänge treten im Rahmen der Herleitung und Variation der Gestalten, des Aufbaues und der Bewegungsverhältnisse der Bestandteile des zu entwerfenden technischen Systems auf und gehen von Anforderungen an das System, physikalischen Gegebenheiten sowie einigen quantitativ eindeutig beschreibbaren Bewertungsmerkmalen aus. Sie werden auch häufig konstruktive Auslegungs- und Dimensionierungsberechnungen genannt. Beispiele solcher Berechnungen sind unter anderem

- Festlegungen der Querschnittsformen und/oder Stützlinien von Tragsystemen unter Zugrundelegung der äußeren Belastungen, der zulässigen Formänderungen sowie der Werkstoff- und Gestaltfestigkeit,
- Bemessung von Schweiß-, Löt- und Klebeverbindungen, Schrauben und Nieten, Achsen und Wellen, Lager- und Getriebeteilen,
- Ermittlung der Abmessungen und räumliche Abstimmung mehrerer Teilsysteme zueinander sowie
- Ermittlung der Wege, Überschneidungen und Auslastungen von Förder- und Lagersystemen sowie damit zusammenhängenden Gegebenheiten.

Solche Berechnungsgänge liegen, zumindest für die unteren Komplexitätsebenen, zum großen Teil bereits in algorithmierter Form vor. Berechnungsvorschriften für die Auslegung und Dimensionierung von Maschinenelementen können den einschlägigen Lehr- und Handbüchern entnommen werden und sind teilweise sogar in Normen niedergelegt.

Berechnungen zur Beurteilung konstruktiver Wirkzusammenhänge sind vor allem im Zusammenhang mit der Bewertung und Auswahl konstruktiver Varianten notwendig. Dabei werden neben anderem insbesondere auch

- Gewichte,
- Kosten,
- Fertigungsmöglichkeiten und
- Zuverlässigkeiten

untersucht.

Das Ziel der Festlegung konstruktiver Wirkzusammenhänge ist der Entwurf eines technischen Systems, welches zur Erfüllung der gestellten Aufgabe unter Berücksichtigung aller maßgeblichen Bedingungen und Einflüsse am besten geeignet ist. Dieses Ziel ist in der Regel nicht auf direktem Wege (ausgehend von physikalischen Wirkzusammenhängen und der Anforderungsliste zu entnehmenden Bedingungen unmittelbar zur Bestlösung) erreichbar. Denn dabei treten meist viele Gegebenheiten und Zusammenhänge auf, die nicht durch starre Regeln und Vorgehensvorschriften erfaßbar sind, aber keinesfalls vernachlässigt werden dürfen. Deshalb ist es ratsam, einen Umweg zu beschreiten, der zwar mehr Teilschritte umfaßt und die Auswertung von Zwischenergebnissen erfordert, aber aufgrund des geringeren Aufwandes für die theoretische Durchdringung insgesamt leichter sowie schneller zum Ziele führt. Dazu werden zunächst mehrere konstruktive Varianten ermittelt, aus denen dann mit geeigneten Bewertungsverfahren eine Bestlösung gewählt werden kann. Die Anzahl und Verschiedenartigkeit der herzuleitenden und zu untersuchenden Varianten ist im wesentlichen von

- dem Grad der zu bearbeitenden Komplexitätsebene,
- der Art der Aufgabenstellung,
- der Herleitung der Einzelgestalten,
- dem technischen und wirtschaftlichen Einfluß auf das Gesamtsystem sowie
- dem Umfang verfügbarer Informationen für die Auswahl

abhängig und muß von Fall zu Fall bestimmt werden. Dabei ist auch die Güte der bereits ermittelten Varianten im Verhältnis zu der theoretisch denkbaren, nicht zu übertreffenden - im allgemeinen aber auch nicht erreichbaren - Ideallösung zu berücksichtigen. Je geringer der Unterschied zwischen den bereits gefundenen Varianten und dieser Ideallösung ist, um so geringer ist die Wahrscheinlichkeit und um so größer der Aufwand, eine noch bessere Variante zu ermitteln. Wenn der Abstand zwischen den bestehenden und der idealen Konstruktionsvariante groß ist, dann kann im allgemeinen auch der Nutzen, welcher aus der weiteren Ermittlung von Varianten zu ziehen ist, verhältnismäßig hoch eingeschätzt werden. Umgekehrt kann aber eine große Menge untersuchter Varianten keinesfalls eine Gewährleistung für eine hohe Güte des endgültigen Entwurfes bieten. Allenfalls wird die Abschätzung des Aufwandes zur Annäherung an die Ideallösung um so genauer, je mehr Varianten bereits vorliegen.

Den drei allgemeinen konstruktiven Merkmalen entsprechend können konstruktive Varianten prinzipiell hinsichtlich

- der Gestalt,
- des Aufbaues und
- der Bewegungsverhältnisse

voneinander unterschieden werden. Die Reihenfolge, in der die drei Arten der Variation auszuführen sind, hängt von vielen aufgaben- und systemspezifischen, nicht zu verallgemeinernden Faktoren ab. In den meisten Fällen wird mit der Ermittlung von Gestaltvarianten begonnen, weil es verhältnismäßig schwierig ist, den Aufbau oder die Bewegungsverhältnisse eines Systems zu betrachten, wenn seine Bestandteile noch nicht bekannt sind. Allerdings ist beispielsweise bei technischen Systemen, die stark durch den Stofffluß geprägt sind, auch ein Vorgehen, welches mit dem Aufbau beginnt, denkbar.

Die Bildung konstruktiver Varianten ist also ein Hilfsmittel zur Ermittlung möglichst günstiger konstruktiver Wirkzusammenhänge in den zu verwirklichenden technischen Systemen. Notwendige Bedingung für den zielführenden Einsatz dieses Hilfsmittels ist die Durchführung von Auswahlvorgängen auf der Grundlage geeigneter Bewertungen.

## 3.5. Anfertigung der Angebots- und Erstellungsunterlagen

Der fünfte Hauptschritt der Projektierungs- und Konstruktionssystematik nimmt in zweifacher Hinsicht eine Sonderstellung ein. Während die ersten vier Schritte für das Projektieren und Konstruieren artgleich sind, ist bei dem fünften Schritt die

- Anfertigung der Angebotsunterlagen beim Projektieren und
- Anfertigung der Erstellungsunterlagen beim Konstruieren

zu unterscheiden. Die Arbeitsinhalte des fünften Hauptschrittes sind also weitgehend anwendungszweckorientiert. Darüberhinaus ist mit Abschluß des vierten Schrittes der schöpferische Teil des Projektierungs- und Konstruktionsprozesses beendet. Mit diesem Abschluß liegen alle wesentlichen, in einem Arbeitsgang für ein technisches System vorgeordneter Komplexität erhältlichen Informationen vor. Nach ihrer äußeren Erscheinung werden die Unterlagen, in denen diese Informationen niedergelegt sind, manchmal auch als Entwurfszeichnungen bezeichnet. Sie werden im letzten Hauptschritt

- in eine angemessene äußere Form gebracht (ausgearbeitet),
- zusammengestellt,
- geprüft und
- geordnet.

Dabei ist ein Zugewinn an neuen Informationen im wesentlichen auf die Verknüpfung bereits vorliegender Daten, beispielsweise die Addition einzelner Kettenmaße zu einem Gesamtmaß, das Zufügen von Bearbeitungszeichen oder das Umsetzen beschreibender Texte in Fertigungsangaben nach Grundnormen, begrenzt.
Der Umfang des fünften Hauptschrittes kann in weiten Grenzen schwanken. Er ist unter anderem von

- Art und Umfang der Aufgabenstellung,
- verfügbaren Hilfsmitteln und
- dem Zeitpunkt der Durchführung in Bezug auf den gesamten Projektierungs- und Konstruktionsprozeß

abhängig.
Im Hinblick auf den Zeitpunkt der Anfertigung von Angebots- oder Erstellungsunterlagen beim Projektierungs- oder Konstruktionsprozeß sind drei Gruppen von Informationen zu unterscheiden, **Bild 29:**

- Informationen, die in einem geschlossenen Arbeitsgang auf der soeben bearbeiteten Komplexitätsebene für die Teilsysteme eines technisches Systems vorgeordneter Komplexität erhalten wurden, heißen Informationen erster Ordnung. Das sind beispielsweise Informationen über die Anlagen der soeben bearbeiteten Anlagengruppe auf der Anlagenebene. Informationen erster Ordnung sind in jedem fünften Hauptschritt zu verarbeiten.
- Informationen, die den Zusammenhang zwischen mehreren technischen Systemen

vorgeordneter Komplexität oder deren Teilsystemen auf der soeben bearbeiteten Komplexitätsebene wiedergeben, heißen Informationen zweiter Ordnung. Das sind beispielsweise Informationen über die Anlagengruppen eines Werkes, die auf der Anlagenebene erhalten wurden. Informationen zweiter Ordnung können im fünften Hauptschritt für das letzte bearbeitete technische System vorgeordneter Komplexität auf jeder Ebene verarbeitet werden, wenn der Projektierungs- oder Konstruktionsgang wenigstens zwei Ebenen umfaßt.

- Informationen, die den Zusammenhang zwischen einem übergeordneten Gesamtsystem und dessen Teilsystemen der soeben bearbeiteten sowie dazwischenliegenden Komplexitätsebenen wiedergeben, heißen Informationen dritter Ordnung. Das sind beispielsweise Informationen über die Struktur einer Werkegruppe mit den zugehörigen Werken, Anlagengruppen und Anlagen. Informationen dritter Ordnung können im fünften Hauptschritt für das letzte bearbeitete technische System vorgeordneter Komplexität verarbeitet werden, wenn der Projektierungs- oder Konstruktionsgang wenigstens drei Ebenen umfaßt. Sie werden in einem Projektierungs- oder Konstruktionsgang sinnvollerweise nur einmal berücksichtigt, nämlich dann, wenn der in der Aufgabenstellung vorgesehene Konkretisierungsgrad, also die letzte zu bearbeitende Komplexitätsebene, erreicht ist.

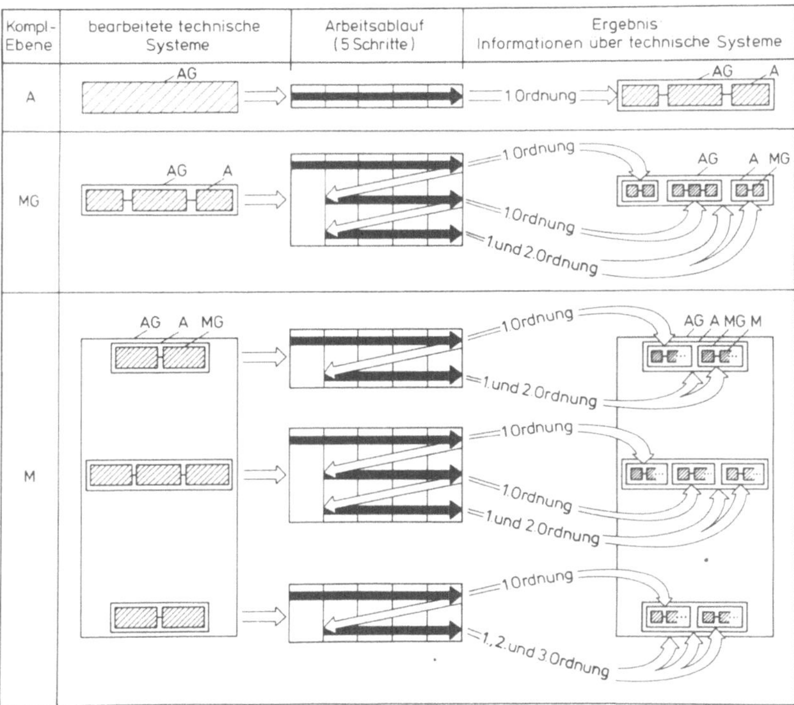


**Bild 29:** Entstehung und Verarbeitung von Informationen erster, zweiter und dritter Ordnung.

Die Zusammenhänge zwischen dem Zeitpunkt der Anfertigung von Angebots- oder Erstellungsunterlagen und der Art der zu verarbeitenden Informationen sind in Bild 29 beispielhaft für die Anlagenebene als Startebene sowie die Maschinengruppen- und Maschinenebene dargestellt. Sie gelten grundsätzlich in entsprechender Weise auch beim Beginn des Projektierungs- oder Konstruktionsprozesses auf jeder anderen Komplexitätsebene. Falls mehr als drei Ebenen bearbeitet werden, ist das Vorgehen in jeder weiteren Komplexitätsebene gleich dem der dritten in Bild 29 gezeigten Ebene (Maschinenebene).

Das Ausarbeiten, Zusammenstellen und Ordnen von Informationen ist durch einen hohen Anteil Routinetätigkeiten gekennzeichnet und deshalb besonders für eine Automatisierung geeignet. Damit ist der Aufwand an menschlicher Arbeitszeit weitgehend durch die Verfügbarkeit technischer und/oder organisatorischer Hilfsmittel bestimmt. Technische Hilfsmittel zur Anfertigung von Angebots- oder Erstellungsunterlagen sind beispielsweise

- elektronische Datenverarbeitungsanlagen mit
  - Drucker und
  - Plotter.

Organisatorische Hilfsmittel sind unter anderem

- konsequent angewendete Nummerungssysteme,
- umfassende Archive (Dateien) und
- Änderungs- sowie Dateipflege-Dienste.

Unter möglichst hoher Nutzung solcher Hilfen kann beispielsweise das "Ausarbeiten von Unterlagen" auf das Abrufen von Zeichnungs- und Textprogrammen, das "Zusammenstellen" auf einen Suchauftrag an das Archiv und das "Ordnen" auf die Erstellung eines Inhaltsverzeichnisses reduziert werden.

Im Mittelpunkt der Tätigkeiten des fünften Hauptschrittes steht die Verarbeitung von Informationen über die bearbeiteten technischen Systeme. Daneben müssen alle Arbeitsgänge, die zur Verwirklichung dieser Erzeugnisse führen, kommentiert und dokumentiert werden. Damit ist eine wesentliche Forderung der systematischen Vorgehensweise, die Reproduzierbarkeit der Ergebnisse, erfüllt. Deshalb wird zwischen

- Informationen über technische Systeme,
- Informationen über den Projektierungs- und/oder Konstruktionsablauf sowie
- Informationen für Folgetätigkeiten

unterschieden.

Informationen werden auf Informationsträgern gespeichert. Informationsträger können unterschiedliche materielle Erscheinungsformen haben, und der Vorgang der Informationsspeicherung kann verschiedensten physikalischen Gesetzmäßigkeiten gehorchen. Informationsträger können beispielsweise Schriftstücke, Magnetbänder, Lochkarten oder Mikrofilme sein. Diese und sonstige Informationsträger werden im folgenden, wenn nicht ausdrücklich auf eine besondere Form der Informationsspeicherung Bezug genommen ist, kurz Unterlagen genannt. Für die Arbeit in Projektierungs- und Konstruktionsbereichen ist es wesentlich, wie sich die in den Unterlagen enthaltenen Informationen in ihrer letzten Erscheinungsform dem Benutzer darstellen. Demnach können

- bildhafte (beispielsweise technische Zeichnungen),
- tabellarische (beispielsweise Zeichnungslisten) sowie
- verbale (beispielsweise Vertragstexte)

Informationsdarstellungen unterschieden werden.

Als fünfter Hauptschritt der Projektierungs- und Konstruktionssystematik stellt die Anfertigung der Angebots- oder Erstellungsunterlagen auf jeder Komplexitätsebene den Abschluß der Bearbeitung eines technischen Systems dar. In diesem Rahmen haben die hier durchzuführenden Teilschritte im wesentlichen die Aufgaben,

- die Dokumentation beispielsweise durch
  - Aussonderung sowie Zusammenstellen der Unterlagen von Wiederholsystemen und
  - Auszüge aus den erarbeiteten Unterlagen für besondere Verwendungszwecke

  zu vervollständigen sowie weiterhin
- einen möglichst vollständigen und klar gegliederten Überblick über
  - das bearbeitete, anzubietende oder zu erstellende technische System,
  - den Arbeitsablauf in den vorangegangenen Hauptschritten, dabei insbesondere über
    - wesentliche Entscheidungen sowie
    - Änderungen wesentlicher Daten der Anforderungsliste und
  - die mit dem Anbieten oder Erstellen verbundenen Folgetätigkeiten

  zu geben.

Die Regeln zur Anfertigung der Angebots- und Erstellungsunterlagen können auch unabhängig von der Projektierungs- und Konstruktionssystematik als eigenständiges arbeitstechnisches Hilfsmittel genutzt werden. Aus diesem Regelwerk können, entsprechend den im Rahmen der Aufgabenklärung beschriebenen Anforderungslisten,

- Leitfäden zur Vereinheitlichung der Angebots- und Erstellungsunterlagen sowie
- Merkmallisten zur Prüfung der Dokumentationen auf Vollständigkeit, Redundanz und Fehlerfreiheit

abgeleitet werden. Daneben tragen diese Regeln sowie die eindeutige Definition der Schnittstelle zwischen dem vierten und fünften Hauptschritt zu einer weiteren Rationalisierung der Arbeitsabläufe bei, weil die Anfertigung der Dokumentation zum großen Teil beispielsweise

- durch Hilfskräfte oder
- außerhalb der eigentlichen Arbeitszeit selbsttätig durch elektronische Datenverarbeitungssysteme

ausgeführt werden kann, während der höher qualifizierte Projekteur oder Konstrukteur bereits andere Tätigkeiten ausführen kann.

Unter Angebots- oder Erstellungsunterlagen sind hier solche Unterlagen zu verstehen, die in den Projektierungs- oder Konstruktionsbereichen erarbeitet werden und dem Anbieten oder Erstellen technischer Systeme dienen. Demzufolge kann ein Angebot für ein technisches System erst dann fertiggestellt werden, wenn auch die in kaufmännischen und juristischen Abteilungen erstellten Unterlagen vorliegen. Dabei sind die Verantwortlichkeiten zwischen einzelnen Fachabteilungen oft von Unternehmen zu Unternehmen unterschiedlich abgegrenzt und manchmal sogar fließend. Das hängt im wesentlichen von den Organisationsstrukturen der Unternehmen ab und kann dazu führen, daß die im folgenden beschriebenen Teilschritte je nach Unternehmensstruktur im einen oder anderen Unternehmensbereich durchgeführt werden. Dies ist aber für die eigentlichen Teilschritte selbst und deren Durchführung von untergeordneter Bedeutung. Daneben können die folgenden Teilschritte in den Projektierungs- oder Konstruktionsbereichen einzelner Unternehmen auch durch den einen oder anderen Teilschritt ergänzt werden.

Die Inhalte von Angebots- und Erstellungsunterlagen sind naturgemäß in einigen Punkten unterschiedlich. Tätigkeiten zu ihrer Herleitung sind dagegen überwiegend artgleich oder ähnlich. Deshalb werden beide Sachgebiete im folgenden gemeinsam behandelt. Aufbauend auf die beschriebenen Zusammenhänge kann die Anfertigung der Angebots- oder Erstellungsunterlagen in

- Ausarbeiten,
- Zusammenstellen,
- Prüfen und
- Ordnen

von

- bildhaften Unterlagen,
- tabellarischen Unterlagen und
- verbalen Unterlagen

mit

- Informationen erster Ordnung,
- Informationen zweiter Ordnung und
- Informationen dritter Ordnung

über

- technische Systeme,
- Arbeitsabläufe und
- Folgetätigkeiten

unterschieden werden. In Anlehnung an die übliche organisatorische Struktur der Maschinenbauunternehmen können diese Teilschritte in die Gruppen

- Ausarbeiten und Zusammenstellen technischer Zeichnungen für den soeben durchgeführten Bearbeitungsablauf,
- Ausarbeiten und Zusammenstellen sonstiger technischer Unterlagen für den soeben durchgeführten Bearbeitungsablauf,
- Dokumentation des soeben durchgeführten Bearbeitungsablaufes,
- Gegebenenfalls Ausarbeiten und Zusammenstellen der Unterlagen mit Informationen

zweiter oder dritter Ordnung,
- Ausarbeiten und Zusammenstellen der Unterlagen über Folgetätigkeiten,
- Ordnen der Unterlagen und
- Prüfen der Unterlagen

eingeteilt werden. Die ersten drei Tätigkeitsgruppen betreffen ausschließlich Informationen erster Ordnung, Bild 29. Diese Informationen werden gegebenenfalls in Abhängigkeit vom Projektierungs- oder Konstruktionsfortschritt in der vierten Tätigkeitsgruppe vervollständigt. Tätigkeiten der letzten drei Gruppen können je nach Organisationsstruktur in jeden fünften Hauptschritt integriert oder an den Abschluß des gesamten Projektierungs- oder Konstruktionsprozesses verlegt werden.

Das Ausarbeiten technischer Zeichnungen ist immer dann erforderlich, wenn die im vierten Hauptschritt, Festlegung der konstruktiven Wirkzusammenhänge, ausgewählten konstruktiven Varianten nicht Wiederholsysteme sind. In diesem Falle dienen Bleizeichnungen, Handskizzen und/oder schriftliche Ausführungsanweisungen als Grundlage für die Ausarbeitung. Solche Zeichnungen und Skizzen können sowohl Gesamtdarstellungen (Zusammenstellungszeichnungen, Anordnungsskizzen) als auch Einzeldarstellungen von Teilsystemen sein. Bei der Ausarbeitung sind zunächst aus Gesamtdarstellungen Einzeldarstellungen herauszuziehen oder Einzeldarstellungen zu Gesamtdarstellungen zusammenzufassen. Anschließend können die Zeichnungen, unter Beachtung der entsprechenden Bedingungen der Anforderungsliste (Zeichnungsnormen), beispielsweise in Tusche ausgezogen werden. Dieses Vorgehen dient auch der Prüfung auf Vollständigkeit und Richtigkeit der Bemaßung sowie sonstiger Angaben. Dabei werden Angaben, die in den Vorlagen nicht explizit enthalten, aber durch Bedingungen der Anforderungsliste oder zu beachtende Normen und Richtlinien gefordert sind, nachgetragen. Beispiele hierfür sind die Addition von Kettenmaßen zu einem Gesamtmaß, das Einfügen von Bearbeitungszeichen an Wirkflächen oder die Ermittlung und Angabe erforderlicher Toleranzen bei einem Wälzlagersitz. Wenn bei der Festlegung konstruktiver Wirkzusammenhänge als konstruktive Lösungen Wiederholsysteme ermittelt wurden, dann sind deren Zeichnungen zusammenzustellen. Zu diesem Zweck ist ein funktionsfähiges Sachnummern- und Rückgriffsystem dienlich. Daneben zählt zum "Zusammenstellen" noch das Kombinieren neu erstellter Zeichnungen mit solchen, die durch Rückgriff erhalten wurden.
Unter sonstigen technischen Unterlagen sind tabellarische und verbale Unterlagen mit Informationen über technische Systeme zu verstehen. Dazu zählen beim Projektieren beispielsweise

- Listen,
    - Wiederholsysteme (Projektierung abgeschlossen),
    - zu bearbeitende Wiederholsysteme (bedingt nutzbar),
    - neu zu erstellende Teilsysteme,
    - Anpaßsysteme,
    - Fremdlieferungen,
    - Reserve-, Ersatzteile,

    - Betriebsmittel,
    - Liefer- und Leistungsumfänge,
    - Liefer- und Leistungsausschlüsse,
- Texte,
    - Funktionsbeschreibungen sowie
    - Konstruktions- und sonstige technische Bedingungen,

und beim Konstruieren beispielsweise

- Listen,
    - Stücklisten,
    - Wiederholsystem-/-teil-Listen,
    - Fremdlieferungen,
    - elektrische Teilsysteme,
    - elektronische Teilsysteme,
    - hydraulische Teilsysteme,
    - pneumatische Teilsysteme,
    - Anpaßsysteme,
    - Reserve-, Ersatzteile,
    - Betriebsmittel,
- Texte,
    - Funktionsbeschreibungen,
    - Fertigungsbedingungen,
    - Zusammenbau-, Versand-, Montagebedingungen,
    - Betriebsbedingungen sowie
    - Prüfungs-, Inbetriebnahme- und Abnahmebedingungen.

Die Dokumentation des Bearbeitungsablaufes dient in erster Linie der Reproduzierbarkeit der Ergebnisse. Sie sollte vollständig, aber kurz sowie übersichtlich sein und wenigstens Angaben zu folgenden Punkten enthalten:

- geänderte Anforderungen mit
    - Ursache,
    - erwarteter und/oder erzielter Wirkung und
    - zu erwartendem Einfluß auf das Gesamtsystem,
- getroffene Annahmen bei nicht quantifizierbaren Randbedingungen sowie
- gefällte Entscheidungen bei verzweigten Bearbeitungswegen.

Darüberhinaus können auch wichtige Berechnungen und Zwischenergebnisse, die zur Verdeutlichung des Vorgehens beitragen, in die Dokumentation aufgenommen werden. Deshalb ist es sinnvoll, solche Zusammenhänge bereits während des Bearbeitungsablaufes, spätestens aber im unmittelbaren Anschluß daran, zu dokumentieren. Damit kann beispielsweise

- die Bearbeitung folgender Projekte oder Aufträge,
- die Fehlersuche und Argumentation bei im Betrieb auftretenden Fehlern sowie

- die Einarbeitung neuer Mitarbeiter

verkürzt und erleichtert werden.

Das Ausarbeiten und Zusammenstellen der Unterlagen zweiter oder dritter Ordnung besteht im wesentlichen aus dem Zusammenstellen bereits vorhandener Unterlagen und aus der Klärung von Beziehungen zwischen diesen. Darüberhinaus können an dieser Stelle für die bearbeiteten technischen Systeme Erzeugnisgliederungen erstellt werden. Damit wird ein automatisches Einfließen neuer Unterlagen in bestehende Rückgriffsysteme erleichtert.

Folgetätigkeiten des Projektierens sind neben der Auftragsabwicklung nach erhaltenem Auftrag beispielsweise die mit der Angebotsbearbeitung verbundenen Tätigkeiten nichttechnischer Abteilungen, die auf den Projektierungsergebnissen aufbauen. Hierzu zählt beispielsweise die juristische sowie kaufmännische Bearbeitung und die endgültige Zusammenstellung des Angebotes. Folgetätigkeiten des Konstruierens sind unter anderem das Beschaffen, Arbeitsvorbereiten, Fertigen, Zusammenbauen, Versenden, Montieren und Inbetriebnehmen. Folgetätigkeiten müssen geplant, vorbereitet, durchgeführt und überwacht werden. Grundlegende Informationen dazu werden oft schon im Rahmen der eigentlichen Projektierungs- und Konstruktionstätigkeiten erhalten. Ziel der Tätigkeitsgruppe "Ausarbeiten und Zusammenstellen der Unterlagen über Folgetätigkeiten" ist es, solche Informationen aus dem Informationsangebot herauszusuchen und gegebenenfalls zweckorientiert aufzubereiten. Dabei sind in der Regel Informationen erster, zweiter oder dritter Ordnung zu verarbeiten. Deshalb werden diese Tätigkeiten meist nur einmal, nämlich zum Abschluß eines gesamten Projektierungs- oder Konstruktionsablaufes, durchgeführt.

Das Ordnen der Unterlagen ist eine Tätigkeitsgruppe, deren Einzeltätigkeiten während des zeitlichen Ablaufes des fünften Hauptschrittes in die einzelnen, bisher beschriebenen Gruppen zu integrieren sind. Nur wegen ihrer besonderen Bedeutung sind diese Tätigkeiten zu einer eigenen Gruppe zusammengefaßt worden. Die einzige Arbeit, für die der Zeitpunkt ihrer Durchführung mit der Einordnung der Gruppe in die Einteilung dieses Hauptschrittes übereinstimmt, ist die Anfertigung einer Gesamtübersicht über alle Unterlagen. Eine solche Gesamtübersicht ist beispielsweise in Form eines Inhaltsverzeichnisses darstellbar. Das Ordnen der Unterlagen umfaßt unter anderem auch das Herausziehen einzelner Informationen für besondere Verwendungszwecke, beispielsweise Folgetätigkeiten.

Unter dem Prüfen der Unterlagen ist in diesem Zusammenhang nicht die (selbstverständliche) ständige Kontrolle des eigenen Arbeitsergebnisses, sondern vielmehr ein unabhängiger Arbeitsschritt durch an der Ermittlung und Dokumentation der Informationen nicht beteiligte Dritte zu verstehen. Im wesentlichen ist dabei die

- Normgerechtheit,
- Vollständigkeit und
- Ordnung

der Unterlagen sowie die Einhaltung vorgegebener Fertigstellungstermine zu prüfen.

## 3.6. Auswirkungen des systematischen Projektierens und Konstruierens

Bei der hier vorgestellten Projektierungs- und Konstruktionssystematik, deren fünf Hauptschritte zusammenfassed der **Tafel 18** zu entnehmen sind, wird das Projektierungs- sowie Konstruktionsgeschehen in abnehmendem Maße durch zufalls- oder erfahrungsbedingte Intuition der Ingenieure und in zunehmendem Maße durch methodisches Vorgehen bestimmt. Damit ist das

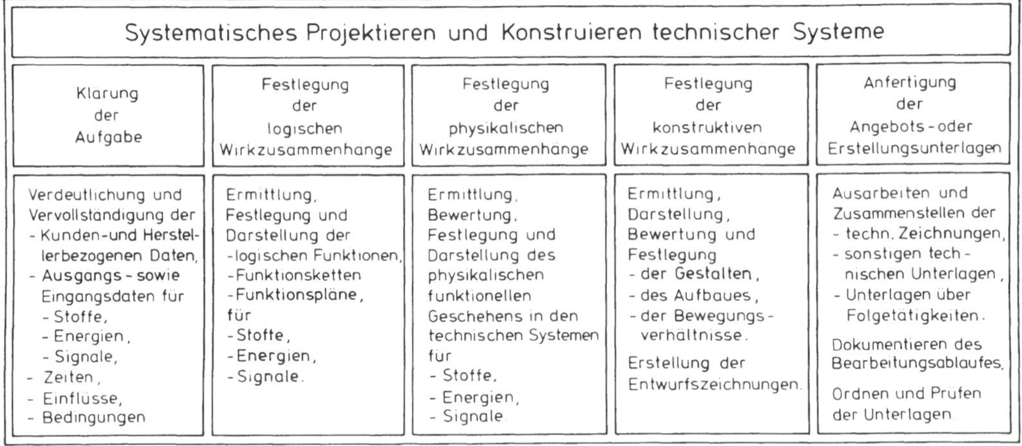

| Systematisches Projektieren und Konstruieren technischer Systeme | | | | |
|---|---|---|---|---|
| Klärung der Aufgabe | Festlegung der logischen Wirkzusammenhänge | Festlegung der physikalischen Wirkzusammenhänge | Festlegung der konstruktiven Wirkzusammenhänge | Anfertigung der Angebots- oder Erstellungsunterlagen |
| Verdeutlichung und Vervollständigung der<br>- Kunden- und Herstellerbezogenen Daten,<br>- Ausgangs- sowie Eingangsdaten für<br>- Stoffe,<br>- Energien,<br>- Signale,<br>- Zeiten,<br>- Einflüsse,<br>- Bedingungen | Ermittlung, Festlegung und Darstellung der<br>- logischen Funktionen,<br>- Funktionsketten<br>- Funktionspläne,<br>für<br>- Stoffe,<br>- Energien,<br>- Signale. | Ermittlung, Bewertung, Festlegung und Darstellung des physikalischen funktionellen Geschehens in den technischen Systemen für<br>- Stoffe,<br>- Energien,<br>- Signale | Ermittlung, Darstellung, Bewertung und Festlegung<br>- der Gestalten,<br>- des Aufbaues,<br>- der Bewegungsverhältnisse.<br>Erstellung der Entwurfszeichnungen. | Ausarbeiten und Zusammenstellen der<br>- techn. Zeichnungen,<br>- sonstigen technischen Unterlagen,<br>- Unterlagen über Folgetätigkeiten.<br>Dokumentieren des Bearbeitungsablaufes.<br>Ordnen und Prüfen der Unterlagen |

**Tafel 18:** Haupt- und Teilschritte beim systematischen Projektieren und Konstruieren.

systematische Projektieren und Konstruieren, auch ohne Einbeziehung einer rechnerunterstützten Arbeitsweise, die Grundlage für eine umfassende sowie langfristig wirksame Rationalisierung der mit der Entstehung komplexer technischer Systeme befaßten Unternehmensbereiche. Auswirkungen des systematischen Projektierens sowie Konstruierens und zu erwartende Ergebnisse, die beim Einsatz der Systematik zu Rationalisierungserfolgen führen, sind der **Tafel 19** zu entnehmen.

| AUSWIRKUNGEN DES SYSTEMATISCHEN PROJEKTIERENS UND KONSTRUIERENS TECHNISCHER SYSTEME | | |
|---|---|---|
| Erweiterung der Vertriebsmöglichkeiten | Beeinflussung des Konstruktionsgeschehens | Vergrösserung der Fertigungsmöglichkeiten |
| - Kürzung der Zeiten für das Erstellen der Angebote.<br>- Verfügbarkeit besserer technischer Unterlagen.<br>- Erleichterung der Entscheidungen der Ingenieure.<br>- Verbesserung sowie Vereinfachung des Kalkulierens. | - Kürzung der Konstruktionszeiten.<br>- Minderung der Fehlermöglichkeiten.<br>- Erhöhung der Wiederverwendbarkeit vorhandener Konstruktionen.<br>- Vermeidung von Doppelbearbeitung. | - Vereinfachung der Fertigungsplanung sowie -vorbereitung.<br>- Kürzung der Fertigungszeiten.<br>- Erhöhung der Anzahl Wiederholteile.<br>- Einsatzerweiterung für NC-Werkzeugmaschinen. |

| ZU ERWARTENDE ERGEBNISSE | | |
|---|---|---|
| - Förderung des Verkaufes.<br>- Beschleunigung der Auftragsabwicklung.<br>- Minderung der Kosten für das Projektieren und Konstruieren. | - Erzielung besserer Betriebsergebnisse.<br>- Entwicklung neuer Erzeugnisse.<br>- Erhöhung des Auftragsbestandes und Sicherung der Arbeitsplätze. | - Minderung der Wagnisse.<br>- Erhöhung der Diversifikation.<br>- Vereinheitlichung der Arbeitsweise beim Projektieren und Konstruieren. |

R A T I O N A L I S I E R U N G  D E R  U N T E R N E H M E N S B E R E I C H E

**Tafel 19:** Auswirkungen sowie zu erwartende Ergebnisse des systematischen Projektierens und Konstruierens technischer Systeme.

# 4. Rechnerkonfigurationen

Als Rechnerkonfigurationen werden solche EDV-Anlagen bezeichnet, deren Systemkomponenten, beispielsweise Zentraleinheit, Ein- sowie Ausgabegeräte, und die damit verbundenen Betriebsweisen der Anlagen auf bestimmte Einsatzbereiche ausgerichtet sind / 120 und 121 /. Der Einsatzbereich der hier beschriebenen Konfigurationen ist das rechnerunterstützte Projektieren und Konstruieren komplexer technischer Systeme.

Voraussetzungen für einen vorteilhaften Einsatz von EDV-Anlagen in den Projektierungs- und Konstruktionsbereichen sind die

- eindeutige Beschreibbarkeit der Projektierungs- oder Konstruktionstätigkeiten,
- möglichst häufige Anwendung der zu erstellenden Rechenprogramme,
- Anwendbarkeit der Programme über einen verhältnismäßig großen Zeitraum,
- Ver- und Erarbeitung einer großen Anzahl von Daten sowie
- Wirtschaftlichkeit.

Die Ermittlung der Wirtschaftlichkeit / 122 und 123 / des EDV-Einsatzes ist verhältnismäßig einfach, wenn vorgegebene, überschaubare Tätigkeitsabläufe rechnerunterstützt bearbeitet oder automatisiert werden, also bestimmte bisher manuell durchgeführte Tätigkeiten vom Rechner übernommen werden. Auswirkungen einer rechnerunterstützten Arbeitsweise, deren betriebswirtschaftlichen Nutzen oft nur schwer oder nicht quantifizierbar ist, sind beispielsweise:

- Reproduzierbarkeit der Arbeitsabläufe,
- schnellere Verfügbarkeit von Daten,
- Entlastung der Projekteure und Konstrukteure von Routinetätigkeiten,
- Bearbeitung von Aufgaben, die ohne EDV-Einsatz technisch und/oder wirtschaftlich nicht durchführbar sind,
- Vereinfachung der Erstellung alternativer technischer Lösungen,
- Verbesserung der Entscheidungsgrundlagen,
- Minderung der Fehlerhäufigkeit,
- Verbesserung der Erzeugnisse sowie
- günstige Beeinflussung der vor- und/oder nachgeordneten Arbeitsabläufe.

Diesen Auswirkungen, deren Gewichtung von Unternehmen zu Unternehmen und von Einsatzbereich zu Einsatzbereich im allgemeinen unterschiedlich ist, kommt bei der Entscheidungsfindung für oder gegen einen EDV-Einsatz eine wesentliche Bedeutung zu. Die EDV sollte möglichst schrittweise unter Zugrundelegung eines Gesamtkonzeptes in den Projektierungs- und Konstruktionsablauf einbezogen werden. Damit ist eine möglichst frühzeitige wirtschaftliche Nutzung der EDV zu erzielen / 90 /.
Der Aufwand für die EDV ergibt sich aus den Kosten für

- Miete oder Kauf der EDV-Anlage,
- Wartung der EDV-Anlage,
- Räumlichkeiten,
- Energie,
- Verbrauchsmaterial (beispielsweise Lochkarten, Papier, Magnetbänder),
- Miete oder Kauf von Programmen,
- Erstellung von Programmen,
- Programmpflege (Fehlerbeseitigung, Aktualisierung),
- Bedienung der EDV-Anlage,
- Datenaufbereitung und Dateneingabe sowie
- Einführung in die Anwenderbereiche.

Viele Eigenschaften und Möglichkeiten der für universelle betriebliche Anwendungen, insbesondere kaufmännischer Aufgaben, eingesetzten Datenverarbeitungsanlagen, Universalrechner / 124 / genannt, sind auch von Projektierungs- und Konstruktionsbereichen vorteilhaft zu nutzen. Das sind im wesentlichen:

- Freie Programmierbarkeit.
  Diese gestattet die Formulierung von mathematisch darstellbaren Zusammenhängen zur Berechnung sowie Dimensionierung technischer Systeme, Verarbeitung von Texten und die Vorgabe von Arbeitsgangfolgen beim Projektieren sowie Konstruieren.
- Eingabemöglichkeiten durch maschinell lesbare Datenträger (Lochkarten, Lochstreifen) und Ausgabemöglichkeiten durch Drucker.
- Handhabung von Speichersystemen, beispielsweise Magnetplatten- und Magnetbandspeicher.

Dabei werden die Ergebnisse einer Berechnung in langen, manchmal unübersichtlichen Listen ausgegeben, die mühevoll ausgewertet werden müssen. Das hat oft nachteilige Auswirkungen für die Anwender aus den Projektierungs- und Konstruktionsbereichen, denn der Projekteur oder Konstrukteur bedient sich meist einer Sprache mit Nomogrammen und Zeichnungen. Daneben enthalten Projektierungs- und Konstruktionsabläufe viele Stellen, an denen logische Entscheidungen vom Menschen getroffen werden müssen. Hierdurch wird ein rechnerunterstütztes Projektierungs- und Konstruktionsgeschehen erheblich beeinflußt. Diese Entscheidungen des Menschen und die daraus ableitbaren Verzweigungsmöglichkeiten können zwar in einem Programm für einen Universalrechner einbezogen werden, jedoch sind solche Programme im allgemeinen unübersichtlich und äußerst kostenintensiv. Außerdem nehmen sie sehr viel Rechenzeit in Anspruch, und ihre Programmpflege ist aufwendig. Aus diesen Gründen ist es bei komplizierten, mit logischen Entscheidungen durchsetzten Arbeitsabläufen sinnvoll, diese nicht zu automatisieren sondern rechnerunterstützt in der Weise vorzugehen, daß der Mensch in den Bearbeitungsprozeß mit einbezogen bleibt. Zur nutzbringenden Entfaltung der Fähigkeiten beider Teilnehmer, Mensch und EDV-Anlage, muß ein Dialog zwischen Mensch und EDV-Anlage sichergestellt sein. Dabei sollte der Mensch als Benutzer der Anlage seine Entscheidungen über leicht handhabbare Eingabesysteme unmittelbar dem Rechner mitteilen können. Die EDV-

Anlage sollte von den Entscheidungen des Menschen ausgehend mit Hilfe des Programmes Berechnungen durchführen und die Ergebnisse dem Benutzer in alphanumerischer und/oder graphischer Form leicht verständlich vorstellen. Deshalb werden in Projektierungs- und Konstruktionsbereichen zusätzlich graphische Ein- und Ausgabegeräte benötigt.
Entscheidend für den Einsatz der elektronischen Datenverarbeitung beim Projektieren und Konstruieren ist, daß

- der Benutzer, ohne EDV-Fachkraft zu sein, mit dem EDV-System (EDV-Anlage und Programme) im Dialog arbeiten kann,
- die Ver- und Erarbeitung sowie die Darstellung graphischer Informationen gegeben ist und
- das EDV-System in den Projektierungs- und Konstruktionsbereichen ohne weite Wege und lange Wartezeiten für die Projekteure und Konstrukteure, also kurzfristig, verfügbar ist.

Die Grundstruktur einer EDV-Anlage für das Projektieren und Konstruieren ist dem **Bild 30** zu entnehmen. Ein für die Belange des Projekteurs sowie Konstrukteurs besonders geeignetes Gerät zur Kommunikation zwischen Benutzer und Rechner ist der sogenannte interaktive Bildschirm, der auch als aktiver Bildschirm bezeichnet wird. Dieser Bildschirm wird interaktiv genannt, weil der Benutzer über dieses Gerät die Möglichkeit hat aktiv in den Prozeß der Programmverarbeitung einzugreifen. Ein solches Bildschirmgerät gestattet

- die Darstellung von zwei- und dreidimensionalen Gebilden,
- den Aufbau und die Änderung von geometrischen Darstellungen in einfacher Weise sowie
- die Darstellung aller notwendigen Anweisungen für die im Rechner gespeicherten Programme.

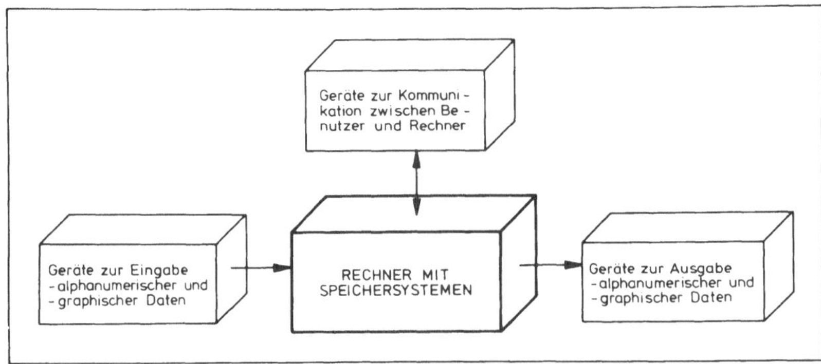


**Bild 30:** Grundstruktur einer EDV-Anlage für das rechnerunterstützte Projektieren und Konstruieren.

Für den Benutzer liegt ein besonderer Vorteil dieses Gerätes darin, daß über die graphischen Möglichkeiten hinaus ein Zusammenspiel mit Berechnungsprogrammen erfolgen kann. Dabei können die Programme ihre Eingabeparameter beispielsweise aus graphischen Darstellungen entnehmen und die Ergebnisse in graphischer oder alphanumerischer Form am Bildschirm aufzeigen. Das kommt der guten visuellen Auffassungsgabe des Menschen entgegen. Mit Hilfe des interaktiven Bildschirms können somit beispielsweise

- Eingabedaten unmittelbar eingegeben oder durch Darstellung auf dem Bildschirm einfach und schnell auf Fehler untersucht sowie
- Programmabläufe vom Benutzer überwacht und gelenkt

werden.
Die in Zusammenarbeit zwischen Rechner und Benutzer entstehenden graphischen Informationen können mit Hilfe dafür geschaffener Programme so aufbereitet werden, daß eine angeschlossene Zeichenanlage beispielsweise Zeichnungen mit Beschriftung und Vermaßung ausgibt. Entsprechendes gilt auch für die Ausgabe auf Mikrofilm mit Hilfe von COM-Anlagen (computer output to microfilm) / 124 /. Der umgekehrte Weg, die Eingabe einer Zeichnung zum Zwecke einer digitalen Abbildung im Rechner, ist mit einem sogenannten Digitalisiergerät möglich.

Im folgenden wird zunächst die im Rechenzentrum der Rheinisch Westfälischen Technischen Hochschule Aachen vorhandene und für das rechnerunterstützte Projektieren der Feuerverzinkungslinien genutzte Rechnerkonfiguration mit interaktivem Bildschirm beschrieben. Danach werden werden neuzeitliche Rechnerkonfigurationen für dieses Anwendungsgebiet, einschließlich der ungefähren Preise im Jahre 1978, vorgestellt.

## 4.1. Rechnerkonfiguration des Rechenzentrums der Rheinisch-Westfälischen Technischen Hochschule Aachen

Seit 1969 wird im Rechenzentrum der RWTH Aachen eine EDV-Anlage mit interaktivem graphischem Bildschirmgerät betrieben / 125 /. Das ist eine Rechnerkonfiguration mit der Systembezeichnung "CD 1700 Digigraphic", **Bild 31.**
Wesentlicher Bestandteil der Anlage ist der interaktive Bildschirm, **Bilder 32 und 33.** Mit Hilfe des Bildschirmes können sowohl alphanumerische als auch graphische Informationen ausgegeben und über einen Lichtstift unmittelbar eingegeben werden. Die Bildschirmeinheit hat einen runden Bildschirm mit 510 mm Durchmesser. Ein Rechteck, welches durch einen aufleuchtenden Rahmen begrenzt ist und etwa dem Format DIN A3 entspricht, dient dem Benutzer der Anlage als Arbeitsfeld. Außerhalb dieses Arbeitsfeldes stehen vier Kreissegmente zur Verfügung, in denen beispielsweise Kommentare und/oder Kommandoworte Platz finden können. Die Kommandoworte sind Programmangebote, aus denen der am Bildschirm arbeitende Benutzer durch sogenanntes "Picken" wählen kann. Ein solches zur Auswahl vorgestelltes Angebot von Möglichkeiten wird "Menü" genannt, und dementsprechend heißt eine solche Arbeitsweise

"Menütechnik" / 126 /.

Die Zentraleinheit hat einen 32 K-Worte großen Kernspeicher mit einer Wortgröße von 16 Bits. 1 K-Wort entspricht 1024 Worten, das heißt, der Speicher kann 32.768 Worte mit je 16 Bits aufnehmen. Für das Betriebssystem der CD 1700 sind ungefähr 9 K-Worte des Kernspeichers der Zentraleinheit belegt. Über die restlichen 23 K-Worte kann das Benutzerprogramm verfügen.

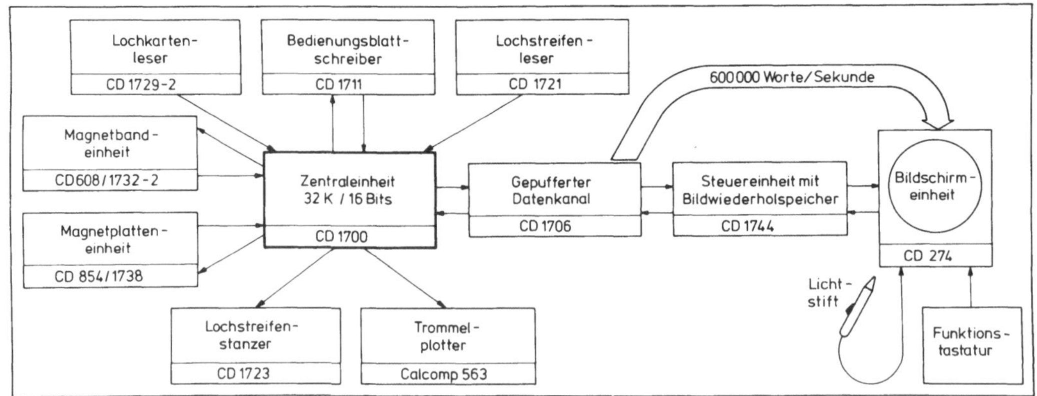


**Bild 31:** Systemkonfiguration CD 1700 Digigraphic des Rechenzentrums der Rheinisch-Westfälischen Technischen Hochschule Aachen, nach M. Baum, W.-H. Engelskirchen und J.-P. Lacoste / 125 /.

Zur Bilderzeugung gibt es zwei Wege:

- Erzeugung des Bildes direkt durch die Zentraleinheit
  und
- Erzeugung des Bildes durch die Steuereinheit mit Bildwiederholspeicher.

Wenn ein laufendes Bild, beispielsweise die Darstellung eines Bewegungsablaufes erforderlich ist, wird die direkte Bilderzeugung genutzt. Dabei steht zur Übertragung der Informationen auf den Bildschirm ein gepufferter Datenkanal zur Verfügung, der es ermöglicht, 600.000 Worte je Sekunde dem Bildschirm mitzuteilen und in etwa 18 Millisekunden ein Bild zu erzeugen. Bei nicht bewegten Bildern werden zur Entlastung des Speichers der Zentraleinheit die Bilderzeugungsbefehle im allgemeinen zunächst der Steuereinheit mit Bildwiederholspeicher übergeben. Diese Einheit speichert die auf dem Bildschirm darzustellenden Informationen in Form eines Bildcodes digital in einem eigenen Kernspeicher von 8 K-Worten Größe und zeichnet das Bild etwa 40mal je Sekunde neu, so daß auf dem Schirm ein flimmerfreies, stehendes Bild zu sehen ist. Zur Beeinflussung der auf dem Bildschirm sichtbaren Informationen dient in erster Linie - neben der Funktionstastatur und dem Bedienungsblattschreiber - ein Lichtstift, der mit dem Bildschirmgerät unmittelbar verbunden ist.

**Bild 32:** Interaktives, graphisches Bildschirmgerät der CD 1700 Digigraphic des Rechenzentrums der Rheinisch-Westfälischen Technischen Hochschule Aachen.

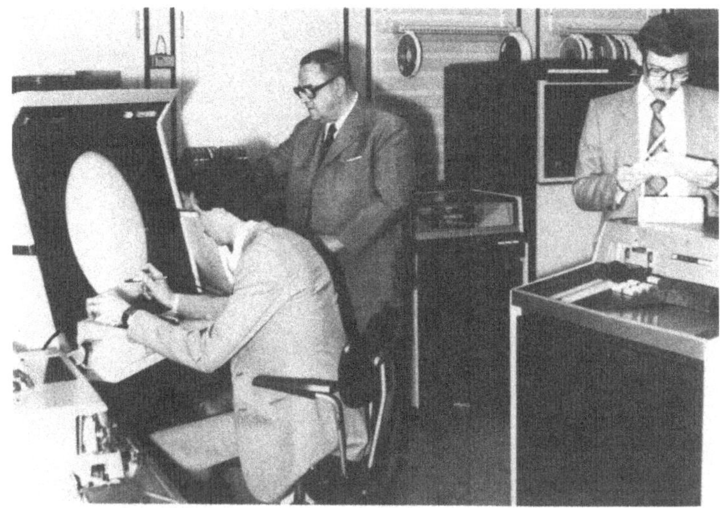

**Bild 33:** Darstellung zur Verdeutlichung der Arbeitsweise an einer EDV-Anlage mit interaktivem, graphischem Bildschirmgerät.

Der Lichtstift arbeitet grundsätzlich passiv, das heißt, er reagiert, wenn Licht vom Bildschirm in die Öffnung der Spitze des Lichtstiftes einfällt. Das System wird durch Betätigung eines Druckknopfes, der am Lichtstift angebracht ist, aktiviert. Die Festlegung auf eine Bildschirminformation erfolgt durch Ausrichten des Lichtstiftes auf diese Information bei gleichzeitiger Betätigung des Druckknopfes. Dieser Vorgang wird "Picken" genannt. Durch Picken werden ansprechbare Zeichen - Fadenkreuz, alphanumerische Zeichen oder Bildzeichen - aufgerufen, die den Rechner über das Programm zu einer Operation veranlassen. Daneben kann mit dem Lichtstift auch, ähnlich wie mit einem Bleistift, gezeichnet, oder es können Bildelemente, ähnlich dem bekannten klassischen Arbeiten mit Vordruckzeichnungen in Projektierungs- und Konstruktionsbereichen auf dem Bildschirm angeordnet werden.

Aussagen über die hier nicht erwähnten Teilsysteme der Digigraphic-Anlage sowie weitere Angaben zu den beschriebenen Geräten sind der **Tafel 20** zu entnehmen. Die **Bilder 34 bis 36** zeigen einige Geräte dieser Rechnerkonfiguration.

CD 1700 Digigraphic

|  |  |  |
|---|---|---|
| Zentraleinheit der CD 1700 | Speicherkapazität<br>Zugriffszeit | 32 K / 16 - Bit - Worte<br>1.1 µs / Wort |
| Bildschirmeinheit CD 274 | Bildschirmdurchmesser<br>Rasterpunkte<br><br><br>Abstand zwischen zwei Rasterpunkten<br>Helligkeitsstufen<br>Zusatzsysteme | 510 mm<br>ca 13 Mio insgesamt<br>64 je mm²<br>4096 auf Durchmesserlinie<br>ca 0.1 mm<br>drei<br>Lichtstift<br>Funktionstastatur (14 u 3 Schalter) |
| Steuereinheit mit Bildwiederholspeicher CD 1744 | Speicherkapazität<br>Übertragungsrate<br>Bildwiederholungsrate | 8 K / 16 - Bit - Worte<br>1.67 µs / Wort<br>40 mal pro Sekunde |
| Magnetplatteneinheit CD 854 | Kapazität<br>Übertragungsgeschw<br>max Zugriffszeit | 2.5 Mio Worte<br>ca 7000 Worte / s<br>145 ms / Wort |

|  |  |  |
|---|---|---|
| Magnetbandeinheit CD 608 | Bandbreite<br>Übertragungsgeschw<br>Schreibdichte | 1/2"<br>30 000 Zeichen / s<br>800 bpi |
| Lochkartenleser CD 1729 - 2 | Lesegeschwindigkeit | 330 Karten / min |
| Bedienungsblattschreiber CD 1711 | mit Tastatur und Drucker<br>Druckgeschwindigkeit | <br>10 Zeichen / s |
| Lochstreifenleser CD 1721 | Lesegeschwindigkeit | 400 Zeichen / s |
| Lochstreifenstanzer CD 1723 | Stanzgeschwindigkeit | 120 Zeichen / s |
| Trommelplotter Calcomp 563 | mit einem in Trommelrichtung verfahrbaren Zeichenstift<br>Walzenbreite | <br>750 mm |

**Tafel 20:** Technische Daten der CD 1700 Digigraphic des Rechenzentrums der Rheinisch-Westfälischen Technischen Hochschule Aachen, nach / 125, 130, 131, 132 und 133 /.

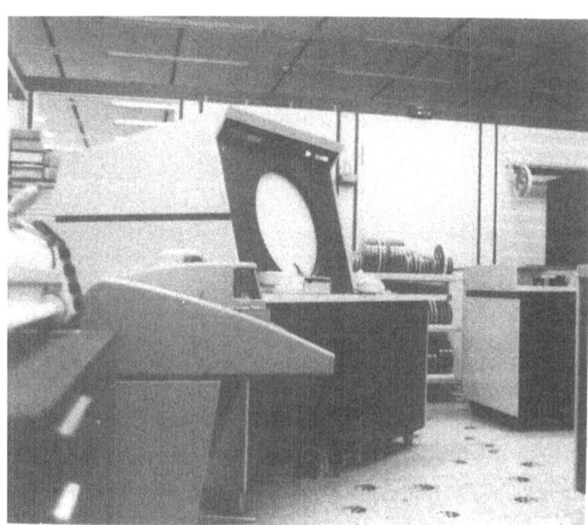

**Bild 34:** Trommelplotter, Bedienungsblattschreiber, interaktives, graphisches Bildschirmgerät und Magnetplatteneinheit der CD 1700 Digigraphic des Rechenzentrums der Rheinisch-Westfälischen Technischen Hochschule Aachen.

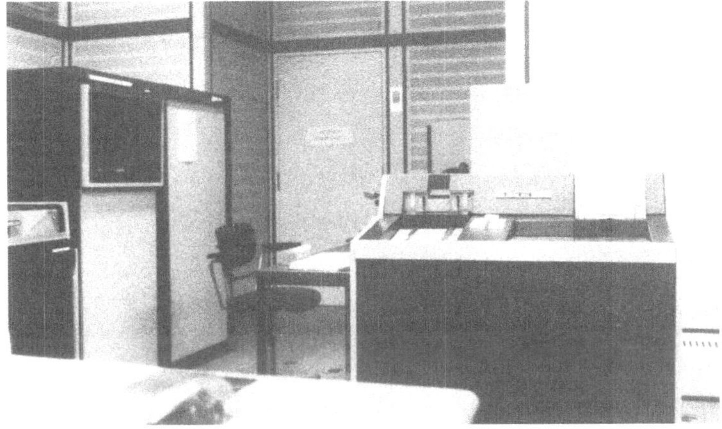

**Bild 35:** Magnetbandeinheit und Lochkartenleser der CD 1700 Digigraphic des Rechenzentrums der Rheinisch-Westfälischen Technischen Hochschule Aachen.

**Bild 36:** Lochstreifenleser und -stanzer der CD 1700 Digigraphic des Rechenzentrums der Rheinisch-Westfälischen Technischen Hochschule Aachen.

Die vorgestellte Rechnerkonfiguration besitzt keinen Schnelldrucker. Aus diesem Grunde müssen alle auszudruckenden Daten auf Magnetband zwischengespeichert und danach einer der Großrechenanlagen des Rechenzentrums übergeben werden. Die CD 1700 Digigraphic ist gerätetechnisch mit einer Großrechenanlage verbunden. Somit besteht die Möglichkeit der Datenübertragung vom Digigraphic-System zur Großrechenanlage CD 6400 und umgekehrt.

Die Konfiguration des Mehrrechnersystems der RWTH Aachen mit den beiden Großrechenanlagen, CYBER 175 und CD 6400, zeigt **Bild 37** in schematischer Darstellung. 1966 wurde die CD 6400 und 1976 die CYBER 175 im Rechenzentrum in Betrieb genommen. Einige wesentliche gerätetechnische Daten der beiden Großrechner sind in **Tafel 21** zusammengestellt.

Neben der vorbeschriebenen CD 1700 Digigraphic wird im Rechenzentrum eine weitere CD 1700, die Belegleseanlage CD 1700 Ø CR, betrieben. Sie besteht im wesentlichen aus:

- Zentraleinheit mit 32 K-Worten (16-Bit-Worte),
- Teletype-Kontrollschreiber mit langsamer 8-Kanallochstreifen - Ein/Ausgabe,
- Magnetwechselplatten-Laufwerk mit einer Kapazität von 6 Millionen Zeichen,
- 7-Spur-Magnetbandgerät für 200 bpi, 556 bpi oder 800 bpi (Baud je Inch; 1 Bit je Sekunde und Inch) Schreibdichte,
- 9-Spur-Magnetbandgerät für 800 bpi Schreibdichte,
- Belegleser, CD 955, mit einer Lesegeschwindigkeit von 750 Zeichen je Sekunde,
- Schnelldrucker mit 136 Zeichen je Zeile und einer Druckgeschwindigkeit von 300 Zeilen je Minute sowie
- Lochkartenleser mit einer Lesegeschwindigkeit von 300 Karten je Minute.

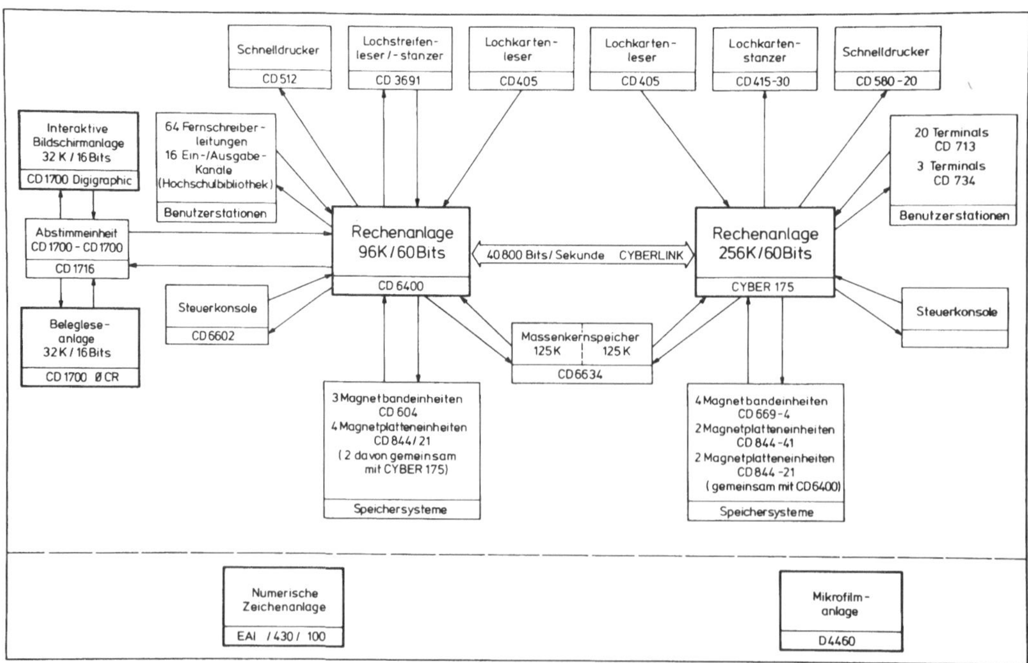


**Bild 37:** Konfiguration des Mehrrechnersystems des Rechenzentrums der Rheinisch-Westfälischen Technischen Hochschule Aachen, nach / 127 /.

**Mehrrechnersystem des Rechenzentrums der RWTH-Aachen**

|  |  |
|---|---|
| Zentraleinheit der CD 6400 | Speicherkapazität : 96 K / 60 - Bit - Worte<br>Peripher - Rechner : 10 Stück mit je 4K / 12- Bit-Worte |
| Zentraleinheit der CYBER 175 | Speicherkapazität : 256 K / 60-Bit-Worte<br>Die CYBER 175 rechnet im Durchschnitt um den Faktor 8 schneller als die CD 6400<br>Peripher - Rechner : 10 Stück mit je 4K / 12 Bit Worte |
| Massen-kernspeicher CD 6634 | Sehr schneller externer Speicher mit<br>Speicherkapazität : 250K / 60-Bit-Worte<br>Zugriffszeit : 3,2 µs für ein 488-Bit-Wort<br>Logisch halbiert : je 125K für CD 6400 und CYBER 175 |
| Magnetband-einheit CD 604 | Bandbreite : 1/2" Bandlänge: 770 m<br>Übertragungsgeschw : 60.000 Zeichen / s<br>Schreibdichte : 800 bpi |
| Magnetband-einheit CD 669 - 4 | Bandbreite : 1/2" Bandlänge: 770 m<br>Übertragungsgeschw : 320.000 Zeichen / s<br>Schreibdichte : 800 bpi |
| Magnetplatten-einheit CD 844-21 | Kapazität : 118 Mio. Zeichen / 6-Bit-Zeichen<br>Übertragungsgeschw : 6,84 Mio. Bits / s<br>Zugriffszeit : 10 bis 55 ms<br>Umdrehungszeit : 16,7 ms |
| Magnetplatten-einheit CD 844 - 41 | Kapazität : 233 Mio. Zeichen / 6-Bit-Zeichen<br>Übertragungsgeschw. : 6,45 Mio. Bits / s<br>Zugriffszeit : 10 bis 55 ms<br>Umdrehungszeit : 16,7 ms |

|  |  |
|---|---|
| Lochkartenleser CD 405 | Lesegeschwindigkeit : 1200 Karten / min |
| Lochkartenstanzer CD 415 - 30 | Stanzgeschwindigkeit : 250 Karten / min |
| Lochstreifenleser/ -stanzer CD 3691 | Lochstreifenbreite : 5/8" und 1"<br>Lochstreifencode : 5- / 8 - Kanal - Code<br>Lesegeschwindigkeit : 2000 Zeichen / s<br>Stanzgeschwindigkeit : 110 Zeichen / s |
| Schnelldrucker CD 512 | Zeilenbreite : 136 Zeichen<br>Anzahl der Druckzeichen : 64<br>Druckgeschwindigkeit 1200 Zeilen / min |
| Schnelldrucker CD 580 - 20 | Zeilenbreite : 136 Zeichen<br>Anzahl der Druckzeichen : 64<br>Druckgeschwindigkeit : 2000 Zeilen / min |
| Terminal CD 734 | Fernbearbeitungsstation für Stapelbetrieb bestehend aus :<br>— Schnelldrucker, CD 2570-1 : 300 Zeilen / min Druckgeschw.<br>— Lochkartenleser, CD 2572-1 : 300 Karten / min Lesegeschw.<br>— Bedienungskonsole<br>Übertragungsgeschw. : 4800 Bits / s |
| Terminal CD 713 | Eingabe über Schreibmaschinen - Tastatur<br>Ausgabe über Bildschirm : 16 Zeilen mit je 80 alpha - numerischen Zeichen<br>Übertragungsgeschw. : 300 Bits / s |

**Tafel 21:** Technische Daten der Großrechner CD 6400 und CYBER 175 des Rechenzentrums der Rheinisch-Westfälischen Technischen Hochschule Aachen, nach / 127 und 128 /.

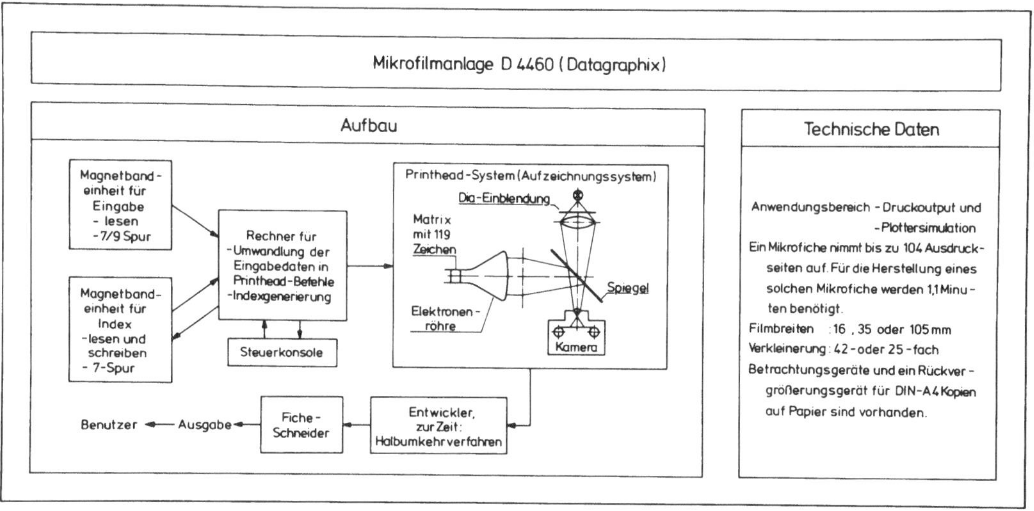


**Tafel 22:** Technische Daten der Mikrofilmanlage D 4460 des Rechenzentrums der Rheinisch-Westfälischen Technischen Hochschule Aachen, nach N. Gwosdzik / 128 /.

Seit 1973 wird im Rechenzentrum der RWTH Aachen auch eine Mikrofilmanlage, D 4460 der Firma Datagraphix, für die Ausgabe alphanumerischer und/oder graphischer Daten betrieben / 128 /

Zur graphischen Ausgabe auf Papier ist eine numerisch gesteuerte Zeichenanlage, EAI/430/100 der Firma Electronic Associates Inc. im Einsatz / 129 / Technische Daten der Mikrofilmanlage sind **Tafel 22** und der Zeichenanlage **Tafel 23** zu entnehmen.

**Tafel 23:** Technische Daten der Zeichenanlage EAI/430/100 des Rechenzentrums der Rheinisch-Westfälischen Technischen Hochschule Aachen, nach / 128 und 129 /.

| Numerische Zeichenanlage EAI/430/100 | | |
|---|---|---|
| Art der Anlage: Tischplotter mit Lageregelung und einer Papiervorschubrichtung | | |
| Zeichnerfeld: ca. 80mm × 90mm (31" × 36") | | |
| Zeichenwerkzeuge: 4 Tuscheschreiber mit 30,5m/min Zeichengeschwindigkeit sowie 1 Druckwerk für alpha-numerische Zeichen mit 260 Zeichen/m Druckgeschwindigkeit | | |
| Auflösung: 0,002", | Genauigkeit: 0,005", | Wiederholbarkeit: ± 0,003" |
| Lagemessung: absolut, | Betriebsart: Off-Line, | Dateneingabe: Magnetband |

## 4.2. Neuzeitliche Rechnerkonfigurationen für den technisch-wissenschaftlichen Anwendungsbereich unter besonderer Berücksichtigung des rechnerunterstützten Projektierens und Konstruierens

Rechenanlagen mit graphischen Bildschirmgeräten sind in den sechziger und siebziger Jahren beim Projektieren und Konstruieren im wesentlichen als Ersatzgeräte für das klassische Zeichenbrett angesehen worden. Dabei wurden aus preislichen Gründen kleine Rechnersysteme mit Arbeitsspeicher-Ausbaumöglichkeiten auf höchstens 128 K-Worte bei 16-Bit-Worten eingesetzt. Diese Rechenanlagen waren meist bereits mit einem Bildschirmarbeitsplatz voll ausgelastet. Deshalb benötigte ein zweiter Arbeitsplatz ein vollständiges zweites Rechnersystem.

Die Anforderungen an neuzeitliche EDV-Anlagen für die Projektierungs- und Konstruktionsbereiche sind in den siebziger Jahren erheblich gestiegen. Das ist im wesentlichen darauf zurückzuführen, daß derartige Anlagen über die Erstellung technischer Zeichnungen hinaus weitere Aufgaben übernehmen. Solche Aufgaben sind unter anderem die

- Durchführung umfangreicher Simulationsrechnungen, beispielsweise Festigkeitsberechnungen nach der "Methode der finiten Elemente",
- Speicherung von technischen Daten gebauter Erzeugnisse und von umfangreichen graphischen Informationen in digitaler Form zum Zwecke des schnellen Wiederfindens dieser Daten, zum Beispiel zur Prüfung der Wiederverwendbarkeit für neue Projekte oder Aufträge, sowie
- Bedienung mehrerer Bildschirmarbeitsplätze mit einer Rechenanlage.

Deshalb wurden EDV-Anlagen entwickelt, die dem interaktiven Bildschirmarbeitsplatz eine entsprechend große Rechnerkapazität zur Verfügung stellen. Diese Entwicklung ist durch immer preiswerter werdende Massenspeicher begünstigt worden.

**Bild 38** zeigt eine Rechnerkonfiguration für die technisch-wissenschaftliche Datenverarbeitung mit je zwei interaktiven graphischen Bildschirmarbeitsplätzen, CD 774-1, und alphanumerischen

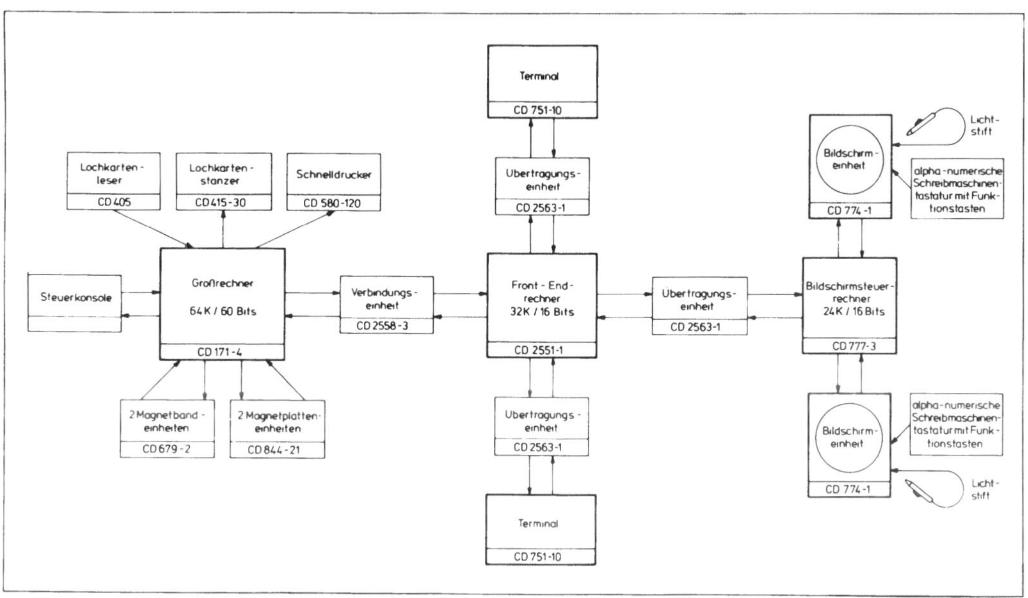


**Bild 38:** Neuzeitliche, ausbaufähige Konfiguration mit integriertem Großrechner für das rechnerunterstützte Projektieren und Konstruieren. (Quelle: Control Data GmbH, Düsseldorf).

Terminals. Die Bildschirmarbeitsplätze sind zusammen mit dem zugehörigen Bildschirmsteuerrechner, der unter anderem den Bildwiederholspeicher beinhaltet, in ihren Grundfunktionen von dem Großrechner unabhängig. Grundfunktionen sind solche Funktionen, die über Hardware vorliegen. Wesentliche Grundfunktionen sind in diesem Zusammenhang:

- Arbeiten mit einem virtuellen Bild.
  Darunter sind Manipulationen mit einer bildlichen Darstellung, deren Abmessungen im gewünschten Maßstab die Größe des Bildschirmes (500 mm Durchmesser) weit überschreiten können, zu verstehen. Dabei wird am Bildschirm ein Ausschnitt der im Rechner gespeicherten Gesamtdarstellung gezeigt.
- Verschieben eines "Fensters" (Window-Technik).
  Hierbei werden aus einem virtuell vorhandenen Bild verschiedene Ausschnitte (Fenster), an frei wählbaren Stellen des Bildschirmes sichtbar gemacht Es können bis zu 20 Fenster gleichzeitig auf dem Bildschirm dargestellt werden. Der Vergrößerungsfaktor eines jeden Fensters ist wählbar.
- Vergrößern von Bildausschnitten.
  Bildausschnittsvergrößerungen sind in acht Stufen möglich. Dabei ist von Stufe zu Stufe ein Faktor von Zwei gegeben.
- Aufteilen der Bildschirmfläche.
  Dazu wird die kreisförmige Bildschirmfläche in einen Abbildungs-

bereich (rechteckig) und einem Arbeitsbereich (verbleibende Kreissegmente) aufgeteilt. Während sich im Abbildungsbereich das zu verarbeitende Bild befindet, kann der Arbeitsbereich zur Darstellung von Bildzeichen, Programmaufrufen und Arbeitsanweisungen genutzt werden.

- Darstellen und Handhaben von Linien.
  Dazu sind drei Linienarten (————, – – – – – –, ··············) mit 16 Helligkeits-Intensitätsstufen verfügbar. Durch diese Linienvariationsmöglichkeiten kann bei dreidimensionalen Darstellungen ein guter räumlicher Eindruck erzielt werden.

Alphanumerische Eingaben können über eine zugehörige Schreibmaschinentastatur getätigt werden. Zusätzlich verfügt diese Tastatur über eine Anzahl von Funktionstasten. Mit den Funktionstasten werden im Programm festzulegende Rechenschritte (Operationen) ausgelöst. Ein Lichtstift, dessen Arbeits- und Benutzungsweise bereits unter 4.1. beschrieben wurde, ergänzt die Eingabemöglichkeiten dieses interaktiven graphischen Bildschirmsystems.
Das hier gewählte Konfigurationsbeispiel, Bild 38, dessen technische Daten der **Tafel 24** zu entnehmen sind, ist ein auf die technisch-wissenschaftliche Anwendung ausgerichtetes System, welches neben umfangreichen Timesharing- sowie Stapelverarbeitungsaufgaben / 124 /, den zukunftsorientierten Methoden des rechnerunterstützten Projektierens und Konstruierens gerecht wird. Dabei sind beispielsweise die Verfügbarkeit großer Datenbanken sowie die Durchführung rechenintensiver und speicherplatzaufwendiger Dimensionsierungsberechnungen mit hoher Genauigkeit sowie großer Geschwindigkeit bedeutsam.

Der Einsatz und die Benutzung einer EDV-Anlage, unmittelbar von den Arbeitsplätzen der Projekteure und Konstrukteure aus, steigern die Leistungsfähigkeit der Unternehmen. Deshalb ist die vorgestellte Konfiguration so ausgelegt, daß bis zu 30 und bei Ausbau des Zentralspeichers sowie der Plattenspeicher bis zu 200 Arbeitsplätze anschließbar sind. Jeder dieser Arbeitsplätze ist entsprechend den dort durchzuführenden Aufgaben auszustatten. Deshalb wird im folgenden gezeigt, welche Geräte zur Unterstützung der Projekteure und Konstrukteure 1979/1980 eingesetzt werden können.
Neben dem bereits beschriebenen, interaktiven graphischen Bildschirmgerät, CD 774-1, das mit erheblichem Komfort hinsichtlich seiner Möglichkeiten und Handhabbarkeit ausgestattet ist, gibt es andere graphische Bildschirmgeräte / 134 und 135 /. Viele dieser Geräte arbeiten entweder mit Speicherbildröhren oder nach dem Prinzip des bekannten Fernsehbildschirmes. Bei diesen Geräten sind beispielsweise infolge fehlender Hardware-Eigenschaften die Programmierung wesentlich aufwendiger und/oder aufgrund der erzielbaren Auflösung die graphischen Eigenschaften begrenzt. Andererseits kosten diese Geräte wesentlich weniger als bildwiederholende, interaktive Geräte, wie die Bildschirmeinheit CD 774-1. Der Einsatz von Speicherbildschirmen ist besonders für solche Unternehmensbereiche zu empfehlen, in denen beispielsweise bereits bestehende digitale Darstellungen von Zeichnungen überprüft und nur in begrenztem Maße geändert werden sollen, bevor sie automatisch gezeichnet werden.
Zur automatischen Zeichnungserstellung werden Plotter eingesetzt, die meist als Trommel- oder

| Bezeichnung | Technische Daten | Kaufpreis/DM | 5-Jahres-Mietpreis/ DM/Monat | Wartungspreis/ DM/Monat |
|---|---|---|---|---|
| Zentraleinheit CD 171-4 | Speicherkapazität : 64 K / 60-Bit-Worte<br>Zugriffszeit : 50 bis 400 ns / Wort<br>Anzahl der Kanäle : 12<br>Peripher-Rechner : 10 Stück mit je 4 K / 12-Bit-Worte<br>Zugehörige Systeme : – Steuerkonsole,<br>– Steuereinheit (Magnetplatte / Magnetband), CD 7152-1,<br>– Steuereinheit (Großrechner / Papierseite), CD 10381-1,<br>– Stromversorgung,<br>– Kühlung. | 1.354.772 | 16.682 | 5.758 |
| Magnetband-einheit CD 679-2 | Anzahl : 2<br>Bandbreite : 1/2" Bandlänge : 770 m<br>Übertragungsgeschw. : 80.000 oder 160.000 Zeichen/s<br>Schreibdichte : 800 oder 1600 bpi | 113.220 | 2.247 | 722 |
| Magnetplatten-einheit CD 844-21 | Anzahl : 2<br>Kapazität : 869 Mio. Bits<br>Übertragungsgeschw. : 6,84 Mio. Bits/s<br>Zugriffszeit : 10 bis 55 ms | 129.448 | 3.124 | 806 |
| Lochkarten-leser CD 405 | Lesegeschwindigkeit : 1200 Karten / min<br>Zugehörige Systeme : - Kartenleser - Kontrolleinheit, CD 3447 | 138.290 | 1.864 | 579 |
| Lochkarten-stanzer CD 415-30 | Stanzgeschwindigkeit : 250 Karten / min | 171.329 | 2.526 | 614 |
| Schnelldrucker CD 580-120 | Zeilenbreite : 136 Zeichen<br>Anzahl der Druckzeichen : 94<br>Druckgeschwindigkeit : 1200 Zeilen / min | 214.800 | 4.140 | 1.284 |
| Verbindungs-einheit CD 2558-3 | Verbindet Großrechner, CD 171-4, mit Front-End-Rechner, CD 2251-1. | 12.385 | 255 | 134 |
| Front-End-Rechner CD 2551-1 | Dieser Rechner steuert den Datenfluß zwischen Großrechner und Benutzer-stationen. Er ist für eine größte Anzahl von 16 Benutzerstationen ausgelegt. | 105.043 | 2.286 | 1.116 |
| Übertragungs-einheit CD 2563-1 | Anzahl : 3<br>Diese Einheit sorgt für die Übertragung der Daten von den Benutzer-stationen zum Front-End-Rechner und umgekehrt. | 8.805 | 243 | 189 |
| Terminal CD 751-10 | Anzahl : 2<br>Eingabesystem : Schreibmaschinentastatur<br>Ausgabesystem : Bildschirm mit 24 Zeilen zu je 80 alpha-numerischen Zeichen | 10.230 | 224 | 126 |
| Bildschirm-steuerrechner CD 777-3 | Dieser Rechner ist für eine größte Anzahl von 3 Bildschirmeinheiten ausgelegt.<br>Zugehörige Systeme : – 1 Bildschirmeinheit, CD 774-1,<br>– 1 Lochkartenleser mit einer Lesegeschwindig-keit von 300 Karten / min. | 340.890 | 7.236 | 3.815 |
| Bildschirm-einheit CD 774-1 | Bildschirmdurchmesser : 510 mm<br>Rasterpunkte : ca. 13 Mio. insgesamt<br>64 je mm²<br>4096 auf Durchmesserlinie<br>Abstand zwischen zwei Rasterpunkten : ca. 0,1 mm<br>Helligkeitsstufen : 16<br>Zusatzsysteme : - Lichtstift,<br>- alpha-numerische Schreibmaschinentastatur mit 92 Zeichen und 10 Funktionstasten | 175.007 | 3.629 | 2.117 |
| **Summen** | | 2.774.219 | 44.456 | 17.260 |

**Tafel 24:** Technische Daten der in Bild 38 dargestellten Konfiguration. (Quelle: Control Data GmbH, Düsseldorf, 1978).

Tischplotter ausgeführt sind. Sie können zum Zeichnen mit Kugel-, Faser-, Tuschestiften und Sticheln ausgerüstet sein. Mehrfarbige Darstellungen oder unterschiedliche Strichdicken werden durch Verwendung entsprechender Zeichenstifte möglich. Die Zeichengeschwindigkeiten liegen in einem Bereich von Centimetern bis Metern je Sekunde. Ähnlich große Bereiche gelten für die Zeichengenauigkeit und Zeichnungsgröße. Plotter, die Zeichnungen nach dem elektrostatischen Verfahren, ähnlich bekannten Kopiergeräten, erstellen, arbeiten wesentlich schneller. Hierbei ist die Informationsdichte einer Zeichnung für die Erstellungszeit ohne Bedeutung.
Das hinsichtlich seiner Ausgabegeschwindigkeit im Jahre 1980 schnellste Zeichensystem ist eine COM-Anlage. COM bedeutet "computeroutput to microfilm" / 124 /. Solche Anlagen werden fast ausschließlich eigenständig, also unabhängig von anderen Rechenanlagen betrieben. Sie erhalten die auf Film (positiv oder negativ) aufzuzeichnenden graphischen und alphanumerischen Informationen von einem Magnetband, welches zum Beispiel nach Abschluß eines interaktiven Konstruktionsprozesses vom Rechner erstellt wurde. Die hohe Zeichengeschwindigkeit ist mit diesen Anlagen deshalb möglich, weil mechanische Teile nur für den Filmtransport bewegt werden. Die Belichtung des Filmmaterials erfolgt durch einen Elektronenstrahl. Für das Entwickeln des Films, zum Schneiden, Kopieren und Vergrößern sind zusätzliche Einrichtungen erforderlich. Aufgrund der hohen Leistung und des Preises (Systeme, beispielsweise der Firma Datagraphic, kosteten 1978 je nach Ausstattung etwa zwischen DM 250.000,-- und DM 500.000,--) ist der Einsatz solcher Systeme erst bei großen Daten- und Zeichnungensmengen wirtschaftlich. Eine COM-Anlage bietet unter anderem die Möglichkeiten

- raumsparender Archivierung,
- erheblicher Papierersparnisse,
- geringer Kopierkosten und
- günstigen Postversandes.

Zum Zwecke der Eingabe der Informationen vorliegender Zeichnungen in den Rechner werden sogenannte Digitalisiergeräte eingesetzt. Hiermit kann eine mit dem Digitalrechner verarbeitbare Darstellung gewonnen werden. Für das Digitalisieren wird eine vorhandene Zeichnung auf eine Platte, in der beispielsweise ein enges Netz dünner Drähte eingelassen ist, gelegt. Die dünnen Drähte senden elektromagnetische Wellen aus, welche von einer Antenne empfangen werden. Diese Antenne ist fadenkreuzförmig in einer Lupe eingebaut und wird über die zu digitalisierenden Zeichnungskonturen geführt. Dabei werden, entweder durch Knopfdruck oder automatisch, die Koordinatenwerte über eine Koppelungselektronik zwischen der Lupe mit Fadenkreuz und dem Netzwerk der Platte festgelegt sowie digital gespeichert.

Die beschriebenen graphischen Bildschirmgeräte, Plotter, COM-Anlagen und Digitalisierer werden von verschiedenen Unternehmen angeboten / 129 und 134 bis 136 /. Die Geräte sind meist mit einer Standardschnittstelle für die Datenübertragung ausgerüstet. Diese Schnittstelle ermöglicht den Anschluß der Geräte an unterschiedliche EDV-Anlagen.

**Bild 39** zeigt eine zukunftsorientierte Rechnerkonfiguration, die beispielsweise für das rechnerunterstützte systematische Projektieren und Konstruieren komplexer Hüttenwerksysteme

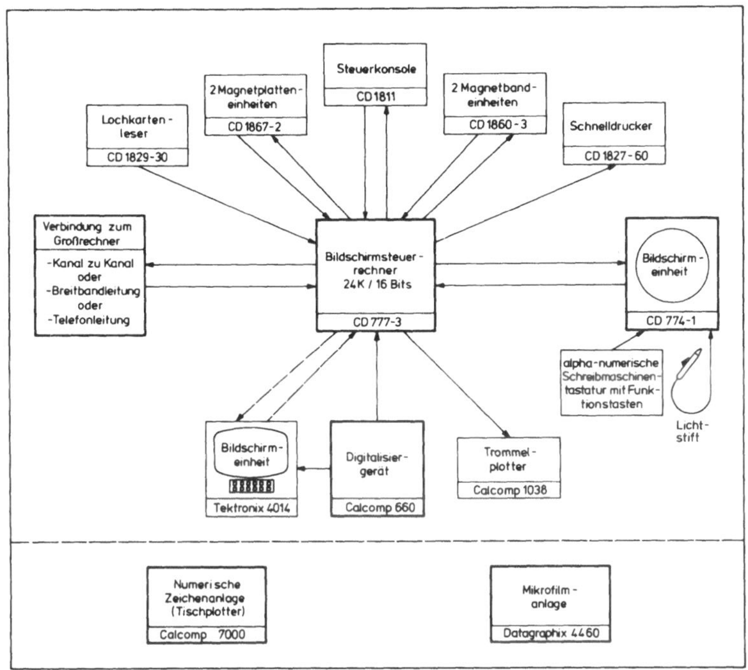


**Bild 39:** Zukunftsorientierte Arbeitsplatzausstattung für das rechnerunterstützte Projektieren und Konstruieren.
(Quelle: Control Data GmbH, Düsseldorf).

eingesetzt werden kann. Diese Konfiguration ist insbesondere durch die Koppelung des interaktiven graphischen Bildschirmarbeitsplatzes, CD 774-1, mit einem Großrechner und der Integration

- einer zweiten graphischen Bildschirmeinheit, Tektronix 4014,
  - Bildschirmgröße: 381 mm x 279 mm,
  - Zusatzsysteme: alphanumerische Schreibmaschinentastatur mit 64 Zeichen,
  - Kaufpreis 1978: etwa DM 42.000,--
- eines Digitalisiergerätes, Calcomp 660,
  - Arbeitsflächengröße: 1780 mm x 1380 mm,
  - Auflösungsgenauigkeit: 1000 Punkte/mm$^2$ oder 1600 Punkte/mm$^2$,
  - Koordinatenaufnahme: durch Fadenkreuzlupe nach dem Prinzip der Vergleichsmessung,
  - Kaufpreis 1978: etwa DM 40.000,-- und
- eines Trommelplotters, Calcomp 1038,
  - Walzenbreite: 863 mm,
  - Auflösung: $\pm$ 0,05 mm,
  - Zeichengeschwindigkeit: 112 mm/s in Achsenrichtung,

| | |
|---|---|
| | 159 mm/s in Diagonalenrichtung, |
| - Kaufpreis 1978: | etwa DM 48.000,-- |

gekennzeichnet. Daneben sind als eigenständige Systeme (Off-Line-Betrieb) eine numerische Zeichenanlage, Calcomp 7000,

| | |
|---|---|
| - Art des Gerätes: | Tischplotter mit Lageregelung und einer Papiervorschubrichtung, einschließlich Steuer- und Magnetbandeinheit, |
| - Zeichenfeldgröße: | 1842 mm x 2721 mm, |
| - Zeichenwerkzeuge: | 4 Tischeschreiber, |
| - Auflösung: | $\pm$ 0,005 mm, |
| - Zeichengeschwindigkeit: | 10 wählbare Geschwindigkeiten bis höchstens 762 mm/s in Achsenrichtung, |
| - Kaufpreis 1978: | etwa DM 235.000,-- |

und eine Mikrofilmanlage (COM-Anlage), welche derjenigen in Tafel 22 entspricht, einzusetzen. Die Gesamtinvestition für die Hardware (ohne Hintergrundrechner und ohne COM-Anlage), der in Bild 39 gezeigten Konfiguration war 1978 etwa DM 950.000,--.
Das hier vorgestellte Rechnersystem ist besonders für die Verarbeitung großer Mengen graphischer Daten geeignet, beispielsweise Digitalisieren, Ändern und Anfertigen von Zeichnungen, in Verbindung mit umfangreichen technischen Berechnungen sowie in Zusammenhang mit der Benutzung großer Rückgriffsdateien.

Insbesondere nach 1976 wurden auch kleinere Rechnerkonfigurationen zur Unterstützung des Projektierungs- und Konstruktionsgeschehens entwickelt und eingesetzt. Dazu zählen beispielsweise das System 45 der Firma Hewlett Packard und das Modell 4051 der Firma Tektronix. Diese Konfigurationen sind mit graphischen Kleinbildschirmen ausgerüstet, leicht programmierbar und kostengünstig. Das Tischcomputer-System 45 hat eine

- Bildschirmgröße von etwa 26 cm x 26 cm und
- Grundkapazität des Zentralspeichers von 16 K Byte (1 K Byte ist gleich 1024 mal 8 Bits).

Die entsprechenden Daten des Tektronix 4051 sind:

- Bildschirmgröße etwa 20 cm x 15 cm und
- Grundkapazität des Zentralspeichers 8 K Byte.

Beide Systeme werden mit Hilfe von "BASIC" programmiert. Das ist eine leicht erlernbare, problemorientierte Programmiersprache, die besonders für die Lösung mathematischer Aufgaben geeignet ist / 126 /.

Die in den Bildern 38 und 39 gezeigten sowie in Tafel 24 beschriebenen beispielhaften Rechnerkonfigurationen erfüllen mehr als die Grundforderungen vieler Anwender der 80er Jahre.

Deshalb sind diese vorgestellten EDV-Systeme neuzeitliche, insbesondere zukunftsorientierte Konfigurationen, welche für das Projektieren und Konstruieren sowie für damit verbundene Anwendungsbereiche einzusetzen sind. Zu diesen Anwendungsbereichen gehört auch der sich dem Konstruktionsbereich anschließende Fertigungsbereich. In diesem Zusammenhang ist besonders an die Erstellung und Prüfung von Programmen für NC-Werkzeugmaschinen zu denken.
Der Kaufpreis für die unter 4.1. beschriebene EDV-Anlage (CD 1700 Digigraphic), Bild 31 und Tafel 20, welche nur einen Bildschirmarbeitsplatz enthält, betrug 1978, einschließlich eines Schnelldruckers (Zeilendruckers) und eines weiteren Magnetbandgerätes etwa DM 800.000,--. Im allgemeinen werden bei oder nach Einführung rechnerunterstützter Arbeitsweisen im Projektierungs- und Konstruktionsbereich eines Unternehmens jedoch mehrere derartige Arbeitsplätze benötigt. In einem solchen Falle ist eine bessere Wirtschaftlichkeit des beschriebenen Konzeptes mit Großrechner und vielen anschließbaren Arbeitsplätzen gegenüber dem Konzept mehrerer eigenständiger Arbeitsplätze, beispielsweise mehrerer CD 1700 Digigraphic-Systeme, umso schneller erreicht, je mehr Arbeitsplätze benötigt werden. Dabei ist die Flexibilität der großen Lösung noch nicht berücksichtigt. Diese Flexibilität bezieht sich im wesentlichen auf die Verwendbarkeit unterschiedlicher Arbeitsplatzausrüstungen sowie die allen Benutzern zur Verfügung stehende große Rechnerkapazität. In diesem Zusammenhang ist auch zu bedenken, daß neben den genannten Hardwarekosten in manchen Fällen hohe Entwicklungskosten für Anwenderprogramme anfallen können. Eine benutzerfreundliche und weitgehend ausbaufähige Hardwareausstattung trägt, langfristig gesehen, dazu bei, die Aufwendungen für die EDV in den Projektierungs- und Konstruktionsbereichen niedrig zu halten.

Neben der Hardware, als der gerätetechnischen Ausstattung eines EDV-Systems, wird für die rechnerunterstützten Arbeitsweisen Software benötigt. Software ist eine Sammelbezeichnung für Programme und Daten / 126 /, die von der Hardware verarbeitet werden. Programme können

- Systemprogramme / 137 / oder
- Anwenderprogramme / 138 /

sein.
Systemprogramme, auch Betriebssystem oder Systemsoftware / 123 und 124 / genannt, sind für den Betriebsablauf innerhalb der EDV-Anlage notwendig, beispielsweise zur Steuerung der Ein/Ausgabevorgänge und Belegung der Speicher. Dazu gehören auch die Compilierer / 137 / (auch als Compiler oder Übersetzungsprogramme / 126 / bezeichnet), welche die Übertragung der in einer problemorientierten Programmiersprache, beispielsweise Fortran, geschriebenen Anwenderprogramme in die Maschinensprache / 137 / bewirken. Systemprogramme werden von den Hardware-Herstellern mitgeliefert und gewartet. Sie sind im allgemeinen in Maschinensprache geschrieben. Änderungen oder Ergänzungen dieser Programme von Seiten des Anwenders sind unüblich.
Anwenderprogramme, auch Anwendungsoftware / 124 / oder Problemsoftware / 123 / genannt, sind Programme, die Probleme und Aufgaben des Anwenders lösen. Hierzu gehören, neben auf einen bestimmten Anwender und dessen Erzeugnisse ausgerichteten Programmen, auch mehr oder weniger allgemeingültige Programme, beispielsweise FEM-Programme (Finite-Element-

Methode) und Graphikverarbeitungsprogramme (zum Beispiel CODEM / 139 / und AD-2000 / 140 /). Manche Anwenderprogramme können von Hardware-Herstellern oder Software-Häusern bezogen werden. Solche Programme sollten in einer problemorientierten Programmiersprache zugänglich sein, damit anwenderspezifische Änderungen und Ergänzungen ohne besondere Schwierigkeiten durchgeführt werden können.

Insbesondere zur Zeichnungserstellung sind viele Anwenderprogramme erstellt worden. Das sind beispielsweise

- COMPAC / 141 bis 149 /,
- COMVAR / 143 und 150 bis 157 /,
- DETAIL 2 / 143, 149, 152, 157 und 158 /,
- DEROVA / 159 /,
- DREH / 160 /,
- FREEDRAFT / 152 /,
- FREKON / 143 /,
- PROREN 1 / 143, 152, 156, 157 und 160 bis 163 /,
- PROREN 2 / 149, 153 und 162 bis 164 /,
- REGENT / 149 und 165 /,
- REKO 2 / 143 /,
- STANDEITEI / 166 / und
- VABKON / 143 /,

die es dem Anwender ohne eigenen Entwicklungsaufwand gestatten, Teilaufgaben des Projektierungs- und Konstruktionsprozesses rechnerunterstützt zu bearbeiten. Hinsichtlich ihrer Nutzung stellen die genannten Programme jeweils eigene Forderungen an die benötigte Hardware und Systemsoftware.

# 5. Rechnerunterstütztes systematisches Projektieren und Konstruieren

Der Projektierungs- und Konstruktionsprozeß setzt sich aus Tätigkeiten unterschiedlicher Art zusammen. Aus der Sicht des Projekteurs oder Konstrukteurs können diese Tätigkeiten algorithmischer, diskursiver und/oder intuitiver Art sein. Bei Tätigkeiten algorithmischer Art werden Algorithmen, beispielsweise mathematische Formeln, verwendet.

"Ein Algorithmus ist ein eindeutig bestimmtes Verfahren zur schematischen Lösung definierter Aufgaben".

"Diskursiv heißt, von einer Vorstellung zur anderen mit logischer Notwendigkeit schlußfolgernd fortschreiten".

"Intuitiv beruht auf Intuition, der Eingebung einer unmittelbaren Anschauung ohne wissenschaftliche Erkenntnis, die sich aufgrund unkontrollierbarer äußerer oder innerer Anstöße des Menschen einstellt".

**Bild 40** zeigt, daß Lösungen der Projektierungs- und Konstruktionsaufgaben auf algorithmischem, diskursivem und/oder intuitivem Wege erarbeitet werden können.

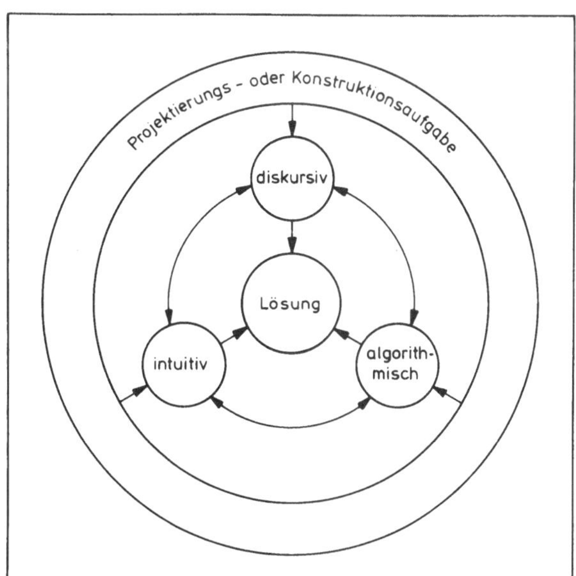


**Bild 40:** Lösungswege für Projektierungs- und Konstruktionsaufgaben.

Im Rahmen des rechnerunterstützten Projektierens sowie Konstruierens können algorithmische und diskursive Lösungswege beschritten werden. Algorithmische Lösungswege sind, weil sie durch Algorithmen eindeutig festgelegt sind, im allgemeinen unmittelbar programmierbar. Bei diskursiven Lösungswegen liegt das Vorgehen zur Lösung der Aufgabe fest. Dieses Vorgehen ist mit Hilfe von Ablaufplänen beschreibbar. Solche Ablaufpläne führen den Bearbeiter von Entscheidung zu Entscheidung und können dem Rechner über ein Programm eingegeben werden. Diskursive Lösungswege enthalten meist algorithmierbare Abschnitte und sind oft durch eine

Vielzahl möglicher Wegstreckenteile gekennzeichnet. Das zu einem bestimmten Zeitpunkt einzuschlagende Wegstreckenteil wird vom Bearbeiter festgelegt.
Die Intuition ist im Rahmen der Forschung und Entwicklung insbesondere dann bedeutsam, wenn für neuartige Aufgaben keine Lösungswege verfügbar sind. Intuitive Lösungswege sind für technische Anwendungen mit mathematischen Methoden nicht zu beschreiben. Deshalb können sie rechnerunterstützt nicht beschritten werden. Allerdings ist nach eingehenden Untersuchungen der bisher intuitiv gelösten Aufgaben in Projektierungs- und Konstruktionsbereichen oft festzustellen, daß einige Aufgaben auch diskursiv lösbar sind. Diese diskursiv lösbaren Aufgaben könnten rechnerunterstützt bearbeitet werden.
Im Rahmen des Projektierens (zum Zwecke der Angebotserstellung) und für das Konstruieren (im Rahmen der Abwicklung von Kundenaufträgen) ist es zweckmäßig, von den Erfahrungen bei durchgeführten Projekten oder Aufträgen auszugehen und unter Zugrundelegung einer systematischen Vorgehensweise die rechnerunterstützte Arbeitsweise in Form eines Dialogs zwischen Bearbeiter und EDV-Anlage in den Projektierungs- sowie Konstruktionsbereichen einzuführen.

Hinsichtlich des Berechnens technischer Systeme können

- technische und
- wirtschaftliche

Berechnungen unterschieden werden. Wirtschaftlichen Berechnungen, beispielsweise Preiskalkulationen, liegen technische Lösungen in Form von Konstruktionen zugrunde. Sie führen im Rahmen der Angebotsbearbeitung zum Angebotspreis für die technischen Systeme. Technische Lösungen und Preise in Form von Investitionen sind wesentliche Grundlagen für die Wirtschaftlichkeitsrechnungen zur Ermittlung der Betriebskosten technischer Systeme. Auch Berechnungen für die Terminplanung können zu denjenigen der Wirtschaftlichkeit gezählt werden, weil sie dem wirtschaftlichen Erstellen und Betreiben eines Systems dienen. Beim Projektieren und Konstruieren sind insbesondere die technischen Berechnungen, beispielsweise Auslegungs- und Dimensionierungsberechnungen, bedeutsam. Sie dienen im wesentlichen dazu

- Struktur,
- Verhalten und
- Gestalt

der technischen Systeme festzulegen. Die Struktur wird durch die Menge der Teilsysteme und ihrer Beziehungen zueinander innerhalb eines technischen Systems bestimmt. Verhalten ist das Reagieren eines Systems auf äußere Einflüsse. Die Gestalt ist durch die geometrischen Größen Form und Abmessungen gekennzeichnet.
Technische Berechnungen beim Projektieren sowie Konstruieren können nach ihren Zielsetzungen in die Arten

- Vorausberechnungen und
- Nachrechnungen

unterteilt werden. Vorausberechnungen gehen von den Forderungen an ein technisches System aus und haben die anforderungsgerechte Ermittlung der Struktur, des Verhaltens und/oder der

Gestalt dieses Systems zum Ziel. Nachrechnungen gehen demgegenüber von der Struktur, dem Verhalten und/oder der Gestalt eines Systems aus. Sie erbringen meist Informationen zur Beantwortung der Frage, ob das System die gestellten Forderungen erfüllt. **Bild 41** dient der Verdeutlichung dieser Zusammenhänge. Das Ziel von Vorausberechnungen kann indirekt auch über, im allgemeinen mehrere, Nachrechnungen erreicht werden. Das ist beispielsweise dann der Fall, wenn die Gestalt für ein technisches System vorliegt, eine Nachrechnung ergibt, daß die Forderungen nicht oder nicht alle erfüllt werden, aufgrund dieser Gegebenheit die Gestalt geändert und wiederum eine Nachrechnung durchgeführt wird, **Bild 42.** Im allgemeinen ergibt sich dann, wenn dieser Vorgang so oft erforderlich wiederholt wird, ein technisches System, welches die Forderungen vollständig erfüllt.

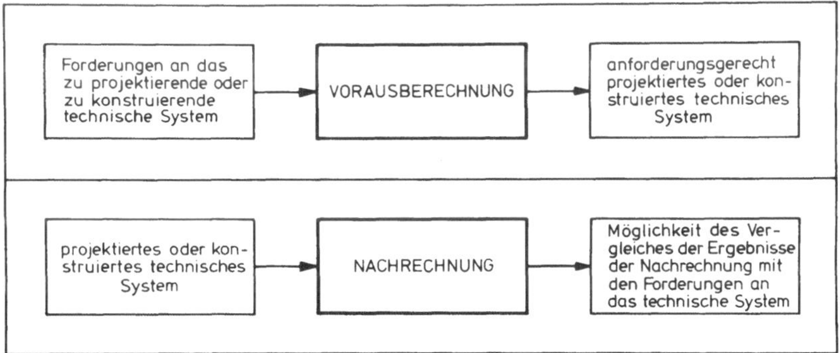


**Bild 41:** Schematische Darstellung zur Verdeutlichung des Vorgehens bei Vorausberechnungen und Nachrechnungen.

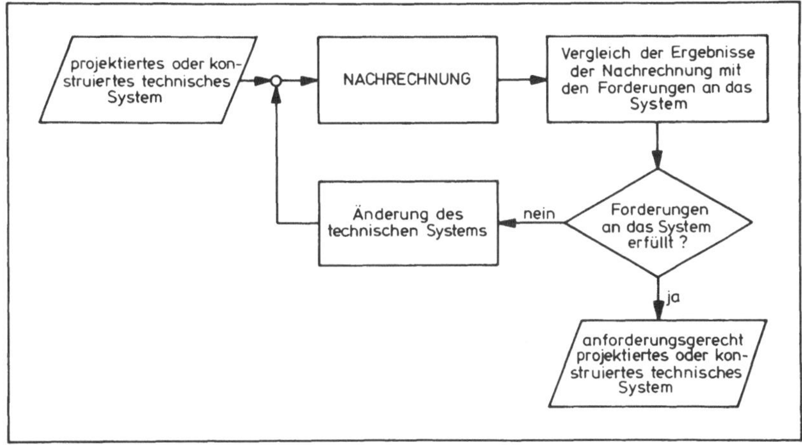


**Bild 42:** Schematische Darstellung des Ablaufes zur Erreichung des Zieles von Vorausberechnungen mit Hilfe von Nachrechnungen.

Die genannten technischen Berechnungsarten können

- Gesamtberechnungen oder
- Detailberechnungen

sein. Bei Gesamtberechnungen wird das zu berechnende technische System insgesamt mit vielen zu berücksichtigenden Merkmalen betrachtet. Demgegenüber sind Detailberechnungen, beispielsweise Festigkeitsberechnungen der Gerüste einer Walzstraße, auf ein oder wenige Merkmale des technischen Systems ausgerichtet. Eine Gesamtberechnung enthält im allgemeinen viele Detailberechnungen, die in einem Berechnungssystem miteinander verknüpft sind.

Im Rahmen des Projektierens und Konstruierens komplexer technischer Systeme mit auftragsgebundener Einzelfertigung sind Vorausberechnungen als Gesamtberechnungen besonders vorteilhaft, weil hierbei

- gegenüber Detailberechnungen die Beziehungen zwischen vielen
  - Teilsystemen und
  - Einflußgrößen

  besser berücksichtigt werden können sowie
- gegenüber Nachrechnungen gleichen Umfanges ein insgesamt geringerer Aufwand entsteht.

Dieser geringere Aufwand ist darauf zurückzuführen, daß mit Abschluß der Vorausberechnungen eine anforderungsgerechte technische Lösung vorliegt, aber nach Abschluß der Nachrechnungen oft Änderungen an dem technischen System durchgeführt werden müssen. Der Aufwand zur Erstellung eines derartigen Gesamtberechnungssystems ist verhältnismäßig groß. Deshalb sind Detailberechnungen immer dann sinnvoll, wenn Gesamtberechnungen aus technischen oder wirtschaftlichen Gründen nicht durchgeführt werden können. Manchmal ist es auch möglich, Gesamtberechnungen durch Detailberechnungen, verbunden mit bewiesenen Erfahrungssätzen ("kritische" Stellen berechnen), zu ersetzen. Eine besondere Bedeutung kommt Detailberechnungen in Form von Nachrechnungen dann zu, wenn zusätzliche Fähigkeiten technischer Systeme (beispielsweise Verhalten bei anderen Eingangsstoffen als bei der Projektierung vorausgesetzt) ermittelt werden sollen.

Untersuchungen der Tätigkeitsverteilungen in Konstruktionsbereichen von Anlagen- und Maschinenbauunternehmen ergaben, daß nur zwischen 2 % und 6 % der Gesamtarbeitszeit für Berechnungen in Anspruch genommen wird / 1, 24, 133 und 167 bis 171 /. Der verhältnismäßig kleine Anteil des Berechnens ist darauf zurückzuführen, daß infolge fehlender Unterlagen sowie Übersicht und aus Zeitmangel die zu berechnenden Größen oft nur geschätzt oder von ähnlichen technischen Systemen übernommen werden. Das kann beispielsweise zu über- oder unterdimensionierten Erzeugnissen führen sowie den Tätigkeitsanteil für Änderungen erhöhen.

Wie notwendig jedoch eine qualitativ hochwertige und reproduzierbare Arbeitsweise, die mit Rechnerunterstützung erreicht werden könnte, ist, zeigen Untersuchungen der Kostenverantwortung für die Erzeugnisse innerhalb der Projektierungs- und Konstruktionsbereiche. Die auf die Selbstkosten eines Maschinenbauerzeugnisses bezogene Kostenfestlegung beträgt in diesen Bereichen 60 % bis 80 % / 29, 169 und 172 bis 175 / bei einer Kostenverursachung von nur etwa 10 % / 29 und 174 /. Das Ziel des Projektierens und Konstruierens, die zu erarbeitenden technischen Systeme hinsichtlich der an sie gestellten Forderungen einem technisch-wirtschaftlichen Optimum zu nähern, kann manchmal nur durch Berechnungen erreicht und nachgewiesen werden. Demnach erscheint es sinnvoll, den Berechnungsanteil beim Projektieren sowie Konstruieren zu erhöhen und aus Zeit- sowie Kostengründen soweit wie möglich rechnerunterstützt durchzuführen.

Das anzuwendende Rechenverfahren muß stets auf

- die zu berechnenden Größen (abhängig von der Art des zu projektierenden oder zu konstruierenden technischen Systems) und deren Abhängigkeiten von Einflußgrößen,
- den Schwierigkeitsgrad der zu lösenden Aufgabe hinsichtlich
  - Berechnungsinhalt und
  - Genauigkeit der Ergebnisse

  sowie
- den vertretbaren Aufwand

ausgerichtet sein. Zur Erzielung eines günstigen Verhältnisses zwischen den meist gegenläufigen Forderungen nach möglichst

- hoher Ergebnisgüte und
- geringem Berechnungsaufwand

müssen im allgemeinen bei Berechnungen Vereinfachungen der Wirklichkeit vorgenommen werden. Es sollte immer nur so genau wie im Rahmen der Problemlösung notwendig gerechnet werden / 176 /. Denn es ist beispielsweise nicht sinnvoll, Ergebnisse mit höchster Genauigkeit zu fordern, wenn der mögliche Fehler einer Einflußgröße etwa 10 % beträgt.

Die Anwendung rechnerunterstützter Arbeitsweisen dient sowohl dem Unternehmen als auch den Projekteuren und Konstrukteuren, weil dadurch die Mitarbeiter weitgehend von Routinetätigkeiten entlastet werden und sie sich somit verstärkt den geistig-schöpferischen Tätigkeiten widmen können / 2 /. Gründe für die Einführung sowie Anwendung solcher Arbeitsweisen können beispielsweise

- Wettbewerbsdruck,
- hohe Kosten in den Projektierungs- sowie Konstruktionsbereichen,
- hohe Kostenverantwortung in den Projektierungs- sowie Konstruktionsbereichen,
- geringe Transparenz in den Projektierungs- sowie Konstruktionsbereichen,
- wachsender Aufwand aufgrund steigender Kundenforderungen,
- Speicherung des Know-hows des Unternehmens,
- umfangreiche Routinetätigkeiten,
- zu großer Aufwand bei manueller Bearbeitung,
- unzulässig hohe Fehlerquoten bei manueller Bearbeitung,
- Mangel an qualifiziertem Personal und/oder
- Verfügbarkeit bereits vorhandener EDV-Anlagen

sein. Auswirkungen der rechnerunterstützten Arbeitsweisen sind

- Verbesserung der Qualität der Angebote sowie Erzeugnisse,
- gleichbleibend hohe Genauigkeit der Ergebnisse,
- Steigerung des technischen Ansehens des Unternehmens beim Kunden,
- Verkürzung der Bearbeitungszeiten,
- Erhöhung der Auftragsanzahl (beispielsweise kein Liegenlassen von angeblich uninteressanten Anfragen),
- Kostensenkung in den Projektierungs- sowie Konstruktionsbereichen,
- Erhöhung der Produktivität in den Projektierungs- sowie Konstruktionsbereichen,
- Steigerung der Rentabilität des Unternehmens,
- Reproduzierbarkeit der Arbeitsergebnisse,
- Erhöhung der Transparenz,
- Zeitgewinn für die Bearbeitung spezieller Kundenforderungen,
- bessere Verfügbarkeit des Projektierungs- sowie Konstruktions-Know-hows,
- größere Unabhängigkeit von einzelnen Personen für bestimmte Aufgaben,
- Entlastung der Bearbeiter von Routinearbeiten,
- Ermöglichung der Durchführung komplizierter Berechnungen,
- entscheidende Fehlerminderung,
- Steigerung der Flexibilität,
- günstige Beeinflussung nachgeordneter Unternehmensbereiche (beispielsweise Fertigung) und/oder
- Verbesserung der Auslastung vorhandener EDV-Anlagen.

Bei der Einführung neuartiger Arbeitsweisen, also auch beim Einführen des rechnerunterstützten Projektierens und Konstruierens, muß oft angenommen werden, daß die hiervon betroffenen Personen dazu vorerst zweifelnde Einstellungen mit vielen Bedenken haben. Solche Einstellungen werden meist durch bestimmte Aussagen, **Tafel 25**, deutlich. Ursache dafür ist vielfach die mangelnde Information über das beabsichtigte Vorhaben hinsichtlich seiner Voraussetzungen und Auswirkungen. Die Einstellungen können aber auch auf eine Trägheit des Betreffenden oder Unaufgeschlossenheit gegenüber neuartigen Vorschlägen, Vorgehens- und Arbeitsweisen zurückzuführen sein. Auf das Vorgehen bei der Einführung der EDV in die Projektierungs- und Konstruktionsbereiche wird hier nicht näher eingegangen, weil darüber bereits ausführlich berichtet worden ist / 2, 122, 123, 129, 131, 138, 149, 156, 163, 165, 169, 172, 173, 174 und 176 bis 212 /.

Mit der unter 3. beschriebenen Projektierungs- und Konstruktionssystematik ist eine Vorgehensweise verfügbar, die eine Strukturierung des Projektierungs- und Konstruktionsgeschehens für komplexe technische Systeme mit auftragsgebundener Einzelfertigung einschließt. Die Aufteilung des Projektierungs- oder Konstruktionsvorganges in Teiltätigkeiten, **Bild 43**, erfolgt

- nach Komplexitätsebenen sowie
- auf jeder Komplexitätsebene gleichartig in fünf Hauptschritten

**AUSSAGEN GEGEN NEUARTIGE VORSCHLÄGE**

- Das geht doch nicht !
- Klingt ja ganz gut, aber ich glaube nicht, daß sich das durchsetzen läßt !
- In unserem Bereich läßt sich das nicht machen !
- Dazu haben wir keine Zeit !
- Unsere Leute werden nicht mitmachen !
- Das haben wir schon vor zehn Jahren versucht !
- So haben wir das früher doch nie gemacht !
- Unsere Arbeitsweise hat sich schon 20 Jahre bewährt, und jetzt sollte das anders werden ?
- Das sollten besser andere machen oder diejenigen, welche nach uns kommen !
- Alles graue Theorie !
- Dazu sind wir jetzt noch nicht in der Lage !
- Macht nur viel Arbeit !
- Die Finanzlage erlaubt das nicht !
- Überlegen wir uns das lieber noch eine Weile, und warten wir erst die Entwicklung ab !
- Es wäre doch schon früher jemand darauf gekommen, wenn sich damit etwas anfangen ließe !
- So etwas gibt es doch noch nirgendwo, und warum müssen wir die Ersten sein !
- Dafür sind wir nicht ausgebildet !
- Dabei müssen wir ja völlig umdenken oder noch einmal lernen !
- Das wächst uns über den Kopf und ist für uns zu hoch !
- Wir müssen doch immer alles neu projektieren und konstruieren !
- Projektieren und Konstruieren ist Gefühlssache !
- Nur der Kunde bestimmt unsere Arbeitsweise !
- Alles berechnen kann man sowieso nicht, deshalb sollten wir besser nichts berechnen !
- Beim Arbeiten mit einem Rechner können wir nicht mitdenken, der ist ja viel zu schnell, und überhaupt ist der Aufwand ja viel zu groß !
- Der Rechnereinsatz bringt uns nur eine größere Papierflut !

**Tafel 25:** Aussagen gegen neuartige Vorschläge, Vorgehens- und Arbeitsweisen.

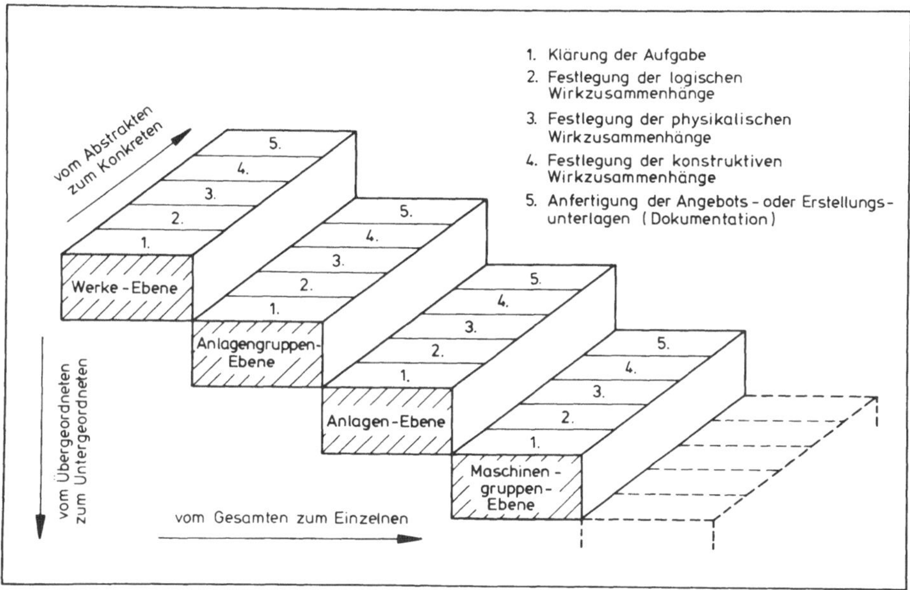


**Bild 43:** Darstellung zur Verdeutlichung der Strukturierung des systematischen Projektierungs- und Konstruktionsgeschehens.

für jedes zu bearbeitende technische System. Damit ist es möglich, die Menge der vom Bearbeiter und/oder von der EDV-Anlage zu berücksichtigenden sowie zu ermittelnden Daten stets überschaubar zu halten. Durch das folgerichtige Aneinanderreihen der Teiltätigkeiten,

- stufenweise über Komplexitätsebenen vom übergeordnet-komplexen zum untergeordnet-komplexen technischen System sowie
- schrittweise auf jeder Komplexitätsebene vom Abstrakten zum Konkreten,

wobei jede nachfolgende Tätigkeit auf den Ergebnissen der vorangegangenen Tätigkeiten aufbaut, kann ein anforderungs- und funktionsgerechtes technisches Gesamtsystem projektiert oder konstruiert werden. Eine solche strukturierte Vorgehensweise ist bei rechnerunterstützten Arbeitsweisen notwendig, weil es auch mit EDV-Anlagen großer Speicherkapazität nicht möglich ist, die Vielzahl der Daten zu verarbeiten, welche anfallen würden, wenn beispielsweise ein zu verwirklichendes, komplexes technisches System in einem Berechnungsgang ohne Beachtung der Einteilung technischer Systeme nach ihrer Komplexität bis zur unteren Komplexitätsebene bearbeitet werden müßte. Dazu wäre es erforderlich, alle funktionellen Zusammenhänge der vorgeordneten Komplexitätsebenen und diejenigen der unteren Komplexitätsebenen in einem Rechenprogramm niederzulegen. Aber auch andere Gründe sprechen für eine strukturierte Bearbeitung, beispielsweise

- ein Programmsystem für mehrere Verwendungszwecke des Benutzers (verschieden detaillierte Angebote und Konstruktionsunterlagen),
- Transparenz des Arbeitsablaufes und der Ergebnisse,
- Erleichterung des Einbringens neuer Erkenntnisse (Aktualisierung).

EDV-Anlagen mit interaktiv arbeitenden Bildschirmgeräten, wie unter 4. beschrieben, ermöglichen es, daß Projekteure und Konstrukteure ohne spezielle EDV-Kenntnisse im Rahmen ihrer Tätigkeiten, die durch viele nicht algorithmierbare Entscheidungen gekennzeichnet sind, rechnerunterstützt vorgehen können. Neben der Rechenanlage ist dafür ein Rechenprogramm erforderlich, welches den Benutzer der Anlage von Entscheidung zu Entscheidung führt, so daß die Entscheidungen des Menschen in das Programm einfließen können. **Bild 44** zeigt das Zusammenwirken zwischen Projekteur/Konstrukteur und EDV-Anlage sowie deren spezifische Aufgaben beim rechnerunterstützten systematischen Projektieren und Konstruieren.

Im allgemeinen wird beim Hersteller komplexer technischer Systeme mit auftragsgebundener Einzelfertigung vor Erhalt eines Konstruktions- und/oder Fertigungsauftrages projektiert. Nach Auftragseingang beginnt das Konstruieren im Rahmen der Auftragsabwicklung / 1 /. Dabei wird von den Ergebnissen der Projektierung ausgegangen.
Wegen der Artgleichheit der Tätigkeiten beim Projektieren und Konstruieren ist es bezogen auf eine Erzeugnisgruppe, beispielsweise Feuerverzinkungslinien für Stahlband, möglich, **ein** Programmsystem für das rechnerunterstützte Projektieren sowie Konstruieren dieser Erzeugnisse zu erstellen. Hiermit können Vorausberechnungen dieser technischen Systeme schrittweise als Gesamtberechnungen durchgeführt werden. Beim Einsatz eines solchen Programmsystems unterscheidet sich das Projektieren vom Konstruieren im wesentlichen dadurch, daß auf den oberen Komplexitätsebenen projektiert und nach Erhalt eines Auftrages auf den unteren Ebenen

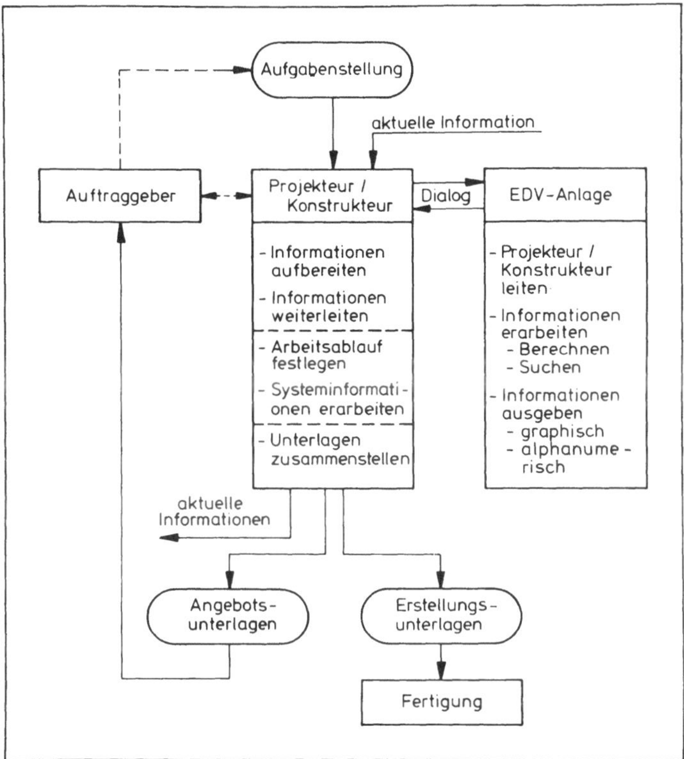


**Bild 44:** Zusammenwirken zwischen Projekteur/Konstrukteur, Auftraggeber und EDV-Anlage beim rechnerunterstützten Projektieren und Konstruieren.

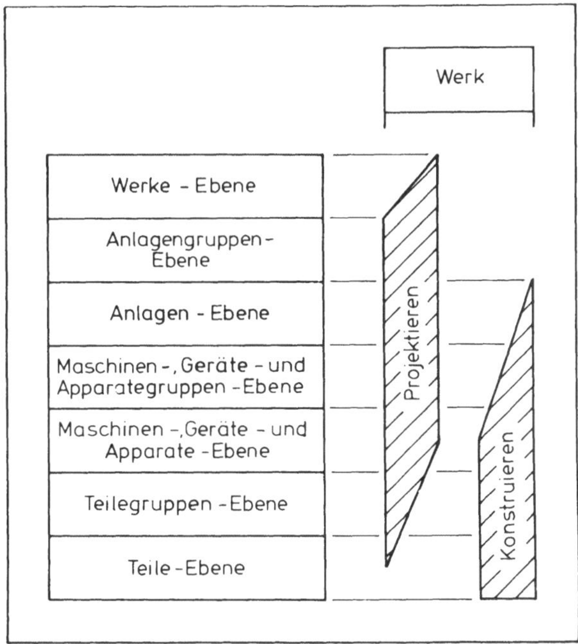


**Bild 45:** Darstellung zur Verdeutlichung der zu bearbeitenden Komplexitätsebenen beim rechnerunterstützten Projektieren und Konstruieren eines Werkes.

konstruiert wird. Diese Zusammenhänge sind dem **Bild 45** am Beispiel eines Werkes zu entnehmen. Mit Hilfe eines Programmsystems der beschriebenen Art wird es möglich, bereits beim Projektieren hohe Konkretisierungsgrade, welche sich auf den tatsächlichen Konstruktionsmöglichkeiten des Bieters/Herstellers abstützen, in verhältnismäßig kurzer Zeit zu erreichen. Solche abgesicherten Konkretisierungsgrade waren bislang bei der Bearbeitung komplexer technischer Systeme mit auftragsgebundener Einzelfertigung nur im Rahmen des Konstruierens nach Auftragseingang zu erhalten. Mit solchen Programmsystemen können also die technischen und kostenmäßigen Wagnisse beim Konstruieren und Auftragsabwickeln erheblich gemindert werden.

Im folgenden wird der allgemeingültige Aufbau und Ablauf von Programmsystemen für das rechnerunterstützte systematische Projektieren sowie Konstruieren komplexer technischer Systeme beschrieben und in Form von Flußschaubildern dargestellt. Diese Beschreibungen und Darstellungen werden durch Beispiele verdeutlicht, welche einem danach erstellten Programmsystem zum Projektieren der Bandbehandlungslinien, insbesondere Feuerverzinkungslinien für Stahlband, entnommen sind. Das Programmsystem zur Projektierung der Bandbehandlungslinien wurde in enger Zusammenarbeit zwischen dem Lehrstuhl für Produktionssystematik im Laboratorium für Werkzeugmaschinen und Betriebslehre (WZL) der Rheinisch-Westfälischen Technischen Hochschule Aachen und der Mannesmann Demag Aktiengesellschaft, Duisburg, erstellt / 122 und 213 bis 219 /.

## 5.1. Ebenensteuerprogramm, EBSTEU

Die Vorgehensweise beim rechnerunterstützten systematischen Projektieren und Konstruieren komplexer technischer Systeme ist, wie bereits gesagt, für jedes komplexe technische System auf jeder zu bearbeitenden Komplexitätsebene gleichartig. Gemäß der unter 3. vorgestellten Projektierungs- und Konstruktionssystematik müssen auf jeder zu bearbeitenden Komplexitätsebene fünf aufeinander aufbauende Hauptschritte,

1. Klärung der Aufgabe,
2. Festlegung der logischen Wirkzusammenhänge,
3. Festlegung der physikalischen Wirkzusammenhänge,
4. Festlegung der konstruktiven Wirkzusammenhänge und
5. Anfertigung der Angebotsunterlagen im Rahmen des Projektierens oder Anfertigung der Erstellungsunterlagen beim Konstruieren,

in dieser Reihenfolge getan werden.
Wenn das zu bearbeitende technische System beispielsweise ein Werk ist, dann werden auf der Anlagenebene infolge der Behandlung und Berechnung der Anlagen die Anlagengruppen des Werkes konkretisiert. Dabei sind, bezogen auf die zu bearbeitende Ebene der Anlagen,

- das Werk das übergeordnete technische System,
- die Anlagengruppen die vorgeordneten technischen Systeme
  und
- die Anlagen die zu erarbeitenden technischen Systeme.

Nach Bearbeitung der Komplexitätsebene Anlagen liegen dann für jede Anlagengruppe die jeweiligen Anlagen fest. Diese Zusammenhänge verdeutlicht das **Bild 46.** Wenn anschließend die nächste Ebene (Maschinen-, Geräte- und Apparategruppenebene, kurz Maschinengruppenebene genannt) bearbeitet werden soll, dann ist von den bekannten Daten der übergeordneten Anlagengruppe auszugehen. Auf der Maschinengruppenebene werden die Maschinen-, Geräte- und/oder Apparategruppen (kurz Maschinengruppen genannt) der Anlagen einer Anlagengruppe bearbeitet, **Bild 47.** Müssen mehrere Anlagengruppen auf der Maschinengruppenebene konkretisiert werden, sind der Anzahl Anlagengruppen entsprechende in sich geschlossene Programmabläufe erforderlich. Diese beispielhaften Zusammenhänge gelten im übertragenen Sinne für die Bearbeitung technischer Systeme jeder Komplexität. Demzufolge kann zum Vorgehen beim rechnerunterstützten systematischen Projektieren und Konstruieren allgemeingültig gesagt werden:

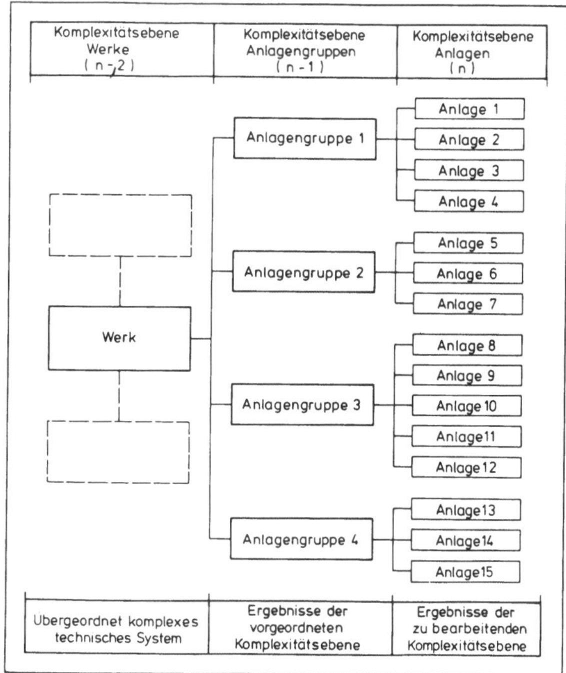


**Bild 46:** Darstellung zur Verdeutlichung der bei einer Bearbeitung der Anlagen eines Werkes bestehenden Zusammenhänge.

"Für jede Komplexitätsebene (n) ist ein im Aufbau und Ablauf gleichartiges Programm, Ebenensteuerprogramm genannt, zu erstellen, welches die Erarbeitung technischer Systeme mit der Komplexität der jeweiligen Ebene (n) erlaubt. Dabei werden technische Systeme der vorgeordneten Komplexitätsebene (n-1) konkretisiert. Alle technischen Systeme mit vorgeordneter

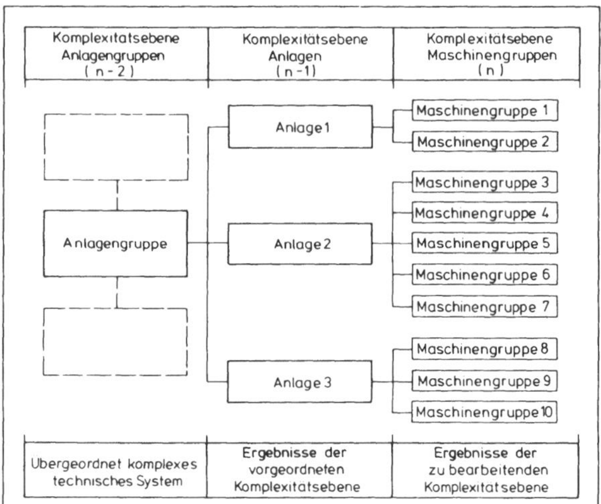


**Bild 47:** Darstellung zur Verdeutlichung der bei einer Bearbeitung der Maschinengruppen einer Anlagengruppe bestehenden Zusammenhänge.

Komplexität (n-1), welche gemeinsam ein System übergeordneter Komplexität (n-2) bilden, werden in einem Programm erfaßt. Für jedes übergeordnete technische System (n-2) wird auf der zu bearbeitenden Ebene (n) ein in sich geschlossenes Programm erstellt".

Sofern auf der zu bearbeitenden Komplexitätsebene ein einzelnes technisches System vorgeordneter Komplexität zu konkretisieren ist, sind keine Beziehungen zu einem übergeordneten System zu berücksichtigen. In diesem Falle wird auch nur dieses eine System vorgeordneter Komplexität in dem Programm der zu bearbeitenden Ebene erfaßt.

Die für das Projektieren und/oder Konstruieren einer bestimmten Erzeugnisgruppe (beispielsweise Feuerverzinkungslinien für Stahlband) erforderlichen Programme bilden ein Programmsystem. Ein derartiges Programmsystem umfaßt im allgemeinen mehrere Komplexitätsebenen. **Bild 48** zeigt die Struktur eines Programmsystems. Aus Gründen der Übersichtlichkeit der Darstellung wurde angenommen, daß jedes technische System aus nur zwei Teilsystemen mit nächst niedrigerem Komplexitätsgrad besteht. In Bild 48 nimmt die Startebene, Ebene 1, eine Sonderstellung ein. Diese Sonderstellung ergibt sich daraus, daß auf dieser Ebene nur ein System vorgeordneter Komplexität zu betrachten ist, weil kein unmittelbarer Bezug zu einem technischen System übergeordneter Komplexität vorliegt.

Den Aufbau und den Ablauf eines Programmes für eine jede zu bearbeitende Komplexitätsebene zeigt in allgemeingültiger Darstellungsweise das Programm **EBSTEU**, **EB**enen-**STEU**erprogramm, welches 6. (Tafelseiten 3 und 4) in Form eines Ablaufplanes zu entnehmen ist. Das Programm EBSTEU beinhaltet die Unterprogramme KLADAU, LOGWIZ, PHYWIZ, KONWIZ und ANDERS. Die Berechnungen zur **KLA**erung **D**er **AU**fgabe, **KLADAU**, werden für alle technischen Systeme der vorgeordneten Komplexitätsebene, welche zusammen ein System übergeordneter Komplexität bilden, gemeinsam durchgeführt. Das ist notwendig, weil bis nach Abgrenzung der Systeme vorgeordneter Komplexität, die bei der Schnittstellenberechnung innerhalb des Unterprogrammes KLADAU erfolgt, diese Systeme nicht als unabhängig voneinander angesehen werden dürfen. Nach Festlegung der Schnittstellen und deren Bedingungen sind die Systeme durch definierte Systemgrenzen voneinander getrennt und können als sogenannte "geschlossene Systeme" betrachtet werden. Danach wird jedes dieser Systeme gemäß den folgenden Hauptschritten:

- Festlegung der **LOG**ischen **WI**rkZusammenhänge, **LOGWIZ**,
- Festlegung der **PHY**sikalischen **WI**rkZusammenhänge, **PHYWIZ**,
- Festlegung der **KON**struktiven **WI**rkZusammenhänge, **KONWIZ**, sowie
- **AN**fertigung Der **ANG**ebotsunterlagen, **ANDANG**, beim Projektieren oder **AN**fertigung **D**er **ERS**tellungsunterlagen, **ANDERS**, beim Konstruieren

in einem eigenständigen Berechnungsgang bearbeitet. Somit kann beispielsweise jede Anlagengruppe eines Werkes, unabhängig von den anderen Anlagengruppen, auf der Anlagenebene, nach Festlegung der Schnittstellenbedingungen zwischen den Anlagengruppen des Werkes, durch Anlagen konkretisiert werden. Hierdurch wird die Menge der von EDV-Anlage und Benutzer (Projekteur oder Konstrukteur) gleichzeitig zu berücksichtigenden Daten erheblich verringert.

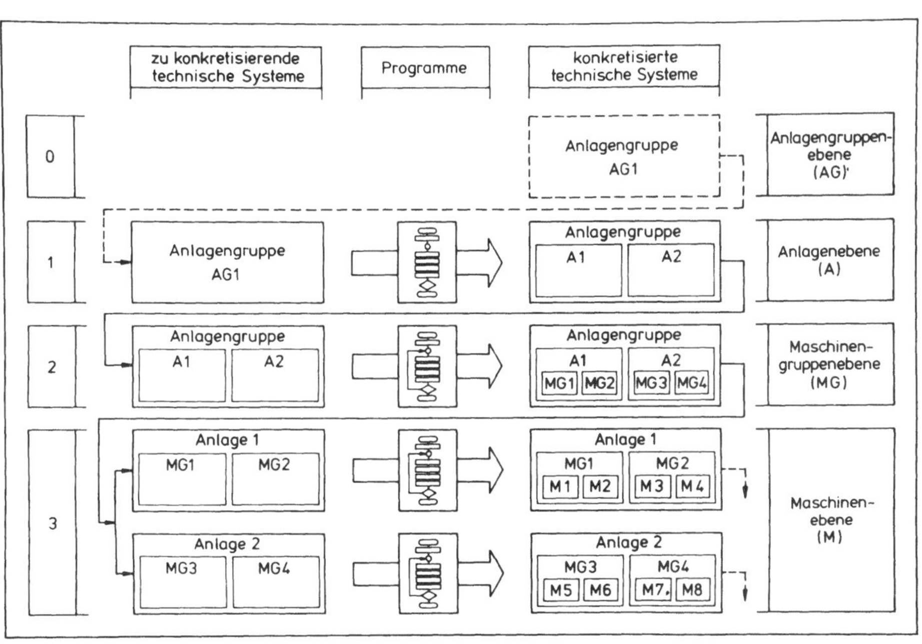


**Bild 48:** Schematische Darstellung der Strukturierung eines Programmsystems für das rechnerunterstützte systematische Projektieren und/oder Konstruieren einer Anlagengruppe bis zur Komplexitätsebene Maschinen.

Wenn ein technisches System oder mehrere Systeme der vorgeordneten Komplexitätsebene (aber nicht alle Systeme) auf der zu betrachtenden Komplexitätsebene nicht bearbeitet werden sollen, dann sind für diese Systeme die Unterprogramme LOGWIZ, PHYWIZ, KONWIZ und ANDANG/ANDERS zu überspringen. Diese Systeme, welche von den übrigen durch eindeutige Schnittstellenbedingungen abgegrenzt sind, werden also nicht weiter konkretisiert. Folgende Beispiele verdeutlichen diesen Sachverhalt:

- Ein bestehendes Kaltbreitband-Walzwerk soll um eine Feuerverzinkungslinie und eine Scherenlinie erweitert werden. In diesem Falle sind auf der Anlagenebene nur die Anlagen dieser beiden Linien (Anlagengruppen) zu erarbeiten, weil die anderen Anlagengruppen, beispielsweise Beizlinie, Tandemstraße, Glühbetrieb und Dressierstraße, des Kaltbreitband-Walzwerkes bereits vorhanden sind.
- Es ist eine Feuerverzinkungslinie zu konstruieren. Zu den Anlagen einer solchen Anlagengruppe gehört auch eine Ofenanlage. Diese Ofenanlage soll von einem Unterlieferanten bezogen werden. Somit entfällt für den Lieferanten der Verzinkungslinie die Konkretisierung der Ofenanlage auf der Maschinengruppenebene.
- Bei der Bearbeitung der vorgeordneten Komplexitätsebene wurde durch Rückgriff auf vorhandene Unterlagen ein bereits konstruiertes technisches System ermittelt, welches für die neue Aufgabe wiederverwendet werden kann. Hier müssen nur die nicht durch Rückgriff ermittelten Systeme weiter konkretisiert werden.

Im Unterprogramm KLADAU müssen aber auch die nicht zu konkretisierenden Systeme berücksichtigt werden, weil ohne diese Systeme die Schnittstellenbedingungen für die zu konkretisierenden Systeme nicht berechnet werden können.
Wenn nach der Bearbeitung einer Komplexitätsebene aufgrund eines erfolgreichen Rückgriffs auf vorhandene Unterlagen alle Systeme als vollständig bekannt vorliegen oder die Systeme nicht weiter konkretisiert werden sollen, weil aufgrund der Aufgabenstellung ein höherer Konkretisierungsgrad nicht erforderlich ist, dann erübrigt sich die Bearbeitung der nachgeordneten Komplexitätsebenen.

Zum Arbeitsschritt "Festlegung der logischen Wirkzusammenhänge", LOGWIZ, sind im Programm EBSTEU keine Rücksprungmöglichkeiten vorgesehen, weil die in diesem Schritt erarbeiteten logischen Funktionsketten für eine gegebene Aufgabenstellung nicht geändert werden dürfen. Das bedeutet, es gibt für eine Aufgabenstellung keine varianten logischen Funktionsketten.
Ein eventueller Rücksprung von LOGWIZ vor das Unterprogramm KLADAU dient der nochmaligen Prüfung der bei der Klärung der Aufgabe ermittelten Anforderungen und bietet dem Benutzer die Möglichkeit, die Anforderungen erforderlichenfalls zu ändern. Eine solche Änderung ist einem Neubeginn des Programmablaufes gleichzusetzen.
Berechnungen im Rahmen der Unterprogramme PHYWIZ und KONWIZ können Abweichungen von den während der "Klärung der Aufgabe", KLADAU, festgelegten Schnittstellenbedingungen ergeben. Bei derartigen Abweichungen läßt das Programm EBSTEU Rücksprünge zu, die von der Art der erforderlichen Änderungen zur Beseitigung der Abweichungen abhängig sind. Durch

Rücksprung vor KLADAU können Schnittstellenbedingungen neu festgelegt werden. Eine solche Maßnahme hat im allgemeinen Einfluß auf alle mit dem Programm bereits erarbeiteten technischen Systeme der jeweiligen Komplexitätsebene. Deshalb müssen in diesem Falle für alle Systeme vorgeordneter Komplexität, deren Schnittstellenbedingungen geändert wurden, die Unterprogramme LOGWIZ bis ANDANG/ANDERS erneut eingesetzt werden. Es ist aber nach einem Rücksprung vor KLADAU nicht notwendig, diejenigen Systeme, deren Schnittstellenbedingungen gleich geblieben und die bereits auf der betrachteten Ebene konkretisiert sind, erneut zu bearbeiten. Diese Systeme können als festgelegte Systeme gekennzeichnet werden. Mit dieser Kennzeichnung wird sichergestellt, daß derartige Systeme vom Programm EBSTEU nach Durchlaufen des Unterprogrammes KLADAU dementsprechend behandelt werden.
Bei Inanspruchnahme anderer Rücksprungadressen des Programmes EBSTEU wird, beispielsweise durch die Wahl anderer physikalischer oder konstruktiver Varianten, eine Anpassung der Systeme an die im Unterprogramm KLADAU festgelegten Schnittstellenbedingungen beabsichtigt. Die erwähnten Rücksprünge werden bei den folgenden Beschreibungen der jeweiligen Unterprogramme noch ausführlich behandelt werden.

Der letzte Hauptschritt bei der Bearbeitung eines jeden technischen Systems dient im wesentlichen der Dokumentation der erarbeiteten Ergebnisse. Das dafür zuständige Unterprogramm wird im Rahmen des Projektierens ANDANG und beim Konstruieren ANDERS genannt.

Wenn für ein übergeordnetes technisches System alle Teilsysteme mit dem Komplexitätsgrad der betrachteten Ebene erarbeitet sind, dann ist das zugehörige Programm EBSTEU beendet. Die Bearbeitung weiterer Systeme mit übergeordneter Komplexität erfolgt über weitere gleichartige Programme. Die Zahl der auf einer Komplexitätsebene benötigten Programme richtet sich nach der Anzahl der auf der betrachteten Komplexitätsebene zu berücksichtigenden technischen Systeme mit übergeordneter Komplexität, Bild 48. Eine Koppelung der Berechnungen zu Teilsystemen verschiedener übergeordneter technischer Systeme ist in einem Programm EBSTEU nicht vorgesehen, weil die Beziehungen zu den übergeordneten Systemen über die Ergebnisse der Programme der vorgeordneten Komplexitätsebene gegeben sind.
Sobald alle Systeme mit vorgeordneter Komplexität auf der betrachteten Ebene konkretisiert sind, gilt diese Ebene als abgeschlossen. Die Bearbeitung mit Hilfe weiterer Programme kann danach in gleicher Weise, wie hier beschrieben, für die nächste Komplexitätsebene erfolgen. Dieser Vorgang wiederholt sich sooft, bis der für die Projektierung oder Konstruktion des komplexen technischen Systems erforderliche Konkretisierungsgrad erreicht ist.

## 5.2. Klärung der Aufgabe, Unterprogramm KLADAU

Der erste, auf jeder Komplexitätsebene durchzuführende Hauptschritt beim rechnerunterstützten systematischen Projektieren und Konstruieren ist die **KLA**erung **D**er **AU**fgabe. Die kurzgefaßte Darstellung des zugehörigen Programmes KLADAU ist 6. (Tafelseiten 5 bis 10) in Form eines Ablaufplanes zu entnehmen.

### 5.2.1. Dateneingabe

Voraussetzung für die Klärung einer Aufgabe ist eine Aufgabenstellung. Wenn beispielsweise ein technisches System zur Feuerverzinkung von in Bunden gewickelten, kaltgewalzten Stahlbändern (Feuerverzinkungslinie für Stahlband) projektiert werden soll, dann müssen die zu dieser Aufgabenstellung gehörenden Daten, welche für das Projektieren des Systems benötigt werden, dem Rechner mitgeteilt, also eingegeben werden. Diese Dateneingabe ist Bestandteil des Programmes KLADAU. Es ist so aufgebaut, daß die Dateneingabe auf verschiedenen Wegen durchgeführt werden kann. Damit können unterschiedliche Anfangssituationen berücksichtigt werden. Unterschiedliche Anfangssituationen sind:

A) Der Programmablauf begann auf einer der vorgeordneten Komplexitätsebenen und soll zur weiteren Konkretisierung des zu projektierenden oder zu konstruierenden technischen Systems auf der zu betrachtenden Ebene weitergeführt werden.

B) Die rechnerunterstützte Arbeitsweise setzt auf der zu betrachtenden Komplexitätsebene ein, und alle für den Programmablauf erforderlichen sowie auf die Aufgabe abgestimmten Daten liegen auf vom Rechner lesbaren Datenträgern (beispielsweise Lochkarten oder Magnetband) vor.

C) Das Programm beginnt, entsprechend B), auf der zu betrachtenden Komplexitätsebene. Die für den Programmablauf erforderlichen sowie auf die Aufgabe abgestimmten Daten liegen nicht auf vom Rechner lesbaren Datenträgern vor.

Wenn ein Rechenprogramm bei jeder dieser drei unterschiedlichen Anfangssituationen unmittelbar einsatzbereit sein soll, muß das Programm KLADAU auch drei unterschiedliche Eingabewege beinhalten.

**Eingabeweg A:**
Weil der Programmablauf auf einer der vorgeordneten Komplexitätsebenen eingeleitet wurde, liegen auf der zu betrachtenden Ebene alle Daten (Eingabedaten und Ergebnisse) der vorgeordneten Ebene vor. Aus dieser Datenmenge werden diejenigen Daten, welche auf der zu bearbeitenden Ebene für die zu konkretisierenden technischen Systeme benötigt werden, aussortiert und in einer sogenannten Übergabedatei gespeichert. Diese Übergabedatei ist dann bei Programmbeginn auf der zu betrachtenden Ebene verfügbar.
Die in der Übergabedatei enthaltenen Daten dürfen zur Projektierung oder Konstruktion eines anforderungsentsprechenden technischen Systems auf der in Arbeit befindlichen Ebene nicht geändert werden. Die vollständige Ermittlung der Auswirkungen solcher Änderungen auf das vorgeordnete Gesamtsystem kann nämlich nur durch erneute Bearbeitung der vorgeordneten Komplexitätsebene erfolgen. Das soll mit einem Beispiel, den Behandlungsgeschwindigkeiten beim Feuerverzinken von Stahlband, verdeutlicht werden. Diese Geschwindigkeiten werden auf der Anlagenebene ermittelt und haben unter anderem Einfluß auf die Ein- und Auslaufgeschwindigkeiten, die Mengendurchsätze und die Wahl bestimmter Anlagenarten. Daneben sind sie für die Bearbeitung der Maschinengruppenebene notwendig und demzufolge in der Übergabedatei

dieser Komplexitätsebene enthalten. Würden diese Geschwindigkeiten auf der Maschinengruppenebene geändert, dann wären unter Umständen vorher getroffene Entscheidungen hinfällig und damit der weiteren Bearbeitung die Grundlage entzogen. Andererseits besteht aber auch die Forderung, kurzfristige Änderungen des Arbeitszieles ohne nochmalige Bearbeitung der vorgeordneten Ebene durchführen zu können. Es besteht also die Notwendigkeit, einerseits die Übergabedaten gegen unbeabsichtigte oder unüberlegte Eingriffe zu sichern, andererseits aber auch eine Fortsetzung des Programmablaufes mit geänderten Übergabedaten zu ermöglichen. Aus diesen Gründen ist das Programm so aufgebaut, daß Änderungen der Übergabedaten grundsätzlich möglich sind. Die Übergabedaten werden zum Zwecke ihrer eindeutigen Identifizierbarkeit gekennzeichnet. **Bild 49** +) zeigt eine derartige Kennzeichnung mit Hilfe eines Sternes (*) hinter dem jeweiligen Datum.

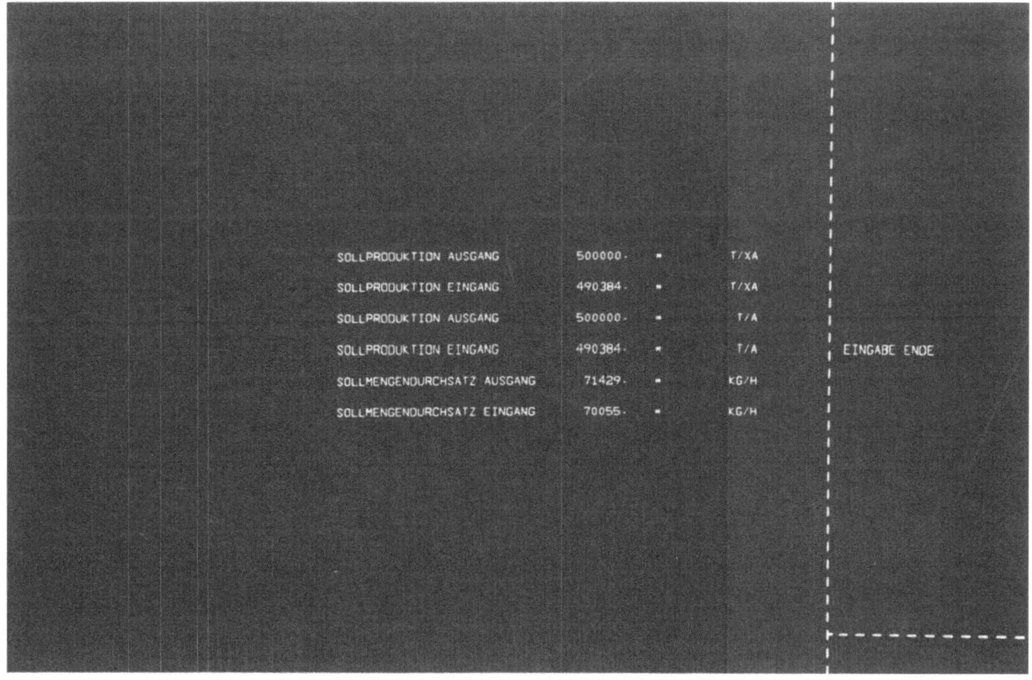


**Bild 49:** Bildschirmaufnahme mit den durch einen Stern gekennzeichneten Daten der vorgeordneten Komplexitätsebene.

**Eingabeweg B:**

Wenn das Programmsystem auf der zu betrachtenden Komplexitätsebene gestartet und alle Eingabedaten in für den Rechner lesbarer Form vorliegen, dann sind diese Daten bereits vorher

---

+) Anmerkung: Bei Bild 49 handelt es sich um die Wiedergabe eines Schwarz-Weiß-Fotos der Bildschirminformationen. Aus drucktechnischen Gründen und der besseren Auflösung wegen werden Bildschirmaufnahmen im folgenden als Negativ, also schwarze Schrift auf weißem Hintergrund, sowie gegebenenfalls als Ausschnitte und in Schreibmaschinenschrift wiedergegeben.

abgelocht oder auf andere Art rechnergerecht aufbereitet worden. Hierzu mußte eine vom Benutzer ausgefüllte Eingabeliste (Anforderungliste) ausgefüllt werden. Der grundsätzliche Aufbau einer solchen Liste wurde bereits unter 3. beschrieben. **Tafel 26** zeigt den Ausschnitt einer Anforderungsliste zur Projektierung von Feuerverzinkungslinien auf der Anlagenebene. Alle Daten der Eingabeliste können beim Eingabeweg B unmittelbar am Bildschirm betrachtet werden. **Bild 50** zeigt die Darstellung der Eingabedaten aus Tafel 26 auf dem Bildschirm. Diese Bildschirmdarstellung dient dem Benutzer zur Information und Prüfung der richtigen Datenübertragung von der Eingabeliste auf rechnergerechte Datenträger.

**Eingabeweg C:**

Der Programmablauf beginnt auf der zu betrachtenden Komplexitätsebene, und der Benutzer möchte das Programm kurzfristig einsetzen. Dabei liegen die Werte der Daten zur gestellten Aufgabe in einer für den Rechner aufbereiteten Form noch nicht vor. In diesem Falle erfolgt die Dateneingabe unmittelbar über das interaktive Bildschirmgerät mit Lichtstift oder sonstigen Hilfsmitteln. Das Anwenderprogramm leitet den Benutzer in der Weise, daß er gezwungen ist,

MENGENGERUEST

| | | |
|---|---|---|
| SOLLPRODUKTION AUSGANG | .00 | T/XA |
| SOLLPRODUKTION EINGANG | .00 | T/XA |
| SOLLPRODUKTION AUSGANG | 140000.00 | T/A |
| SOLLPRODUKTION EINGANG | .00 | T/A |
| SOLLMENGENDURCHSATZ AUSGANG | .00 | KG/H |
| SOLLMENGENDURCHSATZ EINGANG | .00 | KG/H |

| BANDDICKE MM | BANDBREITEN MM 900.0 | 1250.0 | 1850.0 | PROZ. |
|---|---|---|---|---|
| .35 | .10 | .10 | .10 | .30 |
| .80 | .10 | 99.20 | .10 | 99.40 |
| 2.50 | .10 | .10 | .10 | .30 |
| PROZ. | .30 | 99.40 | .30 | 100.00 |

SCHICHTAUFTRAGSVERTEILUNG

| SCHICHTAUFTR. D. BANDUNTERSEITE G/QM | SCHICHTAUFTR. D. BANDOBERSEITE G/QM 57.00 | 100.00 | 150.00 | 200.00 | 275.00 | 350.00 | 425.00 | PROZ. |
|---|---|---|---|---|---|---|---|---|
| 57.00 | 12.00 | - | - | - | - | - | - | 12.00 |
| 100.00 | - | 12.00 | - | - | - | - | - | 12.00 |
| 150.00 | - | - | 49.00 | - | - | - | - | 49.00 |
| 200.00 | - | - | - | 10.00 | - | - | - | 10.00 |
| 275.00 | - | - | - | - | 15.00 | - | - | 15.00 |
| 350.00 | - | - | - | - | - | 1.00 | - | 1.00 |
| 425.00 | - | - | - | - | - | - | 1.00 | 1.00 |
| PROZ. | 12.00 | 12.00 | 49.00 | 10.00 | 15.00 | 1.00 | 1.00 | 100.00 |

**Bild 50:** Ausschnitte dreier Bildschirmaufnahmen mit Daten und Werten nach Tafel 26.

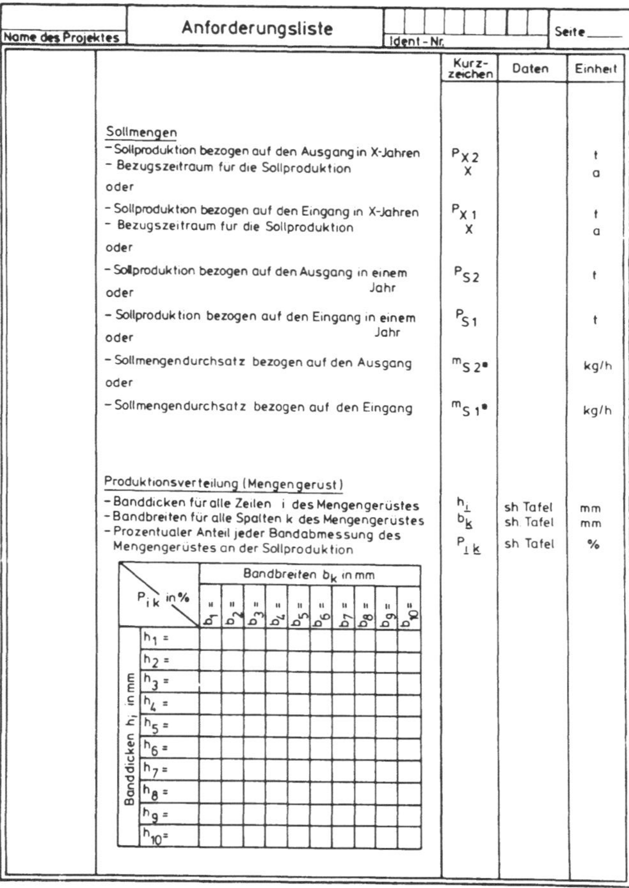

| Name des Projektes | Anforderungsliste | Ident-Nr. | Seite ___ |
|---|---|---|---|

| | Kurzzeichen | Daten | Einheit |
|---|---|---|---|
| **Sollmengen** | | | |
| – Sollproduktion bezogen auf den Ausgang in X-Jahren | $P_{X2}$ | | t |
| – Bezugszeitraum für die Sollproduktion | X | | a |
| oder | | | |
| – Sollproduktion bezogen auf den Eingang in X-Jahren | $P_{X1}$ | | t |
| – Bezugszeitraum für die Sollproduktion | X | | a |
| oder | | | |
| – Sollproduktion bezogen auf den Ausgang in einem Jahr | $P_{S2}$ | | t |
| oder | | | |
| – Sollproduktion bezogen auf den Eingang in einem Jahr | $P_{S1}$ | | t |
| oder | | | |
| – Sollmengendurchsatz bezogen auf den Ausgang | $m_{S2}$• | | kg/h |
| oder | | | |
| – Sollmengendurchsatz bezogen auf den Eingang | $m_{S1}$• | | kg/h |
| **Produktionsverteilung (Mengengerüst)** | | | |
| – Banddicken für alle Zeilen i des Mengengerüstes | $h_i$ | sh Tafel | mm |
| – Bandbreiten für alle Spalten k des Mengengerüstes | $b_k$ | sh Tafel | mm |
| – Prozentualer Anteil jeder Bandabmessung des Mengengerüstes an der Sollproduktion | $P_{ik}$ | sh Tafel | % |

| Banddicken $h_i$ in mm \ $P_{ik}$ in % / Bandbreiten $b_k$ in mm | $b_1$ = | $b_2$ = | $b_3$ = | $b_4$ = | $b_5$ = | $b_6$ = | $b_7$ = | $b_8$ = | $b_9$ = | $b_{10}$ = |
|---|---|---|---|---|---|---|---|---|---|---|
| $h_1$ = | | | | | | | | | | |
| $h_2$ = | | | | | | | | | | |
| $h_3$ = | | | | | | | | | | |
| $h_4$ = | | | | | | | | | | |
| $h_5$ = | | | | | | | | | | |
| $h_6$ = | | | | | | | | | | |
| $h_7$ = | | | | | | | | | | |
| $h_8$ = | | | | | | | | | | |
| $h_9$ = | | | | | | | | | | |
| $h_{10}$ = | | | | | | | | | | |

| Name des Projektes | Anforderungsliste | Ident-Nr. | Seite ___ |
|---|---|---|---|

| | Kurzzeichen | Daten | Einheit |
|---|---|---|---|
| **Angaben zur Schichtdicke** | | | |
| Schichtauftragsverteilung | | | |
| – Schichtauftrag auf der Bandoberseite für jede Spalte n der Schichtauftragsverteilung | $Q_n$ | sh Tafel | g/m² |
| – Schichtauftrag auf der Bandunterseite für jede Zeile m der Schichtauftragsverteilung | $Q_m$ | sh Tafel | g/m² |
| – Prozentualer Anteil einer Schichtauftragskombination an der Sollproduktion | $R_{mn}$ | sh Tafel | % |

| Schichtauftrag der Bandunterseite $Q_m$ in g/m² \ $R_{mn}$ in % / Schichtauftrag der Bandoberseite $Q_n$ in g/m² | $Q_1$ = | $Q_2$ = | $Q_3$ = | $Q_4$ = | $Q_5$ = | $Q_6$ = | $Q_7$ = | $Q_8$ = |
|---|---|---|---|---|---|---|---|---|
| $Q_1$ = | | | | | | | | |
| $Q_2$ = | | | | | | | | |
| $Q_3$ = | | | | | | | | |
| $Q_4$ = | | | | | | | | |
| $Q_5$ = | | | | | | | | |
| $Q_6$ = | | | | | | | | |
| $Q_7$ = | | | | | | | | |
| $Q_8$ = | | | | | | | | |

oder

| | Kurzzeichen | Daten | Einheit |
|---|---|---|---|
| Schichtdickenverteilung | | | |
| – Schichtdicke auf der Bandoberseite für jede Spalte n der Schichtdickenverteilung | $H_{Sch\,n}$ | sh Tafel | µm |
| – Schichtdicke auf der Bandunterseite für jede Zeile m der Schichtdickenverteilung | $H_{Sch\,m}$ | sh Tafel | µm |
| – Prozentualer Anteil einer Schichtdickenkombination an der Sollproduktion | $R_{mn}$ | sh Tafel | % |

| Schichtdicke der Bandunterseite $H_{Sch\,m}$ in µm \ $R_{mn}$ in % / Schichtdicke der Bandoberseite $H_{Sch\,n}$ in µm | $H_{Sch1}$ = | $H_{Sch2}$ = | $H_{Sch3}$ = | $H_{Sch4}$ = | $H_{Sch5}$ = | $H_{Sch6}$ = | $H_{Sch7}$ = | $H_{Sch8}$ = |
|---|---|---|---|---|---|---|---|---|
| $H_{Sch1}$ = | | | | | | | | |
| $H_{Sch2}$ = | | | | | | | | |
| $H_{Sch3}$ = | | | | | | | | |
| $H_{Sch4}$ = | | | | | | | | |
| $H_{Sch5}$ = | | | | | | | | |
| $H_{Sch6}$ = | | | | | | | | |
| $H_{Sch7}$ = | | | | | | | | |
| $H_{Sch8}$ = | | | | | | | | |

**Tafel 26:** Auszug einer Anforderungsliste zur Bearbeitung von Feuerverzinkungslinien für Stahlband auf der Komplexitätsebene Anlagen.

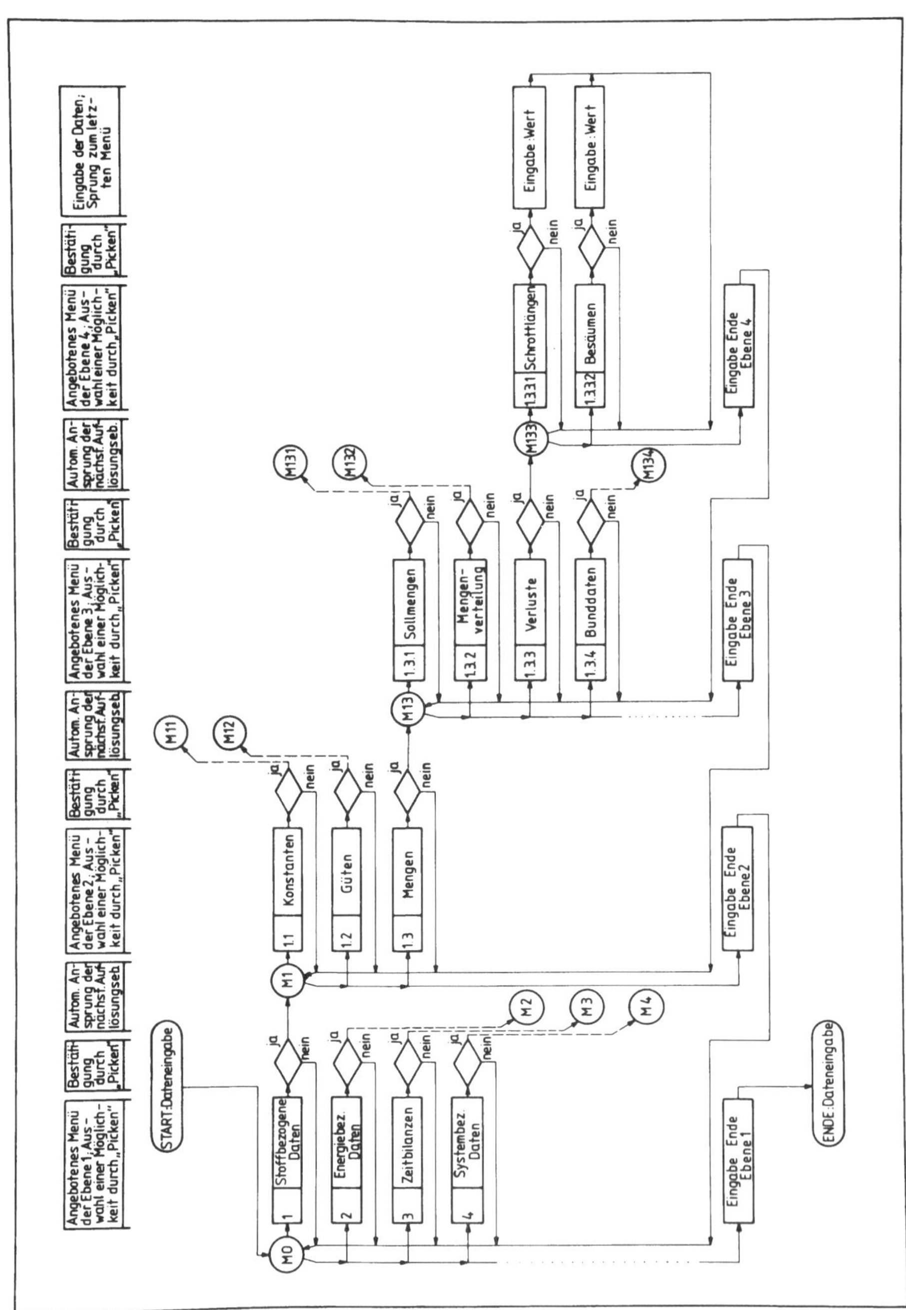


**Bild 51:** Darstellung zur Verdeutlichung einer strukturierten und durch das Programm gelenkten Dateneingabe, nach W. Bracke / 122 /.

alle für den Programmablauf erforderlichen Werte einzugeben. Zu diesem Zwecke werden dem Benutzer die Daten in Listenform am Bildschirm vorgestellt. Art, Menge und Folge dieser Daten dienen dazu, die Aufgabenstellung folgerichtig sowie vollständig zu formulieren. Auf diese Weise erstellt der Benutzer mit Hilfe des Programmes die Eingabeliste. Dieses Vorgehen der strukturierten und durch das Programm gelenkten Dateneingabe ist dem **Bild 51** zu entnehmen

/ 122 /. Bei Eingabeweg C können alle Werte zu den Daten zunächst unbesetzt sein, so daß der Benutzer den Wert eines jeden Datums eingeben muß. Sinnvoller weil für den Benutzer anschaulicher, ist oft bei diesem Eingabeweg die Vorbesetzung eines jeden Datums mit Anhaltswerten. Diese, auf den Daten bereits durchgeführten Projekte oder Aufträge beruhenden, Anhaltswerte sind Entscheidungshilfen für den Benutzer zur Bestimmung der für den jeweiligen Anwendungsfall benötigten Werte. Hierbei sind zur Anpassung an die vorliegende Aufgabenstellung stets Änderungen der mit Anhaltswerten besetzten Daten notwendig.

Bei der Erstellung eines Anwendungsprogrammes für das Projektieren und/oder Konstruieren einer Erzeugnisgruppe ist es im allgemeinen nicht erforderlich drei Eingabewege zu verwirklichen. Dennoch sollten diese Möglichkeiten bei der Erstellung eines Programmsystems bedacht werden.
Die kurzgefaßte Darstellung der Dateneingabe ist 6. (Block 1 des Programmes KLADAU, Tafelseite 5) in Form eines Ablaufplanes zu entnehmen.

### 5.2.2. Datenprüfung

Nach Eingabe der Daten folgt deren Prüfung auf

- Vollständigkeit,
- Plausibilität und
- Änderung von Daten, die aus der vorgeordneten Komplexitätsebene übergeben wurden.

Diese Prüfungen können vom Rechner selbständig ausgeführt werden.

**Vollständigkeitsprüfung:**
Die Anzahl der vom Programm verarbeitbaren Eingabedaten ist nach oben und unten begrenzt, jedoch in einem weiten Bereich variabel. Damit ist eine Anpassung auf wechselnde Informationsumfänge aktueller Aufgabenstellungen möglich. Dabei wird das Ergebnis eines Berechnungsablaufs meist umso aussagekräftiger, je mehr Daten vorliegen. Beispielsweise erhöht sich die Aussagekraft hinsichtlich der in einem technischen System tatsächlich durchsetzbaren Stoffmenge, wenn zur Auslegung einer Feuerverzinkungslinie anstelle einer einzigen Bandabmessung (als Ersatzgröße für die gesamte Produktion) ein ausführliches Mengengerüst (mehrere Bandabmessungen mit zugehörigen prozentualen Produktionsanteilen) eingegeben wird.
Voraussetzung für die Arbeitsfähigkeit eines Programmes ist jedoch stets das Vorliegen bestimmter Kerndaten. Wenn auch nur eine Angabe aus dieser Datenmenge fehlt, dann ist ein störungs- und fehlerfreier Rechenlauf nicht zu gewährleisten. Deshalb wird zunächst die Vollständigkeit dieser Kerndaten geprüft. Es ist selbstverständlich, daß eine Auslegungsberechnung im Rahmen des Projektierens einer Feuerverzinkungslinie beispielsweise ohne die Angabe wenigstens einer Bandabmessung, wenigstens einer Schichtdicke, wenigstens eines

Bandwerkstoffes sowie einer Angabe über die Sollproduktion nicht durchgeführt werden kann. Allerdings kann der Rechner nicht entscheiden, ob zur vollständigen Beschreibung einer bestimmten Aufgabenstellung beispielsweise die Angabe von vier unterschiedlichen Werkstoffen oder eines 150 Plätze umfassenden Mengengerüstes erforderlich ist. Allerdings ist das Programm KLADAU so aufgebaut, daß der Benutzer nur bei vollständiger Eingabe der Kerndaten im Rechenlauf fortfahren kann. Solange zu dieser Datenmenge noch Elemente fehlen, befindet sich der Bearbeiter in einer Schleife, die ihn immer wieder zur Dateneingabe zurückführt. Die noch fehlenden Daten werden ihm auf dem Bildschirm gezeigt. Er muß lediglich die vorhandenen Lücken füllen, braucht also nicht die gesamte Dateneingabe zu wiederholen.

**Plausibilitätsprüfung:**

Viele Eingabedaten sind aufgrund bestehender Gesetzmäßigkeiten nur innerhalb bestimmter Grenzen veränderlich. Zu diesen Daten zählen beispielsweise Wirkungsgrade (stets kleiner als 1), Dicken von Feinblech aus Stahl (nach DIN 1541), Arbeitstage je Woche (höchstens 7) und Normalisierungstemperaturen niedriggekohlter Stähle (Eisen-Kohlenstoff-Diagramm). Viele Daten unterliegen ähnlichen, oft allerdings komplizierteren Gesetzmäßigkeiten, so daß zur Prüfung ihrer Plausibilität zulässige Wertebereiche vorgegeben werden können.

Fehler, die mit Hilfe der Plausibilitätsprüfung erkannt werden, treten oft bei der Übermittlung und Übertragung von Daten auf. Zu diesen Fehlern gehören unter anderem Schreib- oder Ablochungsfehler, beispielsweise

- 35 anstelle von 3,5,
- $10^{5}$ anstelle von $10^{-5}$ oder
- 8 anstelle von 3.

Solche Fehler können bei der automatischen Plausibilitätsprüfung entdeckt und anschließend beseitigt werden. Die Vorgehensweise bei der Beseitigung der Fehler ist grundsätzlich gleich derjenigen bei der Vollständigkeitsprüfung.

**Änderung von Daten, die von der vorgeordneten Komplexitätsebene übergeben wurden:**

Diese Daten sollen aus den bereits unter 5.2.1. genannten Gründen nicht geändert werden. Falls dennoch Änderungen vorgenommen wurden, ist es sinnvoll, dem Benutzer alle derartigen Änderungen noch einmal vor Augen zu führen. Das dient dem Zweck, eine unbeabsichtigte Änderung dieser Daten auszuschließen. Wenn der Benutzer die Änderungen annimmt, werden die entsprechenden Daten zusätzlich gekennzeichnet. Die Daten behalten diese Kennzeichnung während des gesamten Programmablaufes und sind auch in Ausdrucken damit versehen.

In der Zeit zwischen der Bearbeitung der vorgeordneten und derjenigen der zu betrachtenden Komplexitätsebene können kurzfristige Änderungen des Planungszieles auftreten. Solche Planungszieländerungen erfordern manchmal auch eine Änderung der Übergabedaten. Weil der Einfluß einer solchen Änderung auf die Zusammenhänge der vorgeordneten Ebene einerseits unerheblich sein kann und andererseits nachträglich feststellbar ist, wurde im Programm KLADAU hier auf eine zwangsweise geschlossene Schleife zur vorgeordneten Komplexitätsebene verzichtet.

Die kurzgefaßte Darstellung der Datenprüfung ist 6. (Block 2 des Programmes KLADAU, Tafelseiten 6 und 7) in Form eines Ablaufplanes zu entnehmen.

### 5.2.3. Vervollständigung der Eingabedaten sowie Grenzwert- und Redundanzprüfung

Bei der Dateneingabe ist die Darstellung aller Informationen so gestaltet, daß für den Benutzer die Anschaulichkeit groß und die Gefahr einer Fehlinterpretation möglichst klein ist. Diese Art der Informationsdarstellung ist für die rechnerinterne Verarbeitung manchmal ungeeignet. Denn es sind unter anderem bestimmte vorgegebene Formate, einheitliche Darstellungen gleichartiger Größen oder Maßnahmen zur Kürzung arithmetischer Ausdrücke, beispielsweise Zusammenfassungen von Daten zu Verhältniszahlen, Mittelwerten oder gemeinsamen Faktoren, zu berücksichtigen. Deshalb wird an dieser Stelle des Programmes die Umsetzung der anwendergerechten Informationsdarstellung in eine rechnerorientierte Form durchgeführt. Solche umgesetzten Daten werden, weil sie sich unmittelbar aus den eingegebenen Daten berechnen lassen, "Folgedaten" genannt. **Tafel 27** zeigt einen Ausschnitt des Teilprogrammes zur Berechnung derartiger Folgedaten auf der Anlagenebene im Rahmen des Programmsystems zur Projektierung von Feuerverzinkungslinien.

Nach den Folgedaten, welche die eingegebenen Daten nicht rückwirkend beeinflussen, werden diejenigen Daten ermittelt, die untereinander abhängig sind und die eingegebenen Daten rückwirkend beeinflussen können. Solche Daten werden "Untereinander abhängige Daten" genannt. Hierbei sind zwei Arten, A) und B), zu unterscheiden:

A) Zu einem Datenkomplex ist die Möglichkeit der Eingabe mit unterschiedlichen Maßeinheiten vorgesehen. Als Beispiel hierzu diene die Angabe der Sollproduktion verzinkten Bandes. Wenn diese Menge sowohl in Tonnen je Jahr als auch in Kilogramm je Stunde eingegeben wird, dann kann einerseits aus der eingegebenen Menge in Tonnen je Jahr die Menge in Kilogramm je Stunde und andererseits aus der eingegebenen Menge in Kilogramm je Stunde die Menge in Tonnen je Jahr berechnet werden. Sind die entsprechenden Mengen nicht gleich, so handelt es sich um eine unbestimmte Angabe. Dabei kann der Rechner nicht entscheiden, welcher dieser Werte maßgebend ist. Zur Festlegung der maßgebenden Werte können zwei Wege beschritten werden:
   Einerseits kann bei Datenkomplexen mit verschiedenartigen Eingabemöglichkeiten die gleichzeitige Nutzung mehrerer Eingaben zwangsläufig gesperrt werden. Das Programm akzeptiert hierbei eine Eingabe nur dann, wenn einem einzigem Datum (beispielsweise Bandlängen) aus der Menge der varianten Daten (beispielsweise Bundgewichte, Bandlängen und Bundaußendurchmesser) Werte zugeordnet werden. In diesem Falle berechnet das Programm, aufgrund der in ihm niedergelegten Abhängigkeiten, hieraus die übrigen varianten Werte (beispielsweise Bundgewichte und Bundaußendurchmesser).
   Andererseits ist es möglich, mehrere Eingaben in varianter Darstellungsform zuzulassen. Dann muß der Rechner jeden eingegebenen Wert in alle varianten Maßeinheiten umrechnen

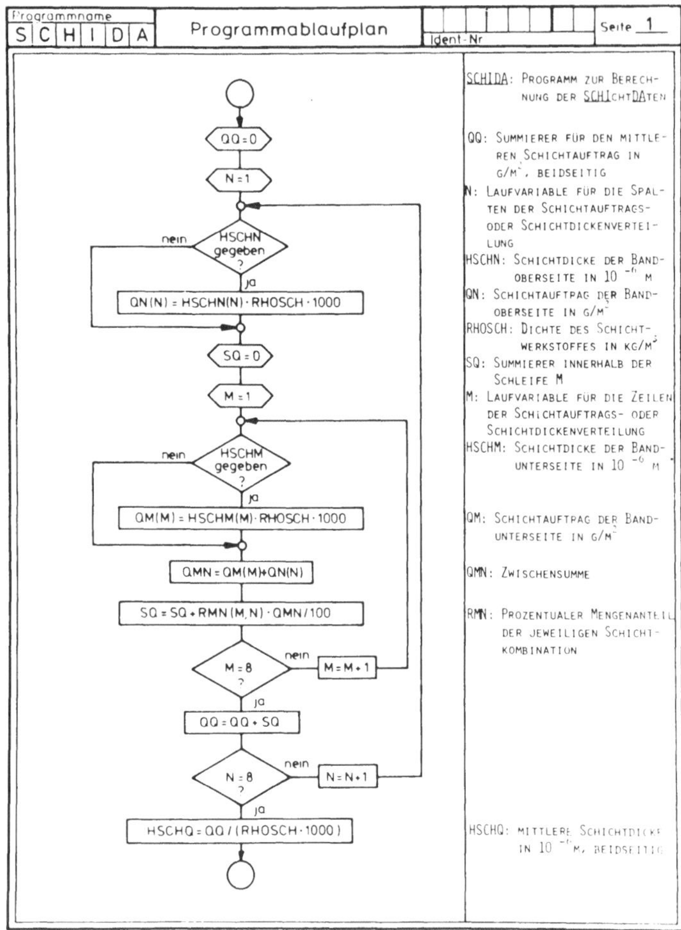


**Tafel 27:** Programmablaufplan zur Berechnung der mittleren Schichtdicke und des mittleren Schichtauftrages aus der Schichtdicken- oder Schichtauftragsverteilung der Tafel 26.

und die äquivalenten Angaben miteinander vergleichen. Abweichungen werden dem Benutzer kenntlich gemacht und zur Entscheidung vorgelegt.

Der zuletzt beschriebene Weg ist zwar aufwendiger, bietet jedoch die Möglichkeit, variante Kundenangaben gleichzeitig zu verarbeiten. Beispiele von Datenkomplexen mit verschiedenartigen Eingabemöglichkeiten sind die Angaben von Bunddaten über

- größte und kleinste Bandlängen je Bund,
- größte und kleinste Bundaußendurchmesser bei zugehörigem Bundinnendurchmesser und/oder
- größte und kleinste Bundgewichte

sowie die Beschreibung einer aufzutragenden Schicht, **Bild 52,** über

- Schichtdicke in µm und/oder
- Schichtauftrag in $g/m^2$.

B) Über das unter A) beschriebene hinaus müssen variante Daten vorgegebenen Grenzwerten angepaßt werden, **Bilder 53 und 54.** Das mit diesen Bildern wiedergegebene Beispiel bezieht sich auf die bereits bei A) erwähnten Bunddaten, wobei hier ausgehend von den Bundgewichten des Bildes 53 die varianten Daten,

- Bandlängen sowie
- Bundaußendurchmesser,

SCHICHTDICKENVERTEILUNG

| SCHICHTDICKEN BANDUNTERSEITE YM | SCHICHTDICKEN BANDOBERSEITE YM 7.99 | 14.03 | 21.04 | 28.05 | 38.57 | 49.09 | 59.61 | PROZ. |
|---|---|---|---|---|---|---|---|---|
| 7.99 | 12.00 | - | - | - | - | - | - | 12.00 |
| 14.03 | - | 12.00 | - | - | - | - | - | 12.00 |
| 21.04 | - | - | 49.00 | - | - | - | - | 49.00 |
| 28.05 | - | - | - | 10.00 | - | - | - | 10.00 |
| 38.57 | - | - | - | - | 15.00 | - | - | 15.00 |
| 49.09 | - | - | - | - | - | 1.00 | - | 1.00 |
| 59.61 | - | - | - | - | - | - | 1.00 | 1.00 |
| PROZ. | 12.00 | 12.00 | 49.00 | 10.00 | 15.00 | 1.00 | 1.00 | 100.00 |

SCHICHTAUFTRAGSVERTEILUNG

| SCHICHTAUFTR. D. BANDUNTERSEITE G/QM | SCHICHTAUFTR. D. BANDOBERSEITE G/QM 57.00 | 100.00 | 150.00 | 200.00 | 275.00 | 350.00 | 425.00 | PROZ. |
|---|---|---|---|---|---|---|---|---|
| 57.00 | 12.00 | - | - | - | - | - | - | 12.00 |
| 100.00 | - | 12.00 | - | - | - | - | - | 12.00 |
| 150.00 | - | - | 49.00 | - | - | - | - | 49.00 |
| 200.00 | - | - | - | 10.00 | - | - | - | 10.00 |
| 275.00 | - | - | - | - | 15.00 | - | - | 15.00 |
| 350.00 | - | - | - | - | - | 1.00 | - | 1.00 |
| 425.00 | - | - | - | - | - | - | 1.00 | 1.00 |
| PROZ. | 12.00 | 12.00 | 49.00 | 10.00 | 15.00 | 1.00 | 1.00 | 100.00 |

**Bild 52:** Ausschnitte zweier Bildschirmaufnahmen mit Schichtdicken- und Schichtauftragsverteilungen.

BUNDDATEN

| BANDDICKEN MM | BUNDGEWICHTE KG MAX | MIN | MAX | MIN |
|---|---|---|---|---|
| .35 | 45000.0 | 5000.0 | 15000.0 | 5000.0 |
| .80 | 45000.0 | 5000.0 | 15000.0 | 5000.0 |
| 1.50 | 45000.0 | 5000.0 | 15000.0 | 5000.0 |
| | EINGANG | | AUSGANG | |

ZUM AENDERN STELLE WAEHLEN

ZUSAETZLICHE TEXTEINGABE

**Bild 53:** Ausschnitt einer Bildschirmaufnahme mit Bundgewichten als Beispiel der Eingabemöglichkeit für Bunddaten.

| | | |
|---|---|---|
| GRENZW.MAX BANDLAENGE AUSG. | 200000. | M |
| GRENZW.MIN BANDLAENGE AUSG. | 500.00 | M |
| GRENZW.MAX BANDLAENGE EING. | 200000. | M |
| GRENZW.MIN BANDLAENGE EING. | 500.00 | M |
| GRENZW.MAX BUNDAUSSEND.AUSG. | 1800.00 | MM |
| GRENZW.MAX BUNDAUSSEND.EING. | 1800.00 | MM |
| FAKTOR MIN BUNDAUSSENDURCHM. | 2.00 | |
| GRENZW.MAX BUNDGEW. AUSG. | 15000. | KG |
| GRENZW.MIN BUNDGEW. AUSG. | .00 | KG |
| GRENZW.MAX BUNDGEW. EING. | 15000.00 | KG |
| GRENZW.MIN BUNDGEW. EING. | .00 | KG |
| WICKELFAKTOR | .00 | |
| DICKENABN.PLAST.VERFORM. | .00 | 0/0 |

ZUM AENDERN ZEILE WAEHLEN

**Bild 54:** Ausschnitt einer Bildschirmaufnahme der technologischen Grenzwerte für die Bunddaten.

BUNDDATEN

| BANDDICKEN MM | BUNDGEWICHTE KG | | | |
|---|---|---|---|---|
| | MAX | MIN | MAX | MIN |
| .35 | 15000.0 | 5000.0 | 15000.0 | 5000.0 |
| .80 | 15000.0 | 5000.0 | 15000.0 | 5000.0 |
| 1.50 | 15000.0 | 5000.0 | 15000.0 | 5000.0 |

EINGANG AUSGANG

ZUM AENDERN STELLE WAEHLEN

ZUSAETZLICHE TEXTEINGABE

**Bild 55:** Ausschnitt einer Bildschirmaufnahme mit Bundgewichten, welche auf die technologischen Grenzwerte des Bildes 54 und die eingegebenen Bundgewichte des Bildes 53 abgestimmt sind.

BUNDDATEN

| BANDDICKEN MM | BANDLAENGEN JE BUND M | | | |
|---|---|---|---|---|
| | MAX | MIN | MAX | MIN |
| .35 | 4549.6 | 1516.5 | 4265.8 | 1421.9 |
| .80 | 1911.1 | 637.0 | 1887.0 | 629.0 |
| 1.50 | 1061.6 | 500.0 | 1068.8 | 500.0 |

EINGANG AUSGANG

BUNDDATEN

| BANDDICKEN MM | BUNDAUSSENDURCHMESSER MM | | | |
|---|---|---|---|---|
| | MAX | MIN | MAX | MIN |
| .35 | 1562.3 | 1016.0 | 1568.3 | 1016.0 |
| .80 | 1535.7 | 1016.0 | 1538.4 | 1016.0 |
| 1.50 | 1562.3 | 1110.2 | 1563.8 | 1108.2 |

EINGANG AUSGANG

BUNDDATEN

| BANDDICKEN MM | BUNDGEWICHTE KG | | | |
|---|---|---|---|---|
| | MAX | MIN | MAX | MIN |
| .35 | 15000.0 | 5613.9 | 15000.0 | 5663.5 |
| .80 | 15000.0 | 5847.1 | 15000.0 | 5822.8 |
| 1.50 | 15000.0 | 7065.6 | 15000.0 | 7017.5 |

EINGANG AUSGANG

ZUM AENDERN STELLE WAEHLEN

ZUSAETZLICHE TEXTEINGABE

**Bild 56:** Ausschnitte dreier Bildschirmaufnahmen mit Stellen auf dem Wege der Abstimmung, welche für die Bunddaten ausgehend von den Daten des Bildes 55 unter Berücksichtigung der vorgegebenen Grenzwerte des Bildes 54 erfolgt.

ermittelt werden. Dabei müssen die Werte für die Bundgewichte, Bandlängen sowie Bundaußendurchmesser innerhalb der mit Bild 54 vorgegebenen Grenzen liegen. In diesem Falle vergleicht der Rechner zunächst die eingegebenen Daten (Bundgewichte) mit den zugehörigen Grenzwerten und zeigt die Grenzwerte, wenn sie überschritten wurden an, **Bild 55.** Der Benutzer muß entscheiden, ob mit diesen Daten weitergerechnet werden soll oder nicht. Nach Annahme der Daten durch den Benutzer berechnet das Programm von den Bundgewichten ausgehend die Bandlängen, Bundaußendurchmesser und, wenn die vorgegebenen Grenzwerte für Bandlängen und/oder Bundaußendurchmesser überschritten werden, erneut die Bundgewichte. Dieser Vorgang läuft in dieser Weise solange ab, bis alle Bunddaten sowohl auf die vorgegebenen Grenzwerte als auch aufeinander abgestimmt sind. **Bild 56** zeigt beispielhaft mögliche Stellen auf dem Wege einer derartigen Abstimmung.

Die kurzgefaßte Darstellung der Berechnung der Folgedaten und der untereinander abhängigen Daten ist 6. (Block 3 des Programmes KLADAU, Tafelseite 7) in Form eines Ablaufplanes zu entnehmen. Die Prüfung der Daten hinsichtlich Überschreitung von Grenzwerten und bezüglich gegenseitiger Beeinflussung zeigt der Block 4 des Programmes KLADAU (Tafelseite 7). Der Block 4 beinhaltet neben der Prüfung auch die beschriebene Abstimmung.

### 5.2.4. Berechnung der Schnittstellenbedingungen

Beim Projektieren oder Konstruieren komplexer technischer Systeme, beispielsweise Stahlwerke, Bandbehandlungslinien und Schmiedeanlagen, sind meist mehrere Komplexitätsebenen zu bearbeiten, bevor der notwendige Konkretisierungsgrad für die Angebots- oder Fertigungsunterlagen erreicht ist. Dabei nimmt der zu berücksichtigende und zu erarbeitende Datenumfang mit der Anzahl der zu bearbeitenden Komplexitätsebenen exponentiell zu. Denn naturgemäß steigt der Datenumfang mit der Anzahl zu bearbeitender Teilsysteme, Bild 5.
Die gleichzeitig zu betrachtende Informationsmenge muß in überschaubaren Grenzen gehalten werden. Deshalb wird das zu bearbeitende technische System von Komplexitätsebene zu Komplexitätsebene weiter unterteilt, Bild 6. Weil der Zusammenhang zum vorgeordneten System, Bild 46, bestehen bleiben muß, sind die durch das Unterteilen festgelegten Schnittstellen eindeutig zu beschreiben. Diese Beschreibung erfolgt mit Hilfe sogenannter "Schnittstellenbedingungen".
Bei der Anwendung des Schnittprinzips auf Projektierungs- und Konstruktionsaufgaben ist zu berücksichtigen, daß die durch Schnitte getrennten Teilsysteme während der Bearbeitung nicht derart verändert werden dürfen, daß ihre Schnittstellen sich nach der Bearbeitung nicht mehr entsprechen. Wenn beispielsweise funktionelle und/oder konstruktive Änderungen an einem der Teilsysteme vorgenommen werden, dann können sich diese Änderungen auf die benachbarten Systeme oder auf die gesamte Systemkette auswirken. Deshalb werden alle Größen, die eine Schnittstelle zwischen zwei Teilsystemen oder ihre Einflüsse auf die Systeme beschreiben (Schnittstellenbedingungen), im Programm KLADAU festgelegt.
**Bild 57** verdeutlicht die Unterteilung eines technischen Systems in Teilsysteme und die Be-

schreibung der Schnittstellen durch Schnittstellenbedingungen. Demnach dürfen die durch Schnittstellenbedingungen getrennten technischen Systeme als unabhängig vom vorgeordneten technischen System und von den Nachbarsystemen (Systeme mit gleicher Komplexität, die demselben vorgeordneten technischen System angehören) angesehen werden, solange diese Bedingungen erfüllt sind.

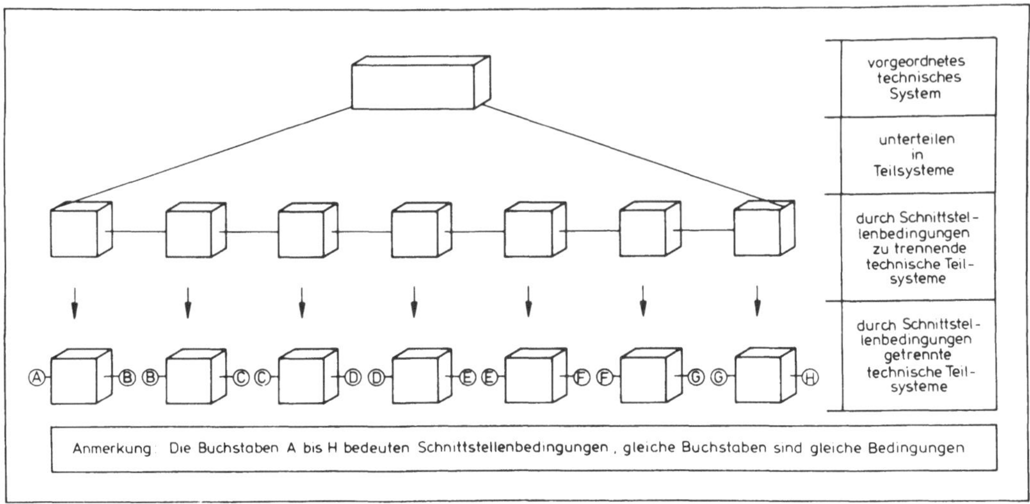


**Bild 57:** Schematische Darstellung der Trennung technischer Systeme gleicher Komplexität, welche gemeinsam ein vorgeordnetes System bilden, mit Hilfe der Schnittstellenbedingungen.

Mit dieser Vorgehensweise ist es möglich, die Systeme nach Festlegung der Schnittstellenbedingungen in voneinander getrennten Berechnungsabläufen zu projektieren oder zu konstruieren. Dabei bleibt der Zusammenhang zwischen den einzelnen Teilsystemen sowie derjenige zwischen den Teilsystemen und dem Gesamtsystem bestehen. Denn die Systeme sind, obwohl voneinander getrennt, durch die Schnittstellenbedingungen miteinander verbunden. **Bild 58** verdeutlicht diesen Zusammenhang beispielhaft für ein Gesamtsystem Werk.

Schnittstellen entstehen nicht nur durch das Unterteilen komplexer technischer Systeme in Teilsysteme beim Übergang in nachgeordnete Komplexitätsebenen, sondern auch bei der Aufgabenstellung, in ein bestehendes System ein Teilsystem einzufügen. Bei einer solchen Aufgabenstellung sind also ebenfalls Schnittstellen gegeben und deren Bedingungen zu beachten. Diese werden im allgemeinen als Anforderungen und/oder Bedingungen vom Auftraggeber gestellt oder unter Umständen rechnerisch ermittelt.

Schnittstellenbedingungen beruhen meist ganz oder teilweise auf Annahmen, weil die durch sie getrennten Teilsysteme erst im Verlaufe der weiteren Projektierungs- oder Konstruktionstätigkeiten konkretisiert werden. Somit können diese Bedingungen stets nur hypothetische Arbeitsgrundlagen sein, die durch Ergebnisse nachfolgender Hauptschritte einer Bestätigung

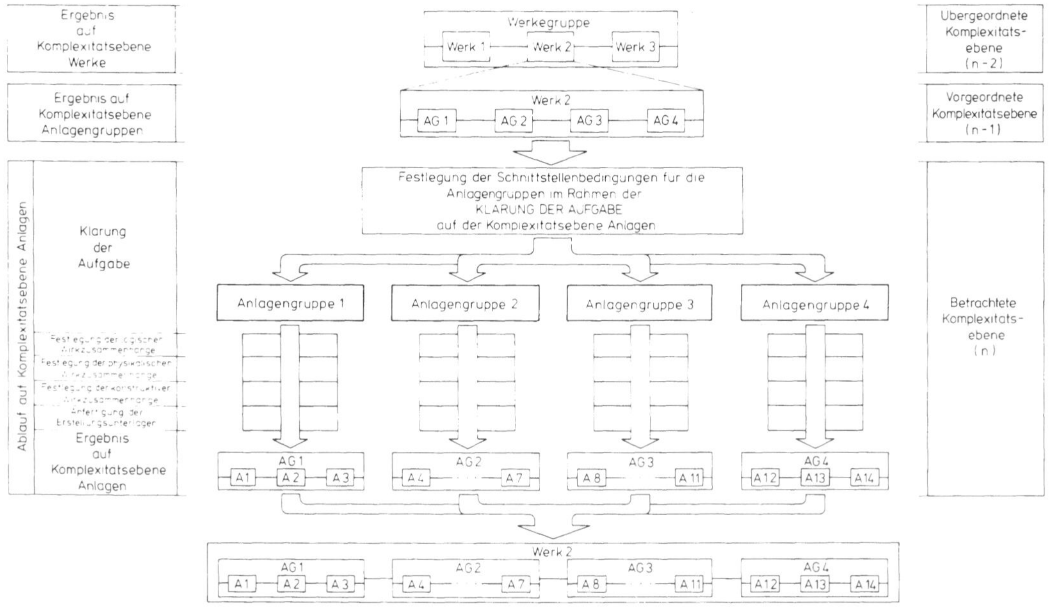


**Bild 58:** Darstellung zur Verdeutlichung der Vorgehensweise beim rechnerunterstützten systematischen Projektieren eines Werkes auf der Komplexitätsebene Anlagen.

bedürfen. Im Rahmen des ersten Hauptschrittes, Klärung der Aufgabe (KLADAU), dient die Berechnung der Schnittstellenbedingungen im wesentlichen zur Festlegung solcher Annahmen (Arbeitshypothesen). Die Richtigkeit der getroffenen Annahmen wird während der Konkretisierung bei der Bearbeitung der Hauptschritte

- Festlegung der physikalischen Wirkzusammenhänge (PHYWIZ) und
- Festlegung der konstruktiven Wirkzusammenhänge (KONWIZ)

geprüft. Wenn sich dabei herausstellt, daß Schnittstellenbedingungen unerfüllbar oder ihre Erfüllung mit erheblichen Nachteilen verbunden ist, dann erfolgt ein Rücksprung zum Programm KLADAU. Hier werden die betreffenden Annahmen entsprechend den neugewonnenen Erkenntnissen geändert und damit der Auslegungsberechnung angepaßt. Dieser Vorgang einer iterativen Bearbeitung wird innerhalb einer Komplexitätsebene so oft wiederholt, bis die in KLADAU festgelegten Schnittstellenbedingungen sich im Verlaufe des weiteren Projektierungs- und Konstruktionsgeschehens als durch zweckmäßige und anforderungsentsprechende technische Lösungen erfüllbar erweisen. Fehler bei der Festlegung von Schnittstellenbedingungen erfordern also meist eine Wiederholung des bereits durchgeführten Bearbeitungsganges und wirken sich deshalb durch eine Verlängerung der Bearbeitungszeit aus. Diese Schleife bleibt solange geschlossen, bis keine Fehler mehr in den bei der Klärung der Aufgabe getroffenen Annahmen enthalten sind. Deshalb können fehlerhafte Schnittstellenbedingungen nicht zu fehlerhaften technischen Systemen führen. Allerdings sollten die Annahmen, gestützt auf vorhandenes Projektierungs- und Konstruktionswissen, den zu erwartenden Gegebenheiten möglichst nahe kommen, damit der Iterationsprozeß möglichst kurzzeitig abgeschlossen werden kann.

Im Rahmen des Programmes KLADAU werden die Berechnungen zur Festlegung der Schnittstellenbedingungen für alle zu behandelnden Systeme gleicher Komplexität in einem Durchgang ausgeführt. Damit wird die gegenseitige Anpassung der Systeme erleichtert.
Bei der Schnittstellenberechnung werden zwei Arten technischer Systeme,

- zu konkretisierende (unbekannte) und
- festgelegte (bekannte),

unterschieden. Unbekannte Systeme werden auf der zu bearbeitenden Komplexitätsebene konkretisiert. Bekannte Systeme sind hier beispielsweise auf der vorgeordneten Ebene durch Rückgriff auf vorhandene Unterlagen ermittelte wiederzuverwendende Systeme, Kundenbeistellungen oder von Unterlieferanten bezogene Erzeugnisse.

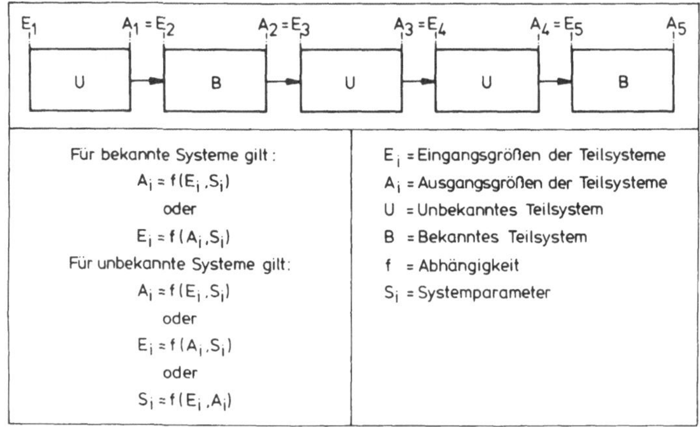


**Bild 59:** Darstellung zur Verdeutlichung einer Systemkette mit bekannten und unbekannten Teilsystemen.

Weil das übergeordnete technische System aus zu konkretisierenden und/oder festgelegten Teilsystemen zusammengesetzt sein kann, muß das Programm zur Berechnung der Schnittstellenbedingungen beide Systemarten verarbeiten können. **Bild 59** zeigt eine Systemkette mit bekannten und unbekannten Teilsystemen. Für ein bekanntes System sind die Gegebenheiten, welche auf die Schnittstellen und deren Bedingungen Einfluß haben, vorgegeben, weil ein solches System durch ein ihm eigenes Verhalten gekennzeichnet ist. Somit ist der Berechnungsgang bei Kenntnis der technologischen Zusammenhänge innerhalb des bekannten Systems zwingend vorgegeben. Bei Vorgabe der Schnittstellendaten einer Systemgrenze (zum Beispiel des Systemeinganges) ist es deshalb möglich, die Schnittstellenbedingungen der verbleibenden Systemgrenze(n) desselben Systems eindeutig zu berechnen, wenn man beispielsweise dem

durchzusetzenden Stoff in dem System folgt. Sofern die entsprechenden Schnittstellendaten bereits vom Auftraggeber verfügbar gemacht wurden, kann bei bekannten Systemen ein Teil der Schnittstellenberechnungen entfallen. Grundsätzlich sind bei bekannten Systemen die Schnittstellenbedingungen dem System anzupassen, und nicht das System den Schnittstellenbedingungen.
Bei zu konkretisierenden, also unbekannten Systemen, ist das Innere des Systems noch unbekannt. Deshalb kann im Verlaufe des Projektierens und Konstruierens ein unbekanntes System auch seinen bei der Aufgabenklärung vorzugebenden Schnittstellenbedingungen angepaßt werden. Diese vorzugebenden Schnittstellendaten dürfen natürlich nicht zu dem geforderten oder auf der vorgeordneten Komplexitätsebene berechneten Leistungsdaten im Widerspruch stehen. Solche Leistungsdaten sind beispielsweise Mengendurchsätze, Energieverbräuche und Geschwindigkeiten.

Ein von seinen Nachbarsystemen loszulösendes technisches System muß an seinen Systemgrenzen durch Schnittstellenbedingungen gekennzeichnet werden. Für jedes System i einer Systemkette mit

- Schnittstellenbedingungen am Eingang $E_i$,
- Schnittstellenbedingungen am Ausgang $A_i$ sowie
- bestimmten, die Systemeigenschaften beschreibenden Parametern $S_i$

gelten grundsätzlich folgende Beziehungen:

I. $E_i = f(A_i, S_i)$,
II. $A_i = f(E_i, S_i)$ sowie
III. $S_i = f(E_i, A_i)$.

Eine solche Systemkette ist beispielhaft in Bild 59 dargestellt, wobei hier jedes einzelne System durch jeweils eine Eingangs- und Ausgangsschnittstelle gekennzeichnet ist. Dabei entsprechen die Eingangsschnittstellenbedingungen der Kette denjenigen des ersten Systems $E_1$, ihre Ausgangsschnittstellenbedingungen denjenigen des letzten Systems $A_n$ und ihre Eigenschaften werden durch die Menge der Systemparameter $S = (S_1, \ldots, S_i, \ldots, S_n)$ bestimmt.
Aus den Gleichungen I, II und III können folgende Aussagen über die Schnittstellenberechnung eines Teilsystems i abgeleitet werden:

- Alle drei Größen ($E_i$, $A_i$ und $S_i$) dürfen nicht gleichzeitig vorgegeben werden, sonst würden die Gleichungen überbestimmt.
- Zwei der drei Größen müssen vorgegeben werden, weil die Gleichungen bei nur einer vorgegebenen Größe unterbestimmt sind. Es sind entweder $(A_i, S_i)$, $(E_i, S_i)$ oder $(E_i, A_i)$ als bekannt vorauszusetzen.

Bei Vorgabe von $(A_i, S_i)$ oder $(E_i, S_i)$ werden die Schnittstellenbedingungen $E_i$ oder $A_i$ über den Systemparamter $S_i$ dem System angepaßt. Die beiden Möglichkeiten gelten sowohl für zu konkretisierende, also unbekannte Systeme, als auch für festgelegte, also bekannte Systeme. Dabei ist zu beachten, daß bei unbekannten Systemen sowohl $A_i$ (beziehungsweise $E_i$) als auch $S_i$ auf Annahmen beruhen. Demgegenüber ist $S_i$ bei bekannten Systemen eindeutig und unabänderlich vorgegeben. Deshalb müssen bei bekannten Systemen die Schnittstellenbedingungen $E_i$, bei Vorgabe von $A_i$, stets über die Systemparameter $S_i$ dem System angepaßt werden, Gleichungen I und II. Bei unbekannten Systemen kann auch Gleichung III angewendet werden. Somit können bei der Ermittlung und Festlegung von Schnittstellenbedingungen unbekannter Systeme sowohl die Bedingungen einem vorzugebenden System als auch ein System den vorzugebenden Bedingungen angepaßt werden.

Wenn für bekannte und unbekannte Systeme ein gleichartiger Berechnungsweg, den Gleichungen I oder II entsprechend, beschritten werden soll, dann ist es sinnvoll, vor der Berechnung der Schnittstellenbedingungen die unbekannten technischen Systeme, beziehungsweise deren Systemparameter, durch Annahmen vorzugeben.

Im Programm KLADAU sind zur Festlegung der Schnittstellenbedingungen für unbekannte Systeme drei unterschiedliche Möglichkeiten vorgesehen:

- Aufgrund der Analyse gleichartiger, bereits projektierter oder konstruierter technischer Systeme wird ein sogenanntes "repräsentatives System" gebildet, das alle wesentlichen Merkmale und Teilsysteme eines Systems der zu konkretisierenden Art auf sich vereinigt. Dieses repräsentative System wird für die Schnittstellenberechnung zugrunde gelegt. Es kann nach den gleichen Rechenvorschriften verarbeitet werden wie ein festgelegtes System.
- Aufgrund der Analyse gleichartiger, bereits projektierter oder konstruierter technischer Systeme werden Rechenregeln sowie beispielsweise Verhältniszahlen, Mittelwerte und Wirkungsgrade als Anhaltswerte (Systemparameter) ermittelt, die den formellen Zusammenhang zwischen den korrespondierenden Schnittstellen beschreibbar machen.
- Die erforderlichen Daten zu den Schnittstellen werden vom Benutzer aufgrund seiner Erfahrung ohne Berechnung vorgegeben.

Bei allen drei Möglichkeiten können die erhaltenen Ergebnisse, die Schnittstellenbedingungen, nur Anhaltswerte sein, die einer Bestätigung im weiteren Rechenverlauf innerhalb der Programme PHYWIZ und KONWIZ bedürfen. Die beiden ersten Möglichkeiten liefern naturgemäß weniger zufallsbedingte Ergebnisse, und Auslassungen sowie Fehleinschätzungen werden weitgehend vermieden, weil zumindest die Art des zu bearbeitenden Systems genau beschrieben wird. Darüber hinaus ermöglicht der erste Weg, die Schnittstellenbedingungen für festgelegte und neu zu konstruierende Systeme auf gleiche Art und Weise zu berechnen. Allerdings erfordert er unter den genannten drei Wegen den höchsten Aufwand. Der dritte Weg ist der einfachste und im Rahmen der Aufgabenklärung schnellste. Dieser Weg macht aber im allgemeinen die meisten Korrekturen der Schnittstellenbedingungen und damit Rücksprünge, beispielsweise von PHYWIZ zurück nach KLADAU, notwendig. Welche der drei Möglichkeiten in einem Anwendungsprogramm niederzulegen sind, sollte bei Erstellung des Programmes aufgrund der Art und des Umfanges der gestellten Aufgabe entschieden werden.

Die Berechnung der Schnittstellenbedingungen wird nach und nach für jedes System einer Systemkette, beispielsweise indem die Systeme in Richtung des Stoffflusses betrachtet werden, durchgeführt. Dabei stellt die Berechnung der Schnittstellenbedingungen im allgemeinen ein iteratives Verfahren dar. Das heißt, daß die getroffenen Annahmen für die Berechnung sowie die Ergebnisse des Berechnungsganges mit den Daten der Anforderungliste (Eingabedatei) und mit bereits für andere Systeme der Systemkette festgelegten Schnittstellenbedingungen verglichen, daran gemessen sowie gegebenenfalls geändert werden müssen. Danach kann, falls erforderlich, mit neuen Daten eine weitere Berechnung erfolgen.

Die kurzgefaßte Darstellung der Berechnung der Schnittstellenbedingungen ist 6. (Block 5 des Programmes KLADAU, Tafelseite 8) in Form eines Ablaufplanes zu entnehmen.

### 5.2.5. Prüfung der Ergebnisse der Schnittstellenberechnung

Die Prüfung der Ergebnisse einer Berechnung der Schnittstellenbedingungen eines technischen Systems erfolgt durch den Benutzer des Rechners. Eine selbständige Prüfung durch den Rechner, aufgrund eines entsprechenden Programmes, ist im allgemeinen nicht sinnvoll. Denn die Bewertung der Ergebnisse ist von den Zielvorstellungen des Benutzers und der jeweiligen Aufgabenstellung abhängig. Der Benutzer hat, wenn das Ergebnis nicht seinen Erwartungen entspricht, die Möglichkeit, durch gezielte Änderung der bei dem Rechenlauf zugrundegelegten Annahmen in einem weiteren Programmablauf die Ergebnisse in seinem Sinne zu beeinflussen. Zur Prüfung der Ergebnisse können als Informationen die

- eigentlichen Rechenergebnisse,
- Einflußgrößen zur Berechnung sowie
- festliegenden Schnittstellenbedingungen (zum Beispiel am Anfang und Ende der bearbeiteten Systemkette)

herangezogen werden. Durch Vergleich der Rechenergebnisse mit Schnittstellenbedingungen, die an festliegenden Schnittstellen bestehen, kann der Benutzer erkennen, ob die eben berechneten Schnittstellenbedingungen als Vorgabewerte für die folgenden Projektierungs- und Konstruktionsschritte sinnvoll sind. Beispielsweise ist es im Rahmen der Festlegung der Schnittstellenbedingungen einzelner Anlagen auf der Ebene Maschinengruppen bei der Projektierung einer Feuerverzinkungslinie für Stahlband unzweckmäßig, eine zulässige plastische Dehnung des Bandes von 3 %, bezogen auf das in die Linie eingesetzte Band, am Ausgang einer bestimmten Anlage als Schnittstellenbedingung vorzugeben, wenn am Ende der Linie eine plastische Dehnung von höchstens 2,8 % erlaubt ist.
Wenn der Benutzer errechnete Schnittstellenbedingungen als Vorgabewerte nicht annimmt, dann bleibt ihm die Möglichkeit, Daten, welche die Rechnung beeinflußten, zu ändern und durch neue Berechnungen die Schnittstellenbedingungen zu variieren. Eine solche Änderung von Daten kann sowohl während des Programmablaufes nach der Berechnung für jeweils ein Teilsystem als auch im Anschluß an den Programmablauf für alle Teilsysteme gemeinsam erfolgen. Bei Änderungen während des Programmablaufes sind hinsichtlich ihrer Auswirkungen auf dem Bearbeitungsumfang zwei Datengruppen zu unterscheiden:

A) Daten, die sich nur auf das zu bearbeitende System beziehen.

B) Daten, die auf den Ergebnissen der Schnittstellenberechnung bereits bearbeiteter Nachbarsysteme beruhen.

Änderungen von Daten der Gruppe A) machen nur die erneute Berechnung der Schnittstellen des zuletzt bearbeiteten Systems zu dem im Berechnungsgang folgenden Nachbarsystem notwendig. Bei Änderungen von Daten der Gruppe B) sowie nachträglichen Änderungen sollte zur Vermeidung von Fehlern die vollständige Schnittstellenberechnung noch einmal durchgeführt werden.

Wenn die Berechnungen ergeben, daß Schnittstellenbedingungen zweier unmittelbar benachbarter Systeme aufgrund unvereinbarer Randbedingungen einander nicht angepaßt werden können, dann ist es erforderlich, diese Systeme durch geeignete Verbindungssysteme, beispielsweise

- Lager zwischen zwei Anlagengruppen eines Kaltbreitbandwalzwerkes
  oder
- Umlenkrollen zwischen zwei Anlagen einer Feuerverzinkungslinie,

miteinander zu verbinden. Solche Verbindungssysteme werden im allgemeinen gesondert bearbeitet.

Zur Vermeidung von Rücksprüngen in die vorgeordnete Komplexitätsebene sollen die Daten in der vorgeordneten Ebene festgelegter, also bekannter Systeme nicht geändert werden. Für festgelegte Systeme gelten nämlich die Gleichungen I und II aus 5.2.4.:

$$\text{I.} \quad E_i = f(A_i, S_i) \text{ und}$$
$$\text{II.} \quad A_i = f(E_i, S_i).$$

Demzufolge ergeben sich bei vorgegebenen Schnittstellenbedingungen an einer Grenze eines festgelegten Systems die Schnittstellenbedingungen der verbleibenden Grenze(n) zwangsläufig. In den Systemparametern $S_i$ ist die abstrakte Beschreibung aller wesentlichen Eigenschaften eines technischen Systems enthalten. Änderungen der Systemparameter eines festgelegten Systems beeinflussen dessen Charakteristik in unzulässiger Weise. Zur Vorbeugung gegen unbeabsichtigte oder unüberlegte Eingriffe in diese Datengruppen wird dem Benutzer mit Hilfe des Bildschirmes eine Warnung, welche auf diese Zusammenhänge hinweist, gegeben. Wird trotz dieser Warnung die Änderung vom Benutzer bestätigt, darf das betrachtete System nicht weiter als bekanntes System behandelt werden. In einem solchen Falle wird das System als ein neu zu konstruierendes, also unbekanntes System gekennzeichnet und im weiteren Programmablauf wie ein solches behandelt. Dieses System muß demnach auch mit den folgenden Programmen (LOGWIZ, PHYWIZ, KONWIZ und ANDANG/ANDERS) bearbeitet werden.

Bei der nach Änderung der Daten zu wiederholenden Schnittstellenberechnung für das vorher als **festgelegt** behandelte und jetzt als **zu konkretisierendes** zu bearbeitende System hat der Programmbenutzer die Wahl zwischen zwei Wegen:

- Die geänderten sowie sonstigen Daten werden als Vorgabewerte weiterverwendet.
- Weil das System nun wie ein zu konkretisierendes zu behandeln ist, möchte der Benutzer noch weitere Daten ändern. Wenn er so verfährt, muß er das Programm von

vorne beginnen lassen, was praktisch einem Programmabbruch gleich kommt.

Wenn die Prüfung der Ergebnisse der Schnittstellenberechnung eines Systems ergibt, daß keine Änderungen erforderlich werden, sind die Schnittstellenbedingungen des Systems ermittelt und festgelegt. Danach kann die Berechnung der Schnittstellen des nächsten Systems durchgeführt werden. Wenn alle Systeme mit vorgeordneter Komplexität in der beschriebenen Weise bearbeitet sind, liegen sämtliche Schnittstellenbedingungen für die betrachteten Systeme vor. Damit ist der erste Hauptschritt "Klärung der Aufgabe" (KLADAU) abgeschlossen.
Die kurzgefaßte Darstellung der Prüfung der Ergebnisse der Schnittstellenberechnung ist 6. (Block 6 des Programmes KLADAU, Tafelseiten 9 und 10) in Form eines Ablaufplanes zu entnehmen.
Die Projektierung oder Konstruktion der zu konkretisierenden, also noch unbekannten technischen Systeme erfolgt in voneinander unabhängigen Programmabläufen über die Hauptschritte

- Festlegung der logischen Wirkzusammenhänge (LOGWIZ),
- Festlegung der physikalischen Wirkzusammenhänge (PHYWIZ),
- Festlegung der konstruktiven Wirkzusammenhänge (KONWIZ)
  und
- Anfertigung der Angebots- oder Erstellungsunterlagen (ANDANG/ANDERS).

## 5.3. Festlegung der logischen Wirkzusammenhänge, Unterprogramm LOGWIZ

Der zweite auf jeder Komplexitätsebene durchzuführende Hauptschritt beim rechnerunterstützten systematischen Projektieren und Konstruieren komplexer technischer Systeme ist die Festlegung der **LOG**ischen **WI**rk**Z**usammenhänge. Die kurzgefaßte Darstellung des zugehörigen Programmes LOGWIZ ist 6. (Tafelseiten 11 bis 13) in Form eines Ablaufplanes zu entnehmen.
Beginnend mit der Festlegung logischer Wirkzusammenhänge wird jedes auf der betrachteten Komplexitätsebene zu projektierende oder zu konstruierende technische System mit vorgeordneter Komplexität in einem getrennten Rechenlauf, der die Unterprogramme LOGWIZ, PHYWIZ, KONWIZ und ANDANG/ANDERS umfaßt, bearbeitet. Wesentliche Aufgabe des Unterprogrammes LOGWIZ ist die Ermittlung der Vorgänge innerhalb des zu konkretisierenden technischen Systems, die zur Überführung seiner Eingangsgrößen in die Ausgangsgrößen erforderlich sind. Bei der Abgrenzung und Beschreibung dieser Vorgänge ist der Komplexitätsgrad der zu bearbeitenden Ebene zu berücksichtigen. Weiterhin ist die Reihenfolge der Überführungsvorgänge festzulegen. Das Ergebnis dieses Arbeitsschrittes kann auch als tätigkeitsorientierte Form der im Programm KLADAU geklärten und dort in ereignisorientierter Form niedergelegten Aufgabenstellung angesehen werden.

Unter 3.2. ist im Rahmen der Beschreibung der Projektierungs- und Konstruktionssystematik die

Festlegung logischer Wirkzusammenhänge als abstrakte Arbeitsweise bezeichnet worden. Diese abstrakte Arbeitsweise ist notwendig, weil bei der nicht rechnerunterstützten Bearbeitung von Projektierungs- und Konstruktionsaufgaben andernfalls technische Lösungen durch unbewußte und damit unkontrollierbare Assoziationen des Bearbeiters vorweggenommen werden könnten. Deshalb ist es, wenn neuartige Lösungen gefunden werden sollen, hilfreich, stets bewußt in kleinen Schritten vorzugehen und alle Ideenassoziationen zu erkennen sowie sorgfältig zu prüfen.
Eine solche Arbeitsweise stellt verhältnismäßig hohe Forderungen an das diskursive Denken des Projekteurs oder Konstrukteurs. Dieses Vorgehen kann nicht vollständig auf einen Rechner übertragen werden. Allerdings ist bei einer Teilung der Aufgaben sowie Zuständigkeiten zwischen Rechner und Benutzer eine Annäherung an das beschriebene Vorgehen erreichbar. Zu diesem Zwecke werden, ausgehend von den stets vorhandenen, unbedingt erforderlichen Kerninformationen, Teilberechnungsgänge, die durch Entscheidungsvorgänge verbunden werden können und dann zu sinnvollen Ergebnissen führen, festgelegt. Dabei denkt und entscheidet der Benutzer. Der Rechner übernimmt seine Entscheidungen und führt darauf aufbauend, entsprechend dem Programm, Berechnungen durch. Der Projekteur oder Konstrukteur hat dadurch die Möglichkeit, an vorgesehenen Stellen des Programmes entsprechend seinen Zielvorstellungen den Ablauf in eine bestimmte Richtung zu lenken.

Ein derartiges Vorgehen ist nur dann durchführbar, wenn die möglichen, sinnvollen Ergebnisse der menschlichen Entscheidungsprozesse im Programm niedergelegt sind. Diese Ergebnisse müssen während der Programmerstellung einmal vorgedacht werden. Deshalb ist es bei dieser rechnerunterstützten Vorgehensweise, die auch beim Aufbau des Programmes LOGWIZ zugrundegelegt wurde, nicht möglich, grundlegend neuartige technische Systeme zu erarbeiten. Dies entspricht dem Ziel des Projektierens und Konstruierens komplexer technischer Systeme, aufbauend auf den jeweiligen Wissensstand des Unternehmens die für den Kunden günstigste technische Lösung in möglichst kurzen Zeiträumen anzubieten oder zu erstellen.

Das Ziel des Programmes LOGWIZ ist die Öffnung des Projektierungs- und Konstruktionsgeschehens für viele mögliche technische Lösungen und gleichzeitig die Begrenzung der Lösungsvielfalt auf die mit dem Programmsystem verarbeitbare Menge. Damit ist die eigentliche geistige Leistung dieses Arbeitsschrittes bei der Erstellung eines Anwendungsprogrammes zu vollbringen. Dabei müssen die logischen Wirkzusammenhänge so formuliert werden, daß bei Programmanwendung einerseits keine möglichen Lösungsalternativen vorweggenommen werden können und andererseits eine Ausrichtung auf die in den folgenden Programmen (PHYWIZ bis ANDERS/ANDANG) niedergelegten Lösungswege erfolgt. Deshalb sind die logischen Wirkzusammenhänge so abstrakt wie notwendig sowie gleichzeitig so konkret und zielgerichtet wie möglich zu beschreiben. Damit kann nach Festlegung der die Projektierungs- oder Konstruktionsaufgabe kennzeichnenden logischen Wirkzusammenhänge die zu betrachtende Anzahl physikalischer Funktionen (bei der Festlegung physikalischer Wirkzusammenhänge im Rahmen des Programmes PHYWIZ) auf das notwendige und hinreichende Maß begrenzt werden. Das vermindert die vom Rechner und Benutzer zu berücksichtigende Datenmenge bei diesem Schritt.

Zur Festlegung der logischen Wirkzusammenhänge mit LOGWIZ wird von der geklärten Aufgabe ausgegangen. Nach Ablauf des Programmes KLADAU liegt eine Datei mit allen Daten vor, die in einem der nachfolgenden Projektierungs- oder Konstruktionsschritte (LOGWIZ bis ANDANG/ANDERS) als Einflußgrößen für die Berechnungen benötigt werden. Im Programm LOGWIZ werden die logischen Funktionen und deren Verknüpfungen zur Funktionskette für das zu konkretisierende technische System ermittelt und festgelegt. Diese Funktionen können als grundlegende vom technischen System auszuführende Tätigkeiten betrachtet und ausgedrückt werden. Logische Funktionen sind zwingend und eindeutig aus der geklärten Aufgabe herleitbar. Deshalb gibt es für eine bestimmte Aufgabenstellung keine varianten logischen Funktionen oder Funktionsketten.

Für das rechnerunterstützte systematische Projektieren und Konstruieren komplexer technischer Systeme werden die logischen Funktionen vor Erstellung der Programme durch die Untersuchung projektierter sowie konstruierter technischer Systeme und Ermittlung möglicher Anforderungen an die rechnerunterstützt zu bearbeitenden Systeme gewonnen. Auf diese Weise sind für die zu betrachtende Erzeugnisgruppe (beispielsweise Feuerverzinkungslinien für Stahlband) unter Berücksichtigung der Komplexitätsebene die Mengen der

- möglichen logischen Funktionen,
- sinnvollen logischen Funktionsketten und
- wesentlichen Anforderungen, aus denen logische Funktionen vom Benutzer ableitbar sind,

zu ermitteln. Diese Mengen müssen dem Rechner über Dateien verfügbar gemacht werden, damit der Benutzer diese Daten abrufen, die Funktionen bestimmen und der Rechner über das Programm die Zweckmäßigkeit der vom Benutzer bestimmten Funktionen prüfen kann. Die Menge der möglichen logischen Funktionen enthält alle Funktionen, die für das zu projektierende oder zu konstruierende technische System in Erwägung zu ziehen sind. Die Menge der sinnvollen logischen Funktionsketten setzt sich aus denjenigen Funktionsketten zusammen, die aus praxisorientierter Sicht bei der zu projektierenden oder zu konstruierenden Erzeugnisgruppe auftreten könnten. Sowohl die Elemente der Menge der möglichen logischen Funktionen als auch die Menge der sinnvollen logischen Funktionsketten sind bei der Programmnutzung unveränderlich. In dem LOGWIZ folgenden Hauptschritt, PHYWIZ, können nur solche logischen Funktionsketten verarbeitet werden, die in der Menge der sinnvollen logischen Funktionsketten enthalten sind. Die Menge der Anforderungen, aus der die logischen Funktionen herleitbar sind, ist eine Teilmenge aus der Menge der Eingabedaten. Auch die Elemente dieser Teilmenge müssen bei Erstellung des Anwendungsprogrammes fest vorgegeben werden. Nur die den Elementen dieser Teilmenge zugeordneten Werte sind bei Nutzung des Programmes entsprechend der vorliegenden konkreten Projektierungs- oder Konstruktionsaufgabe einzugeben.

### 5.3.1. Datenaufbereitung

Das Programm LOGWIZ beginnt mit einer Datenaufbereitung. Hierbei werden aus der Menge der Eingabedaten diejenigen Anforderungen mit ihren Werten ausgesondert, die bei der Festlegung der logischen Funktionen für das zu konkretisierende technische System als Grundinformationen zu berücksichtigen sind. Diese Daten (**Bild 60,** links) werden gleichzeitig mit der Menge der möglichen logischen Funktionen (Bild 60, rechts) in Listenform auf dem Bildschirm angezeigt. Die logischen Funktionen sind im Falle des Bildes 60 als Tätigkeiten dargestellt, die an dem durchzusetzenden Stoff (Stahlband) zu vollziehen sind, um aus zu Bunden gewickeltem, kaltgewalztem Stahlband zu Bunden gewickeltes, feuerverzinktes Stahlband herzustellen. Die einzelnen logischen Funktionen sind bereits in einer Reihenfolge aufgelistet, die das Nacheinander dieser Tätigkeiten ausdrückt.

FESTLEGUNG DER LOGISCHEN WIRKZUSAMMENHAENGE

| ANFORDERUNGEN | | | MENUE |
|---|---|---|---|
| GALVANNEALED | 10.00 | 0/0 | BAND ZUFUEHREN |
| KLEINE ZINKBLUME (NACHGEWALZT) | 20.00 | 0/0 | BAND SPEICHERN |
| PROZ.AN. REKRISTALLISIEREN | 70.00 | 0/0 | BAND MECHANISCH REINIGEN |
| PROZ.AN. NORMALISIEREN | 20.00 | 0/0 | BAND ENTFETTEN |
| STRECKRICHTGRAD | 2.00 | 0/0 | BAND WAERMEBEHANDELN |
| ALTERUNGSBESTAEN.BESCH.BAND | JA | | BAND FEUERVERZINKEN |
| KOHLENSTOFFARMES BAND VORH. | JA | | BAND FEUERVERZINKEN MIT GALVANNEALING |
| VERSCHMUTZUNGSGRAD (OEL) | 5.00 | | BAND KUEHLEN |
| CHROMATIERT | 100.00 | 0/0 | BAND FORMRICHTEN |
| | | | BAND STRECKRICHTEN |
| | | | BAND KONSERVIEREN |
| | | | BAND VORBEREITEN AUF KUNSTSTOFFBESCH. |
| | | | BAND SPEICHERN |
| | | | BAND WEGFUEHREN |

ENDE EINGABE
EINGABE RUECKSETZEN
WEITERE EINGABE

**Bild 60:** Bildschirminformationen mit Anforderungen und Menü der Menge der möglichen logischen Funktionen beim rechnerunterstützten Projektieren von Feuerverzinkungslinien auf der Komplexitätsebene Anlagen.

Die kurzgefaßte Darstellung der Datenaufbereitung ist 6. (Block 1 des Programmes LOGWIZ, Tafelseite 11) in Form eines Ablaufplanes zu entnehmen.

### 5.3.2. Festlegung der logischen Funktionen und der Funktionskette

Der Benutzer legt, beispielsweise mit Hilfe von "Wenn-Dann-Beziehungen" / 32, 53, 65, 81 und 96 /, die zur Erfüllung der Forderungen notwendigen logischen Funktionen fest. Dabei wird sinnvollerweise mit der Bearbeitung der Informationen, die den im System vorherrschenden Durchsatz (Hauptfluß) beschreiben, begonnen. Das sind bei vorwiegend stoffdurchsetzenden technischen Systemen die stoffbezogenen Daten. Dabei ist es oft möglich, eine oder mehrere sogenannte Hauptfunktionen, die aus Ergebnissen oder Festlegungen bei der Bearbeitung vorgeordneter Komplexitätsebenen herrühren, zu ermitteln und festzulegen. Diese dienen als Ausgangspunkt für die weitere Bearbeitung. Wenn beispielsweise das zu projektierende oder zu konstruierende technische System eine Feuerverzinkungslinie für Stahlband ist - diese Festlegung kann entweder durch den Kunden oder durch die Ergebnisse der Bearbeitung der vorgeordneten Komplexitätsebene, in diesem Falle die Anlagengruppenebene, getroffen worden sein -, dann wird "Band feuerverzinken" zur Hauptfunktion. Danach können unter Berücksichtigung der Anforderungen ausgehend von der Hauptfunktion weitere Funktionen ermittelt werden. Je nach Art der Aufgabe und Ziel der Bearbeitung ist es oft ausreichend nur Funktionen der Hauptflüsse, bei stoffdurchsetzenden Systemen die stoffbezogenen logischen Funktionen, zu ermitteln. Das gilt besonders für die Projektierungstätigkeit auf oberen Komplexitätsebenen.
Alle vom Benutzer aus der Menge der möglichen logischen Funktionen gewählten Funktionen werden beispielsweise mit einem Stern gekennzeichnet, **Bild 61.** Die Wahl der logischen Funktionen erfolgt durch den Benutzer, weil es meist nicht möglich ist, bereits bei der Er-

FESTLEGUNG DER LOGISCHEN WIRKZUSAMMENHAENGE

| ANFORDERUNGEN | | | MENUE |
|---|---|---|---|
| GALVANNEALED | 10.00 | 0/0 | * BAND ZUFUEHREN |
| KLEINE ZINKBLUME (NACHGEWALZT) | 20.00 | 0/0 | * BAND SPEICHERN |
| PROZ.AN. REKRISTALLISIEREN | 70.00 | 0/0 | BAND MECHANISCH REINIGEN |
| PROZ.AN. NORMALISIEREN | 20.00 | 0/0 | BAND ENTFETTEN |
| STRECKRICHTGRAD | 2.00 | 0/0 | * BAND WAERMEBEHANDELN |
| ALTERUNGSBESTAEN.BESCH.BAND | JA | | BAND FEUERVERZINKEN |
| KOHLENSTOFFARMES BAND VORH. | JA | | * BAND FEUERVERZINKEN MIT GALVANNEALING |
| VERSCHMUTZUNGSGRAD (OEL) | 5.00 | | * BAND KUEHLEN |
| CHROMATIERT | 100.00 | 0/0 | BAND FORMRICHTEN |
| | | | BAND STRECKRICHTEN |
| | | | BAND KONSERVIEREN |
| | | | BAND VORBEREITEN AUF KUNSTSTOFFBESCH. |
| | | | * BAND SPEICHERN |
| | | | * BAND WEGFOHREN |

ENDE EINGABE
EINGABE RUECKSETZEN
WEITERE EINGABE

**Bild 61:** Bildschirminformationen nach Festlegung logischer Funktionen durch den Benutzer, ausgehend von Bild 60.

stellung eines Anwendungsprogrammes bestimmte Anforderungen für jede denkbare sowie undenkbare Aufgabenstellung im Vorhinein über Regeln eindeutig sowie allgemeingültig bestimmten logischen Funktionen zuzuordnen. Im Gegensatz dazu kann das sinnvolle Nacheinander der Funktionen vorher ermittelt und somit durch Rechenregeln beschrieben werden, die im Programm niedergelegt sind. Das Verbinden der einzelnen logischen Funktionen zu einer Kette, der logischen Funktionskette, kann also nach Festlegung der logischen Funktionen automatisch durch den Rechner erfolgen.

An dem folgenden Beispiel soll ausgehend von Bild 60 verdeutlicht werden, wie ein Benutzer bei der Festlegung logischer Funktionen durch Wahl aus dem angebotenen Menü vorgehen kann. Dieses Beispiel bezieht sich auf die Festlegung logischer Wirkzusammenhänge bei der Konkretisierung einer Feuerverzinkungslinie (Anlagengruppe) auf der Anlagenebene:
Wenn eine Feuerverzinkungslinie projektiert werden soll, die auch Stahlband mit kompakten Fe-Zn-Schichten (sogenanntes galvannealtes Band) erzeugen muß (Anforderung in Bild 60: Galvannealed 10 %), dann ist die logische Funktion "Band feuerverzinken mit Galvannealing" festzulegen.
Wenn das Stahlband feuerverzinkt werden soll, dann muß es vor dem Verzinken erwärmt, "Band wärmebehandeln", und nach dem Verzinken wieder abgekühlt werden, "Band kühlen".
Wenn es sich um eine Linie handelt, muß das Band am Eingang der Linie zugeführt, "Band zuführen", und am Ausgang der Linie weggeführt werden, "Band wegführen".
Weil es beim Feuerverzinken von Band aus verfahrenstechnischen Gründen nicht zulässig ist, das Band während der Behandlung anzuhalten, und zum Zu- sowie Wegführen bei Bundwechsel ein Anhalten des Bandes notwendig wird, muß das Band nach dem Zuführen und vor dem Wegführen gespeichert werden, "Band speichern".
Bild 61 zeigt eine Bildschirmaufnahme nach obigen Festlegungen. Sobald der Benutzer der Ansicht ist, daß mit den von ihm gewählten logischen Funktionen alle maßgeblichen Anforderungen der Aufgabenstellung berücksichtigt sind, läßt er die zugehörige Funktionskette vom Rechner erstellen. Das wird durch Wählen des Schriftzuges "Ende Eingabe", im unteren Teil des Bildes 61 sichtbar, bewirkt.
Hiernach ordnet das Programm die Funktionen zu einer Kette und vergleicht, ob eine oder mehrere der gewählten Funktionen von anderen miterfüllt werden. Die Funktionen, die durch andere miterfüllt werden, streicht das Programm. So werden beispielsweise die Kombinationen

- "Band feuerverzinken mit Galvannealing" plus "Band feuerverzinken" auf "Band feuerverzinken mit Galvannealing" oder
- "Band formrichten" plus "Band streckrichten" auf "Band formrichten".

zurückgeführt. Bevor der Rechner die ermittelte Funktionskette dem Benutzer auf dem Bildschirm vorstellen kann, müssen die logischen Wirkzusammenhänge auf ihre Richtigkeit geprüft werden.

Die kurzgefaßte Darstellung der Festlegung der logischen Funktionskette ist 6. (Block 2 des Programmes LOGWIZ, Tafelseiten 11 und 12) in Form eines Ablaufplanes zu entnehmen.

### 5.3.3. Prüfung der logischen Funktionen und der Funktionskette

Es sind zwei Arten der Prüfung logischer Wirkzusammenhänge zu unterscheiden:

A) Prüfung der logischen Funktionen durch Vergleich mit den Grundanforderungen und damit Prüfung der Funktionskette auf Unter- sowie Überbestimmtheit und

B) Prüfung der Funktionskette auf Übereinstimmung mit einer Kette aus der Menge aller sinnvollen logischen Funktionsketten.

Die Prüfungen nach A) und B) können beide in einem Anwendungsprogramm enthalten sein. Ebenso ist es möglich, nur eine von beiden zu verwenden. Die Prüfung nach B) erfordert bei Erstellung eines Programmes einen verhältnismäßig geringen Aufwand. Sie bietet alleine jedoch nicht die Gewähr, daß alle wesentlichen Anforderungen vom Benutzer berücksichtigt wurden. **Tafel 28** zeigt die Menge der sinnvollen logischen Funktionsketten der Feuerverzinkungslinien für Stahlband bezogen auf die Komplexitätsebene der Anlagen. Die Menge besteht in diesem Falle aus 48 Funktionsketten. Diese Anzahl Ketten ergibt sich aus der Menge der möglichen logischen Funktionen der Tafel 28 unter folgenden Randbedingungen:

- Grundfunktionen, die auftreten müssen, sind
  - "Band zuführen",
  - "Band speichern",
  - "Band wärmebehandeln",
  - "Band feuerverzinken",
  - "Band kühlen",
  - "Band speichern" und
  - "Band wegführen".
- Grundfunktion "Band feuerverzinken" kann durch "Band feuerverzinken mit Galvannealing" ersetzt werden.
- Funktion "Band streckrichten" oder "Band formrichten" muß vorhanden sein. "Band formrichten" und "Band streckrichten" wird zu "Band formrichten".
- "Band konservieren" und/oder "Band vorbereiten auf Kunststoffbeschichtung" ist festzulegen.

Bei der Prüfung auf Über- und Unterbestimmtheit wird ermittelt, ob

- einerseits logische Funktionen bestimmt wurden, für die keine Anforderungen vorliegen (Überbestimmtheit), und
- andererseits Anforderungen vorliegen, für die keine logischen Funktionen bestimmt wurden (Unterbestimmtheit).

Die Überprüfung erfolgt ausgehend von der Menge der möglichen logischen Funktionen.

**Bild 62** zeigt Bildschirminformationen im Anschluß an die genannten Prüfungen. Das Ergebnis der Prüfung nach A) auf Über- und Unterbestimmtheit ist unter der Überschrift "Anforderungskontrolle" stichwortartig zusammengefaßt. Dabei wird, zusammen mit einer Bezeichnung der

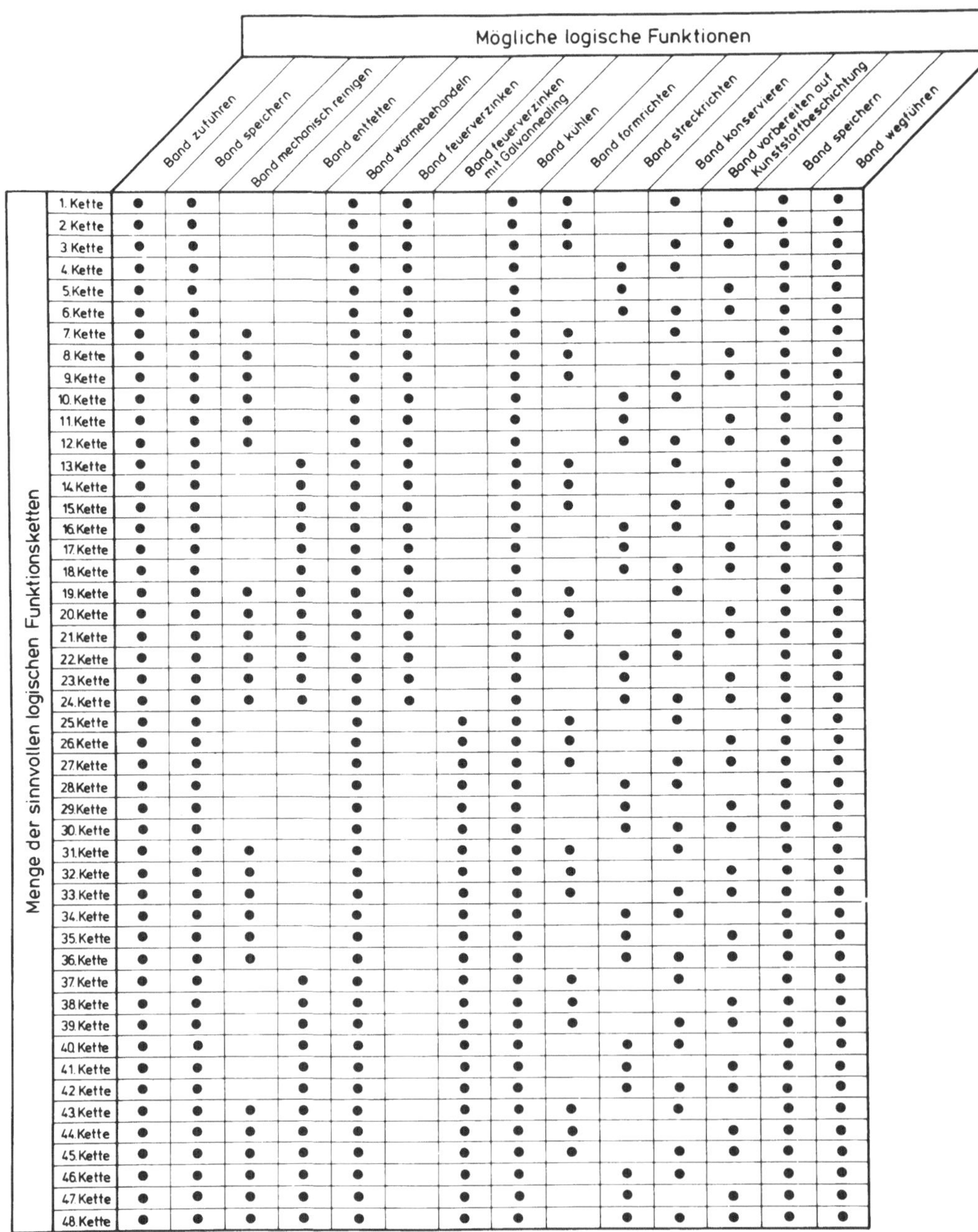

| Menge der sinnvollen logischen Funktionsketten | Mögliche logische Funktionen | | | | | | | | | | | | | |
|---|---|---|---|---|---|---|---|---|---|---|---|---|---|---|
| | Band zuführen | Band speichern | Band mechanisch reinigen | Band entfetten | Band wärmebehandeln | Band feuerverzinken | Band feuerverzinken mit Galvannealing | Band kühlen | Band formrichten | Band streckrichten | Band konservieren | Band vorbereiten auf Kunststoffbeschichtung | Band speichern | Band wegführen |
| 1. Kette | ● | ● | | | ● | ● | | ● | ● | | ● | | ● | ● |
| 2. Kette | ● | ● | | | ● | ● | | ● | ● | | | ● | ● | ● |
| 3. Kette | ● | ● | | | ● | ● | | ● | ● | | ● | ● | ● | ● |
| 4. Kette | ● | ● | | | ● | ● | | ● | | ● | ● | | ● | ● |
| 5. Kette | ● | ● | | | ● | ● | | ● | | ● | | ● | ● | ● |
| 6. Kette | ● | ● | | | ● | ● | | ● | | ● | ● | ● | ● | ● |
| 7. Kette | ● | ● | ● | | ● | ● | | ● | ● | | ● | | ● | ● |
| 8. Kette | ● | ● | ● | | ● | ● | | ● | ● | | | ● | ● | ● |
| 9. Kette | ● | ● | ● | | ● | ● | | ● | ● | | ● | ● | ● | ● |
| 10. Kette | ● | ● | ● | | ● | ● | | ● | | ● | ● | | ● | ● |
| 11. Kette | ● | ● | ● | | ● | ● | | ● | | ● | | ● | ● | ● |
| 12. Kette | ● | ● | ● | | ● | ● | | ● | | ● | ● | ● | ● | ● |
| 13. Kette | ● | ● | | ● | ● | ● | | ● | ● | | ● | | ● | ● |
| 14. Kette | ● | ● | | ● | ● | ● | | ● | ● | | | ● | ● | ● |
| 15. Kette | ● | ● | | ● | ● | ● | | ● | ● | | ● | ● | ● | ● |
| 16. Kette | ● | ● | | ● | ● | ● | | ● | | ● | ● | | ● | ● |
| 17. Kette | ● | ● | | ● | ● | ● | | ● | | ● | | ● | ● | ● |
| 18. Kette | ● | ● | | ● | ● | ● | | ● | | ● | ● | ● | ● | ● |
| 19. Kette | ● | ● | ● | ● | ● | ● | | ● | ● | | ● | | ● | ● |
| 20. Kette | ● | ● | ● | ● | ● | ● | | ● | ● | | | ● | ● | ● |
| 21. Kette | ● | ● | ● | ● | ● | ● | | ● | ● | | ● | ● | ● | ● |
| 22. Kette | ● | ● | ● | ● | ● | ● | | ● | | ● | ● | | ● | ● |
| 23. Kette | ● | ● | ● | ● | ● | ● | | ● | | ● | | ● | ● | ● |
| 24. Kette | ● | ● | ● | ● | ● | ● | | ● | | ● | ● | ● | ● | ● |
| 25. Kette | ● | ● | | | ● | | ● | ● | ● | | ● | | ● | ● |
| 26. Kette | ● | ● | | | ● | | ● | ● | ● | | | ● | ● | ● |
| 27. Kette | ● | ● | | | ● | | ● | ● | ● | | ● | ● | ● | ● |
| 28. Kette | ● | ● | | | ● | | ● | ● | | ● | ● | | ● | ● |
| 29. Kette | ● | ● | | | ● | | ● | ● | | ● | | ● | ● | ● |
| 30. Kette | ● | ● | | | ● | | ● | ● | | ● | ● | ● | ● | ● |
| 31. Kette | ● | ● | ● | | ● | | ● | ● | ● | | ● | | ● | ● |
| 32. Kette | ● | ● | ● | | ● | | ● | ● | ● | | | ● | ● | ● |
| 33. Kette | ● | ● | ● | | ● | | ● | ● | ● | | ● | ● | ● | ● |
| 34. Kette | ● | ● | ● | | ● | | ● | ● | | ● | ● | | ● | ● |
| 35. Kette | ● | ● | ● | | ● | | ● | ● | | ● | | ● | ● | ● |
| 36. Kette | ● | ● | ● | | ● | | ● | ● | | ● | ● | ● | ● | ● |
| 37. Kette | ● | ● | | ● | ● | | ● | ● | ● | | ● | | ● | ● |
| 38. Kette | ● | ● | | ● | ● | | ● | ● | ● | | | ● | ● | ● |
| 39. Kette | ● | ● | | ● | ● | | ● | ● | ● | | ● | ● | ● | ● |
| 40. Kette | ● | ● | | ● | ● | | ● | ● | | ● | ● | | ● | ● |
| 41. Kette | ● | ● | | ● | ● | | ● | ● | | ● | | ● | ● | ● |
| 42. Kette | ● | ● | | ● | ● | | ● | ● | | ● | ● | ● | ● | ● |
| 43. Kette | ● | ● | ● | ● | ● | | ● | ● | ● | | ● | | ● | ● |
| 44. Kette | ● | ● | ● | ● | ● | | ● | ● | ● | | | ● | ● | ● |
| 45. Kette | ● | ● | ● | ● | ● | | ● | ● | ● | | ● | ● | ● | ● |
| 46. Kette | ● | ● | ● | ● | ● | | ● | ● | | ● | ● | | ● | ● |
| 47. Kette | ● | ● | ● | ● | ● | | ● | ● | | ● | | ● | ● | ● |
| 48. Kette | ● | ● | ● | ● | ● | | ● | ● | | ● | ● | ● | ● | ● |

**Tafel 28:** Menge der sinnvollen logischen Funktionsketten beim rechnerunterstützten Projektieren der Feuerverzinkungslinien für Stahlband auf der Anlagenebene.

FESTLEGUNG DER LOGISCHEN WIRKZUSAMMENHAENGE

| ANFORDERUNGEN | | | MENUE |
|---|---|---|---|
| GALVANNEALED | 10.00 | 0/0 | * BAND ZUFUEHREN |
| KLEINE ZINKBLUME (NACHGEWALZT) | 20.00 | 0/0 | * BAND SPEICHERN |
| PROZ.AN. REKRISTALLISIEREN | 70.00 | 0/0 | BAND MECHANISCH REINIGEN |
| PROZ.AN. NORMALISIEREN | 20.00 | 0/0 | BAND ENTFETTEN |
| STRECKRICHTGRAD | 2.00 | 0/0 | * BAND WAERMEBEHANDELN |
| ALTERUNGSBESTAEN.BESCH.BAND | JA | | BAND FEUERVERZINKEN |
| KOHLENSTOFFARMES BAND VORH. | JA | | * BAND FEUERVERZINKEN MIT GALVANNEALING |
| VERSCHMUTZUNGSGRAD (OEL) | 5.00 | | * BAND KUEHLEN |
| CHROMATIERT | 100.00 | 0/0 | BAND FORMRICHTEN |
| | | | BAND STRECKRICHTEN |
| ANFORDERUNGSKONTROLLE | | | BAND KONSERVIEREN |
| NACHBEHANDLUNG, FORMRICHTEN, KONTROLLIEREN | | | BAND VORBEREITEN AUF KUNSTSTOFFBESCH. |
| NACHBEHANDLUNG, STRECKRICHTEN, KONTROLLIEREN | | | * BAND SPEICHERN |
| VORBEHANDLUNG, ENTFETTEN, KONTROLLIEREN | | | * BAND WEGFÜHREN |
| NACHBEHANDLUNG, KONSERVIEREN, KONTROLLIEREN | | | |

LOGISCHER WIRKZUSAMMENHANG NICHT ZULAESSIG

LOGISCHEN WIRKZUSAMMEN-
HANG VERBESSERN

JA NEIN

**Bild 62:** Bildschirminformationen nach Prüfung der logischen Funktionen und der Funktionskette durch das Programm, ausgehend von Bild 61.

beanstandeten logischen Funktionen, dem Bearbeiter die Aufforderung zur nochmaligen Kontrolle dieser Wirkzusammenhänge gegeben. Der zusätzlich am unteren Rand des Schriftfeldes aufleuchtende Hinweis "logischer Wirkzusammenhang nicht zulässig" gibt Aufschluß über das Ergebnis der Prüfung nach B). Die aus den vom Bearbeiter gewählten logischen Funktionen, Bild 62, zusammengesetzte Funktionskette ist also in diesem Falle nicht Element der Menge aller sinnvollen logischen Funktionsketten. Sie enthält somit neben Abweichungen von der Aufgabenstellung noch Fehler grundsätzlicher Art.
Bei der Prüfung auf Über- und Unterbestimmtheit wird immer von den gewählten logischen Funktionen ausgegangen und rückwärtsschreitend auf den Zusammenhang mit den maßgeblichen Anforderungen geschlossen. Dieser Art des Vorgehens wurde den Vorzug gegeben, weil ein Prüfvorgang leichter auf der Grundlage einer kleinen Menge von Informationen mit festgelegten Elementen (Menge der möglichen logischen Funktionen) aufzubauen ist, als auf einer großen, unübersichtlichen Anzahl veränderlicher Angaben (mögliche Eingabedaten). Manchmal können einer logischen Funktion nicht allgemeingültig und eindeutig bestimmte Anforderungen zugeordnet werden. In einem solchen Falle sollte auf die Ermittlung von Fehlern hinsichtlich Überbestimmtheit verzichtet werden. Die Praxis hat gezeigt, daß eine Kombination der Prüfungen A) - ausschließlich auf Unterbestimmtheit - und B) - auf Übereinstimmung mit einer Funktionskette aus der Menge der sinnvollen logischen Funktionsketten - in einem Anwendungsprogramm eine ausreichende Kontrolle der Benutzertätigkeiten sicherstellt.

Die kurzgefaßte Darstellung der Prüfung der logischen Funktionen und der Funktionskette ist 6. (Block 3 des Programmes LOGWIZ, Tafelseite 12) in Form eines Ablaufplanes zu entnehmen.

### 5.3.4. Änderung und Darstellung der logischen Funktionskette

Eine bestimmte, den Mindestansprüchen an die Vollständigkeit entsprechende, Kombination von Anforderungen (Eingabedaten) zieht eindeutig und zwangsläufig immer eine bestimmte logische Funktionskette nach sich. Zu dieser Kette können keine Varianten bestehen. Wenn also bei den vorgenannten Prüfungen Abweichungen zwischen den durch das Programm ermittelten Notwendigkeiten und der vom Benutzer festgelegten Auswahl logischer Funktionen festgestellt wurden, dann handelt es sich dabei um Fehler im Sinne von Widersprüchen zur Aufgabenstellung. Zur Berichtigung dieser Fehler ist die erstellte logische Funktionskette zu ändern. Diese Änderung obliegt, ebenso wie die erste Auswahl der logischen Funktionen, dem Benutzer.

Als Grundlagen und Entscheidungshilfen zur Durchführung der erforderlichen Änderungen werden im Falle des gewählten Beispieles, Bild 62, die

- maßgeblichen Anforderungen,
- Menge der möglichen logischen Funktionen (Menü) und
- Prüfungsergebnisse ("Anforderungskontrolle" sowie "logischer Wirkzusammenhang nicht zulässig")

auf dem Bildschirm aufgelistet. Der Benutzer hat durch Wählen weiterer oder Löschen gewählter logischer Funktionen die logischen Wirkzusammenhänge mit der Aufgabenstellung in Einklang zu bringen.

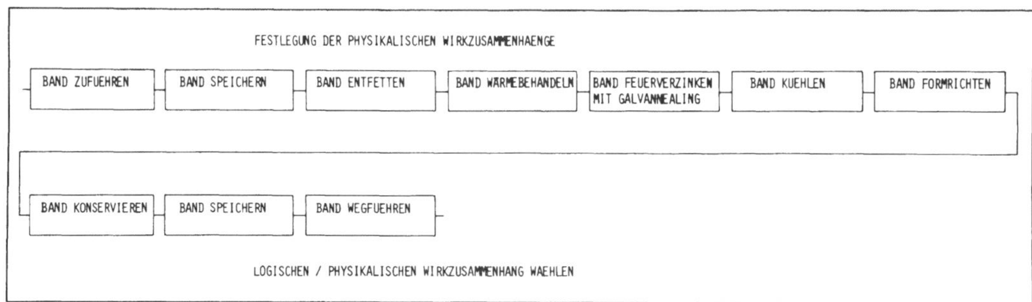


**Bild 63:** Bildschirminformationen mit der logischen Funktionskette, welche alle Anforderungen des Bildes 62 erfüllt.

Wenn die anschließend vom Rechner neuerstellte logische Funktionskette die Prüfungen ohne Beanstandungen besteht, wird sie dem Benutzer mit Hilfe des Bildschirmes gezeigt, **Bild 63.** In diesem Falle wurden zur Bezeichnung der Funktionen Texte gewählt. Ein anderes Hilfsmittelt zur Darstellung logischer Funktionen sind bildhafte Informationsträger, sogenannte Bildzeichen / 108 /. Das Programm wird erst dann fortgesetzt, wenn der Benutzer die dargestellte logische Funktionskette akzeptiert hat. Durch diese Freigabe wird die Kette zur Grundlage für den weiteren Berechnungsablauf. Falls keine weiteren logischen Funktionsketten zu erarbeiten sind, ist damit die Festlegung logischer Wirkzusammenhänge abgeschlossen. Wenn der Benutzer die als anforderungsentsprechend befundene Kette nicht freigibt, dann ist die Programmfortsetzung gesperrt. Eine Fortsetzung des Programmes mit einer anderen logischen Funktionskette ist nur durch Änderung der Anforderungen (Eingabedaten), also nach einer Neuformulierung der Aufgabenstellung, möglich. Das bedingt einen Rücksprung zur Klärung der Aufgabe, Programm KLADAU. Ein solcher Rücksprung ist nur dann durchzuführen, wenn beispielsweise in der Aufgabenstellung enthaltene Fehler erst hier erkannt werden.

Die kurzgefaßte Darstellung der Änderung und Darstellung der logischen Funktionskette ist 6. (Block 4 des Programmes LOGWIZ, Tafelseiten 12 und 13) in Form eines Ablaufplanes zu entnehmen.

### 5.3.5. Erstellung der verzweigten logischen Funktionskette

Die Bildung verzweigter logischer Funktionsketten ist im wesentlichen für solche technischen Systeme erforderlich, die verschiedene Betriebsweisen auszuführen haben oder deren Hauptfluß in mehrere Teilflüsse mit unterschiedlichen Umsetzungsvorgängen aufgeteilt ist. Dazu werden die für die einzelnen Betriebsweisen oder Teilflüsse nacheinander, wie unter 5.3.2. und 5.3.3. beschrieben, gebildeten Teilfunktionsketten zu einer verzweigten logischen Funktionskette zusammengefaßt.

Ein Beispiel für ein solches Vorgehen, bei dem zunächst unterschiedliche Betriebsweisen in Teilfunktionsketten getrennt voneinander zu bearbeiten sind, ist die Festlegung logischer Wirkzusammenhänge der Einlaufanlage einer Feuerverzinkungslinie auf der Maschinengruppenebene. Eine solche Einlaufanlage muß einerseits einzeln ankommende Bunde aufnehmen sowie in die Linie einfädeln und andererseits das Band möglichst gleichmäßig abwickeln sowie den Behandlungssystemen zuführen. Sie muß also sowohl diskontinuierlich (Einfädel- und Bundwechselbetrieb) als auch kontinuierlich (Normalbetrieb) arbeiten können. Jede dieser Betriebsweisen macht verschiedenartige, im technischen System durchzuführende Arbeitsgänge, welche im allgemeinen durch unterschiedliche logische Funktionen zu berücksichtigen sind, erforderlich.
Oft müssen bei der Betrachtung des Stoffflusses in einem technischen System mehrere Eingangsstoffe und/oder mehrere Ausgangsstoffe voneinander unterschieden werden. In solchen Fällen wird die Bearbeitung wesentlich erleichtert, wenn die Produktionsgänge dieser einzelnen Stoffe zunächst unabhängig voneinander betrachtet und in Teilfunktionsketten festgelegt werden. Die verzweigte logische Funktionskette kann dann in einem anschließenden Arbeitsgang durch Zusammenfassung der Einzelketten erstellt werden. Solche Zusammenfassungen können in einfacher Weise algorithmiert und somit vom Rechner ausgeführt werden.
Ein derartiges Vorgehen (Festlegen von Teilfunktionsketten für mehrere zu unterscheidende Stoffflüsse und anschließender Zusammenfassung zur verzweigten logischen Funktionskette) ist

bei der Projektierung eines Kaltbreitband Walzwerkes auf der Anlagengruppenebene angebracht, wenn beispielsweise

- lackierte, verzinnte Feinstbleche
  - Bunde (durch Aufwickeln von Band) (1)
  - Tafeln (durch Querteilen von Band) (2)
- kunststoffbeschichtete, verzinnte Feinstbleche
  - Bunde (3)
- verzinnte Feinstbleche
  - Tafeln (4)
- verzinkte Feinbleche
  - Ringe (durch Längsteilen und Aufwickeln von Band) (5)
  - Tafeln (6)
  - Bunde (7)
- Feinbleche
  - Bunde (8)
  - Ringe (9)
  - Tafeln (10)

produziert werden müssen. Hier wird für jedes der genannten Produkte 1 bis 10, ausgehend vom für alle Produkte gleichen Eingangsstoff (Warmbreitband), eine logische Funktionskette erstellt, die beschreibt, welche Tätigkeiten in welcher Reihenfolge auszuführen sind, um zu den jeweiligen Produkten zu gelangen. Jede dieser Ketten wird auf dem gleichen Wege erarbeitet, der bereits für ein technisches System mit einfacher logischer Funktionskette beschrieben wurde. Nach Ermittlung aller Teilfunktionsketten ist es möglich, aus ihnen eine verzweigte logische Funktionskette zu bilden, indem gleiche Funktionen aus den produktorientierten Ketten zu einer Funktion zusammengefaßt werden. **Tafel 29** zeigt für die oben aufgeführte Produktpalette eines Kaltbreitband-Walzwerkes die produktorientierten, logischen Funktionsketten der Anlagengruppenebene. Die sich hieraus ergebende verzweigte logische Funktionskette ist **Bild 64** zu entnehmen.
In ähnlicher Weise, wie hier für verschiedene Betriebsweisen und zu unterscheidende Stoffflüsse veranschaulicht, kann auch ein unter 3.2. beschriebener Funktionsplan erstellt werden. Bei Ermittlung und Festlegung des Funktionsplanes sind ausgehend vom festgelegten Hauptfluß (beispielsweise Stofffluß) die für die Nebenflüsse (beispielsweise Energie- und/oder Signalflüsse) erforderlichen logischen Funktionen und Funktionsketten zu erarbeiten sowie an den Hauptfluß anzukoppeln. Bei einer rechnerunterstützten Bearbeitung kann jedoch auf die gesonderte Bearbeitung der Nebenflüsse verzichtet werden, wenn beispielswiese die Nebenflüsse bereits bei der Programmerstellung den im Hauptfluß liegenden logischen Funktionen fest zugeordnet sind.

Mit Darstellung der durch die einzelnen Funktionsketten festgelegten verzweigten logischen Funktionskette oder des Funktionsplanes ist auch für die technischen Systeme, bei denen unterschiedliche Betriebsweisen und/oder Flüsse zu berücksichtigen sind, die Festlegung der logischen Wirkzusammenhänge mit dem Programm LOGWIZ beendet.

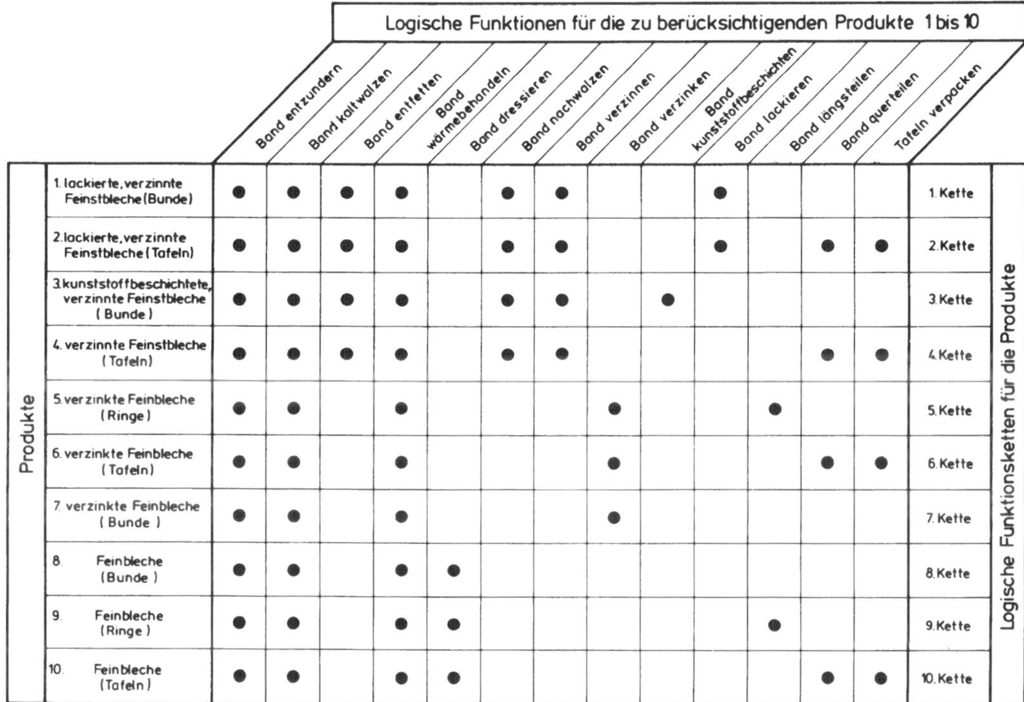

Logische Funktionen für die zu berücksichtigenden Produkte 1 bis 10

| Produkte | Band entzundern | Band kaltwalzen | Band entfetten | Band wärmebehandeln | Band dressieren | Band nachwalzen | Band verzinnen | Band verzinken | Band kunststoffbeschichten | Band lackieren | Band längsteilen | Band querteilen | Tafeln verpacken | Logische Funktionsketten für die Produkte |
|---|---|---|---|---|---|---|---|---|---|---|---|---|---|---|
| 1. lackierte, verzinnte Feinstbleche (Bunde) | ● | ● | ● | ● | | ● | ● | | | ● | | | | 1. Kette |
| 2. lackierte, verzinnte Feinstbleche (Tafeln) | ● | ● | ● | ● | | ● | ● | | | ● | | ● | ● | 2. Kette |
| 3. kunststoffbeschichtete, verzinnte Feinstbleche (Bunde) | ● | ● | ● | ● | | ● | ● | | ● | | | | | 3. Kette |
| 4. verzinnte Feinstbleche (Tafeln) | ● | ● | ● | ● | | ● | ● | | | | | ● | ● | 4. Kette |
| 5. verzinkte Feinbleche (Ringe) | ● | ● | | ● | | | | ● | | | ● | | | 5. Kette |
| 6. verzinkte Feinbleche (Tafeln) | ● | ● | | ● | | | | ● | | | | ● | ● | 6. Kette |
| 7. verzinkte Feinbleche (Bunde) | ● | ● | | ● | | | | ● | | | | | | 7. Kette |
| 8. Feinbleche (Bunde) | ● | ● | | ● | ● | | | | | | | | | 8. Kette |
| 9. Feinbleche (Ringe) | ● | ● | | ● | ● | | | | | | ● | | | 9. Kette |
| 10. Feinbleche (Tafeln) | ● | ● | | ● | ● | | | | | | | ● | ● | 10. Kette |

**Tafel 29:** Darstellung der zu unterscheidenden Produkte und der logischen Funktionskette eines jeden Produktes für ein auf Anlagengruppenebene zu konkretisierendes Kaltbreitband-Walzwerk.

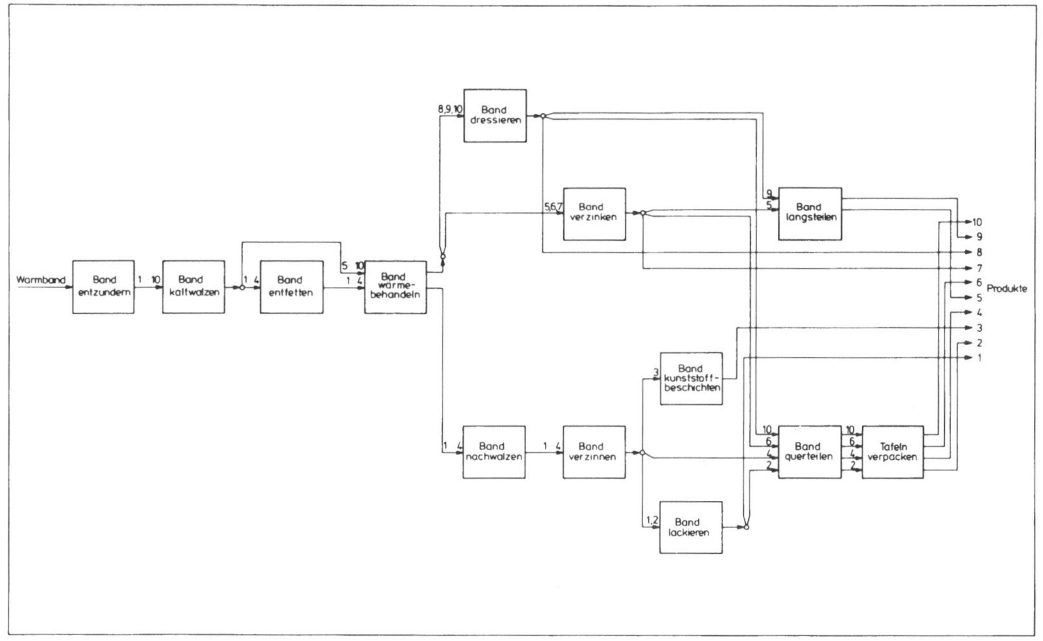


**Bild 64:** Verzweigte logische Funktionskette der Anlagengruppenebene für ein Kaltbreitband-Walzwerk mit den zehn zu unterscheidenden Produkten der Tafel 29.

Die kurzgefaßte Darstellung der Erstellung der verzweigten logischen Funktionskette ist 6. (Block 5 des Programmes LOGWIZ, Tafelseite 13) in Form eines Ablaufplanes zu entnehmen.

## 5.4. Festlegung der physikalischen Wirkzusammenhänge, Unterprogramm PHYWIZ

Der dritte, auf jeder Komplexitätsebene durchzuführende Hauptschritt beim rechnerunterstützten systematischen Projektieren und Konstruieren ist die Festlegung der **PHY**sikalischen **WI**rk**Z**usammenhänge. Das zugehörige Programm PHYWIZ ist 6. (Tafelseiten 14 bis 18) in Form eines Ablaufplanes zu entnehmen. PHYWIZ wird in der gleichen Weise wie LOGWIZ bearbeitet. Für jedes zu konkretisierende technische System vorgeordneter Komplexität wird also ein eigener, in sich abgeschlossener Rechenlauf durchgeführt. Der Zusammenhang zwischen dem übergeordneten Gesamtsystem und den voneinander losgelösten Teilsystemen ist durch die Schnittstellenbedingungen gewahrt. Demnach wird beispielsweise jede einzelne Anlage einer Anlagengruppe auf der Maschinengruppenebene in PHYWIZ so behandelt, als wäre sie ein eigenständiges technisches System.

Grundlage für das Programm PHYWIZ ist die logische Funktionskette oder der logische Funktionsplan. In diesen sind die Aufgabenstellung funktional durch die erforderlichen Vorgänge (logische Funktionen) sowie die durch- und umzusetzenden Flüsse (Stoff-, Energie- und/oder Signalflüsse) beschrieben. Auf dieser Grundlage sind im Rahmen des Programmes PHYWIZ im wesentlichen

- mögliche Verfahren (physikalische Funktionen) zur Erzwingung der beschriebenen Vorgänge sowie Flüsse zu ermitteln und daraus die geeignetsten auszuwählen,
- hiervon abhängige quantitative Informationen zu den durch- und umzusetzenden Flüssen zu berechnen sowie
- Anforderungen an die konstruktive Ausführung der zu ermittelnden Teilsysteme, die aus den gewählten Verfahren ableitbar sind, festzulegen.

Die wichtigste Randbedingung für dieses Vorgehen ist die Überführung der Eingangsgrößen des durch Teilsysteme zu konkretisierenden technischen Systems in seine geforderten Ausgangsgrößen.

### 5.4.1. Ermittlung der physikalischen Funktionen und Erstellung der physikalischen Funktionskette

In der Regel ist jedes Anwendungsprogramm beim rechnerunterstützten Projektieren und Konstruieren zur Bearbeitung einer (mehr oder weniger großen) Gruppe artgleicher oder ähnlicher technischer Systeme mit artgleichen oder ähnlichen Aufgabenstellungen geeignet. Bereits bei der Erstellung solcher Anwendungsprogramme für die Festlegung physikalischer Wirkzusammenhänge müssen alle physikalischen Effekte (Verfahren), deren Verwendung später hierin möglich sein soll, ermittelt und festgelegt werden. Diese Effekte sind logischen Funktionen zuzuordnen. Weil damit schon vor Anwendung des Programmes auf eine konkrete Aufgabenstellung eine enge Zweckverbindung der verfügbaren physikalischen Wirksamkeiten besteht, werden diese als physikalische Funktionen bezeichnet.

Beim systematischen Projektieren und Konstruieren kann eine logische Funktion entweder durch eine einzelne physikalische Funktion oder durch eine physikalische Funktionskette (mehrere miteinander gekoppelte Funktionen) erfüllt werden. Die Verwendung einer physikalischen Funktionskette zur Erzwingung einer einzelnen logischen Funktion stellt stets eine Erhöhung des Bearbeitungsaufwandes dar. Deshalb, und weil solche Zusammenhänge bereits bei der Programmerstellung zu erkennen und zu beherrschen sind, werden beim rechnerunterstützten Projektieren und Konstruieren derartige Funktionsketten zu einer Funktion zusammengefaßt. Damit kann bei Programmanwendung zunächst jeder logischen Funktion eine einzelne physikalische Funktion zugewiesen werden.

Eine weitere Verminderung der bei PHYWIZ zu betrachtenden Verfahren (physikalischen Funktionen) wird durch die Festlegung der logischen Funktionskette in LOGWIZ erreicht. Aufgrund der hiermit festgelegten logischen Wirkzusammenhänge und der Zuordnung physikalischer zu logischen Funktionen braucht jetzt nur noch eine verhältnismäßig kleine Untermenge der auf der betrachteten Komplexitätsebene in einem Anwendungsprogramm verfügbaren physikalischen Wirksamkeiten berücksichtigt zu werden.

Bei der Festlegung physikalischer Wirkzusammenhänge mit PHYWIZ wird von den, meist als einfache oder verzweigte Ketten festgelegten, logischen Wirkzusammenhängen ausgegangen. Die Reihenfolge der Bearbeitung logischer Funktionen zum Zwecke ihrer Konkretisierung durch physikalische Funktionen bleibt dem Benutzer überlassen. Bei verzweigten Ketten empfiehlt es sich, mit einem von einem Eingangs- oder Ausgangsprodukt ausgehenden, unverzweigten Teilstück der Kette zu beginnen und bis zur ersten Aufteilung oder Zusammenfassung des betrachteten Flusses fortzuschreiten. Anschließend werden die verbliebenen Teilstücke hinter der Aufteilung oder vor der Zusammenfassung bearbeitet. Entsprechend wird bei weiteren Aufteilungen oder Zusammenfassungen verfahren. Wenn logische Funktionspläne zugrundeliegen, dann ist es zweckmäßig, zunächst den Hauptfluß und danach die Nebenflüsse zu betrachten.

Das Vorgehen bei der Festlegung physikalischer Funktionen soll unter Zugrundelegung der logischen Funktionskette des Bildes 63 beschrieben werden. Ausgehend von der logischen Funktionskette, die auf dem Bildschirm sichtbar ist, werden nach Bestimmung einer logischen Funktion deren variante physikalische Funktionen dargestellt, **Bild 65.** Hier wurden zur Darstellung der physikalischen Funktionen Bildzeichen gewählt, deren Gestaltung für den Benutzer des Programmes eine möglichst hohe Sinnfälligkeit gewährleistet. Jedes Bildzeichen steht für einen bestimmten Verfahrensablauf. Verschiedene Verfahren (physikalische Funktionen), die zur Erfüllung derselben logischen Funktion geeignet sind, werden variant genannt. Für die Wahl einer bestimmten physikalischen Funktion können dem Benutzer Bewertungsmerkmale verfügbar gemacht werden. Solche Merkmale dienen der Entscheidungsfindung für das, auf den Anwendungsfall bezogen, günstigste Verfahren. Sie können sich beispielsweise für stoffdurchsetzende technische Systeme auf

FESTLEGUNG DER PHYSIKALISCHEN WIRKZUSAMMENHAENGE

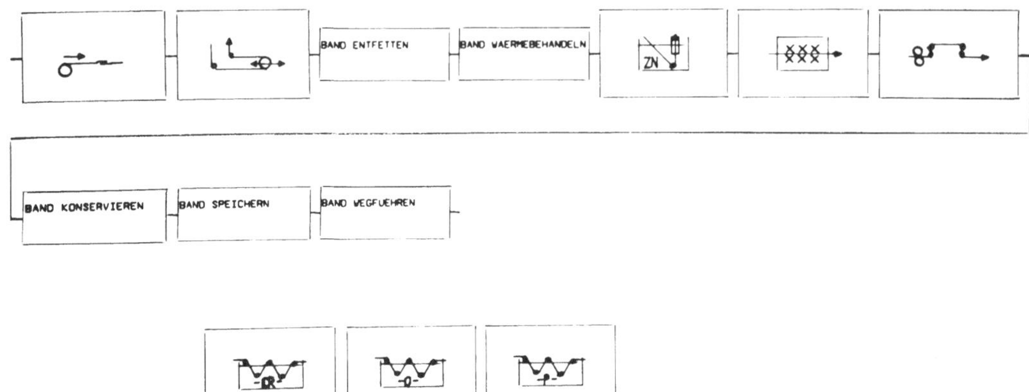


**Bild 65:** Bildschirmaufnahme einer bereits teilweise durch physikalische Funktionen (mit Hilfe zugeordneter Bildzeichen) bestimmten logischen Funktionskette sowie Darstellung dreier varianter physikalischer Funktionen zur Erfüllung der logischen Funktion "Band konservieren".

- Leistungsvermögen (unter anderem: Durchsatz je Einheit und Einsatzbereich),
- Wirkungsgrad (Ausbringen),
- Energie- und Betriebsstoffbedarf,
- Emissionen,
- Anforderungen an Hilfsstoffe und -energien,
- Austauschbarkeit hinsichtlich der Einsatzstoffe, Energien und Betriebsbedingungen und/oder
- Weiterverwendungsmöglichkeit von sogenannten Abfallstoffen

beziehen. Bei einer sinnvollen Bewertung müssen die Merkmalsausprägungen aller verwendeten Merkmale bei allen zu beurteilenden varianten Verfahren bekannt sein. Merkmale, deren Ausprägung für einzelne Verfahren nicht zu ermitteln ist, sollten zum Vergleich nicht herangezogen werden. Diese erste Bewertung im Rahmen des rechnerunterstützten systematischen Projektierens und Konstruierens gibt Aufschluß über den ungefähren Wert der in Frage kommenden physikalischen Funktionen. Damit wird eine Auswahl erleichtert. Die frühzeitige, mit der Bewertung physikalischer Funktionen verbundene Auswahl führt im wesentlichen zu einer Verminderung des mitzuführenden Datenumfanges.

Wenn der Benutzer sich nicht für eines der varianten Verfahren entscheiden kann, beispielsweise aufgrund noch unzureichender Informationen, ist auch die Wahl mehrerer Verfahren zur Erfüllung der jeweiligen logischen Funktion möglich. In diesem Falle ist eine Mehrfachzuordnung von physikalischen Funktionen zu einer logischen Funktion getroffen worden. Deshalb sind für die Berechnung physikalischer Wirkzusammenhänge mehrere variante physikalische Funktionsketten zugrunde zu legen. Die Zahl der varianten physikalischen Funktionsketten ergibt sich über

$$A = \prod_{i=1}^{i=n} Z_i$$

mit $A$ = Anzahl der Funktionsketten

$Z_i$ = Anzahl der Zuordnungen zur logischen Funktion i und

$i$ = Zähler für die Anzahl logischer Funktionen der betrachteten logischen Funktionskette.

Somit ergeben sich beispielsweise bei einer logischen Funktionskette mit drei Mehrfachzuordnungen von jeweils zwei physikalischen Funktionen bereits acht zu berücksichtigende physikalische Funktionsketten. Aufgrund dieser mit ansteigender Anzahl von Mehrfachzuordnungen überproportional ansteigenden Anzahl von physikalischen Funktionsketten und damit des zu berücksichtigenden Datenumfanges sollten Mehrfachzuordnungen möglichst vermieden werden. Bei Erstellung eines Anwendungsprogrammes ist deshalb auch zu prüfen, ob die Möglichkeit von Mehrfachzuordnungen und deren Weiterverarbeitung nebeneinander vorzusehen ist. Denn die Bearbeitung mehrerer varianter Funktionsketten kann auch in einfacher Weise durch den Benutzer gesteuert werden. Zu diesem Zwecke springt er nach Abschluß der Berechnungen zur ersten Funktionskette (die er ohne Mehrfachzuordnungen erzeugt hat) zum Programmbeginn von PHYWIZ zurück. Hier stellt er durch Austauschen einzelner oder Neuwählen aller Funktionen die zweite zu untersuchende physikalische Funktionskette zusammen und startet den nächsten Berechnungslauf. Dieses Vorgehen wird solange wiederholt, bis alle zu bearbeitenden, varianten physikalischen Funktionsketten berechnet sind und deren Ergebnisse vorliegen. Anschließend muß aufgrund der Berechnungsergebnisse die günstigste Kette bestimmt und, wenn es sich dabei nicht um die zuletzt bearbeitete Kette handelt, diese erneut bearbeitet werden, damit für die nachfolgenden Berechnungen dem Rechner die notwendigen Daten vorliegen.

Bei dem hier vorliegenden, allgemeingültig gehaltenen Programm PHYWIZ konkretisiert der Benutzer jede Funktion der logischen Funktionskette durch jeweils eine oder mehrere variante physikalische Funktionen. Wenn jeder logischen Funktion eine physikalische Funktion zugeordnet ist, steht die den nachfolgenden Berechnungen zugrundezulegende physikalische Funktionskette fest, **Bild 66.** Werden dagegen Mehrfachzuordnungen physikalischer Funktionen zu logischen Funktionen getroffen, ermittelt der Rechner zunächst die verschiedenen Funktionskombinationen, **Bild 67.** Dadurch entstehen für die Berechnungen zugrundezulegende variante physikalische Funktionsketten, die zu ihrer Identifizierung numeriert werden.

Die zu einer physikalischen Funktionskette miteinander gekoppelten physikalischen Funktionen müssen zur Verwirklichung eines anforderungsgerechten technischen Systems sinnvoll zusammenwirken. Deshalb wird geprüft, ob ein solches sinnvolles Zusammenwirken gegeben ist. Dabei kann einerseits zwischen physikalischen Funktionen eine Unverträglichkeit bestehen, und andererseits können bestimmte physikalische Funktionen durch andere in der Kette miterfüllt werden. Bei Unverträglichkeiten wird die physikalische Funktionskette als unzureichend und in

FESTLEGUNG DER PHYSIKALISCHEN WIRKZUSAMMENHAENGE

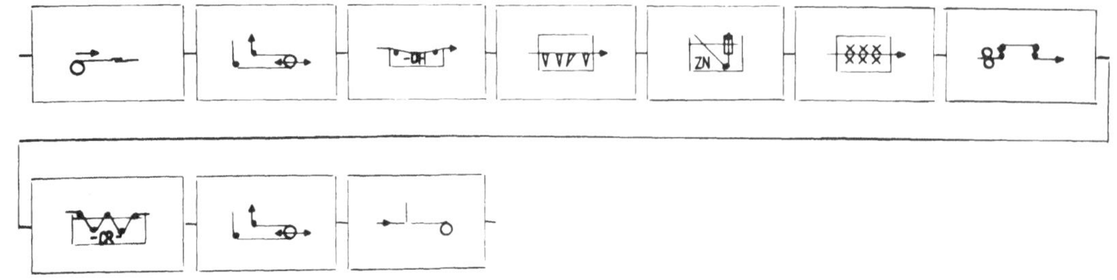

WEITERE EINGABE

ENDE EINGABE

**Bild 66:** Bildschirmaufnahme einer physikalischen Funktionskette beim rechnerunterstützten systematischen Projektieren einer Feuerverzinkungslinie auf der Komplexitätsebene Anlagen.

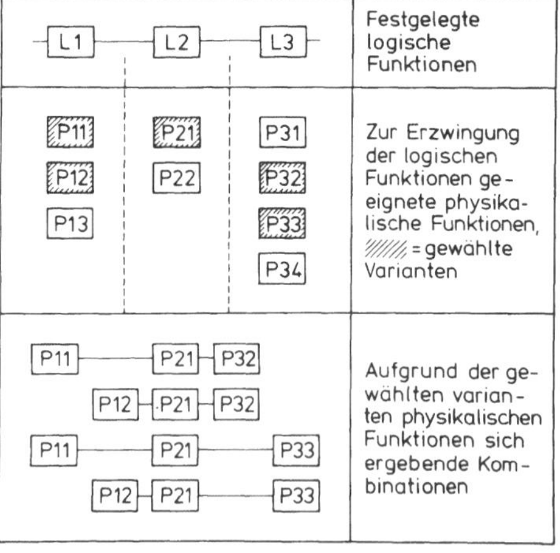


**Bild 67:** Schematische Darstellung von Mehrfachzuordnungen physikalischer Funktionen zu logischen Funktionen und der sich ergebenden Funktionskombinationen.

dem anderen Falle als überbestimmt bezeichnet. Unverträglichkeiten in einer physikalischen Funktionskette können durch Einfügen einer oder mehrerer zusätzlicher physikalischer Funktionen, die geeignet sind, diese Unverträglichkeiten unwirksam zu machen, beseitigt werden. Wenn eine gewählte physikalische Funktion eine andere miterfüllen kann, wird letztere aus der Kette entfernt. Demnach können mehrere logische Funktionen gemeinsam durch eine physikalische Funktion erzwungen werden. Dennoch treten manchmal in einer physikalischen Funktionskette gleichartige Funktionen auf. Diese unterscheiden sich dann allerdings durch ihre Stellung innerhalb der Kette und haben im allgemeinen unterschiedliche Ein- sowie Ausgangsgrößen.

Als Beispiel für Unverträglichkeiten physikalischer Funktionen und deren Behandlung kann die

Konkretisierung eines Kaltbreitband-Walzwerkes auf der Anlagengruppenebene dienen. Beim Projektieren eines derartigen Werkes sind häufig solche Systeme im Stofffluß nacheinander anzuordnen, deren logische Funktionen das Kaltwalzen und das anschließende Wärmebehandeln des Stahlbandes beschreiben. Zur Erfüllung dieser beiden logischen Funktionen können jeweils mehrere variante physikalische Funktionen zur Verfügung stehen. In bestimmten Fällen kann es vorteilhaft oder aufgrund bestehender Bedingungen unumgänglich sein, zu diesem Zwecke das Umkehrwalzverfahren und das Haubenglühverfahren zu wählen. Zwischen diesen beiden physikalischen Funktionen besteht jedoch eine Unverträglichkeit. Beim Umkehrwalzverfahren werden die Bänder mit sehr hohen Bandzügen zu Bunden aufgewickelt. Außerdem werden die im Haubenglühverfahren zu behandelnden Bunde üblicherweise in der Form eingesetzt, in der sie die vorangegangene Anlagengruppe verlassen haben. Dabei können bei der Kombination "Umkehrwalzverfahren → Haubenglühverfahren" die großen, durch das Aufwickeln hervorgerufenen inneren Spannungen und die hohe Glühtemperatur zusammen mit noch auf der Bandoberfläche haftenden Walzölen zu einem Zusammenbacken der einzelnen Bandlagen während des Glühvorganges führen. Zur Vermeidung dieser schädlichen gegenseitigen Beeinflussung kann eine zusätzliche physikalische Funktion, beispielsweise das Umwickeln der Bunde, zwischengeschaltet werden.
Die Erweiterung unzureichender Funktionsketten durch Zufügen physikalischer Funktionen und die Entfernung von Funktionen bei Überbestimmtheit der Kette kann bei einem Anwendungsprogramm durch die EDV-Anlage selbständig erfolgen, weil derartige Zusammenhänge bereits bei Programmerstellung erkannt werden müssen und dann programmiert werden können. Die notwendigen Änderungen der physikalischen Funktionskette werden dem Benutzer bei Programmablauf durch Darstellung der korrigierten Funktionskette verdeutlicht.

Die kurzgefaßte Darstellung der Erstellung der physikalischen Funktionsketten ist 6. (Block 1 des Programmes PHYWIZ, Tafelseiten 14 und 15) in Form eines Ablaufplanes zu entnehmen.

### 5.4.2. Berechnung der physikalischen Wirkzusammenhänge

Zur Berechnung der physikalischen Wirkzusammenhänge wird von der erarbeiteten physikalischen Funktionskette ausgegangen. Diese Funktionskette wurde hier mit Bildzeichen erstellt, Bild 66. In dem zugehörigen Anwendungsprogramm sind für jedes dieser durch Bildzeichen dargestellten Verfahren (physikalische Funktionen) Unterprogramme vorhanden, welche die Wirkungen dieser Verfahren simulieren. **Tafel 30** zeigt eine mögliche Programmstruktur zur Berechnung physikalischer Wirkzusammenhänge. Die hier dargestellte Programmstruktur baut auf einer unverzweigten logischen Funktionskette und damit auch unverzweigten physikalischen Funktionskette auf. Parallel angeordnete Unterprogramme, die hier durch Buchstaben bezeichnet sind, repräsentieren variante physikalische Funktionen für jeweils eine logische Funktion. Durch die mit römischen Ziffern versehenen Abfragen (Rauten) wird festgestellt,

- ob die der Abfrage entsprechende Stelle in der logischen Funktionskette durch eine

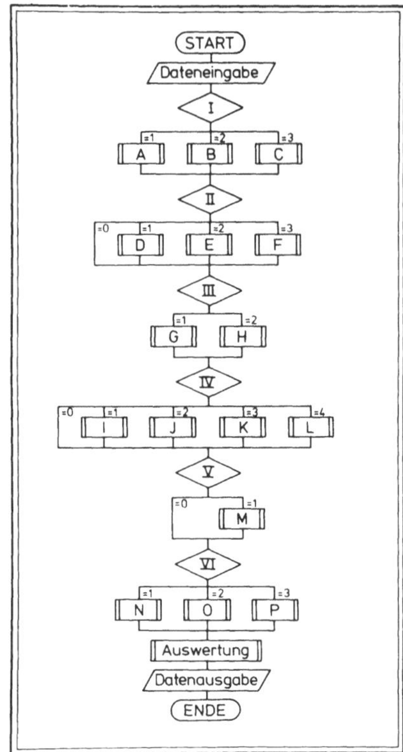


**Tafel 30:** Struktur eines Programmes zur Berechnung physikalischer Wirkzusammenhänge für Funktionsketten mit linearen Flüssen.

logische Funktion besetzt ist und, falls die Antwort positiv ist,

- welche physikalische Funktionsvariante zur Erfüllung der konkreten Aufgabenstellung gewählt wurde.

Dementsprechend werden die jeweiligen Unterprogramme angesteuert. Das hinter den Unterprogrammen für die physikalischen Funktionen angeordnete Unterprogramm "Auswertung" dient der Ermittlung von Daten, welche für die berechnete Funktionskette kennzeichnend sind und die sich beispielsweise durch Addition der jeweiligen Werte der einzelnen Funktionen ergeben. Hierzu gehören bei stoffdurchsetzenden technischen Systemen unter anderem Energie- und Betriebsstoffbilanzen.
Die dargestellte Programmstruktur bedarf entsprechender Erweiterungen, wenn

- zur Vermeidung von Unverträglichkeiten zwischen physikalischen Funktionen zusätzliche physikalische Funktionen benötigt werden und/oder
- bei Überbestimmtheit der Funktionskette physikalische Funktionen entfernt werden sollen.

Weiterreichende Maßnahmen sind bei verzweigten Ketten erforderlich. Auch ist eine grundsätzlich andersartige Programmstruktur, als mit Tafel 30 dargestellt, denkbar, bei der über ein gesondertes Rechenprogramm ausgehend von der festgelegten physikalischen Funktionskette das für die Berechnung dieser Kette erforderliche Steuerprogramm hergeleitet wird. Dabei sind die benötigten Unterprogramme für die einzelnen physikalischen Funktionen in einer Programmbibliothek niedergelegt und werden vom Steuerprogramm aufgerufen.

### 5.4.2.1. Berechnung der unmittelbar von den Schnittstellenbedingungen abhängigen physikalischen Wirkzusammenhänge

Bei der Berechnung zur Beurteilung gesamter physikalischer Funktionsketten sind zunächst diejenigen Wirkzusammenhänge zu betrachten, welche in unmittelbarem Zusammenhang mit der gestellten Aufgabe stehen. Dazu zählen in erster Linie alle diejenigen Wirkungen und Nebenwirkungen der in der Kette enthaltenen Funktionen, welche von Schnittstellenbedingungen abhängig sind oder auf diese Einfluß nehmen können.

Zur Berechnung dieser physikalischen Wirkzusammenhänge werden die Schnittstellenbedingungen am Eingang oder am Ausgang des zu bearbeitenden technischen Systems zugrunde gelegt. Davon ausgehend werden alle physikalischen Funktionen der Kette abgearbeitet. Durch physikalische Funktionen festgelegte Beziehungen werden auf die in den Schnittstellenbedingungen qualitativ und quantitativ beschriebenen physikalischen Größen angewendet. Die durch physikalische Funktionen zu verwirklichenden Änderungen können, infolge technologischer Grenzen, einen bestimmten Bereich (Definitionsbereich) oft nicht überschreiten. Wenn die Berechnung der schnittstellenbezogenen physikalischen Wirkzusammenhänge beispielsweise am Eingang des zu bearbeitenden technischen Systems begonnen wird, dann ergibt sich an seinem Ausgang im allgemeinen kein fester Endwert, sondern ein durch je eine obere und eine untere Grenze gekennzeichneter Bereich möglicher Endergebnisse (Wertebereich) für die zu ändernde physikalische Größe. Dieser Wertebereich zeigt, welche Änderungen im äußersten Falle mit der festgelegten physikalischen Funktionskette vorgenommen werden können. Er ist mit den im Rahmen der Aufgabenstellung festgelegten Schnittstellenbedingungen am Ausgang des technischen Systems zu vergleichen.

In der Regel liegen die Schnittstellenbedingungen innerhalb des beschriebenen Wertebereiches. In diesem Falle müssen in einem zweiten Arbeitsgang die physikalischen Funktionen so festgelegt werden, daß durch ihre Wirkungen die Schnittstellenbedingungen am Eingang des technischen Systems genau in diejenigen an seinem Ausgang überführt werden. Dieser Arbeitsgang kann als physikalische Auslegungsberechnung im engeren Sinne bezeichnet werden. Die dabei zu betrachtenden physikalischen Wirkzusammenhänge stehen im allgemeinen in enger Beziehung zu dem durchzusetzenden Hauptfluß des technischen Systems. Hier getroffene Festlegungen wirken meist unmittelbar auf die Haupteingangs- und/oder Hauptausgangsgrößen des Systems, also "nach außen". Diesem Arbeitsgang kommt besondere Bedeutung zu, weil hier die Betriebspunkte oder Betriebsbereiche der aus den physikalischen Funktionen entstehenden technischen Systeme sowie Grundlagen zur späteren Festlegung konstruktiver Wirkzusammenhänge bestimmt werden.

Der Betriebspunkt oder Betriebsbereich eines technischen Systems ist dadurch gekennzeichnet, daß in ihm die Parameter der physikalischen Funktionen diejenigen Werte annehmen, welche sie während des Normalbetriebes des zu verwirklichenden Systems haben sollen. Es sollte mit dem Punkt oder Bereich des besten Wirkungsgrades dieses Systems übereinstimmen.

Unter den Grundlagen zur späteren Festlegung konstruktiver Wirkzusammenhänge sind hier solche konstruktiven Merkmale technischer Systeme zu verstehen, welche aufgrund physikalischer Gegebenheiten festgelegt wurden und beim Gestalten nicht verändert werden dürfen.

Bei der Anpassung der physikalischen Funktionen an die Schnittstellenbedingungen sind im allgemeinen mehrere Merkmale zu berücksichtigen und gegeneinander abzuwägen. Dabei können sich die Schwergewichte von Aufgabe zu Aufgabe verschieben. Wenn vorausgesetzt wird, daß von den Schnittstellenbedingungen am Eingang des technischen Systems ausgegangen wurde, dann sind grundsätzlich folgende mögliche Fälle der Anpassung physikalischer Funktionen an Schnittstellenbedingungen zu unterscheiden:

A) Alle Funktionen werden auf die unteren Wirkungsgrenzen ihrer Wirkungsmöglichkeiten gesetzt. Eine von ihnen wird solange geändert (ihre Wirkung vergrößert), bis die Schnittstellenbedingungen am Ausgang erfüllt sind oder bis die Änderungsmöglichkeiten dieser Funktion ausgeschöpft sind. In letzterem Falle ist dieser Vorgang mit weiteren Funktionen bis zur Erfüllung der Schnittstellenbedingungen zu wiederholen.

B) Alle Funktionen werden auf die obere Wirkungsgrenze ihrer Wirkungsmöglichkeiten gesetzt. Eine von ihnen wird solange geändert (ihre Wirkung verkleinert), bis die Schnittstellenbedingungen am Ausgang erfüllt sind oder bis die Änderungsmöglichkeiten dieser Funktion ausgeschöpft sind. In letzterem Falle ist dieser Vorgang mit weiteren Funktionen bis zur Erfüllung der Schnittstellenbedingungen zu wiederholen.

C) Der Wertebereich der physikalischen Funktionskette ist durch die Schnittstellenbedingungen am Ausgang in zwei Abschnitte unterteilt. Diese Abschnitte werden zueinander oder zum gesamten Wertebereich ins Verhältnis gesetzt. Nach diesem Teilungsverhältnis werden die unteren Wirkungsgrenzen jeder einzelnen physikalischen Funktion angehoben beziehungsweise ihre oberen Grenzen gesenkt. Damit ist eine Erfüllung der Schnittstellenbedingungen am Ausgang bei gleichem Nutzungsgrad für alle Funktionen, erzielbar.

D) Viele Funktionen sind dadurch gekennzeichnet, daß sie in einem kleinen Teil ihres Definitionsbereiches besonders wirksam arbeiten oder ihre ungünstigen Nebenwirkungen hier besonders gering sind. Dieser Bereich wird bei allen Funktionen angestrebt. Gegebenenfalls ist mit dem Bereich bester Wirksamkeiten entsprechend den Fällen A bis C zu verfahren.

E) Schnittstellenbedingungen betreffen oft mehrere Parameter, die aufeinander abzustimmen sind. Dabei ist es manchmal vorteilhaft, eine oder mehrere dieser Größen festzulegen, welche an der Anpassung nicht teilnehmen, sondern für alle Funktionen in allen Fällen konstant gehalten werden. Dazu eignen sich besonders solche Größen, welche die Gestalt technischer Systeme maßgeblich beeinflussen, beispielsweise Rollendurchmesser in Bandbehandlungslinien. Anschließend an die Festlegung solcher invarianter Parameter werden die übrigen Größen entsprechend einem der ersten vier Fälle an die Schnittstellenbedingungen angepaßt.

F) Zusätzlich zu den genannten Fällen werden die bei der vorgesehenen Anwendung der Funktionen voraussichtlich auftretenden Kosten berücksichtigt.

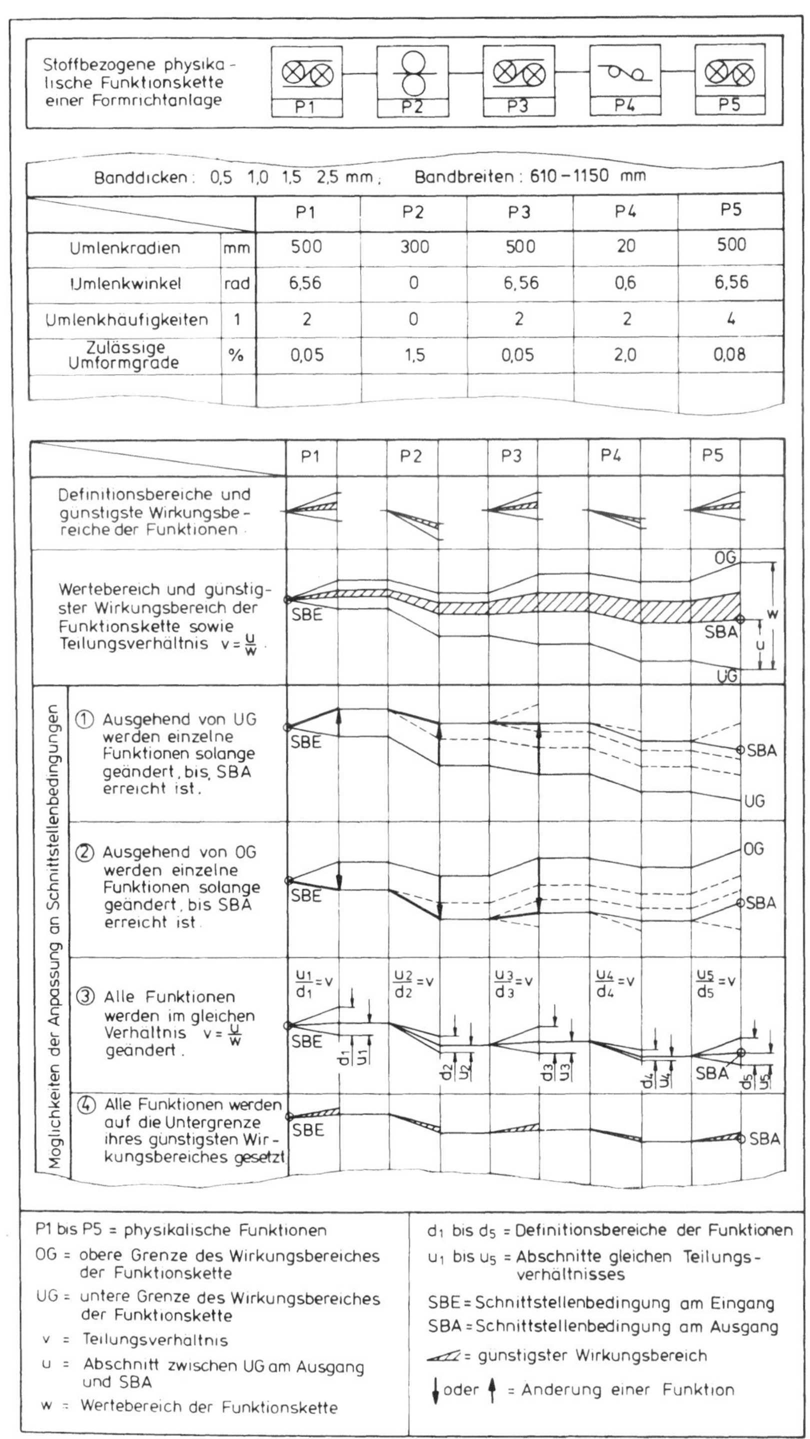


| | | P1 | P2 | P3 | P4 | P5 |
|---|---|---|---|---|---|---|
| Umlenkradien | mm | 500 | 300 | 500 | 20 | 500 |
| Umlenkwinkel | rad | 6,56 | 0 | 6,56 | 0,6 | 6,56 |
| Umlenkhäufigkeiten | 1 | 2 | 0 | 2 | 2 | 4 |
| Zulässige Umformgrade | % | 0,05 | 1,5 | 0,05 | 2,0 | 0,08 |

**Bild 68:** Stoffbezogene physikalische Funktionskette der Formrichtanlage einer Feuerverzinkungslinie für Stahlband mit wesentlichen zu beachtenden Einflußgrößen sowie möglichen Fällen der Anpassung physikalischer Funktionen an die Schnittstellenbedingungen, dargestellt am Beispiel der Bandzugspannungen.

Die Güte der Ergebnisse sowie der erreichbare Informationszuwachs steigen im allgemeinen in der angegebenen Reihenfolge dieser Fälle. Daneben steigt in gleichem Maße auch der erforderliche Aufwand. Die vorbeschriebenen Fälle werden im folgenden beispielhaft durch das Vorgehen beim Bearbeiten der stoffbezogenen physikalischen Funktionskette der Formrichtanlage einer Feuerverzinkungslinie für Stahlband auf der Maschinengruppenebene in vereinfachter Weise verdeutlicht, **Bild 68.** Dabei sind unter anderem die Einflußgrößen

- Bandzugspannungen,
- Banddicken,
- Umlenkradien,
- Umlenkhäufigkeiten sowie
- zulässige Umformgrade

zu berücksichtigen. In Bild 68 ist oben die physikalische Funktionskette dieser Anlage durch Bildzeichen beschrieben. Der Tabelle in Bildmitte sind einige Werte wesentlicher Einflußgrößen zu entnehmen. Darunter sind die ersten vier der vorgenannten möglichen Fälle der Anpassung physikalischer Funktionen an die Schnittstellenbedingungen am Beispiel der Bandzugspannungen in Nomogrammform schematisch dargestellt.

Bei jedem der beschriebenen Fälle sind während der Anpassung der physikalischen Wirkzusammenhänge an die Schnittstellenbedingungen grundsätzlich zwei Einschränkungen zu berücksichtigen. Die erste Einschränkung bezieht sich darauf, daß einige technische Systeme imstande sein müssen, mehrere Betriebsweisen mit unterschiedlichen Betriebspunkten oder Betriebsbereichen auszuführen. Wenn in einem solchen Falle dieselbe physikalische Funktion mehrfach (unter verschiedenen Betriebsbedingungen, zu verschiedenen Zwecken) genutzt wird, dann ist dies bei der physikalischen Auslegungsberechnung zu berücksichtigen. Die zweite Einschränkung bezieht sich darauf, daß die Definitionsbereiche (technologische Grenzen) der in einer Kette enthaltenen physikalischen Funktionen manchmal erheblich voneinander abweichen. Dabei kann oft eine Funktion ermittelt werden, deren Definitionsbereich stärker begrenzt ist, als derjenige aller übrigen Funktionen. Dann stellt diese Funktion den sogenannten "Engpaß" dar. Der Engpaß beeinflußt im allgemeinen ganz erheblich die Auslegungsberechnung zu den übrigen Funktionen. Das wird durch folgendes Beispiel verdeutlicht.

Beim rechnerunterstützten Projektieren von Feuerverzinkungslinien auf der Anlagenebene werden als Schnittstellenbedingungen am Ein- und Ausgang der Anlagengruppen Stoffdurchsatzmengen sowie Mengengerüste festgelegt. Zur physikalischen Auslegungsberechnung im Rahmen der Festlegung physikalischer Wirkzusammenhänge in solchen technischen Systemen sind aufgrund des Zusammenhanges

$$\dot{m} = v \cdot A \cdot \rho$$

mit $\dot{m}$ = Massenstrom,
$v$ = Bandgeschwindigkeit,
$A$ = Bandquerschnitt und
$\rho$ = Dichte des Bandes

oft Abhängigkeiten zwischen Bandabmessungen und möglichen Bandgeschwindigkeiten zu berücksichtigen. In kontinuierlich arbeitenden Bandbehandlungslinien, mit stetigem Fluß eines zusammenhängenden festen Stoffes, können physikalische Funktionen nur dann zu einer Funktionskette zusammengefaßt werden, wenn die Definitionsbereiche aller Funktionen einen gemeinsamen Schnittbereich haben. Nur in diesem Bereich ist eine physikalische Auslegung möglich. In **Bild 69** sind die Definitionsbereiche von vier physikalischen Funktionen (P 1 bis P 4) durch Nomogramme dargestellt. Bei dieser Darstellungsweise erscheinen die Definitionsbereiche physikalischer Funktionen als Flächen zwischen jeweils zwei Grenzkurven. In den Nomogrammen des Bildes 69 ist die Bandgeschwindigkeit als Funktion der Banddicke aufgetragen. Die unteren Grenzkurven werden hier von den Koordinatenachsen gebildet und die Definitionsbereiche sind schraffiert. Im letzten Nomogramm (K) des Bildes 69 sind die Definitionsbereiche aller vier Funktionen überlagert. Dabei wird deutlich, daß der Wertebereich einer Funktionskette, die aus diesen vier Funktionen gebildet wurde, mit dem Definitionsbereich der Funktion P 4 identisch ist. Funktion P 4 bildet also den Engpaß dieser Kette und ist damit bei der physikalischen Auslegungsberechnung vorrangig zu behandeln.

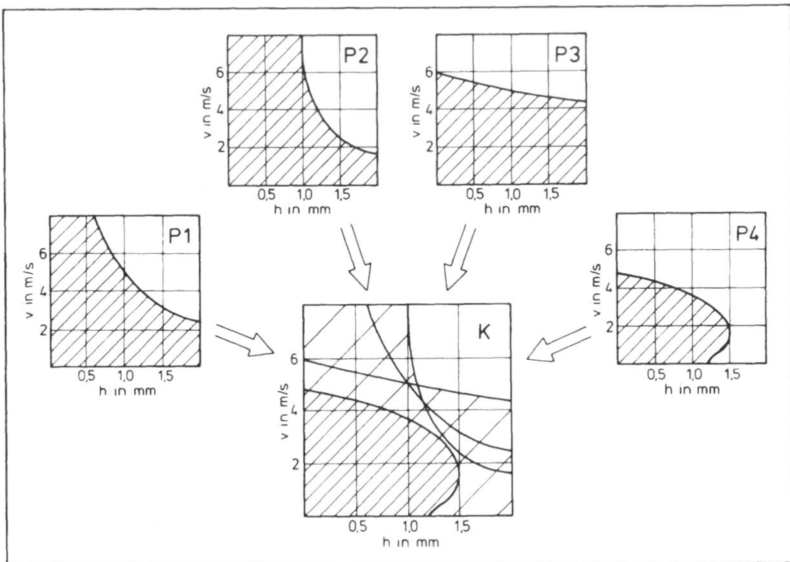


**Bild 69:** Überlagerung der Definitionsbereiche physikalischer Funktionen zum Wertebereich der Funktionskette und Verdeutlichung der den "Engpaß" bildenden physikalischen Funktion.

Die im Rahmen des Programmes KLADAU festgelegten Schnittstellenbedingungen können in Ausnahmefällen auch außerhalb des Wertebereiches der betrachteten physikalischen Funktionskette liegen. Das bedeutet, daß mit der gewählten Kombination physikalischer Funktionen eine Erfüllung der festgelegten Aufgabenstellung nicht möglich ist. Diese Unstimmigkeit muß beseitigt werden. Beim rechnerunterstützten systematischen Projektieren und Konstruieren werden bei Überschreitung des zulässigen Bereiches die vom Rechner ermittelten Ergebnisse der Prüfung auf Übereinstimmung mit den Schnittstellenbedingungen dem Benutzer über den Bildschirm angezeigt. Daraufhin können die folgenden Maßnahmen hinsichtlich ihrer Effektivität vom Benutzer geprüft und gegebenenfalls ergriffen werden:

- Es ist vom Benutzer zu prüfen und zu entscheiden, ob die Überschreitung der Schnittstellenbedingungen von merklich ungünstigem Einfluß auf Nachbarsyteme ist und den Wert des Gesamtsystems mindert. Wenn das nachweislich nicht der Fall ist, dann kann die Funktionskette trotz Nichterfüllung der Schnittstellenbedingungen bei einem Vergleich mit varianten Ketten berücksichtigt oder, falls variante Ketten nicht vorliegen, als zulässig und anforderungsentsprechend behandelt werden.
- Wenn es möglich ist, Daten zu einzelnen physikalischen Funktionen der Kette zu ändern, beispielsweise so daß deren Definitionsbereich erweitert wird, kann nach Änderung dieser Daten und einem erneuten Rechenlauf geprüft werden ob dadurch die Schnittstellenbedingungen einzuhalten sind. Als Beispiel hierzu kann die physikalische Auslegungsberechnung für die Glühanlage einer Feuerverzinkungslinie auf der Anlagenebene dienen. Bei den üblicherweise eingesetzten Waagerecht-Durchlauföfen kann durch Verlängerung des Ofens bei ansonsten gleichem Ofentyp die Durchsatzleistung gesteigert werden. Somit wird durch Erhöhung des auf die physikalische Funktion bezogenen technologischen Grenzwertes der größten zulässigen Ofenlänge eine Erhöhung der durchzusetzenden Bandmenge erreichbar.
- Wenn variante physikalische Funktionsketten verfügbar sind, können diese daraufhin geprüft werden, ob bei ihrer Verwendung eine Überschreitung der Schnittstellenbedingungen zu vermeiden ist.
- Wenn für logische Funktionen variante physikalische Funktionen vorhanden waren, welche aufgrund ungünstiger Eigenschaften bei der ersten Bewertung ausgesondert und somit nicht zur Bildung varianter Ketten benutzt worden sind, dann ist zu untersuchen, ob bei ihrer Verwendung die Schnittstellenbedingungen eingehalten werden können. Bei einer nochmaligen Bewertung und Auswahl physikalischer Funktionen ist die Einhaltung der Schnittstellenbedingungen als Merkmal mit hoher Wertigkeit einzuführen. Eine neue Funktionskette ist zu bilden und, wie bereits beschrieben, zu bearbeiten.
- Die Schnittstellenbedingungen sind durch Änderung von Eingabedaten den physikalischen Wirkzusammenhängen anzupassen. Weil eine Änderung der für das zu bearbeitende Teilsystem maßgebenden Schnittstellenbedingungen auch Einfluß auf andere Teilsysteme haben kann, muß deshalb das Programm KLADAU erneut durchlaufen werden. Dabei ist zu ermitteln, welche Auswirkungen sich auf bereits bearbeitete Teilsysteme ergeben. Erforderlichenfalls ist eine Überarbeitung dieser Systeme durchzuführen.

Die vorgeschlagenen Maßnahmen sind hier nach der Weite des erforderlichen Rücksprunges im Programm, welche von der ersten bis zur letzten ansteigt, geordnet. So ist die Möglichkeit der Bestimmung anderer physikalischer Funktionen - und damit auch einer anderen Funktionskette - oder der Festlegung neuer Eingabedaten sinnvollerweise erst dann zu bedenken, wenn weitere variante physikalische Funktionsketten nicht vorliegen.

Aus den vorbeschriebenen Maßnahmen ist auch ersichtlich, welche Bedeutung einer sorgfältigen Berechnung der Schnitttstellenbedingungen bei der Klärung der Aufgabe, KLADAU, zukommt. Schon in KLADAU werden die Weichen für einen reibungslosen Ablauf des Projektierungs- und Konstruktionsgeschehens während der KLADAU folgenden Hauptschritte gestellt. Dagegen zeigt sich hier auch, daß die für das rechnerunterstützte systematische Vorgehen notwendige Einteilung technischer Systeme in Teilsysteme und deren isolierte Bearbeitung nicht zu fehlerhaften Endergebnissen führen kann. Denn im Bearbeitungsablauf eingebaute Kontrollmechanismen, zu denen auch die Berechnung der unmittelbar schnittstellenabhängigen physikalischen Wirkzusammenhänge zählt, sorgen dafür, daß Unstimmigkeiten stets erkannt und beseitigt werden können.
Die Berechnung der unmittelbar schnittstellenabhängigen physikalischen Wirkzusammenhänge ist aber nicht nur eine Kontrollrechnung, sondern damit wird gleichzeitig ein ganz erheblicher Informationszuwachs über die Eigenschaften und die Wirkungsweise des zu bearbeitenden technischen Systems gewonnen.

Die kurzgefaßte Darstellung der Berechnung der unmittelbar schnittstellenabhängigen physikalischen Wirkzusammenhänge ist 6. (in Block 2 des Programmes PHYWIZ, Tafelseiten 15 und 16) in Form eines Ablaufplanes zu entnehmen.

#### 5.4.2.2. Berechnung der mittelbar schnittstellenabhängigen und der schnittstellenunabhängigen physikalischen Wirkzusammenhänge

Die Berechnung einer physikalischen Funktionskette ist mit der Festlegung der unmittelbar schnittstellenabhängigen physikalischen Wirkzusammenhänge noch nicht abgeschlossen. In einer solchen Funktionskette sind in der Regel auch noch physikalische Zusammenhänge wirksam, welche zu den Schnittstellenbedingungen entweder nur mittelbar oder gar nicht in Beziehung stehen und keinen Einfluß auf sie haben. Diese Wirkzusammenhänge werden nach Berechnung der unmittelbar schnittstellenabhängigen Wirkzusammenhänge in einem gesonderten Berechnungsgang untersucht und festgelegt. Dabei können sowohl einzelne physikalische Funktionen voneinander getrennt als auch die physikalische Funktionskette als Gesamtheit zu betrachten sein. Der Unterschied zwischen unmittelbar schnittstellenabhängigen physikalischen Wirkzusammenhängen einerseits und mittelbar sowie nicht schnittstellenabhängigen physikalischen Wirkzusammenhängen andererseits wird durch folgende Beispiele verdeutlicht.
Bei der Berechnung stoffbezogener physikalischer Funktionsketten im Rahmen des rechnerunterstützten Projektierens der Anlagen einer Feuerverzinkungslinie (Anlagengruppe) auf der Maschinengruppenebene sind am Ein- und Ausgang jeder Anlage Schnittstellenbedingungen gegeben. Mit ihrer Hilfe wird die getrennte Bearbeitung jeder einzelnen Anlage ermöglicht. Für das genannte Beispiel enthalten die Schnittstellenbedingungen unter anderem Informationen über

- Bandzugkräfte,

- Formänderungszustände der Bänder,
- Festigkeitseigenschaften der Bänder sowie
- Temperaturen.

Mit diesen Informationen können unmittelbar schnittstellenabhängige Wirkzusammenhänge berechnet werden. Nach der Berechnung dieser Wirkzusammenhänge liegen entsprechende Angaben auch für jede einzelne physikalische Funktion in der Funktionskette der jeweils betrachteten Anlage, sofern sie unmittelbar mit dem Stofffluß in Verbindung steht, vor. Ausgehend von diesen Angaben können, beispielsweise für das Abwickeln der Bunde oder das Bewegen, Richten sowie Leiten des Bandes in der Einlaufanlage einer Verzinkungslinie,

- die erforderliche Umfangskräfte an Rollen und/oder Drehmomente,
- erforderliche Anstellkräfte sowie
- zulässige und tatsächliche Flächenpressungen zwischen Band und Rollen

ermittelt werden. Daneben sind, unter Verwendung weiterer, in der Anforderungliste enthaltener Informationen über Bandgeschwindigkeiten sowie vorgesehenes Anfahr- und Bremsverhalten,

- Leistungen und
- kennzeichnende Daten

der Antriebe berechenbar. Alle diese Angaben werden unter dem Begriff "mittelbar schnittstellenabhängige physikalische Wirkzusammenhänge" zusammengefaßt, weil zu ihrer Festlegung von den unmittelbar schnittstellenabhängigen Wirkzusammenhängen auszugehen ist. Dabei können die mittelbar schnittstellenabhängigen Wirkzusammenhänge in der Regel die unmittelbar schnittstellenabhängigen Wirkzusammenhänge nicht beeinflussen.

Die letzte Gruppe physikalischer Wirksamkeiten, die bei der Berechnung einer physikalischen Funktionskette auftreten kann, ist diejenige der schnittstellenunabhängigen Wirkzusammenhänge. Zur Festlegung solcher Wirkzusammenhänge zählen in einer stoffbezogenen physikalischen Funktionskette auf Maschinengruppenebene beispielsweise

- Druck- und Leistungsberechnungen zur Beschreibung des Düsenabstreifverfahrens in einer Verzinkungsanlage,
- Berechnungen der Kräfte, Wege und Zeiten beim Transportieren der Bunde am Eingang der Einlaufanlage einer Bandbehandlungslinie sowie
- Berechnung der Zeitbilanzen für das Sammeln, Behandeln und Abführen von Saumschrott beim Beschneiden der Stahlbänder.

Die schnittstellenunabhängigen Wirkzusammenhänge stehen in der Berechnungsfolge physikalischer Funktionsketten an letzter Stelle, weil hierbei die Wahrscheinlichkeit einer Rückwirkung auf andere Systeme klein ist.

Die kurzgefaßte Darstellung der Berechnung der physikalischen Wirkzusammenhänge, die keinen Einfluß auf die Schnittstellenbedingungen haben, ist 6. (in Block 2 des Programmes PHYWIZ, Tafelseite 17) in Form eines Ablaufplanes zu entnehmen.

### 5.4.2.3. Anwendungsbeispiel zur Berechnung physikalischer Wirkzusammenhänge

Im Rahmen eines Anwendungsprogrammes für das rechnerunterstützte Projektieren wurde das Programm zur Berechnung der **P**hysikalischen Wirkzusammenhänge auf der **AN**lagenebene für **FEU**erverzinkungslinien, PANFEU genannt, erstellt. Aufbau und Ablauf des Programmes PANFEU sind der **Tafel 31** in Form eines vereinfachten Programmablaufplanes zu entnehmen. Tafel 31 (links) enthält die Berechnung der unmittelbar schnittstellenabhängigen und Tafel 31 (rechts) diejenige der mittelbar schnittstellenabhängigen sowie schnittstellenunabhängigen physikalischen Wirkzusammenhänge.
Das Programm PANFEU läuft, wenn die mit Abschluß von KLADAU festliegende Aufgabenstellung durch die zugrunde gelegte physikalische Funktionskette erfüllt werden kann, automatisch (ohne Benutzereingriffe) ab. Falls jedoch die Aufgabenstellung unerfüllbar ist, wird der Projekteur in den Bearbeitungsvorgang einbezogen. In diesem Falle werden vom Programm PANFEU Unterprogramme, die in Tafel 31 mit "Interakt" bezeichnet sind, aufgerufen. Über die Interakt-Programme wird

- dem Benutzer die Problemstellung durch Anzeige der Daten, welche die Situation beschreiben, auf dem Bildschirm verdeutlicht,
- eine Anzahl von Maßnahmen zur Lösung des Problems angeboten,
- eine Entscheidung des Benutzers für eine dieser Maßnahmen gefordert,
- nach der Entscheidung eine Eingabe oder Änderung von Daten entsprechend der gewählten Maßnahme vom Benutzer verlangt und
- ein Rücksprung zu einer Stelle, von der ausgehend die Berechnung wieder einsetzen muß, durchgeführt.

Für den Durchsatz durch Feuerverzinkungslinien werden die zu Bunden aufgewickelten Stahlbänder zu einem gleichsam endlosen Band verbunden. Erst nach Durchführung aller Verfahrensstufen wird das Band in der Linie wieder geteilt und zu Bunden gewickelt. Deshalb können die einzelnen Verfahrensstufen, die durch die physikalischen Funktionen der zugrundeliegenden Funktionskette bestimmt sind, nur in Reihe angeordnet sein. Somit handelt es sich hier um einen linearen, ununterbrochenen Stofffluß. Die rechnerische Ermittlung der maßgeblichen größten und kleinsten Bandgeschwindigkeiten, bezogen auf diesen Stofffluß, ist das Ziel des ersten Programmabschnittes im Programm PANFEU, Tafel 31. Dieser Abschnitt ist in Tafel 30 strukturiert. Dabei gelten, aufgrund der genannten Charakteristik des Stoffflusses und anderer physikalischer Gegebenheiten, folgende Randbedingungen. Mit Ausnahme derjenigen physikalischen Funktionen am Anfang und Ende der Kette, welche für die Anpassung des diskontinuierlichen Stoffflusses außerhalb der Linie an den kontinuierlichen Stofffluß innerhalb der Linie zuständig sind, müssen alle physikalischen Funktionen von einem bestimmten Band mit gleicher Geschwindigkeit durchlaufen werden. Diese für alle "inneren Funktionen" gleiche Geschwindigkeit ist, ungeachtet der Sollproduktion, im wesentlichen von den

- Banddicken und
- Wärmebehandlungen

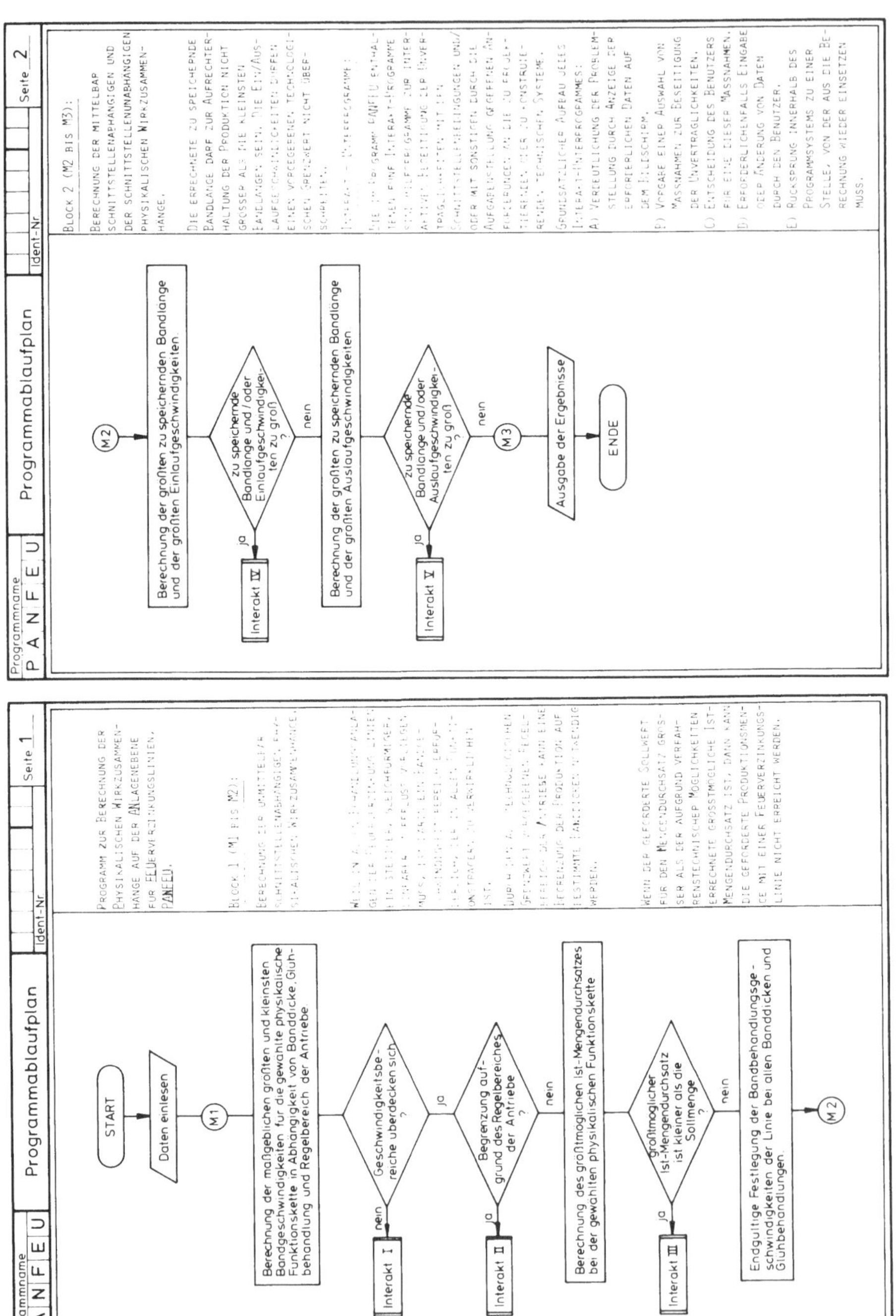


**Tafel 31:** Vereinfachter Ablaufplan des Programmes PANFEU zur Berechnung der **P**hysikalischen Wirkzusammenhänge auf der **AN**lagenebene im Rahmen des rechnerunterstützten Projektierens von **FEU**erverzinkungslinien für Stahlband.

abhängig. Mit diesen Einflußgrößen können, aufgrund technologischer Grenzen und verfahrensbedingter Abhängigkeiten, für jede Funktion Geschwindigkeitsfelder ermittelt werden. Diese Geschwindigkeitsfelder sind durch obere und untere Grenzkurven bestimmt. Durch Vergleich der Geschwindigkeitsfelder aller inneren Funktionen der physikalischen Funktionskette können die insgesamt kleinsten Werte aller oberen und die insgesamt größten Werte aller unteren

Grenzkurven ermittelt werden. Diese Werte werden als maßgebliche größte und kleinste Bandgeschwindigkeiten bezeichnet. Eine Feuerverzinkungslinie ist nur dann in der Lage, ihre Aufgabe zu erfüllen, wenn für jede Wärmebehandlung die Geschwindigkeitsfelder aller inneren Funktionen eine Schnittmenge bilden. **Bild 70** verdeutlicht den Vorgang und die Auswirkungen des Vergleichs von Geschwindigkeitsfeldern in Form von Diagrammen. Der besseren Übersicht wegen sind hier die Geschwindigkeitsfelder von nur zwei Funktionen in Abhängigkeit von der Banddicke schematisch dargestellt. Die auf der Abszisse dieser Diagramme eingetragenen Koordinaten $h_1$ und $h_n$ grenzen den Bereich der aufgrund der Aufgabenstellung zu berücksichtigenden Banddicken ein. Der Normalfall der Überlagerung zweier Geschwindigkeitsfelder ist dem

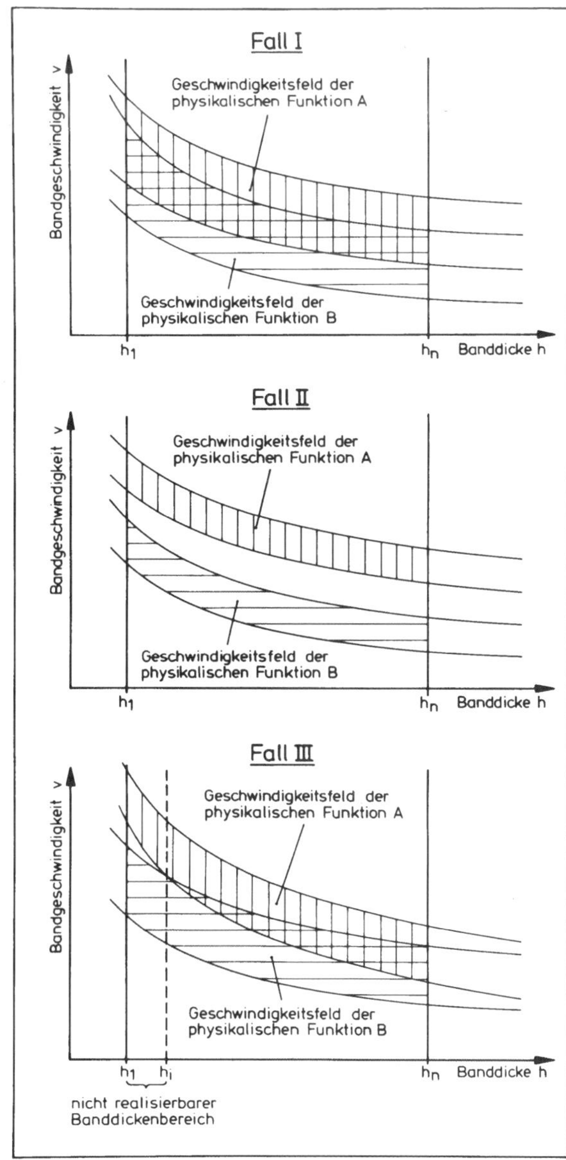


**Bild 70:** Schematische Darstellungen der Geschwindigkeitsfelder zweier physikalischer Funktionen in Abhängigkeit von der Dicke des durchzusetzenden Stahlbandes.

Bild 70, oben, zu entnehmen. Hier gibt es einen gemeinsamen Geschwindigkeitsbereich der physikalischen Funktionen für den gesamten Banddickenbereich. Folglich ist der Betrieb für alle Banddicken gewährleistet. In Bild 70, oben, sind die Grenzkurven des doppelt schraffierten Feldes folglich die maßgeblichen Bandgeschwindigkeiten. Bei einem derartigen Vorgehen ist es denkbar, daß die für die gesamte Funktionskette ermittelten maßgeblichen kleinsten oberhalb der maßgeblichen größten Geschwindigkeiten liegen. Dieser Fall kann auftreten, wenn sich die Geschwindigkeitsfelder von zwei oder mehr physikalischen Funktionen nicht, Bild 70, Mitte, oder nur für einige Banddicken überschneiden. Somit ist eine Reihenanordnung der Funktionen des Bild 70, Mitte, unmöglich. In Bild 70, unten, ist zwar ein gemeinsamer Geschwindigkeitsbereich vorhanden, jedoch erstreckt sich dieser nicht über den gesamten Banddickenbereich. Damit ist ein Betrieb der Linie unter diesen Bedingungen nur bei Einschränkung des Banddickenbereiches zu gewährleisten. Ergibt sich aufgrund der Berechnungen ein dem Bild 70, Mitte oder unten, entsprechender Zustand, wird das Unterprogramm "Interakt I" des Programmes PANFEU, Tafel 31, angesprochen, und es werden vom Benutzer Maßnahmen zur Beseitigung dieses Zustandes gefordert. Solche Maßnahmen können beispielsweise

- Wählen anderer, geeigneter physikalischer Funktionen,
- Streichen der außerhalb des Überdeckungsbereiches befindlichen Banddicken (das entspricht einer Änderung der Aufgabenstellung) oder
- Abbruch des Programmes

sein.

Die Bandgeschwindigkeiten der Linie werden über Antriebssysteme erzwungen. Diese Antriebe können meist nur innerhalb eines vorgegebenen Drehzahl-Regelbereiches betrieben werden. Der Regelbereich kann über einen Regelfaktor für die Antriebe erfaßt werden. Dabei ergibt sich der zulässige Regelbereich durch Multiplikation einer kleinsten zu bestimmenden Bandgeschwindigkeit, $v_{unter}$, mit dem Regelfaktor. Der sich ergebende Wert ist dann die größte erreichbare Bandgeschwindigkeit, $v_{ober}$. Die Antriebe von Feuerverzinkungslinien müssen für alle Wärmebehandlungen und Banddicken die jeweiligen, verfahrenstechnisch erforderlichen Bandgeschwindigkeiten sicherstellen können. Deshalb ist bei der Berechnung der physikalischen Wirkzusammenhänge dieser Linien zu prüfen, ob eine Einschränkung der verfahrenstechnisch zulässigen Bandgeschwindigkeiten aufgrund des begrenzten Regelbereiches der Antriebe vorliegt. Durch den Regelbereich können

- Geschwindigkeitsbereiche oder
- Banddickenbereiche

ausgeschlossen werden. Die **Bilder 71 und 72** verdeutlichen diese Einschränkungen. Als die für die Einbeziehung des Regelbereiches zugrundezulegende Geschwindigkeit, $v_{unter}$, wird die kleinste aller maßgeblichen größten Bandgeschwindigkeiten festgelegt. Durch diese Wahl von $v_{unter}$ kann der größte noch sinnvolle Geschwindigkeitsbereich vom Regelbereich überdeckt werden. Denn es ist, falls Einschränkungen aufgrund des Regelbereiches erforderlich sind, nur möglich, die größten maßgeblichen Geschwindigkeiten zu senken, nicht jedoch diese zu erhöhen. Somit ist es in keinem Falle sinnvoll, $v_{ober}$ festzulegen und davon ausgehend $v_{unter}$ zu berechnen.

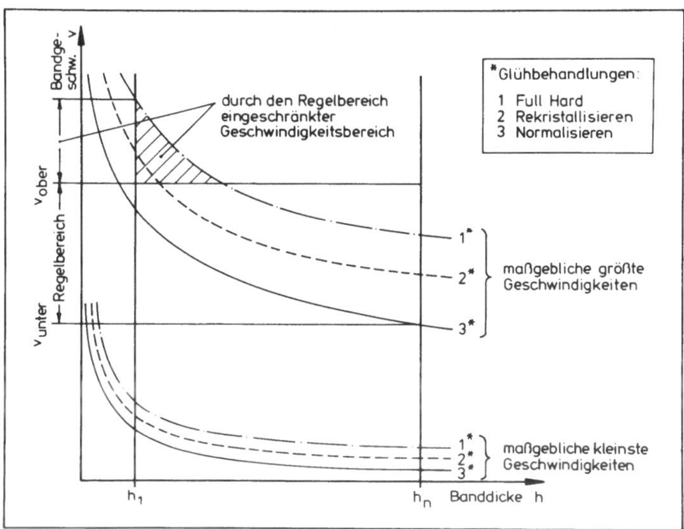


**Bild 71:** Schematische Darstellung der maßgeblichen größten und kleinsten Bandbehandlungsgeschwindigkeiten einer physikalischen Funktionskette für drei Glühbehandlungen in Abhängigkeit von der Dicke des durchzusetzenden Stahlbandes sowie des vorgegebenen Regelbereiches der Antriebe zur Verdeutlichung eines eingeschränkten Geschwindigkeitsbereiches.

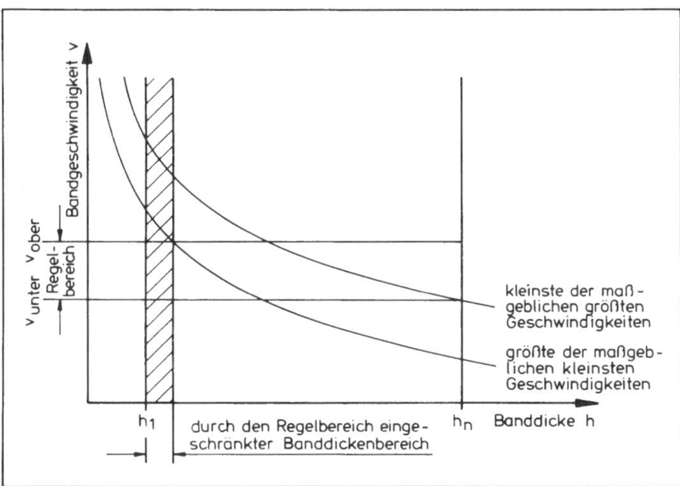


**Bild 72:** Schematische Darstellung maßgeblicher größter und kleinster Bandbehandlungsgeschwindigkeiten einer physikalischen Funktionskette in Abhängigkeit von der Dicke des durchzusetzenden Stahlbandes sowie des vorgegebenen Regelbereiches der Antriebe zur Verdeutlichung eines eingeschränkten Banddickenbereiches.

In Bild 71, welches der Verdeutlichung von Einschränkungen der Geschwindigkeitsbereiche dient, sind die Grenzkurven der maßgeblichen Geschwindigkeiten für drei Wärmebehandlungen schematisch dargestellt. Solange $v_{ober}$ für alle Banddicken oberhalb der maßgeblichen kleinsten Geschwindigkeiten liegt, wird bei den Banddicken, für die gilt:

$$v_{ober} < \text{maßgebliche größte Geschwindigkeit},$$

diese Grenzgeschwindigkeit $v_{ober}$ zur maßgeblichen größten Bandgeschwindigkeit. Wenn $v_{ober}$ nicht für alle Banddicken größer als die maßgeblichen kleinsten Geschwindigkeiten ist, wird ein Banddickenbereich eingeschränkt, Bild 72. In diesem Bild sind aus Gründen der Übersicht nur noch zwei Kurven für die maßgeblichen Geschwindigkeiten dargestellt. Bei der oberen Kurve handelt es sich um diejenige für die kleinsten aller maßgeblichen größten und bei der unteren um die Kurve für die größten aller maßgeblichen kleinsten Bandgeschwindigkeiten der einzelnen Wärmebehandlungen. Wenn, wie in Bild 72 dargestellt, aufgrund des Regelbereiches nicht alle Banddicken in der Verzinkungslinie durchgesetzt werden können, wird im Programm PANFEU das Unterprogramm "Interakt II" aufgerufen, welches vom Projekteur eine Entscheidung zur Beseitigung dieser Unverträglichkeit mit der Aufgabenstellung fordert. Der Bearbeiter kann sich dann beispielsweise für

- die Vergrößerung des Regelbereiches,
- die Wahl anderer physikalischer Funktionen,
- das Streichen betroffener Banddicken oder
- einen Programmabbruch

entscheiden.

Der im Programm PANFEU folgende Berechnungsteilschritt hat die Ermittlung des größtmöglichen Ist-Mengendurchsatzes für die zugrundeliegende physikalische Funktionskette zum Ziel. Dazu werden unter Berücksichtigung der größten maßgeblichen Bandgeschwindigkeiten zunächst die dabei möglichen Mengendurchsätze in kg/min für jede Wärmebehandlung berechnet. Die sich dabei ergebenden Werte sagen aus, welche Durchsatzleistung je Betriebsminute bei der jeweiligen Wärmebehandlung zu erreichen ist. Die Berechnung des größtmöglichen Ist-Mengendurchsatzes, $\dot{m}^*_{IST}$, welcher als Durchschnittswert über die Betriebszeit unter Zugrundelegung der unterschiedlichen Mengenanteile je Wärmebehandlung anzusehen ist, erfolgt in kg/min nach der Gleichung

$$\dot{m}^*_{IST} = \frac{1}{\sum_{gl=1}^{GL} \frac{G_{(gl)}}{\dot{m}_{(gl)} \cdot 100}}$$

mit
$gl$ = Zählgröße für die unterschiedlichen Wärmebehandlungen,
$GL$ = größter Wert für gl,
$G_{(gl)}$ = Anteil der jeweiligen Wärmebehandlung an der geforderten Sollmenge in %,
$\dot{m}_{(gl)}$ = Durchsatzleistung bei der jeweiligen Wärmebehandlung in kg/min.

Wenn dieser errechnete Ist-Mengendurchsatz, $\dot{m}^{*}_{IST}$, kleiner als der durch die Angabe der Sollmenge geforderte Mengendurchsatz ist, wird im Programm PANFEU das Unterprogramm "Interakt III" aufgerufen. Das bedeutet, die geforderte Sollproduktion kann mit der zugrundegelegten physikalischen Funktionskette nicht erreicht werden Der Benutzer wird über den vorliegenden Zustand durch die Darstellung kennzeichnender Eingabedaten und Berechnungsergebnisse auf dem Bildschirm informiert.

**Bild 73** zeigt diese Bildschirmausgabe innerhalb des Unterprogrammes "Interakt III". Die den Eingabedaten entnommenen oder aus ihnen abgeleiteten Werte sind im oberen Teil des Bildes aufgeführt. Die durch PANFEU berechneten Werte für die zugrundeliegende physikalische Funktionskette sind im unteren Teil von Bild 73 dargestellt. Es handelt sich hier um

- den größtmöglichen Ist-Mengendurchsatz und
- die auf diesen Durchsatz bezogenen maßgeblichen größten Bandbehandlungsge schwindigkeiten.

```
                                   INTERAKT 3
IST - MENGENDURCHSATZ ERREICHT NICHT DEN SOLLWERT

SOLLMENGENDURCHSATZ EINGANG      1167.58          KG/MIN              I SOLLMENGE AENDERN
PROZ.AN. FULL HARD                  10.00          0/0                I
PROZ.AN. REKRISTALLISIEREN          70.00          0/0                I ANZAHL DER GLEICHEN
PROZ.AN. NORMALISIEREN              20.00          0/0                I LINIEN AENDERN
BANDDICKEN MM                                                         I
      .35   .80  1.50  -   -   -   -   -   -   -   -   -              I VERSCHIEDENE LINIEN
PROZ. ANTEIL BANDDICKEN                                               I VORGEBEN
      .30 99.40   .30  -   -   -   -   -   -   -   -   -              I
IST - MENGENDURCHSATZ          604.36 KG/MIN                          I
ANZAHL DER GLEICHEN LINIEN N=      1                                  I
      MASSGEBLICH GROESSTE BANDGESCHWINDIGKEIT                        I
        220.96 186.98 134.74   -    -                                 I
         96.67  81.80  58.95   -    -                                 I
         51.56  43.63  31.44   -    -                                 I
           -      -      -     -    -                                 I
           -      -      -     -    -                                 I
           -      -      -     -    -                                 I
           -      -      -     -    -                                 I
           -      -      -     -    -                                 I
           -      -      -     -    -                                 I
           -      -      -     -    -                                 I
           -      -      -     -    -                                 I
           -      -      -     -    -                                 I
           -      -      -     -    -                                 I---------------------
                                                                      I
                                                                      I
                                                                      I
```

**Bild 73:** Bildschirminformationen zur Veranschaulichung des vorliegenden Zustandes bei Ansprechen des Unterprogrammes "Interakt III" im Programm PANFEU der Tafel 31.

Die Geschwindigkeiten sind in Form einer Matrix aufgelistet, wobei die Spalten nach Wärmebehandlungen und die Zeilen nach Banddicken geordnet sind. Rechts oben in Bild 73 ist das Menü der Maßnahmen aufgeführt, für die der Benutzer sich entscheiden kann. Durch die Entscheidung "Sollmenge ändern" wird bei geringen Abweichungen zwischen dem "Soll-Mengendurchsatz" und dem "Ist-Mengendurchsatz" der letztere zur Sollmenge bestimmt. Bei dem mit Bild 73 gegebenen Beispiel erscheint die Wahl von "Anzahl der gleichen Linien ändern" sinnvoll zu sein, weil der Soll-Mengendurchsatz fast doppelt so groß wie der größtmögliche Ist-Mengendurchsatz ist. Deshalb könnte hier die Anzahl gleicher Linien auf zwei erhöht werden. Das Programm halbiert dann den Soll-Mengendurchsatz für die zu projektierende Linie. Wenn der Benutzer sich für "verschiedene Linien vorgeben" entscheidet, bedeutet dies einen Rücksprung zu dem mit KLADAU vergleichbaren Teil des Anwendungsprogrammes. Das Programm für die rechnerunterstützte Projektierung der Verzinkungslinien müßte dann, nach Aufteilung und/oder Neufestsetzung der Eingabedaten, für jede der unterschiedlichen Linien zum Einsatz kommen.

Im Programm PANFEU folgt nach Berechnung des größtmöglichen Durchsatzes die Abstimmung auf die vorgegebene Sollmenge. Das Ziel dieser Abstimmung ist die endgültige Festlegung der Bandbehandlungsgeschwindigkeiten für die konkrete Aufgabenstellung. Dies geschieht, wenn keine Beschränkungen gegeben sind, durch, dem Verhältnis von Soll-Mengendurchsatz zu größtmöglichem Ist-Mengendurchsatz proportionale, Reduzierung der maßgeblichen größten Geschwindigkeiten für jede Wärmebehandlung und Banddicke. Bei Vorliegen von Beschränkungen (beispielsweise durch den Regelbereich hinsichtlich eines Geschwindigkeitsbereiches, aufgrund der nicht unterschreitbaren kleinsten maßgeblichen Bandgeschwindigkeiten und/oder einer als technologischen Grenzwert vorgegebenen, nicht überschreitbaren Höchstgeschwindigkeit) werden die Geschwindigkeiten unter Beachtung dieser Grenzen reduziert. Dabei werden die Mengenanteile der durch den Regelbereich oder die vorgegebene Höchstgeschwindigkeit eingeschränkten Geschwindigkeitsbereiche ausgeglichen, indem die Geschwindigkeiten für die keinen Beschränkungen unterliegenden Banddicken soweit erhöht werden, daß die Sollmenge genau erreicht wird. Wenn die berechneten reduzierten Geschwindigkeiten unterhalb der maßgeblichen kleinsten Geschwindigkeiten (sofern solche Grenzen bestehen) liegen, werden die mit der Verzinkungslinie zu fahrenden Geschwindigkeiten durch das Programm PANFEU auf die Werte für die maßgeblichen kleinsten Geschwindigkeiten gesetzt, weil letztere aus verfahrenstechnischen Gründen nicht unterschritten werden dürfen. Dadurch ergibt sich eine Erhöhung der Leistungsfähigkeit der Linie über die geforderte Sollmenge hinaus.

**Bild 74** dient der Verdeutlichung dieses Vorgehens. Wegen der besseren Übersichtlichkeit der Darstellung wurde für Bild 74 angenommen, daß nur eine Wärmebehandlung in der Feuerverzinkungslinie durchzuführen ist. Bei der mit "reduzierte Geschwindigkeit" bezeichneten Kurve handelt es sich um die zur Erzeugung der Sollmenge erforderliche Bandbehandlungsgeschwindigkeit, die als endgültige Geschwindigkeit festgelegt wird. In Bild 74 ist links eine Beschränkung des Geschwindigkeitsbereiches durch den Regelbereich und rechts, mit dem nicht voll reduzierbaren Bereich, die Auswirkung des nicht möglichen Unterschreitens der maßgeblichen kleinsten Geschwindigkeit zu erkennen.

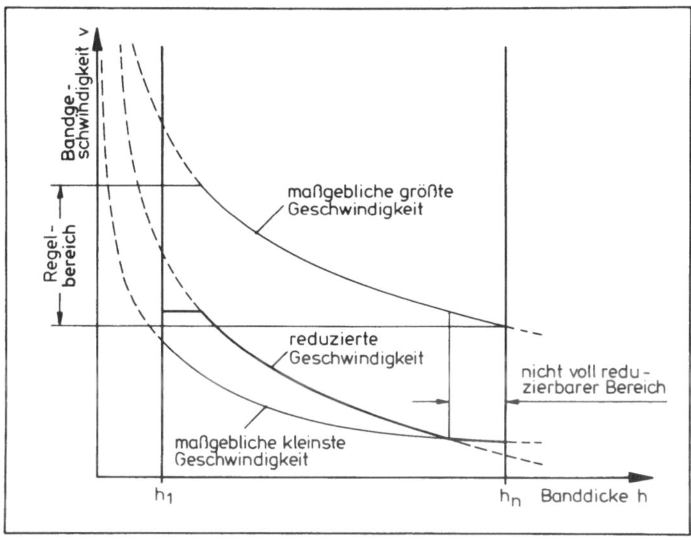


**Bild 74:** Schematische Darstellung zur Verdeutlichung des Vorgehens bei der endgültigen Festlegung der Bandbehandlungsgeschwindigkeiten durch Reduzierung der maßgeblichen größten Bandgeschwindigkeiten unter Berücksichtigung gegebener Einschränkungen aufgrund des vorgegebenen Regelbereiches.

Mit der Festlegung der endgültigen Bandbehandlungsgeschwindigkeiten durch die, von den maßgeblichen Geschwindigkeiten ausgehende, Abstimmung auf die geforderte Sollmenge ist im Programm PANFEU, Tafel 31, die Berechnung der unmittelbar schnittstellenabhängigen physikalischen Wirkzusammenhänge abgeschlossen.

Die wesentliche Schnittstellenbedingung, welche auf der Anlagenebene im Rahmen des rechnerunterstützten Projektierens von Feuerverzinkungslinien mit dem Programm PANFEU zu bestätigen war, ist das Erzwingen der geforderten Sollproduktion durch physikalisches Geschehen. Diese Bestätigung ist mit dem dargelegten Programmablauf bereits erbracht worden. Es folgt nun die Berechnung der physikalischen Wirkzusammenhänge, die keinen Einfluß auf die Schnittstellenbedingungen haben. Dieser Arbeitsschritt kann aus anderer Sicht auch Berechnung der mittelbar schnittstellenabhängigen und schnittstellenunabhängigen Wirkzusammenhänge genannt werden.
Die dazu zu durchlaufenden Berechnungsteilschritte des Programmes PANFEU, Tafel 31, haben die Ermittlung der zu speichernden Bandlängen sowie der Geschwindigkeiten für die Ein- und Auslaufsysteme zum Ziel. Diese Einlauf- (Einlauf- sowie Einlaufspeicheranlage) und Auslaufsysteme (Auslaufspeicher- sowie Auslaufanlage) müssen so ausgelegt werden, daß der notwendige ununterbrochene Banddurchsatz in den Behandlungssystemen gewährleistet ist. Dazu wird die Zeit für das Zuführen des abzuwickelnden Bundes in der Einlaufanlage beziehungsweise für das Wegführen des aufgewickelten Bundes im Auslauf der Linie durch je eine zwischen der Einlauf- beziehungsweise Auslaufanlage und den Behandlungssystemen befindliche Bandspeicheranlage überbrückt. Der in der Einlaufspeicheranlage vorhandene Bandvorrat muß so groß sein,

daß die Bandbehandlungsgeschwindigkeiten für die Zeit, in der kein Band in der Einlaufanlage abgewickelt werden kann, aufrecht erhalten bleiben können. Hierzu ist von der Einlaufanlage zu gewährleisten, daß während des Abwickelns des Bundes ein genügend großer Bandvorrat in die Einlaufspeicheranlage eingebracht wird. Damit muß die Bandgeschwindigkeit während des Füllens der Speicheranlage über der Bandbehandlungsgeschwindigkeit liegen. Aufgrund dieser Geschwindigkeitsdifferenz ergibt sich dann ein Bandvorrat in der Speicheranlage. Ähnliches gilt für die Auslaufsysteme, wo während des Stillstandes der Aufwickelsysteme der Speicher gefüllt und während des Aufwickelns geleert wird.

Die Berechnung der größten zu speichernden Bandlänge vor den Behandlungssystemen und der größten Einlaufgeschwindigkeit erfolgt ausgehend von den ermittelten Bandbehandlungsgeschwindigkeiten. Hierbei sind nur die Geschwindigkeiten der Wärmebehandlung mit den größten Geschwindigkeiten zu berücksichtigen.

Zunächst wird für jede Banddicke i die erforderliche zu speichernde Bandlänge $L_{SP\,(i)}$ nach der Gleichung

$$L_{SP\,(i)} = v_{B\,(i)} \cdot t \cdot K_S$$

mit
$v_{B\,(i)}$ = Geschwindigkeit des Bandes mit der Dicke i in den Behandlungssystemen,
$t$ = Zeit, in der kein Band von der Einlaufanlage in die Speicheranlage gefördert wird,
$K_S$ = Sicherheitsfaktor,

errechnet. Die Zeit t ergibt sich aufgrund der Einzelzeiten für

- Trennen und Bearbeiten des Bandendes des abgewickelten Bundes,
- Zuführen des neuen Bundes,
- Öffnen des Bundes und Einfädeln des Bandanfanges,
- Fördern des Bandanfanges bis zum Fügeort,
- Trennen und Bearbeiten des Bandanfanges und
- Fügen des Bandanfanges des abzuwickelnden Bundes mit dem Bandende des abgewickelten Bundes.

Diese Einzelzeiten gehen immer dann in die Zeit t ein, wenn die zugehörigen Vorgänge nur in dem Zeitraum, in welchem kein Band aus der Einlaufanlage in die Speicheranlage gefördert werden kann, durchzuführen sind. Damit können durch unterschiedliche Werte für die Zeit t verschiedene Arten von Einlaufanlagen gekennzeichnet werden. Die im Programm PANFEU zu berücksichtigenden Einlaufarten sind deshalb durch die Angabe ihrer Werte für die Zeit t festgelegt.

Falls die errechnete zu speichernde Bandlänge $L_{SP\,(i)}$ größer als die kleinste Bandlänge je Bund bei der Banddicke i ist, kann der erforderliche Bandvorrat nicht erreicht werden. Somit sind über das Unterprogramm "Interakt IV" vom Projekteur Maßnahmen zur Beseitigung dieser Unverträglichkeit einzuleiten. Derartige Maßnahmen können beispielsweise sein:

- kleinste Bandlänge je Bund erhöhen,
- Zeit, in der kein Band von der Einlaufanlage in die Speicheranlage gefördert wird, verkürzen,

- betroffene Banddicken streichen oder
- Programmabbruch.

Liegt der Wert für die errechnete zu speichernde Bandlänge $L_{SP\ (i)}$ unterhalb desjenigen für die kleinste Bandlänge je Bund $L_{MIN\ (i)}$, wird die zugehörige Einlaufgeschwindigkeit $v_{E\ (i)}$ nach der Gleichung

$$v_{E\ (i)} = v_{B\ (i)} \cdot \frac{L_{MIN\ (i)}}{L_{MIN\ (i)} - L_{SP\ (i)}}$$

mit $v_{B\ (i)}$ = Geschwindigkeit des Bandes mit der Dicke i in den Behandlungssystemen,

bestimmt. Wenn die errechnete Einlaufgeschwindigkeit den vorgegebenen technologischen Grenzwert für die Geschwindigkeiten im Einlauf überschreitet, wird ebenfalls das Programm "Interakt IV" aufgerufen. In einem solchen Falle entscheidet der Projekteur über das weitere Vorgehen durch Wahl von

- kleinste Bandlänge je Bund erhöhen,
- Zeit, in der kein Band von der Einlaufanlage in die Speicheranlage gefördert wird, verkürzen,
- technologischen Grenzwert auf errechnete Einlaufgeschwindigkeit heraufsetzen,
- betroffene Banddicken streichen oder
- Programmabbruch.

Befindet sich die errechnete Geschwindigkeit innerhalb der vorgegebenen Grenzen und sind alle Banddicken abgearbeitet, so ermittelt das Programm die größten Werte der zu speichernden Bandlängen und der Einlaufgeschwindigkeiten. **Bild 75** zeigt die unmittelbare gegenseitige Abhängigkeit zwischen den Ein-/Auslaufgeschwindigkeiten und den zu speichernden Bandlängen in Form eines Diagrammes.

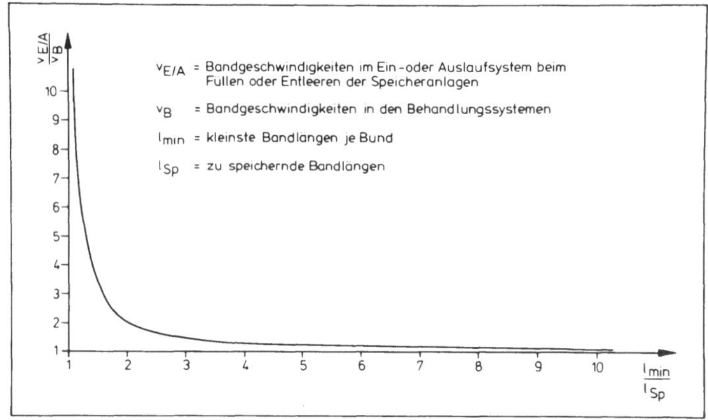


**Bild 75:** Gegenseitige Verknüpfung zwischen den erforderlichen Ein- oder Auslaufgeschwindigkeiten und den zu speichernden Bandlängen im Ein- oder Auslauf.

In gleicher Weise, wie hier für die Einlaufsysteme beschrieben, wird die größte zu speichernde Bandlänge im Auslauf und die größte Auslaufgeschwindigkeit berechnet. Damit sind die Berechnungen zu den physikalischen Wirkzusammenhängen bei der rechnerunterstützten Projektierung von Feuerverzinkungslinien durch das Programm PANFEU abgeschlossen.

### 5.4.3. Endgültige Festlegung der physikalischen Funktionskette

Nach Berechnung der physikalischen Wirkzusammenhänge, die ohne Eingriffsnotwendigkeit des Projekteurs oder Konstrukteurs ablaufen kann, werden die Ergebnisse dieses Bearbeitungsschrittes dem Benutzer zusammenfassend dargestellt. Das gilt, wenn sich während der Berechnung keine Unverträglichkeit mit den Schnittstellenbedingungen oder den die Aufgabe beschreibenden Eingabedaten ergeben hat.

Wenn bei der Ermittlung der physikalischen Funktionen, entsprechend 5 4.1., Mehrfachzuordnungen getroffen wurden, also mehrere variante Funktionen als gleichwertig eingestuft sind, dann hat das Programm die sich daraus ergebenden physikalischen Funktionsketten, wie unter 5.4.2. beschrieben, nacheinander bearbeitet. Damit sind Daten verfügbar, die eine Bewertung dieser varianten Ketten möglich machen. Zur Bewertung werden die Berechnungsergebnisse der einzelnen Ketten miteinander verglichen. Dabei gibt das Programm dem Bearbeiter Bewertungsmerkmale, welche ihm die Entscheidung für die, bezogen auf die konkrete Projektierungs- oder Konstruktionsaufgabe, günstigste Kette erleichtern. Derartige Bewertungsmerkmale beziehen sich auf die gesamte physikalische Funktionskette und beinhalten bei stoffdurchsetzenden technischen Systemen oft auch die Stoff- und Energiebilanzen.
Damit die Anzahl der zu berücksichtigenden Daten nicht zu groß wird, ist im Programm EBSTEU nicht vorgesehen, mehrere variante physikalische Funktionsketten beim folgenden Arbeitsschritt "Festlegung der konstruktiven Wirkzusammenhänge", Unterprogramm KONWIZ, nebeneinander zu behandeln. Allerdings ist durch Rücksprungmöglichkeit von KONWIZ zu PHYWIZ (6., Programmablaufplan EBSTEU, Tafelseite 3) eine derartige Vorgehensweise mittelbar erreichbar.

Im Rahmen des rechnerunterstützten Projektierens und Konstruierens kann es sinnvoll sein, eine physikalische Funktionskette unter unterschiedlichen Randbedingungen durchzurechnen. Deshalb werden dem Benutzer nach Berechnung der physikalischen Wirkzusammenhänge und Ergebnisausgabe Änderungsmöglichkeiten angeboten. Beispielsweise ist es bei Anwendung des unter 5.4.2.3. beschriebenen Programmes PANFEU zur Projektierung von Feuerverzinkungslinien, Tafel 31, manchmal nützlich, einen ersten Berechnungslauf ohne Einbeziehung technologischer Grenzwerte, die unter anderem für

- Bunddaten,
- Regelbereich der Antriebe sowie
- größte zulässige Bandgeschwindigkeiten in den Einlauf-, Behandlungs- und Auslauf-

systemen

eingebracht werden können, vorzunehmen. Anschließend sind aufgrund der Ergebnisse diese technologischen Grenzwerte zu besetzen, um beispielsweise die Höchstgeschwindigkeiten zu begrenzen. Danach ist es möglich, durch einen erneuten Berechnungslauf die Auswirkungen auf die Ergebnisse zu erfassen sowie die Grenzwerte abschließend festzulegen. Mehrere Durchrechnungen physikalischer Funktionsketten unter wechselnden Randbedingungen können auch der Ermittlung alternativer Lösungsvorschläge für den Kunden dienen.
Die nach Abschluß der Berechnungen zu den physikalischen Wirkzusammenhängen im Programm PHYWIZ vorgesehenen Änderungsmöglichkeiten sind:

- Daten zu den physikalischen Funktionen ändern,
- andere physikalische Funktionen wählen und
- Eingabedaten ändern.

Diese Änderungsmöglichkeiten sind hier und in PHYWIZ (6., Tafelseite 18) in einer Reihenfolge mit ansteigender Rücksprungweite innerhalb des Programmes aufgeführt. Bei Wahl von "Daten zu physikalischen Funktionen ändern" kann beispielsweise durch Änderung der entsprechenden Daten der Definitionsbereich der jeweiligen Funktion eingeschränkt oder erweitert werden. Die Entscheidung des Benutzers für "andere physikalische Funktionen" bedeutet, daß eine neue physikalische Funktionskette erstellt werden soll. Über "Eingabedaten ändern" kann durch Rücksprung zum Programm KLADAU eine vollständig neue Aufgabenstellung eingegeben werden.

Wenn keine Änderungen durchzuführen sind, ist mit Wahl der günstigsten physikalischen Funktionskette und bei Vorliegen nur einer Kette bereits nach Darstellung der Berechnungsergebnisse die Festlegung der physikalischen Wirkzusammenhänge mit Hilfe des Programmes PHYWIZ abgeschlossen.
Die kurzgefaßte Darstellung der endgültigen Festlegung der physikalischen Funktionskette ist 6. (Block 3 des Programmes PHYWIZ, Tafelseiten 17 und 18) in Form eines Ablaufplanes zu entnehmen.

## 5.5. Festlegung der konstruktiven Wirkzusammenhänge, Unterprogramm KONWIZ

Der vierte Hauptschritt beim rechnerunterstützten systematischen Projektieren und Konstruieren ist die Festlegung der **KON**struktiven **WI**rkZusammenhänge. Die kurzgefaßte Darstellung des zugehörigen Programmes, **KONWIZ**, ist 6. (Tafelseiten 19 bis 24) in Form eines Ablaufplanes zu entnehmen. Für jedes zu konkretisierende technische System mit vorgeordneter Komplexität wird entsprechend KONWIZ ein eigener, in sich geschlossener Rechenlauf durchgeführt. Dabei werden bestehende Beziehungen zu Nachbarsystemen mit vorgeordneter Komplexität über die im Programm KLADAU festgelegten Schnittstellenbedingungen berücksichtigt.

Grundlage für das Programm KONWIZ ist die im Rahmen von PHYWIZ festgelegte physikalische Funktionskette mit den ihr zugeordneten Daten. Durch die physikalische Funktionskette sind die für das zu projektierende oder zu konstruierende Erzeugnis erforderlichen Verfahrensstufen (physikalische Funktionen) sowie deren Folge festgelegt. Mit den der Funktionskette zugeordneten Daten ist unter anderem die von den konstruktiven Lösungen geforderte Leistungsfähigkeit vorgegeben.

Hiervon ausgehend sind im Rahmen des Programmes KONWIZ im wesentlichen

- mögliche konstruktive Lösungen für die festgelegten Verfahrensstufen zu ermitteln und daraus die besten Lösungen auszuwählen sowie
- die Entwurfszeichnungen für das durch Teilsysteme konkretisierte Erzeugnis zu erstellen.

Demzufolge ist mit diesem Hauptschritt, ausgehend von funktionsorientierten Zusammenhängen, die gegenständliche Erscheinungsform des technischen System über seine Teilsysteme zu erarbeiten. Damit wird eine Detaillierung gegenüber dem Ergebnis der vorgeordneten Komplexitätsebene erreicht.

### 5.5.1. Vorauswahl konstruktiver Lösungsmöglichkeiten

Mit einem nach KONWIZ aufgebauten Anwendungsprogramm sollen die aus der Sicht des Unternehmens verwendbaren konstruktiven Lösungsmöglichkeiten für alle bei der Festlegung physikalischer Wirkzusammenhänge zur Verfügung stehenden Verfahrensstufen (physikalische Funktionen) verarbeitbar sein. Diese, unter Umständen große Anzahl konstruktiver Lösungsmöglichkeiten, ist bereits durch die festgelegte physikalische Funktionskette mit den in ihr enthaltenen physikalischen Funktionen auf das für den jeweiligen konkreten Anwendungsfall erforderliche Maß begrenzt. Somit bleiben die Lösungsmöglichkeiten, welche zur Verwirklichung der verwendeten physikalischen Funktionen geeignet sind, übrig. Die in einem Anwendungsprogramm zu berücksichtigenden konstruktiven Lösungsmöglichkeiten können in Gruppen eingeteilt werden. Dabei ist das Einteilungsmerkmal die zugrundeliegende physikalische Funktion. Verschiedene konstruktive Lösungsmöglichkeiten, welche zur Erfüllung der gleichen physikalischen Funktion geeignet sind, werden "konstruktive Varianten" genannt. Zusätzlich können innerhalb jeder Gruppe weitere Untergruppen gebildet werden. Damit kann die Variantenmenge strukturiert und übersichtlicher gemacht werden. Zur Bildung solcher Untergruppen kann beispielsweise das Merkmal der Bauform dienen. So sind zum Beispiel drei grundsätzliche Formvarianten für Anlagen zum Speichern von Stahlband, **Bild 76**, denen das physikalische Prinzip der Erzeugung einer veränderlichen Schlinge zugrunde liegt, zu unterscheiden. Eine derartige Aufteilung ist insbesondere dann sinnvoll, wenn es möglich ist, mit Hilfe von Rechenregeln eine Vorauswahl hinsichtlich der Einsatzmöglichkeiten dieser Systeme für einen konkreten Anwendungsfall zu treffen. Für den Einsatz in Bandbehandlungslinien kommen aus technischen und wirtschaftlichen Gründen nur Senkrecht- oder Waagerechtspeicher in Betracht.

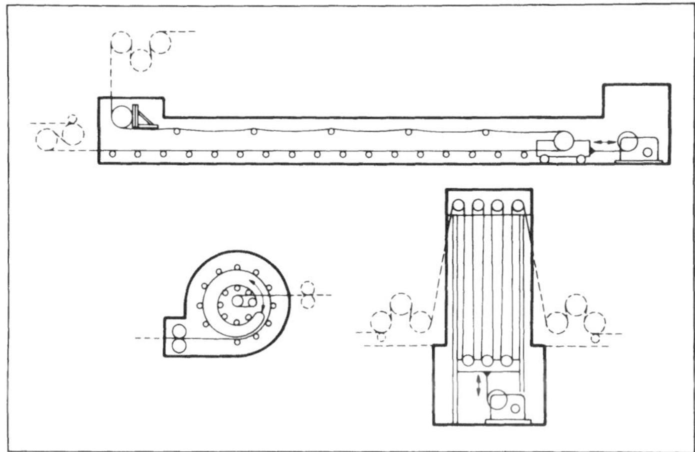

**Bild 76:** Formvarianten der Speicheranlagen für Stahlband.

Senkrechtspeicher verändern ihren Bandinhalt durch Vergrößerung oder Verkleinerung der Schlingenlänge in senkrechter Richtung und Waagerechtspeicher entsprechend in waagerechter Richtung. Der Einsatz dieser beiden Formvarianten der Speichersysteme ist durch Grenzwerte eingeschränkt. Diese Grenzwerte beziehen sich

bei Senkrechtspeichern im wesentlichen auf

- Rollenradius,
- Anzahl verfahrbarer Rollen,
- Bauhöhe sowie
- Baulänge

und bei Waagerechtspeicher auf

- Anzahl verfahrbarer Rollen,
- Bauhöhe sowie
- Baulänge.

Ausgehend von den im Rahmen der Berechnung der physikalischen Wirkzusammenhänge ermittelten Werten für die zu speichernde Bandlänge, den als Anforderungen vorliegenden Daten über den durchzusetzenden Werkstoff (insbesondere Banddicke sowie Qualität des Stahlbandes) und empirisch gewonnenen Daten zur Festlegung der Größe dieser Speichersysteme können die zu den beiden Bauformen erforderlichen Werte für die genannten einschränkenden Merkmale ermittelt und mit den zugehörigen Grenzwerten verglichen werden. Wenn die erforderlichen Werte innerhalb der zulässigen Grenzen liegen, dann sind die genannten Bauformen grundsätzlich für den Einsatz geeignet. Diejenige Bauform, welche dieser Überprüfung der Einsatzfähigkeit nicht standhält, wird im weiteren Verlaufe des Programmes KONWIZ nicht in Betracht gezogen.

Ein ähnliches Vorgehen, wie hier für Speicheranlagen beschrieben, kann im allgemeinen für alle Erzeugnisarten, falls hierfür grundsätzlich zu unterscheidende Bauformen vorhanden sind, durchgeführt und in einem nach KONWIZ aufgebauten Anwendungsprogramm niedergelegt werden. Damit wird es möglich, die Anzahl der im weiteren Bearbeitungsablauf für die EDV-Anlage und den Benutzer zu berücksichtigenden Daten sowie Zusammenhänge auf ein vertretbares, notwendiges Maß zu begrenzen.

Darüberhinaus können bei gleichbleibender Bauform oft Abmessungsvarianten unterschieden werden. Bei dem angeführten Beispiel der Waagerechtspeicheranlagen sind bis zu drei Bandschlingen für den Einsatz dieser Systeme in Bandbehandlungslinien für Stahlband möglich. Damit ergeben sich bei gleichbleibender zu speichernder Bandlänge Speichervarianten mit unterschiedlichen Abmessungen, **Bild 77.** Je nach dem Wert der zu speichernden Bandlänge kann die Anzahl dieser drei Variationsmöglichkeiten eingeschränkt werden, **Bild 78.** Dieses Bild zeigt, daß für eine zu speichernde Bandlänge

- zwischen 0 m und 30 m keine Speicheranlage (für diesen Bereich werden sogenannte Schlingengruben verwendet),
- zwischen 30 m und 150 m eine Speicheranlage mit einer Schlinge,
- zwischen 150 m und 300 m eine Speicheranlage mit einer oder zwei Schlingen,
- zwischen 300 m und 600 m eine Speicheranlage mit zwei oder drei Schlingen und
- von mehr als 600 m eine Speicheranlage mit drei Schlingen

einzusetzen ist.

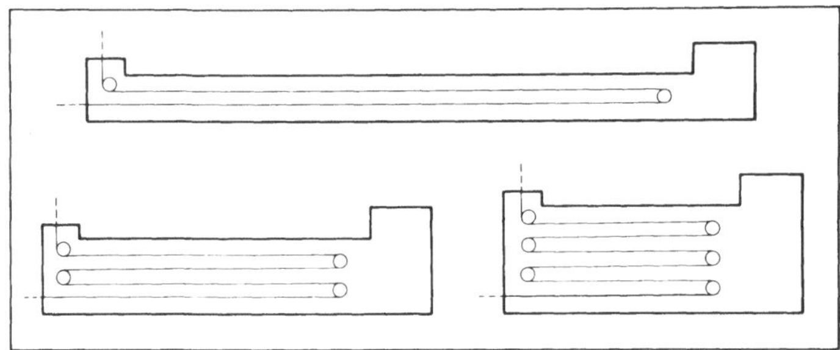

**Bild 77:** Abmessungsvarianten von Waagerechtspeicheranlagen für Stahlband.

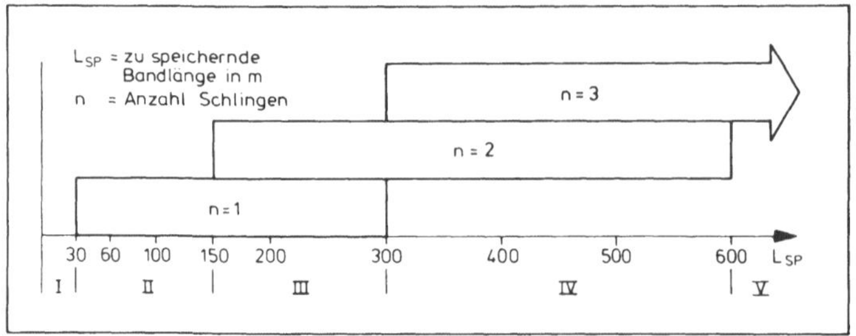


**Bild 78:** Einsatzbereiche verschiedener, durch die Anzahl der Schlingen gekennzeichneter Abmessungsvarianten von Waagerechtspeicheranlagen für Stahlband in Abhängigkeit von der zu speichernden Bandlänge.

Bei dann noch verbleibender Vielzahl der zu unterscheidenden Varianten zur Konkretisierung einer physikalischen Funktion kann eine weitere Verminderung durchgeführt werden. Dies wird erreicht, indem die nach der Überprüfungsrechnung durch das Programm noch verbleibenden Bauformen dem Projekteur vorgestellt werden und dieser dann aufgrund seiner Erfahrung und ihm bekannter, aber nicht, beispielsweise wegen des nicht vertretbaren Aufwandes hierfür, im Programm niedergelegter Zusammenhänge, konstruktive Lösungsmöglichkeiten aussondert. Dabei sind die so ausgesonderten konstruktiven Varianten jedoch grundsätzlich noch verwendbar.
Die kurzgefaßte Darstellung der Vorauswahl konstruktiver Lösungsmöglichkeiten ist 6. (Block 1 des Programmes KONWIZ, Tafelseite 19) in Form eines Ablaufplanes zu entnehmen.

### 5.5.2. Ermittlung von Wiederholsystemen und Bestimmung des Raumbedarfes

Im Rahmen des rechnerunterstützten systematischen Projektierens und Konstruierens müssen mögliche konstruktive Varianten bereits bei der Erstellung eines Anwendungsprogrammes ermittelt, im Programm niedergelegt und den physikalischen Funktionen (Verfahrensstufen) zugeordnet sein. Die gegenständliche Gestalt der Varianten, also der möglichen Teilsysteme des zu konkretisierenden technischen Systems, kann für einen bestimmten Anwendungsfall im allgemeinen über Rechenregeln, die auf empirisch ermittelten Zusammenhängen beruhen, erhalten oder, falls vorhandene technische Systeme als wiederverwendungsfähig eingestuft werden, aus einer Datei, in der die zugehörigen geometrischen Daten gespeichert sind, entnommen werden. Ein Variieren (Ändern) der erhaltenen Gestalt gewählter Teilsysteme erscheint bei Nutzung eines Anwendungsprogrammsystems, welches nach Komplexitätsebenen aufgebaut ist, nicht sinnvoll. Denn die notwendigen Informationen zur Detaillierung, das heißt zur weiteren Konkretisierung, werden erst auf der nachfolgenden Komplexitätsebene erarbeitet. Somit ist das Variieren beim rechnerunterstützten Arbeiten hier auf die

- Auswahl verschiedener Varianten für die Teilsysteme und
- unterschiedlichen Anordnungsmöglichkeiten der ausgewählten Varianten für die Teilsysteme im Rahmen der Erstellung der Entwurfszeichnung, welche unter 5.5.3. beschrieben wird,

beschränkt.

Die zur Erfüllung einer physikalischen Funktion geeigneten konstruktiven Variantenarten, welche sich beispielsweise durch ihre Bauform unterscheiden, können mit Klassifizierungsnummern, welche die Art der Varianten kennzeichnen, beschrieben werden. Unter einer Klassifizierungsnummer sind alle bestehenden (beispielsweise bereits projektierten, konstruierten, gefertigten und/oder in Betrieb befindlichen) technischen Systeme der gleichen Art abzulegen. Jedes dieser abgelegten Systeme wird von den anderen Systemen der gleichen Art (mit gleicher Klassifizierungsnummer) durch seine Identnummer, die das konkrete Erzeugnis festlegt, unterschieden. Diese Identnummer kennzeichnet die Sache, in diesem Falle das

bestimmte Erzeugnis. Mit Hilfe der Identnummer (Erzeugnis) können somit systemspezifische Informationen und Unterlagen erkannt werden / 1, 122, 187, 220 und 221 /.
Falls ein derartiges Vorgehen auch beim rechnerunterstützten Arbeiten angewendet und im Programm niedergelegt wird, sind, ausgehend von den physikalischen Funktionen der zu bearbeitenden physikalischen Funktionskette, über den Funktionen zugeordnete Klassifizierungsnummern für die möglichen Variantenarten Unterprogramme aufrufbar, mit denen Informationen zu der jeweiligen Variantenart ermittelt werden. Diese Unterprogramme können

- Berechnungs- und
- Suchprogramme

sein. Zu den Berechnungsprogrammen kann beispielsweise die Ermittlung des Raumbedarfs, das heißt der Gestalt mit ungefähren Abmessungen, für die zu betrachtende konstruktive Variante gezählt werden. Die Suchprogramme dienen der Ermittlung von Informationen zu bereits vorhandenen, in einer Datei abgelegten technischen Systemen. Wird ein derartiges Suchprogramm zur Ermittlung von wiederverwendungsfähigen konstruktiven Lösungen (Wiederholsystemen) eingesetzt, dann wird dieses Programm "Rückgriffsystem" genannt. Mit Hilfe eines Rückgriffsystems / 122, 214 und 218 / muß es möglich sein, zu den Teilsystemen des zu konkretisierenden technischen Systems erarbeitete Informationen, die aus der Aufgabenstellung und den bereits durchgeführten Arbeitsschritten stammen, kurz "Erzeugnisanforderungen" genannt, mit den Fähigkeiten vorhandener Erzeugnisse, die durch "Charakteristische Daten" beschrieben sind, zu vergleichen. Dadurch ist eine Prüfung der Wiederverwendungsmöglichkeit vorhandener Unterlagen über Erzeugnisse möglich. Daneben kann ein Rückgriffsystem über Dateien weitere Informationen zu vorhandenen Erzeugnissen beinhalten. Damit können, wenn ein vorhandenes technisches System als wiederverwendbar ermittelt wird, über die diesem System eigene Identnummer weitere erzeugnisbeschreibende Daten ermittelt werden. Letztere Nutzungsmöglichkeit eines Rückgriffsystems und dessen Aufbau wird unter 5.6. ausführlich beschrieben.

Zur Herleitung der Gestalt eines komplexen technischen Systems mit Hilfe des Rückgriffsystems werden die "Erzeugnisanforderungen" zu einem Vergleichsdatensatz zusammengestellt. Dieser Datensatz enthält alle wesentlichen kennzeichnenden und abgrenzenden Merkmale des gesuchten Erzeugnisses. Durch Vergleich dieser Merkmale mit den "Charakteristischen Daten" der in der Rückgriffdatei gespeicherten technischen Systeme können alle dem Hersteller verfügbaren, bereits bestehenden konstruktiven Lösungen, mit denen die gestellten Anforderungen erfüllbar sind, ermittelt werden. Dabei wird vorausgesetzt, daß alle Daten des Vergleichsdatensatzes in dem Satz charakteristischer Daten enthalten sind. Wenn kein Wiederholsystem gefunden wird, dann sind die Erzeugnisanforderungen auf der nachfolgenden Komplexitätsebene als Teil der Eingabedaten zu übernehmen, oder, sie dienen, wenn die nachfolgende Komplexitätsebene nicht rechnerunterstützt zu bearbeiten ist, der klassischen Vorgehensweise beim Projektieren und Konstruieren als Grundlage.
Zur sinnvollen Durchführung eines Vergleichs der "Erzeugnisanforderungen" mit den "Charakteristischen Daten" vorhandener Erzeugnisse müssen diese beiden Datensätze hinsichtlich der zu vergleichenden Daten dieselben Elemente (Einzeldaten) enthalten und sollten sie gleichartig

aufgebaut sein, so daß, bildlich dargestellt, die geforderten Werte eines jeden Datenmerkmals (beispielsweise Bandbreite, Bandgeschwindigkeit, Durchsatzleistung) an den entsprechenden Werten der charakteristischen Daten eines jeden vorhandenen Erzeugnisses gespiegelt werden können. **Bild 79** zeigt das Vorgehen bei der Ermittlung von Wiederholsystemen.

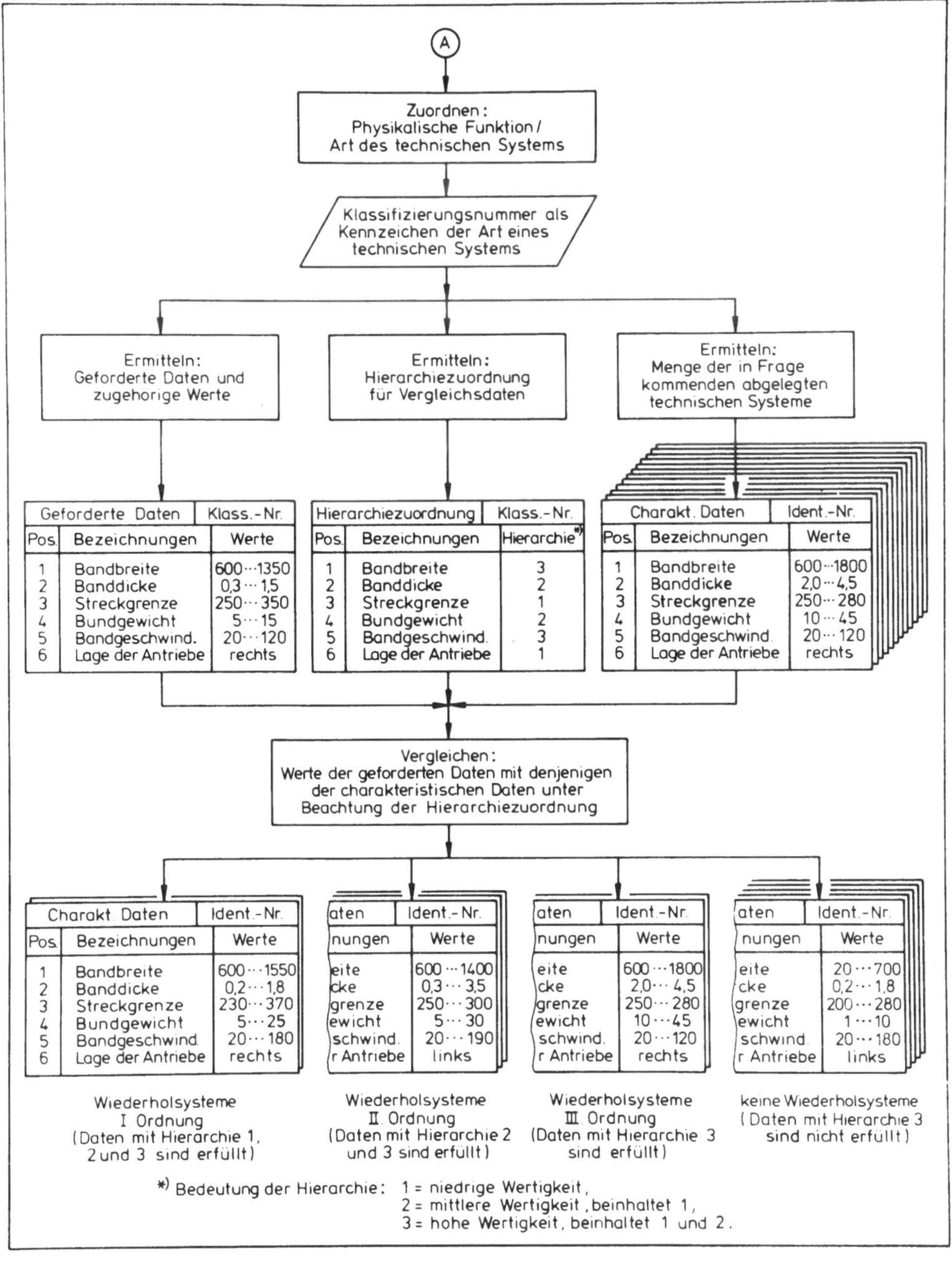


**Bild 79:** Darstellung zur Verdeutlichung des Vorgehens bei der Ermittlung von Wiederholsystemen.

Mit dieser Vorgehensweise können sowohl anforderungsentsprechende (Wiederholsysteme I. Ordnung) als auch anforderungsnahe Wiederholsysteme (beispielsweise Wiederholsysteme II. und III. Ordnung) ermittelt werden. Zu diesem Zweck sind den Vergleichsdaten Hierarchiestufen zugeordnet. In Bild 79 sind drei Hierarchiestufen durch die Ziffern 1, 2 und 3 enthalten. Jedes Merkmal des beispielhaften Vergleichsdatensatzes wurde durch eine dieser Ziffern gekennzeichnet. Mit dieser Kennzeichnung wird die Wertigkeit dieses Merkmals hinsichtlich seiner Bedeutung für die Wiederverwendungsfähigkeit der in der Rückgriffdatei abgelegten Erzeugnisse festgelegt. Eine hohe Ziffer entspricht dabei einer hohen Wertigkeit.

Wenn ein vorhandenes System alle Erzeugnisanforderungen (unabhängig von der Hierarchiestufe für die einzelnen Daten) erfüllt, dann ist das ein anforderungsentsprechendes Wiederholsystem. Bei Erfüllung aller Anforderungen mit Hierarchie 2 und 3 wird das gefundene Erzeugnis als Wiederholsystem II. Ordnung eingestuft. Wenn nur die Daten, welche mit der Hierarchiestufe 3 gekennzeichnet sind, erfüllt werden, dann ist dieses technische System entsprechend Bild 79 ein Wiederholsystem III. Ordnung. Ist auch nur ein einziges Datum mit Hierarchie 3 nicht erfüllbar, so kann das Erzeugnis nicht als Wiederholsystem angesehen werden.

**Tafel 32** zeigt als Beispiel einen Rechnerausdruck für "Erzeugnisanforderungen", Tafel 32 (links), und die mit diesen Daten zu vergleichenden "Charakteristischen Daten", Tafel 32 (rechts), eines in der Rückgriffdatei enthaltenen Erzeugnisses. Die oben beschriebenen Hierarchiestufen sind in der Spalte "HIER." der Liste der charakteristischen Daten aufgeführt. Daten mit Hierarchie 0 werden beim Vergleich nicht berücksichtigt. Für den Vergleich mit den Anforderungen werden die in der Spalte "ZULAESSIGER BEREICH" aufgeführten Werte herangezogen. Mehrere Angaben zu einem Datum (gleiche Bezeichnungen) der Anforderungsliste der Tafel 32 geben den Wertebereich dieses Datums an. Die Sortierung (Reihenfolge) der Daten ist in den beiden dargestellten Listen unterschiedlich. Das ist auf den unterschiedlichen Verwendungszweck dieser beiden Listen zurückzuführen, worauf hier allerdings nicht näher eingegangen werden soll, weil es zum Verständnis der dargelegten Zusammenhänge nicht erforderlich ist.

Ein derartiges Rückgriffsystem mit Hierarchiestufen erscheint immer dann sinnvoll einsetzbar, wenn es, wie beispielsweise bei der Erarbeitung von Angebotsunterlagen, oft ausreicht, die Bearbeitung nach Erhalt anforderungsnaher Wiederholsysteme abzuschließen. Dadurch kann der Bearbeitungsaufwand in manchen Fällen erheblich gesenkt werden, weil für Wiederholsysteme alle notwendigen Informationen vorliegen. Hierzu gehören bei einem nach KONWIZ aufgebauten Anwendungsprogramm insbesondere die rechnerinternen Abbildungen der Gestalten der Wiederholsysteme. Darüberhinaus ist für ein Wiederholsystem ein unmittelbarer Zugriff auf dessen Bestandteile sowie alle seine Projektierungs- und/oder Konstruktionsunterlagen möglich.

Das rechnerunterstützte systematische Projektieren und Konstruieren ist jedoch nicht an die Integration eines Rückgriffsystems in den Programmablauf von KONWIZ gebunden. Allerdings müssen ohne Rückgriffsystem auf jeden Fall die nachfolgenden Komplexitätsebenen (soviele Ebenen, wie notwendig sind, um den erforderlichen Konkretisierungsgrad zu erreichen) bearbeitet werden.

| ANFORDERUNGSLISTE | | BLATT 1 |
|---|---|---|
| ANLAGENART EINLAUF-ANLAGE MIT MHEZ/DOH (E5) | | |
| BEZEICHNUNG | DIM. | ANGABEN |
| ANTRIEB LAGE | | LINKS |
| BREITE BAND | MM | 900,00 |
| BREITE BAND | MM | 1450,00 |
| DICKE BAND | MM | ,35 |
| DICKE BAND | MM | 1,50 |
| STRECKGRENZE | N/QM | 350,00 |
| STRECKGRENZE | N/QM | 700,00 |
| ZUGFESTIGKEIT | N/QM | 450,00 |
| ZUGFESTIGKEIT | N/QM | 750,00 |
| DICKENMESSGERAET BAND | | JA |
| RICHTAGGREGAT BAND | | JA |
| STAPELTISCHEINHEIT BAND SCHROTT | | JA |
| BESAEUMAGGREGAT | | NEIN |
| UEBERDICKE BAND | MM | 8,00 |
| SCHNITTLAENGE SCHROTT | MM | 2,00 |
| DURCHMESSER BUND INNEN | MM | 508,00 |
| DURCHMESSER BUND INNEN | MM | 610,00 |
| DURCHMESSER BUND AUSSEN | MM | 1016,04 |
| DURCHMESSER BUND AUSSEN | MM | 1016,04 |
| DURCHMESSER BUND AUSSEN | MM | 1110,21 |
| DURCHMESSER BUND AUSSEN | MM | 1562,35 |
| DURCHMESSER BUND AUSSEN | MM | 1535,71 |
| DURCHMESSER BUND AUSSEN | MM | 1562,35 |
| GEWICHT BUND | KG | 5613,86 |
| GEWICHT BUND | KG | 14999,97 |
| GEWICHT BUND / MM BANDBREITE | KG/MM | 4,68 |
| GEWICHT BUND / MM BANDBREITE | KG/MM | 12,50 |
| ANZAHL ABWICKELAGGREGATE BAND | STCK | 488,00 |
| ANZAHL DURCHLAUFEBENEN | STCK | 488,00 |
| TOTZEIT BUNDWECHSEL | S | 90,00 |
| GESCHWINDIGKEIT EINLAUFEN | M/MIN | 136,59 |

| CHARAKTERISTISCHE DATEN | KUNDENBEZEICHNUNG | M/7,5 | | | BLATT 2 | |
|---|---|---|---|---|---|---|
| ANLAGE | EINLAUFANLAGE BAND | | KLASSIFIZIERUNGSNUMMER E0201 | | | |
| BEZEICHNUNG | DIM. | HIER. | MIN. | MAX. | ZULAESSIGER BEREICH MIN. | MAX. |
| ANTRIEB LAGE | | 1 | LINKS | | LINKS | |
| ANZAHL ABWICKELAGGREGATE BAND | STCK | 2 | 2,00 | 2,00 | 2,00 | 2,00 |
| BREITE BAND | MM | 3 | 600,00 | 1550,00 | 600,00 | 1550,00 |
| DICKE BAND | MM | 3 | 0,22 | 1,50 | 0,20 | 2,00 |
| DURCHMESSER BUND INNEN | MM | 1 | 508,00 | 508,00 | 506,00 | 510,00 |
| DURCHMESSER BUND INNEN | MM | 1 | 610,00 | 610,00 | 608,00 | 612,00 |
| DURCHMESSER BUND INNEN | MM | 1 | 750,00 | 750,00 | 748,00 | 752,00 |
| DURCHMESSER BUND AUSSEN | MM | 3 | 1000,00 | 2300,00 | 1000,00 | 2300,00 |
| GEWICHT BUND | KG | 3 | 5000,00 | 30000,00 | 1500,00 | 30000,00 |
| GEWICHT BUND / MM BANDBREITE | KG/MM | 1 | 2,60 | 30,20 | 2,60 | 30,20 |
| ANZAHL DURCHLAUFEBENEN | STCK | 2 | 2,00 | 2,00 | 2,00 | 2,00 |
| ZUGFESTIGKEIT | N/QM | 1 | 300,00 | 650,00 | 300,00 | 650,00 |
| STRECKGRENZE | N/QM | 2 | 200,00 | 900,00 | 200,00 | 900,00 |
| BREITE BAND BEI MAX SPEZ RINGGEWICHT | MM | 0 | | 1000,00 | | |
| DMR BUND AUSSEN BEI MAX. BUNDABM. | MM | 0 | | 1900,00 | | |
| GEW. BUND THEOR. BEI MIN/MAX BUNDABM. | T | 0 | 1,50 | 45,00 | | |
| BREITE REFERENZBAND | MM | 0 | | 1000,00 | | |
| DICKE REFERENZBAND | MM | 0 | | 0,50 | | |
| DURCHSATZ REFERENZBAND | T/H | 0 | | 32,40 | | |
| DICKENMESSGERAET BAND | | 2 | JA | | JA | |
| RICHTAGGREGAT BAND | | 2 | NEIN | | NEIN | |
| STAPELTISCHEINHEIT BAND SCHROTT | | 2 | JA | | JA | |
| BESAEUMAGGREGAT | | 2 | JA | | JA | |
| TOTZEIT BUNDWECHSEL | S | 1 | 70,00 | 120,00 | 70,00 | 120,00 |
| GESCHWINDIGKEIT EINFAEDELN | M/MIN | 0 | 0,00 | 28,00 | 0,00 | 28,00 |
| GESCHWINDIGKEIT EINLAUFEN | M/MIN | 3 | 15,00 | 220,00 | 15,00 | 220,00 |
| UEBERDICKE BAND | MM | 2 | 0,22 | 4,50 | 0,20 | 4,50 |
| LAENGE SCHROTT BANDANFANG | MM | 0 | 10000,00 | 15000,00 | | |
| LAENGE SCHROTT BANDENDE | MM | 0 | 10000,00 | 15000,00 | | |
| SCHNITTLAENGE SCHROTT | MM | 2 | 1000,00 | 2000,00 | 1000,00 | 2000,00 |
| BANDZUG | N | 0 | 0,00 | 13000,00 | 0,00 | 13000,00 |

**Tafel 32:** Rechnerausdrucke von "Erzeugnisanforderungen" (Anforderungsliste) und "Charakteristische Daten".

Falls durch das Rückgriffsystem keine wiederverwendungsfähigen Erzeugnisse gefunden werden können, sind im Programm KONWIZ (6., Tafelseite 21) zwei weitere Wege zur Ermittlung der Gestalten und damit des Raumbedarfes der Teilsysteme vorgesehen.

Der erste Weg bedient sich erneut des Rückgriffsystems. Dabei wird der Raumbedarf für dasjenige in der Rückgriffdatei gespeicherte Erzeugnis ermittelt, welches die meisten Übereinstimmungen zwischen Erzeugnisanforderungen und charakteristischen Daten aufweist. Dessen Raumbedarf steht dann zur Erstellung der Entwurfszeichnung zur Verfügung. Die Grenzen der Nutzungsmöglichkeit eines Rückgriffsystems zur Herleitung der Gestalten komplexer technischer Systeme sind dann erreicht, wenn die Erzeugnisanforderungen wesentlich von den Möglichkeiten der gespeicherten Erzeugnisse abweichen.

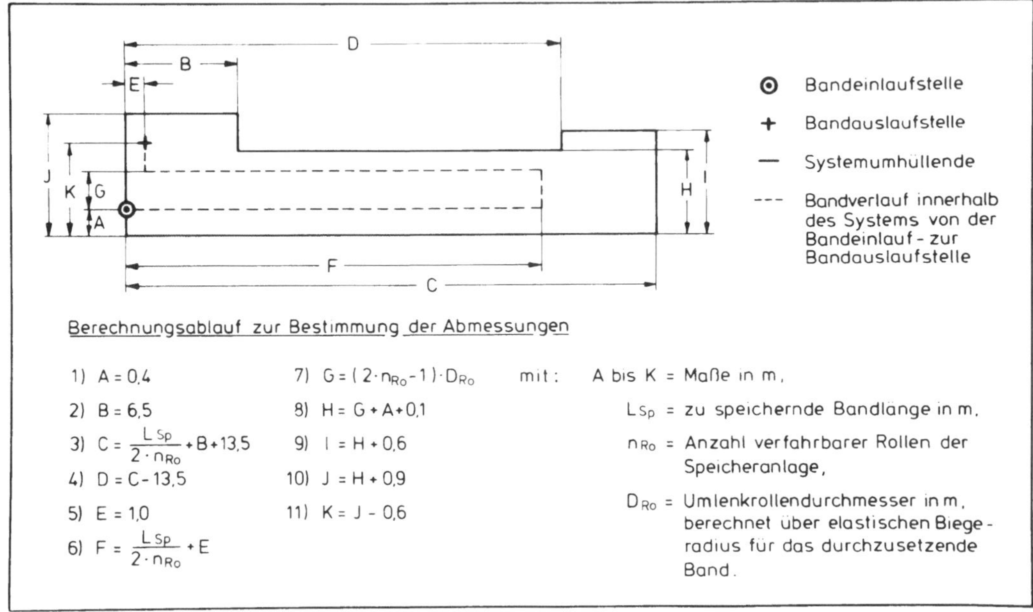


**Bild 80:** Allgemeingültiges Raumbedarfsbild für Waagerechtspeicheranlagen von Feuerverzinkungslinien und Berechnungsablauf zur Festlegung der Werte der im Raumbedarfsbild durch Buchstaben gekennzeichneten Maße (Seitenansicht).

Der zweite Weg hat die rechnerische Ermittlung des Raumbedarfs zum Ziel. Dieser zweite Weg kann auch beschritten werden, wenn bereits wiederverwendungsfähige Erzeugnisse ermittelt wurden. Hierbei werden die Gestalten der zu erarbeitenden technischen Systeme über analytisch gewonnene Zusammenhänge berechnet. **Bild 80** zeigt den Berechnungsablauf zur Ermittlung der Gestalt für Waagerechtspeicheranlagen von Feuerverzinkungslinien und das diesem Berechnungsablauf zugrundeliegende allgemeingültige Raumbedarfsbild für die Seitenansicht. Durch die Berechnung werden bei einem konkreten Anwendungsfall den in dem Raumbedarfsbild durch Buchstaben bezeichneten Maßen Werte zugeordnet, von denen ausgehend über ein koordinatenorientiertes Zeichnungsprogramm das maßstabgerechte Raumbedarfbild rechnerintern erzeugt wird.

Nach Ermittlung der wiederverwendungsfähigen Erzeugnisse und/oder Berechnung des Raumbedarfs sind die Gestalten der nach Vorauswahl konstruktiver Lösungsmöglichkeiten noch verbliebenen konstruktiven Varianten für jede Funktion der zu betrachtenden physikalischen Funktionskette bekannt.

Die kurzgefaßte Darstellung der Ermittlung von Wiederholsystemen und Bestimmung des Raumbedarfs ist 6. (Bock 2 des Programmes KONWIZ, Tafelseiten 20 und 21) in Form eines Ablaufplanes zu entnehmen.

### 5.5.3. Erstellung der Entwurfszeichnung

Die im Rahmen eines bestimmten Anwendungsfalles beste konstruktive Variante ist für jede physikalische Funktion festzulegen. Infolge dieser Festlegungen werden die gewählten konstruktiven Varianten zu Teilsystemen des zu bearbeitenden Gesamtsystems. Die Lage dieser Teilsysteme innerhalb des Gesamtsystems, und damit der Aufbau des Gesamtsystems, wird beim rechnerunterstützten systematischen Projektieren und Konstruieren durch Anordnung von maßstabgerechten Schemabildern der Teilsysteme mit Hilfe eines graphischen Bildschirmgerätes bestimmt. Solche Schemabilder sind in der Regel vereinfachte Parallelprojektionen, also Ansichten und/oder Schnitte, die auch programmintern nicht zu dreidimensionalen Abbildern der durch sie repräsentierten technischen Systeme gekoppelt sind. Manchmal genügt bereits der Informationsgehalt einer Ansicht, so daß weitere Ansichten und Schnitte nicht erforderlich sind. Die sich durch Anordnen der Schemabilder ergebende Darstellung wird "Entwurfszeichnung" genannt. Dementsprechend heißt auch der hier zu behandelnde Arbeitsschritt "Erstellung der Entwurfszeichnung".
Neben einer Arbeitsweise mit Anordnung von Schemabildern für Ansichten sind bei manchen Anwendungsfällen auch dreidimensionale Darstellungsweisen, beispielsweise Perspektiven, denkbar. Grundsätzlich muß zu diesem Arbeitsschritt gesagt werden, daß die Art und Weise der Darstellung erheblich von der Art der zu bearbeitenden Erzeugnisse abhängt. Deshalb kann die Vorgehensweise hierbei nicht so allgemeingültig wie in vorangegangenen Arbeitsschritten beschrieben werden. Im folgenden wird eine Vorgehensweise dargelegt, die im Rahmen eines Anwendungsprogrammes zur Projektierung von Feuerverzinkungslinien auf der Komplexitätsebene der Anlagen erprobt wurde. Diese Vorgehensweise ist auch beim Projektieren und Konstruieren anderer Erzeugnisse als Verzinkungslinen, beispielsweise Walzstraßen, Schmelzanlagen und Stranggießanlagen, sinnvoll anwendbar.

Das Erstellen der Entwurfszeichnung beginnt beim rechnerunterstützten Projektieren von Feuerverzinkungslinien auf der Anlagenebene am graphischen Bildschirm mit der Darstellung der Funktionen der erarbeiteten physikalischen Funktionskette, **Bild 81**, oben. Die Entwurfszeichnung (Groblayout) wird durch Positionieren der Gestalt der Teilsysteme (Anlagen), welche als maßstabgerechte Darstellungen vorliegen, in Seitenansicht und Draufsicht erarbeitet. Deshalb enthält Bild 81 zwei Koordinatensysteme. Das obere Koordinatensystem ist für die Seitenansicht und das untere für die Draufsicht.

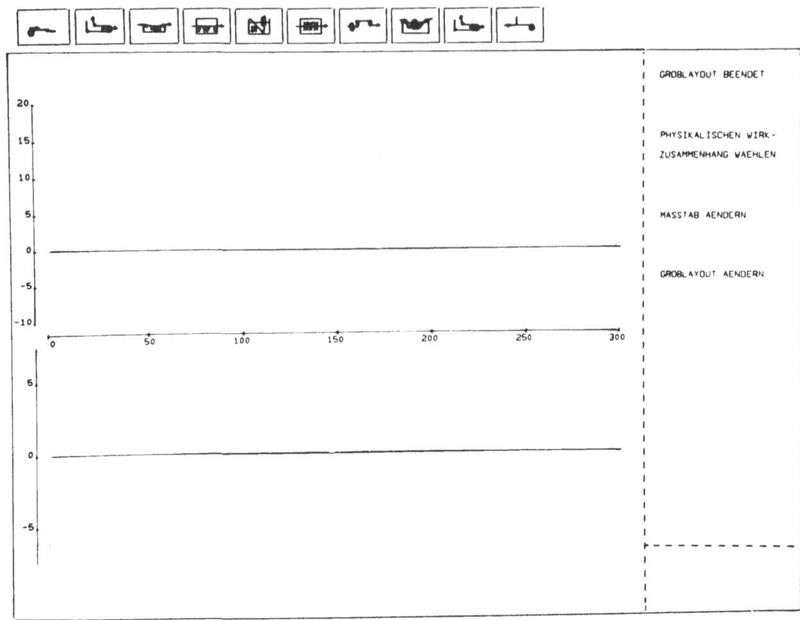


**Bild 81:** Bildschirmaufnahme bei Beginn der Erstellung der Entwurfszeichnung für Feuerverzinkungslinien auf der Anlagenebene.

Weil Verzinkungslinien erheblich unterschiedliche Ausdehnungen in Längs-, Höhen- und Tiefenrichtung haben können, war es erforderlich den Maßstabsfaktor für jede dieser Richtungen unabhängig voneinander frei wählbar zu machen. Damit wurde es möglich, eine gesamte Verzinkungslinie auf dem Bildschirm so darzustellen, daß die für das Positionieren der Teilsysteme erforderliche gute Auflösung in Höhen- und Tiefenrichtung erhalten bleibt. Allerdings konnte aufgrund dieser Maßstabvariation die Systemdarstellung nur mit Hilfe gerader Linienzüge verwirklicht werden. Die **Bilder 82 und 83** verdeutlichen den beschriebenen Sachverhalt. Im folgenden wird die Arbeitsweise am Bildschirm bei dem Erstellen der Entwurfszeichnung beschrieben.

Der Benutzer wählt mit dem Lichtstift durch "Picken" (wie unter 4. beschrieben) eines Bildzeichens, welches für eine physikalische Funktion steht, die zu konkretisierende Funktion. Damit ist für das Programm der Befehl gegeben, die der physikalischen Funktion zugeordneten konstruktiven Varianten als Seitenansicht mit zusätzlichen systemkennzeichnenden Daten im unteren Bereich des Bildschirmes darzustellen, **Bild 84.** Die zusätzlichen textlichen Informationen zu der dargestellten konstruktiven Variante dienen dem Projekteur zur Unterscheidung dieser Variante von anderen Varianten. Das sind auch Beurteilungs- oder Bewertungsgrundlagen für die Auswahl der besten Variante. Wenn es sich dabei um ein durch Rückgriff ermitteltes System handelt, dann ist dies, wie aus Bild 84 ersichtlich, durch das Wort "Wiederholteil" kenntlich gemacht. Die Variante des Bildes 84 ist ein Wiederholsystem III. Ordnung, Bild 79, also ein nur bedingt wiederverwendungsfähiges System. Diese Ordnung wird dem Benutzer durch die Ziffern unter dem Wort "Wiederholteil", Bild 84, angezeigt. Im Programm

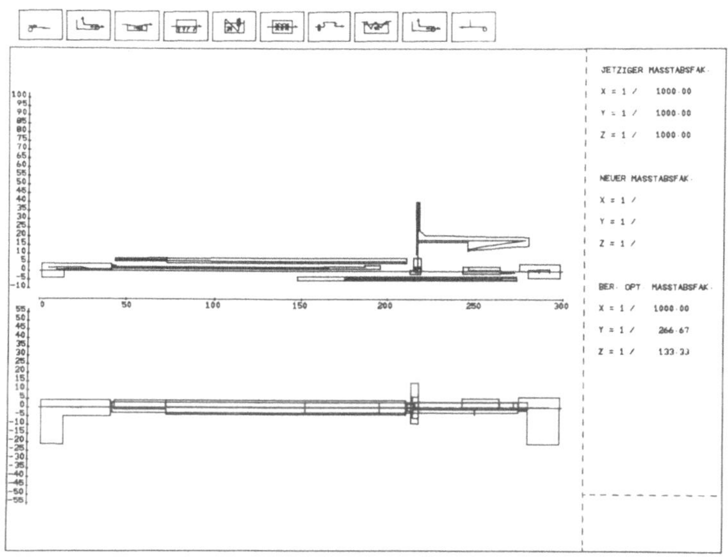


**Bild 82:** Darstellung einer mit Hilfe eines Trommelplotters dokumentierten Entwurfszeichnung einer Feuerverzinkungslinie bei gleichem Maßstabsfaktor für die drei Raumrichtungen.

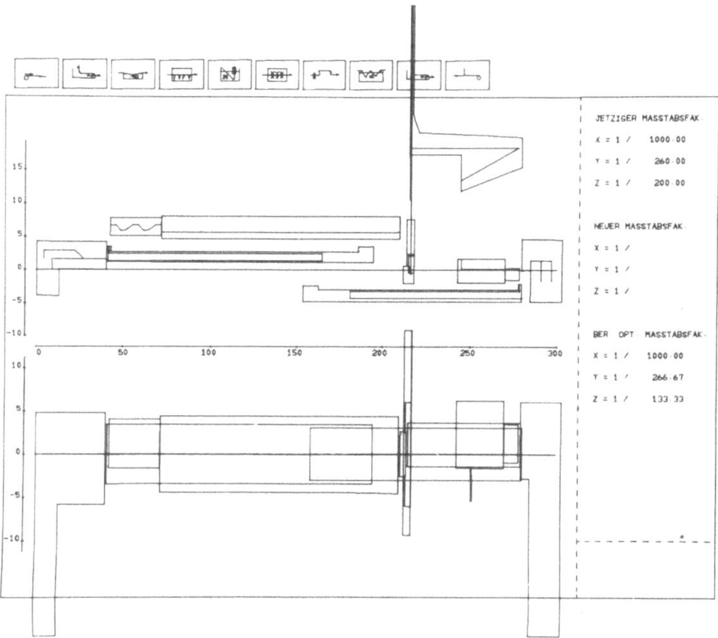


**Bild 83:** Darstellung einer mit Hilfe eines Trommelplotters dokumentierten Entwurfszeichnung einer Feuerverzinkungslinie bei einem zum Positionieren der Teilsysteme günstigen, ungleichen Maßstabsfaktor für die drei Raumrichtungen.

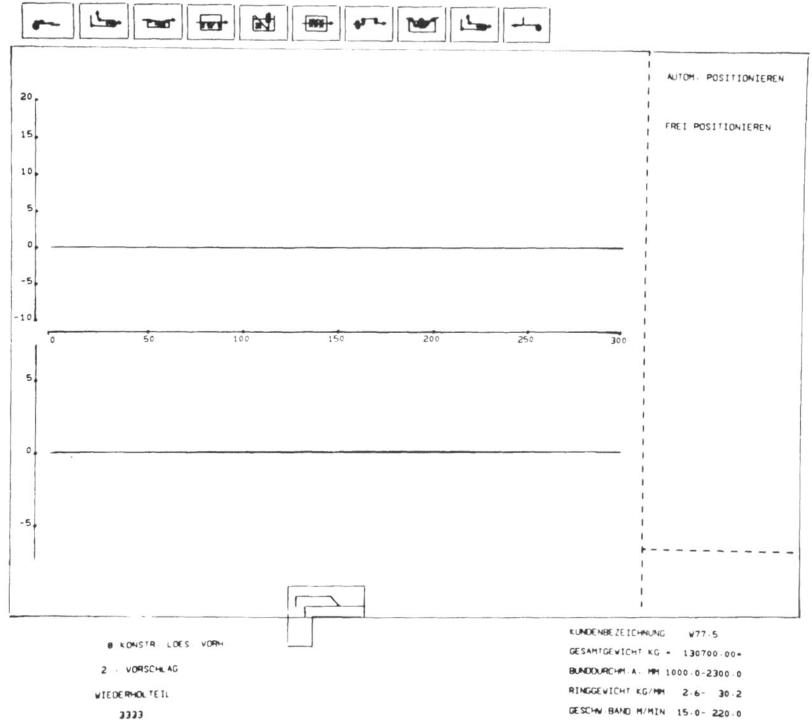


**Bild 84:** Bildschirmaufnahme mit einer konstruktiven Variante für die Einlaufanlage einer Feuerverzinkungslinie in Seitenansicht.

sind die vorliegenden konstruktiven Varianten für jede physikalische Funktion durchnumeriert. Durch Bestätigen des Befehls "nächste konstruktive Ausführung", aus Bild 84 nicht ersichtlich, kann der Benutzer nacheinander alle vorliegenden konstruktiven Varianten im "Rollbildverfahren" / 122 und 214 / auf dem Bildschirm erscheinen lassen. Dieses Verfahren wurde deshalb so benannt, weil nach Darstellung der letzten konstruktiven Variante der Benutzer erneut die erste, danach wiederum die zweite und so weiter aufrufen kann. Sobald der Projekteur die zur Lösung der gestellten Aufgabe beste Variante gewählt hat, teilt er dies durch "Picken" des Befehls "Positionieren", aus Bild 84 nicht ersichtlich, dem Programm mit. Danach werden auf dem Bildschirm die in Bild 84 rechts oben angeordneten alternativen Positioniermöglichkeiten, automatisches und freies Positionieren, angezeigt.

Bei Wahl der Worte "frei positionieren" erscheint an einer festgelegten Stelle der graphischen Darstellung des zu positionierenden Teilsystems ein Fadenkreuz. Dieses Fadenkreuz wird mit Hilfe des Lichtstiftes "gepickt". Durch anschließendes Führen des Lichtstiftes zu der Stelle, wo das Teilsystem im vorgegebenen Arbeitsraum positioniert werden soll, wird das Programm veranlaßt, die graphische Darstellung des Teilsystems an diesen Ort zu setzen, **Bild 85.** Vom Benutzer werden nur die Seitenansichten der Teilsysteme positioniert, oberer Teil von Bild 85. Sobald ein System in Seitenansicht angeordnet ist, wird automatisch die zugehörige Draufsicht durch das Programm dargestellt, unterer Teil des Bildes 85.

Die zweite Möglichkeit der Anordnung eines Teilsystems, "automatisch positionieren", kann nur angewendet werden, wenn bereits die Lage eines Nachbarsystems des zu positionierenden Teilsystems festgelegt ist. Grund dafür ist, daß beim automatischen Positionieren die Bandeinlaufstelle, Bild 80, des anzuordnenden Teilsystems auf die Bandauslaufstelle des im Stofffluß vorher liegenden Teilsystems gesetzt und somit die beiden Teilsysteme hinsichtlich des Stoffflusses überganglos und maßlich korrekt miteinander gekoppelt werden. Auch beim automatischen Positionieren wird zunächst die Seitenansicht des Teilsystems dargestellt und dann, nach Bestätigung des ordnungsgemäßen Positionierens dieser Ansicht durch den Benutzer, die zugehörige Draufsicht automatisch durch das Programm erstellt / 122 und 214 /.

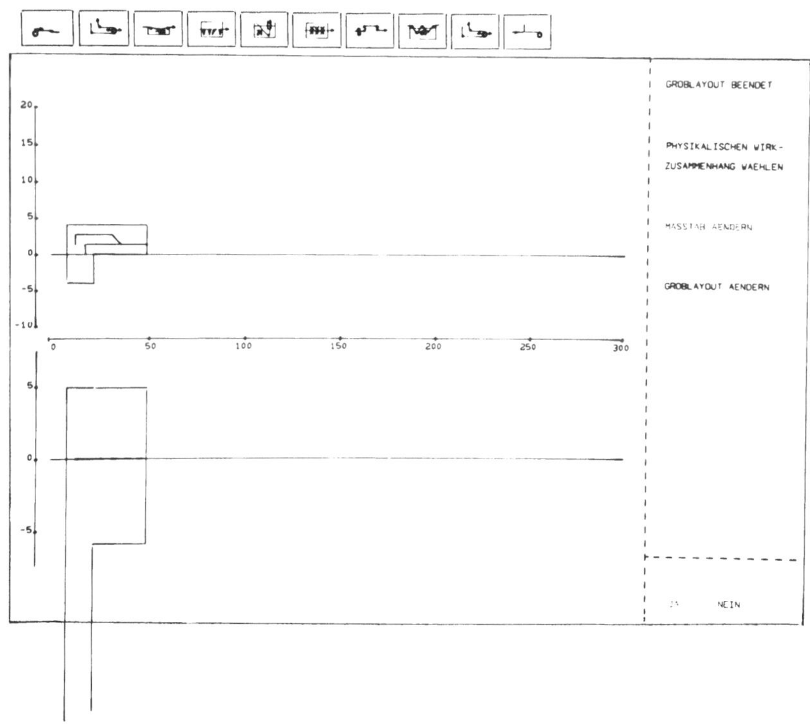


**Bild 85:** Bildschirmaufnahme nach dem Positionieren der Einlaufanlage einer Feuerverzinkungslinie.

Nach jedem Positioniervorgang (über "frei positionieren" oder "automatisch positionieren") kann die Lage des Teilsystems durch waagerechtes und/oder senkrechtes Verschieben seiner Seitenansichtsdarstellung geändert werden. Die Änderung kann entweder durch Eingabe der Maße für die Verschiebungsstrecke oder durch Führen des zu verschiebenden Teilsystems mit dem Lichtstift an den neuen Ort erfolgen. Damit ändert sich entsprechend auch die Lage der Darstellung des Teilsystems in der Draufsicht.

Der Maßstab der Darstellungen in Seitenansicht und Draufsicht kann durch Wählen der Worte "Maßstab ändern" (Bild 85, rechts) während der Erstellung der Entwurfszeichnung variiert werden. Dies geschieht durch Eingabe der neuen Maßstabsfaktoren für die drei Raumrichtungen (Länge, Höhe, Tiefe). Danach wird die Bildschirmdarstellung im neuen Maßstab automatisch durch das Programm erstellt / 122 und 214 /.

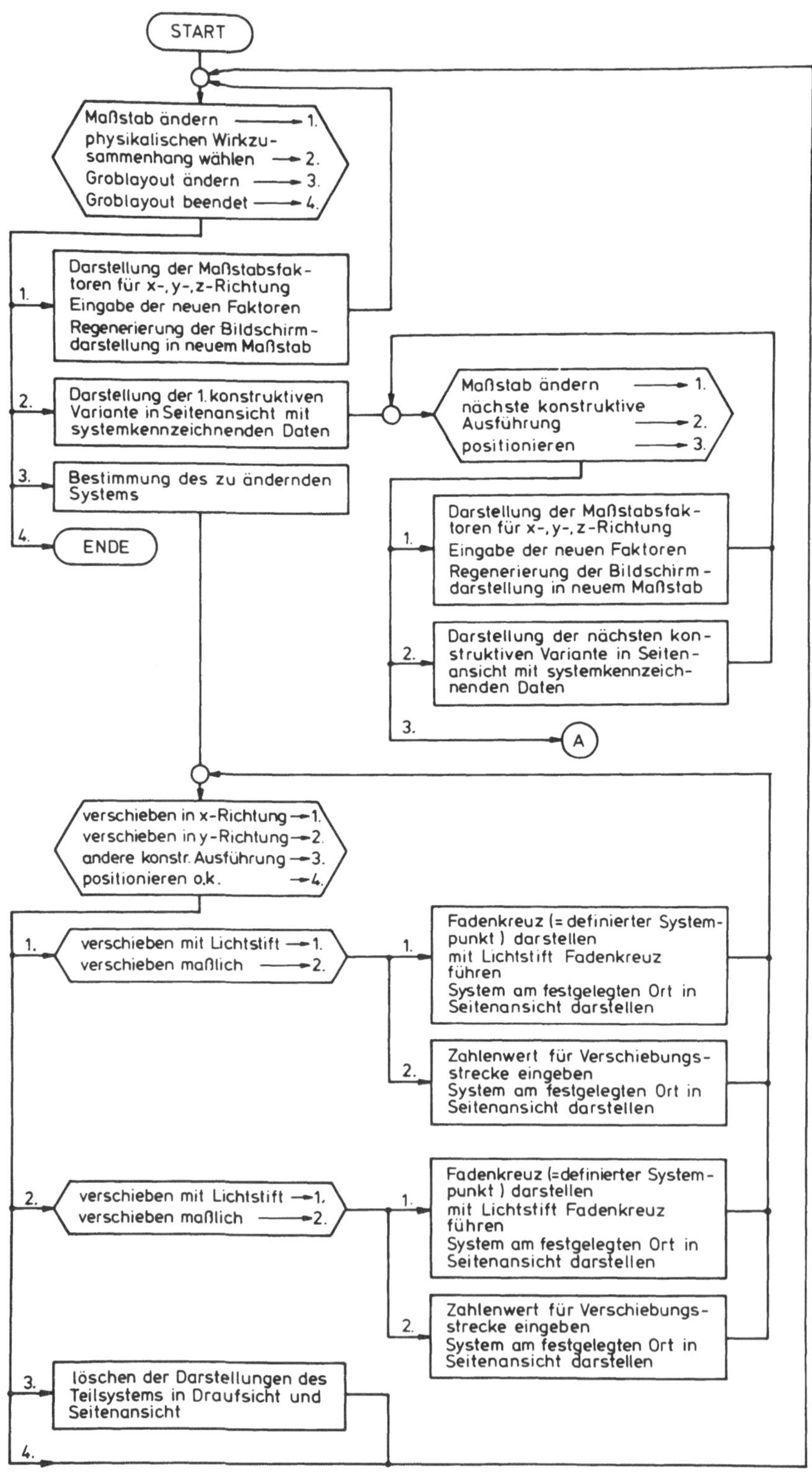
START
Maßstab ändern → 1.
physikalischen Wirkzusammenhang wählen → 2.
Groblayout ändern → 3.
Groblayout beendet → 4.
1.
Darstellung der Maßstabsfaktoren für x-, y-, z-Richtung
Eingabe der neuen Faktoren
Regenerierung der Bildschirmdarstellung in neuem Maßstab
2.
Darstellung der 1. konstruktiven Variante in Seitenansicht mit systemkennzeichnenden Daten
Maßstab ändern → 1.
nächste konstruktive Ausführung → 2.
positionieren → 3.
1.
Darstellung der Maßstabsfaktoren für x-, y-, z-Richtung
Eingabe der neuen Faktoren
Regenerierung der Bildschirmdarstellung in neuem Maßstab
2.
Darstellung der nächsten konstruktiven Variante in Seitenansicht mit systemkennzeichnenden Daten
3.
A
3.
Bestimmung des zu ändernden Systems
4.
ENDE
verschieben in x-Richtung → 1.
verschieben in y-Richtung → 2.
andere konstr. Ausführung → 3.
positionieren o.k. → 4.
1.
verschieben mit Lichtstift → 1.
verschieben maßlich → 2.
1.
Fadenkreuz (= definierter Systempunkt) darstellen
mit Lichtstift Fadenkreuz führen
System am festgelegten Ort in Seitenansicht darstellen
2.
Zahlenwert für Verschiebungsstrecke eingeben
System am festgelegten Ort in Seitenansicht darstellen
2.
verschieben mit Lichtstift → 1.
verschieben maßlich → 2.
1.
Fadenkreuz (= definierter Systempunkt) darstellen
mit Lichtstift Fadenkreuz führen
System am festgelegten Ort in Seitenansicht darstellen
2.
Zahlenwert für Verschiebungsstrecke eingeben
System am festgelegten Ort in Seitenansicht darstellen
3.
löschen der Darstellungen des Teilsystems in Draufsicht und Seitenansicht
4.

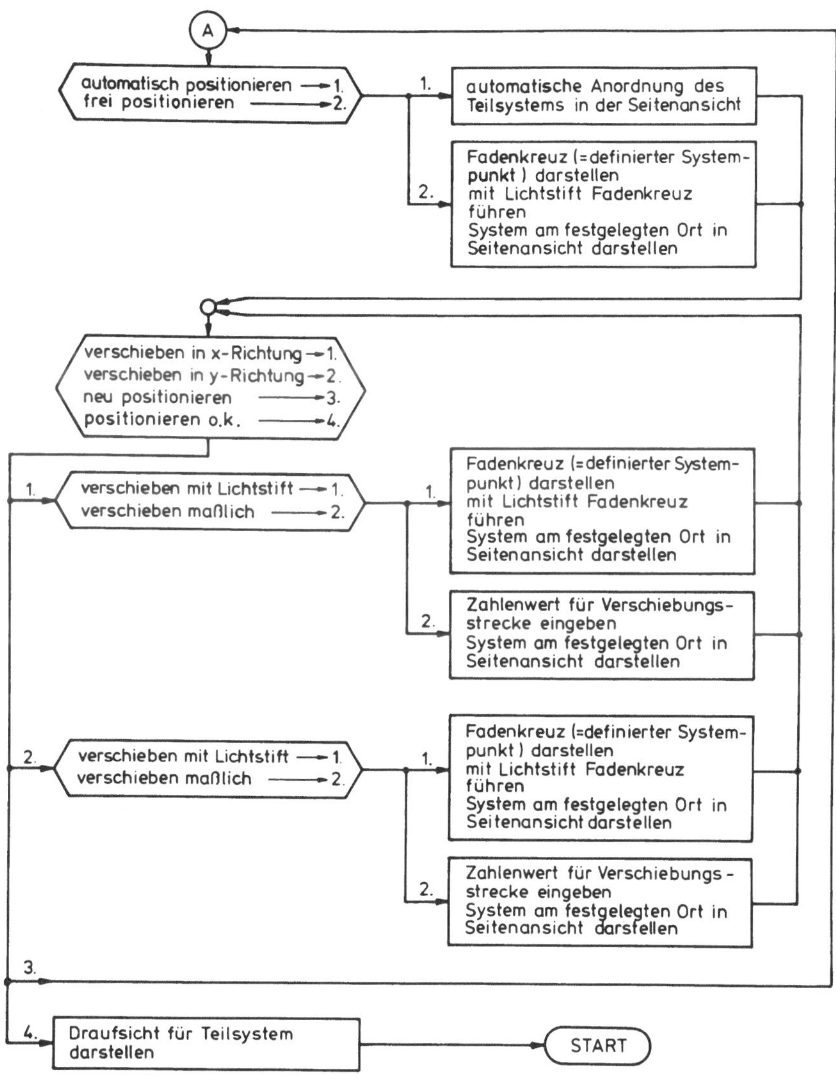


**Tafel 33:** Ablaufplan der möglichen Vorgänge bei der Erstellung der Entwurfszeichnung im Rahmen des rechnerunterstützten Projektierens von Feuerverzinkungslinien.

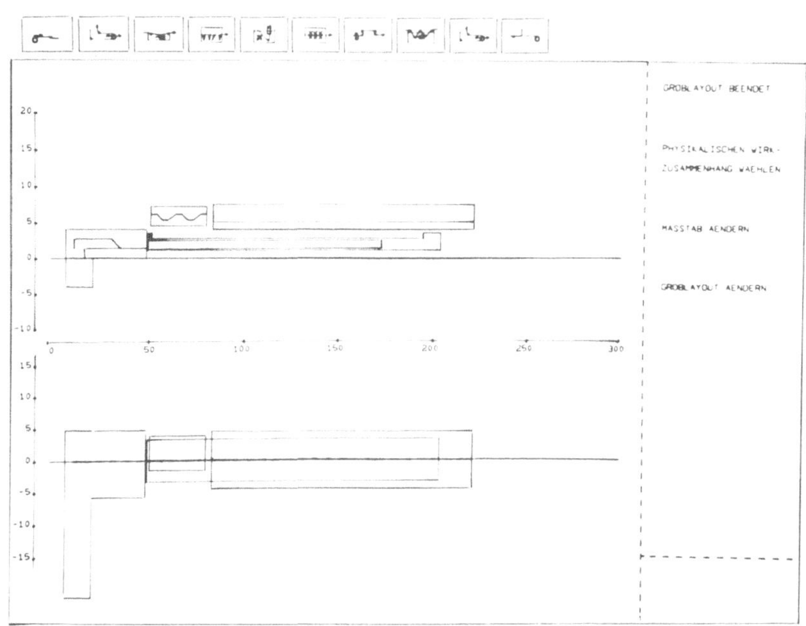


**Bild 86:** Bildschirmaufnahme nach dem Positionieren von vier Anlagen einer Feuerverzinkungslinie.

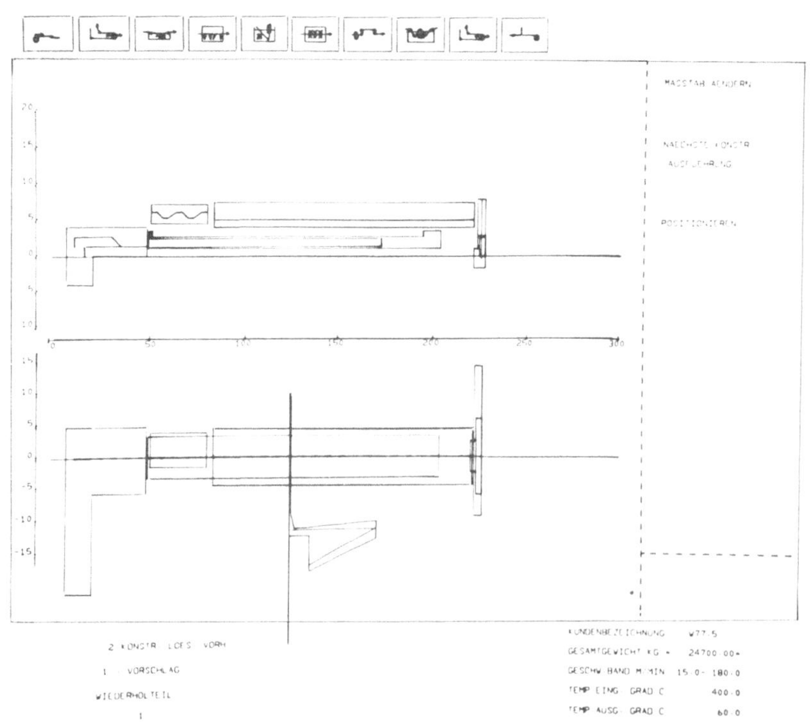


**Bild 87:** Bildschirmaufnahme nach dem Positionieren von fünf Anlagen und beim Festlegen der sechsten Anlage (Kühlanlage) einer Feuerverzinkungslinie.

Sobald ein Teilsystem zur Erfüllung der betrachteten physikalischen Funktion hinsichtlich seiner Gestalt und Lage im Gesamtsystem festgelegt ist, wird der beschriebene Ablauf in gleicher oder ähnlicher Weise bei der Ermittlung und Positionierung des nächsten Teilsystems sowie der übrigen Teilsysteme durchgeführt.

Daneben ist zu prüfen, ob die Weiterleitung des durchzusetzenden Stoffes innerhalb des konkretisierten Systems von Teilsystem zu Teilsystem sichergestellt und die Lage der Teilsysteme in Einklang mit der Umgebung steht. Wenn das nicht der Fall ist, sind Forderungen an Anpaßsysteme (beispielsweise Verbindungssysteme und Stützkonstruktionen) aufzustellen. Solche Anpaßsysteme werden dann auf der ihrer Komplexität entsprechenden Ebene oder in einem gesonderten Arbeitsgang konkretisiert. Im Rahmen des rechnerunterstützten Projektierens von Feuerverzinkungslinien auf Anlagenebene sind in diesem Zusammenhang beispielsweise, aufgrund der Lage einzelner Anlagen, Umlenkrollen als Verbindungssysteme zwischen Anlagen und Stahlbausysteme als Stützkonstruktionen für oberhalb Hüttenflur angeordnete Anlagen einzusetzen.

In **Tafel 33** sind die vom Benutzer am Bildschirm während der Erstellung der Entwurfszeichnung durchführbaren Vorgänge zusammenfassend in Form eines Ablaufplanes dargestellt. Dabei sind nur die vom Projekteur oder Konstrukteur auf dem Bildschirm zu beobachtenden oder durchzuführenden Einzeltätigkeiten und nicht die programminternen Operationen beschrieben. Die **Bilder 86 und 87** zeigen Zwischenstufen auf dem Wege der Erstellung der Entwurfszeichnung für eine Feuerverzinkungslinie.

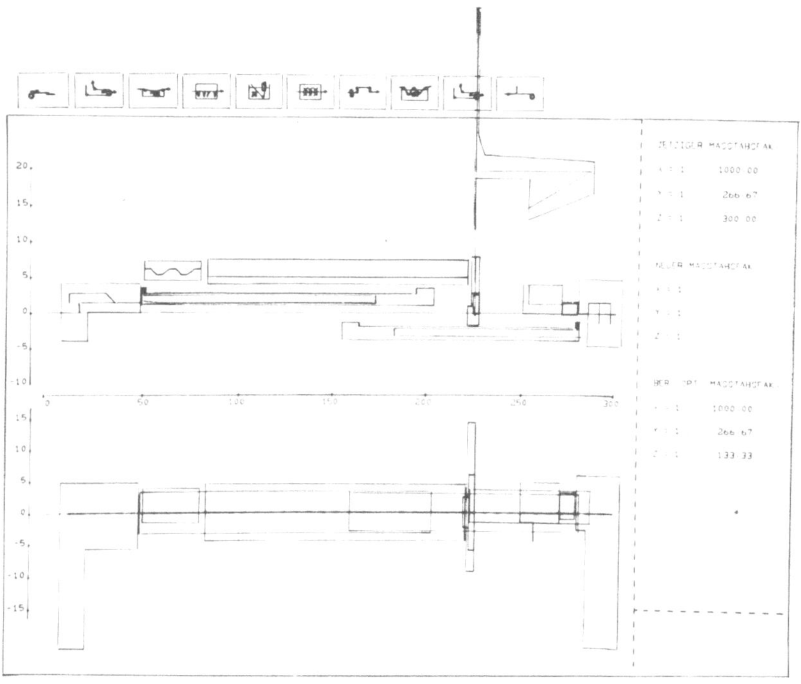


**Bild 88:** Bildschirmaufnahme nach dem Positionieren der zehn Anlagen einer Feuerverzinkungslinie.

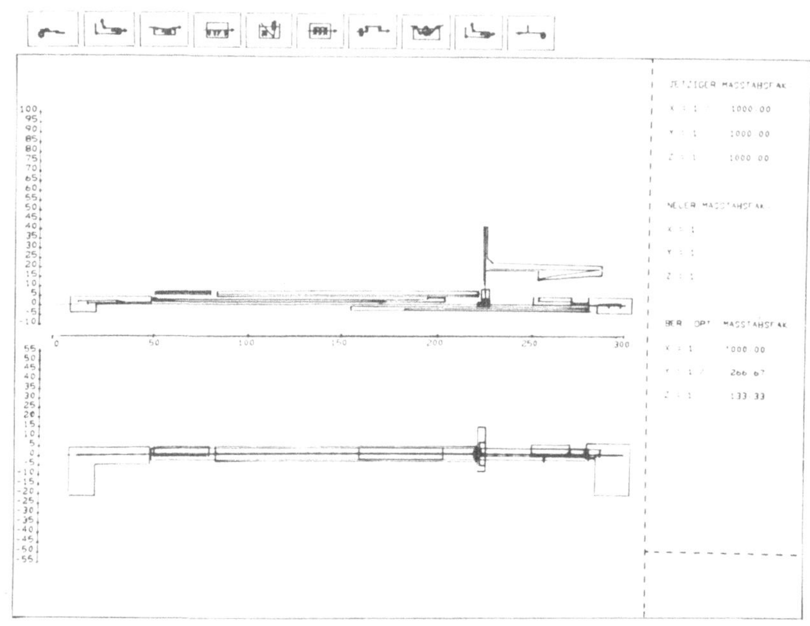


**Bild 89:** Bildschirmaufnahme der Entwurfszeichnung des Bildes 88 mit gleichem Maßstabsfaktor für die drei Raumrichtungen.

Nach Konkretisierung aller physikalischen Funktionen durch konstruktive Lösungen kann die Erstellung der Entwurfszeichnung als abgeschlossen betrachtet werden. Das Ergebnis dieses Arbeitsschrittes ist dem **Bild 88** im Positioniermaßstab und dem **Bild 89** mit gleichem Maßstabsfaktor für die drei Raumrichtungen zu entnehmen.

Einige Ergebnisse, die bei der Anwendung des Programmes für das rechnerunterstützte Projektieren von Feuerverzinkungslinien auf Anlagenebene erhalten wurden, sind den **Bildern 90 bis 97** zu entnehmen. Diese Bilder zeigen variante konstruktive Lösungen für eine Aufgabenstellung. Variiert sind Lage, Form und Abmessungen einzelner Anlagen. Variationsmöglichkeiten hinsichtlich der Reihenfolge im Stofffluß bestehen dagegen nicht, weil ein linearer Stofffluß vorliegt und die Folge der Verfahrensstufen aus physikalischen Gründen zwingend festliegt. Hinsichtlich der Lage der Anlagen sind im wesentlichen Verschiebungen in Längen- und Höhenrichtung sowie Spiegelungen (Einlauf- und Auslaufanlagen) vorgenommen worden. Dabei zeigte sich, daß manche Lagevariationen nur bei gleichzeitiger Variation der Formen oder Abmessungen einzelner Anlagen zu sinnvollen Ergebnissen führten.

Die kurzgefaßte Darstellung der Erstellung der Entwurfszeichnung ist 6. (Block 3 des Programmes KONWIZ, Tafelseiten 22 und 23) in Form eines Ablaufplanes zu entnehmen.

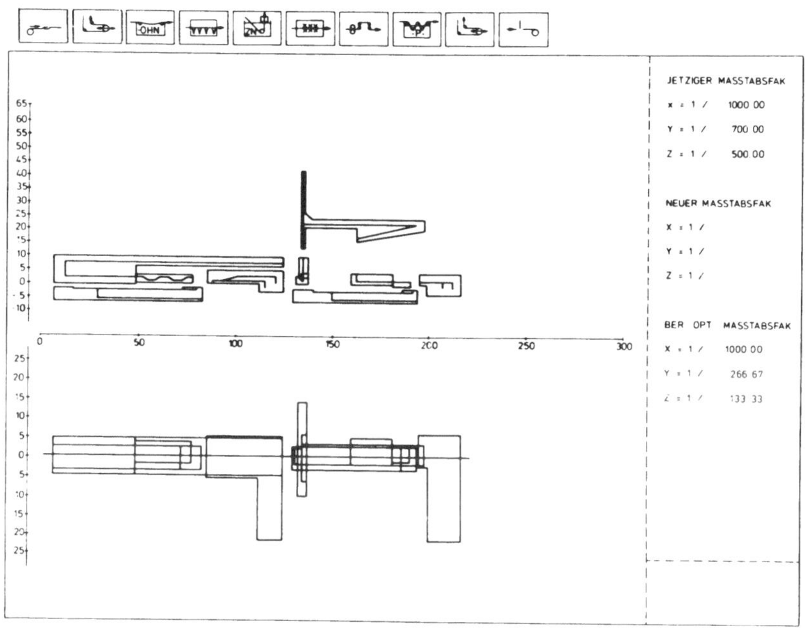


**Bild 90:** Gestalt- und Aufbauvariation der Anlagen einer Feuerverzinkungslinie im Rahmen der Festlegung konstruktiver Wirkzusammenhänge beim rechnerunterstützten Projektieren, Beispiel 1.

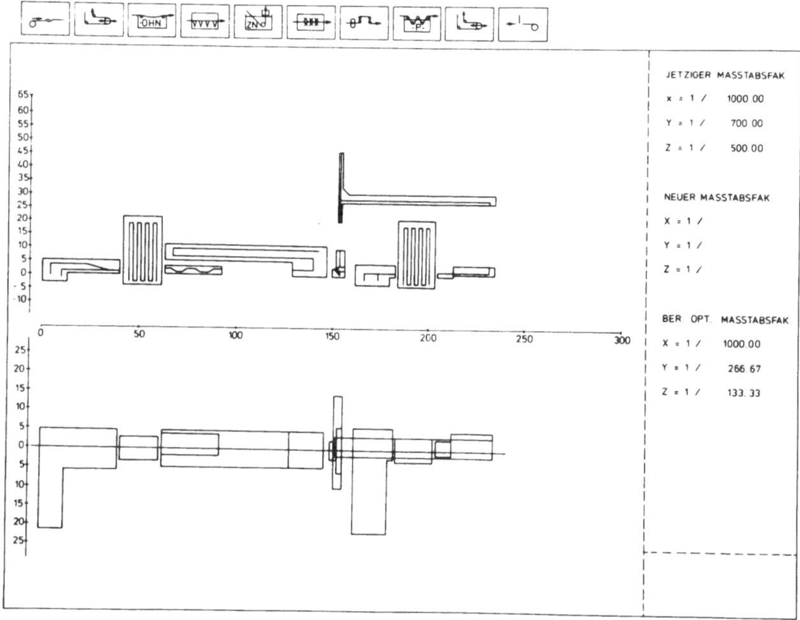


**Bild 91:** Gestalt- und Aufbauvariation der Anlagen einer Feuerverzinkungslinie im Rahmen der Festlegung konstruktiver Wirkzusammenhänge beim rechnerunterstützten Projektieren, Beispiel 2.

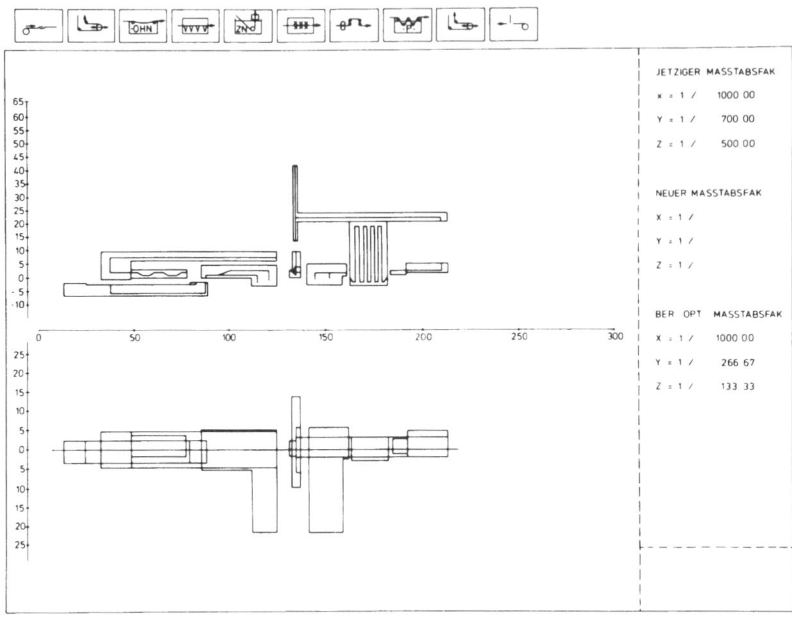


**Bild 92:** Gestalt- und Aufbauvariation der Anlagen einer Feuerverzinkungslinie im Rahmen der Festlegung konstruktiver Wirkzusammenhänge beim rechnerunterstützten Projektieren, Beispiel 3.

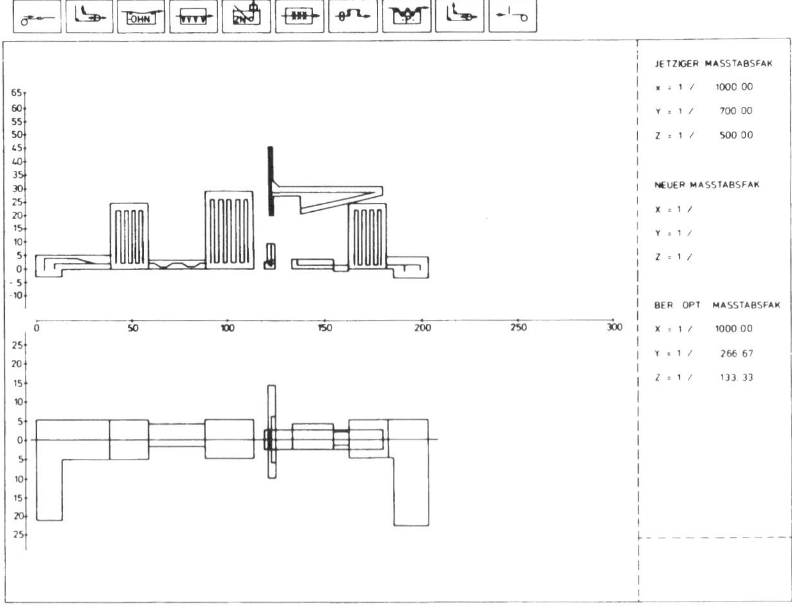


**Bild 93:** Gestalt- und Aufbauvariation der Anlagen einer Feuerverzinkungslinie im Rahmen der Festlegung konstruktiver Wirkzusammenhänge beim rechnerunterstützten Projektieren, Beispiel 4.

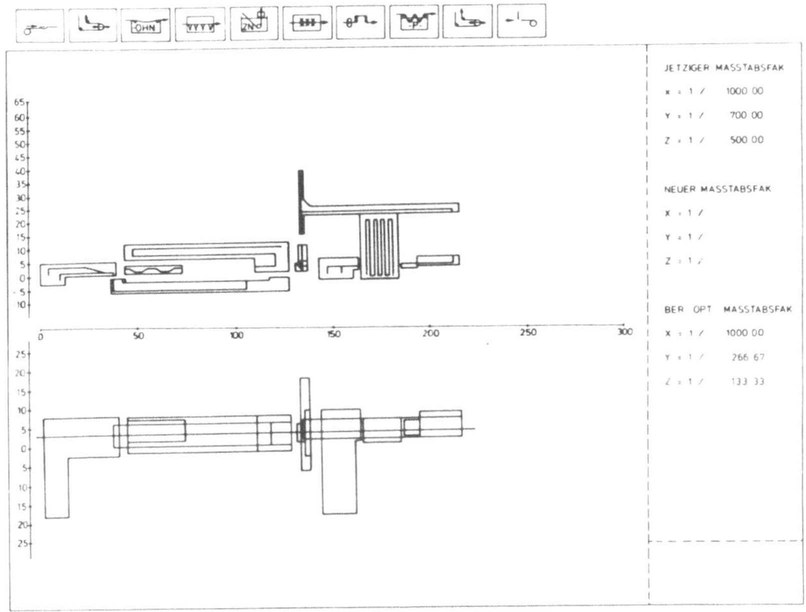


**Bild 94:** Gestalt- und Aufbauvariation der Anlagen einer Feuerverzinkungslinie im Rahmen der Festlegung konstruktiver Wirkzusammenhänge beim rechnerunterstützten Projektieren, Beispiel 5.

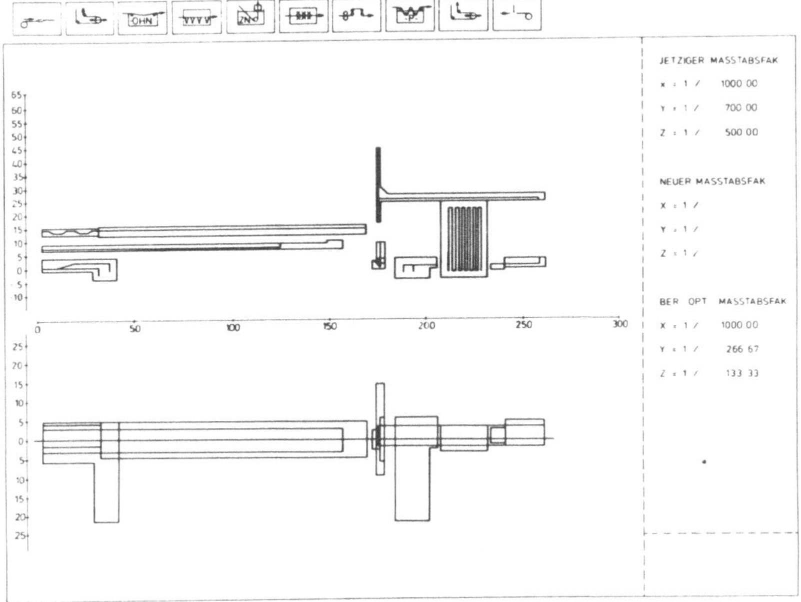


**Bild 95:** Gestalt- und Aufbauvariation der Anlagen einer Feuerverzinkungslinie im Rahmen der Festlegung konstruktiver Wirkzusammenhänge beim rechnerunterstützten Projektieren, Beispiel 6.

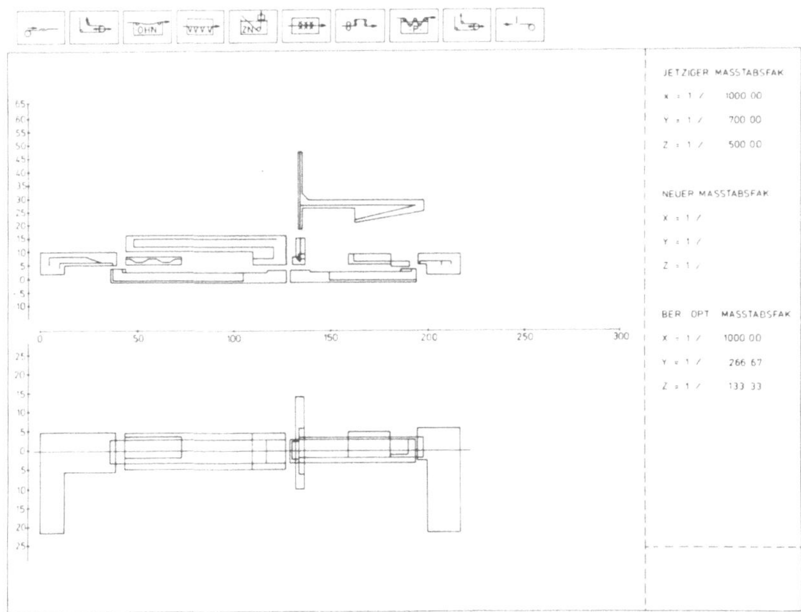


**Bild 96:** Gestalt- und Aufbauvariation der Anlagen einer Feuerverzinkungslinie im Rahmen der Festlegung konstruktiver Wirkzusammenhänge beim rechnerunterstützten Projektieren, Beispiel 7.

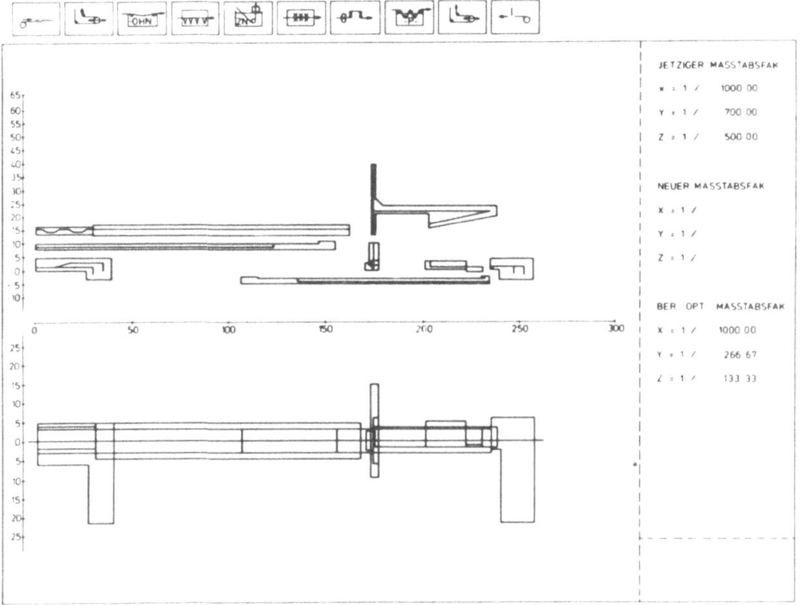


**Bild 97:** Gestalt- und Aufbauvariation der Anlagen einer Feuerverzinkungslinie im Rahmen der Festlegung konstruktiver Wirkzusammenhänge beim rechnerunterstützten Projektieren, Beispiel 8.

### 5.5.4. Prüfung hinsichtlich Einhaltung der Schnittstellenbedingungen

Die im Rahmen der Klärung der Aufgabe, KLADAU, festgelegten Schnittstellenbedingungen müssen eingehalten werden, weil aus den auf jeder Komplexitätsebene in eigenen Berechnungsläufen konkretisierten Teilsystemen ein funktionsfähiges und anforderungsentsprechendes Gesamtsystem entstehen muß. Deshalb ist nach Erstellen der Entwurfszeichnung, und damit Ermittlung des Aufbaus des Gesamtsystems, zu prüfen, ob diese Schnittstellenbedingungen eingehalten wurden.

Schnittstellenbedingungen, deren Einhaltung bei der Festlegung konstruktiver Wirkzusammenhänge mit Hilfe von KONWIZ zu prüfen sind, beziehen sich im wesentlichen auf geometrische Größen. Das sind für stoffdurchsetzende komplexe Systeme beispielsweise

- zur Verfügung stehender Raum:
    - Länge
    - Breite,
    - Höhe,
        - über Nullniveau (Hüttenflur) und
        - unter Nullniveau,

  sowie
- Anschlußmaße:
    - Stelle(n), an der (denen) durchzusetzender Stoff angeliefert wird, und
    - Stelle(n), an der (denen) durchgesetzter Stoff zur Weiterverarbeitung, Lagerung oder zum Versand benötigt wird.

Die Prüfung auf Einhaltung der Schnittstellenbedingungen erfolgt nach Abschluß des Positionierens. Falls die Schnittstellenbedingungen nicht eingehalten sind, wird ein Rücksprung zu einer bestimmten Stelle des Programmes erforderlich. Von dieser Stelle ausgehend wird durch erneute Bearbeitung eine Annäherung und schließlich eine Übereinstimmung mit den bei KLADAU festgelegten Schnittstellenbedingungen erreicht. Im Rahmen des rechnerunterstützten systematischen Projektierens und Konstruierens werden bei Nichteinhalten der Schnittstellenbedingungen die vom Rechner ermittelten Prüfungsergebnisse dem Benutzer des Programmes auf dem Bildschirm angezeigt. Dann können folgende Maßnahmen hinsichtlich ihrer Effektivität vom Benutzer geprüft und gegebenenfalls ergriffen werden:

- Es ist vom Benutzer zu prüfen und zu entscheiden, ob die Überschreitung der Schnittstellenbedingungen von merklich ungünstigem Einfluß auf Nachbarsysteme ist und den Wert des Gesamtsystems mindert. Wenn das nachweislich nicht der Fall ist, dann kann die gewählte Kombination von Teilsystemen, trotz Überschreitung der Schnittstellenbedingungen, als zulässig und anforderungsentsprechend betrachtet werden.
- Durch erneutes Positionieren, mit Veränderung der Lage einzelner Teilsysteme und/oder Verwendung anderer im Rahmen der Erstellung der Entwurfszeichnung zur Verfügung stehender konstruktiver Varianten, kann der Benutzer versuchen, die

konstruktiven Wirkzusammenhänge mit den Schnittstellenbedingungen in Einklang zu bringen.

- Wenn für physikalische Funktionen variante konstruktive Lösungen vorhanden waren, welche bei der Vorauswahl konstruktiver Lösungsmöglichkeiten vom Benutzer ausgesondert worden sind, dann ist zu prüfen, ob bei ihrer Verwendung die Schnittstellenbedingungen eingehalten werden können.
- Wenn variante physikalische Funktionsketten mit Abschluß der Festlegung der physikalischen Wirkzusammenhänge, PHYWIZ, vorgelegen haben, dann kann durch Rücksprung zu PHYWIZ eine der anderen physikalischen Funktionsketten für die Festlegung der konstruktiven Wirkzusammenhänge mit KONWIZ zugrundegelegt werden. Durch Rücksprung zu PHYWIZ ist es ebenfalls möglich, die physikalischen Wirkzusammenhänge in anderer Weise, wie unter 5.4. beschrieben, neu festzulegen und damit die Einhaltung der Schnittstellenbedingungen zu erreichen.
- Die Schnittstellenbedingungen sind durch Änderung von Eingabedaten den konstruktiven Wirkzusammenhängen anzupassen. Weil in diesem Falle eine Änderung der für das bearbeitete Teilsystem maßgebenden Schnittstellenbedingungen auch Einfluß auf seine Nachbarsysteme haben kann, muß das Programm KLADAU erneut durchlaufen werden. Dabei ist zu ermitteln, welche Auswirkungen sich auf bereits bearbeitete Teilsysteme ergeben. Erforderlichenfalls ist eine Überarbeitung auch dieser Systeme durchzuführen.

Die vorgeschlagenen Maßnahmen sind hier nach der Weite des erforderlichen Rücksprunges im Programm, welche von der erstgenannten zur letztgenannten Maßnahme hin ansteigt, geordnet. Demnach ist die Möglichkeit der Änderung von Eingabedaten für die Schnittstellenbedingungen sinnvollerweise erst dann in Betracht zu ziehen, wenn weitere variante physikalische Funktionsketten nicht mehr vorliegen.

Die Durchführung von Änderungen ist jedoch auch dann möglich, wenn Übereinstimmung mit den Schnittstellenbedingungen besteht. Somit kann der Benutzer des Programmes beispielsweise weitere, variante physikalische Funktionsketten durch Rücksprung zu den physikalischen Wirkzusammenhängen bearbeiten.

Wenn keine Rücksprünge durchzuführen sind, dann ist nach Bereinigung der Dateien die Festlegung konstruktiver Wirkzusammenhänge mit dem Programm KONWIZ abgeschlossen. Die Bereinigung der Dateien bezieht sich auf das Löschen solcher Zusammenhänge und Werte, die sich auf nicht zur Verwendung gekommene konstruktive Varianten beziehen. Damit soll der im letzten Hauptschritt, Anfertigung der Angebots- oder Erstellungsunterlagen, zu berücksichtigende Datenumfang auf das notwendige Maß begrenzt werden.

Die kurzgefaßte Darstellung der Prüfung auf Einhaltung der Schnittstellenbedingungen ist 6. (Block 4 des Programmes KONWIZ, Tafelseiten 23 und 24) in Form eines Ablaufplanes zu entnehmen.

## 5.6. Anfertigung der Angebotsunterlagen, Unterprogramm ANDANG, und der Erstellungsunterlagen, Unterprogramm ANDERS

Der fünfte Hauptschritt beim rechnerunterstützten Projektieren ist die **AN**fertigung **D**er **ANG**ebotsunterlagen und beim Konstruieren die **AN**fertigung **D**er **ERS**tellungsunterlagen. Eine kurzgefaßte Darstellung der zugehörigen Programme, **ANDANG** beziehungsweise **ANDERS**, ist 6. (Tafelseiten 19 bis 24) in Form eines Ablaufplanes mit der Bezeichnung ANDERS zu entnehmen.

Die unterschiedliche Benennung des fünften Hauptschrittes ist auf die beiden zugrunde liegenden Tätigkeiten, Projektieren und Konstruieren, zurückzuführen. Hinsichtlich ihrer Art unterscheiden sich die Arbeitsschritte ANDANG und ANDERS jedoch nicht. In beiden Fällen sind mit dem Programm für den fünften Hauptschritt die Dokumentation und Aufbereitung der in den vorangegangenen vier Arbeitsschritten erarbeiteten Informationen durchzuführen sowie, falls vom Projekteur oder Konstrukteur gefordert, weitere Informationen für Wiederholsysteme zu ermitteln. Der fünfte Hauptschritt wird für jedes technische System mit gegenüber der Bearbeitungsebene vorgeordneter Komplexität in einem eigenen Programmlauf durchgeführt.

### 5.6.1. Ausgabe der Ergebnisse des Berechnungsablaufes

Bei diesem Arbeitsschritt werden die vorhandenen Informationen für das auf der bearbeiteten Komplexitätsebene durch Teilsysteme konkretisierte technische System abschließend dokumentiert. Nach dem Erscheinungsbild der zu erstellenden Unterlagen werden hier Zeichnungen und Listen unterschieden. Zeichnungen sind mit Hilfe von Plottern oder ähnlicher technischer Hilfsmittel auszugebene Unterlagen, die im wesentlichen graphische (geometrische) Informationen enthalten. Bei Listen, die beispielsweise mit Schnelldruckern erstellt werden können, handelt es sich um die Dokumentation textlicher (alphanumerischer) Daten.

Unterlagen, die der bearbeiteten Komplexitätsebene zuzuordnen sind und die nun ausgegeben werden können, sind im wesentlichen die

- am Bildschirm infolge des Zusammenwirkens zwischen Projekteur und EDV-Anlage mit Hilfe von Schemabildern für die einzelnen Teilsysteme erstellte Entwurfszeichnung, Bilder 82 und 83,
- Liste der als Eingabedaten eingebrachten Übergabedaten aus der vorgeordneten Komplexitätsebene,
- Liste der gesamten Eingabedaten,
- Liste der interaktiv eingeflossenen Entscheidungen des Programmbenutzers,
- Liste der Berechnungsergebnisse, **Tafel 34,**
- Liste der Klassifizierungsnummern der gewählten Teilsysteme und
- Liste der Daten zur Kennzeichnung der Wiederholsysteme, **Tafel 35.**

| NUMMER | BENENNUNG | |
|---|---|---|
| 1. | AUFGABENSTELLUNG | |
| 1.1. | ARBEITSTITEL | |
| 1.1.1. | PROJEKTBEZEICHNUNG | W L - DEMAG |
| 1.1.2. | PROJEKTNUMMER | 14,7,77 |
| 1.1.3. | KUNDENBEZEICHNUNG | |
| 1.1.3.1. | NAME | VOLKSREPUBLIK POLEN |
| 1.1.3.2. | LAND | POLEN |
| 1.1.3.3. | ANSCHRIFT | |
| 1.2. | BUNDABMESSUNGEN (TABELLE 6) | |
| 1.2.1. | | |
| 1.2.2. | | |
| 1.2.3. | | |

BUNDABMESSUNGEN (TABELLE 6)

| BANDDICKE IN MM | AUSGANGSDATEN | | EINGANGSDATEN | | AUSGANGSDATEN | | EINGANGSDATEN | | AUSGANGSDATEN | | EINGANGSDATEN | |
|---|---|---|---|---|---|---|---|---|---|---|---|---|
| | LIGR A IN M | LIKL A IN M | LIGR E IN M | LIKL E IN M | DIGR A IN MM | DIKL A IN MM | DIGR E IN MM | DIKL E IN MM | GIGR A IN KG | GIKL A IN KG | GIGR E IN KG | GIKL E IN KG |
| .35 | 4266. | 1582. | 4550. | 1703. | 1508. | 1016. | 1562. | 1016. | 15000. | 5503. | 15000. | 5614. |
| .80 | 1887. | 733. | 1911. | 745. | 1538. | 1016. | 1536. | 1016. | 15000. | 5823. | 15000. | 5847. |
| 1.50 | 1069. | 500. | 1062. | 500. | 1504. | 1108. | 1562. | 1110. | 15000. | 7017. | 15000. | 7066. |

| NUMMER | BENENNUNG | KURZZEICHEN | DATEN | DIMENSION |
|---|---|---|---|---|
| 2.3.2.2.3. | WELLIGKEIT | | 3,00 | 1 |
| 2.3.2.2.4. | SAEBELFOERMIGKEIT | | 2,50 | 1 |
| 2.3.2.2.5. | KANTENBESCHAFFENHEIT | | 3,00 | 1 |
| 2.3.2.2.6. | DICKENABWEICHUNG | | | |
| | DICKENABWEICHUNG UEBER DIE LAENGE DES STAHLBANDES | | .05 | MM |
| | DICKENABWEICHUNG UEBER DIE BREITE DES STAHLBANDES | | .08 | MM |
| 2.3.2.2.7. | SONSTIGE RANDFEHLER<br>INNERE FEHLER<br>AEUSSERE FEHLER<br>FORMFEHLER | | | |
| 2.3.3. | ZUGEHOERIGE KONSTANTEN ZU 2.3.1. UND 2.3.2. | | | |
| | DICHTE DES GRUNDWERKSTOFFES (STAHL) | | 7850,00 | KG/KUBM |
| | ELASTIZITAETSMODUL DES GRUNDWERKSTOFFES (STAHL), GROESSTER WERT ALLER VORKOMMENDEN QUALITAETEN | | 210000. | N/QM |
| | DICHTE DES SCHICHTWERKSTOFFES (ZINK) | | 7130.00 | KG/KUBM |
| | ELASTIZITAETSMODUL DES SCHICHTWERKSTOFFES (ZINKSCHICHT), GROESSTER WERT ALLER VORKOMMENDEN QUALITAETEN | | 84000. | N/QM |
| | FLIESSGRENZE DES SCHICHTWERKSTOFFES (ZINKSCHICHT), KLEINSTER WERT ALLER VORKOMMENDEN QUALITAETEN | | 150.00 | N/QM |
| 2.4. | GESCHWINDIGKEITEN | | | |
| 2.4.1. | BEHANDLUNGSGESCHWINDIGKEITEN | | | |
| | ENDGUELTIGE BEHANDLUNGSGESCHWINDIGKEIT FUER JEDE BANDDICKE HI UND JEDE GLUEHBEHANDLUNG GL UNTER BERUECKSICHTIGUNG DER GEGEBENEN EINSCHRAENKUNGEN | VI GL | TABELLE 10 | M/MIN |
| 2.4.2. | BEHANDLUNGSGESCHWINDIGKEITEN (TABELLE 10) | | | |
| 2.4.3. | | | | |

BEHANDLUNGSGESCHWINDIGKEITEN (TABELLE 10)

| | GLUEHBEH. 1 VI GL | GLUEHBEH. 2 VI GL | GLUEHBEH. 3 VI GL | GLUEHBEH. 4 VI GL | GLUEHBEH. 5 VI GL |
|---|---|---|---|---|---|
| 1 | 120,45 | 101,93 | 73,45 | | |
| 2 | 52,70 | 44.59 | 32,13 | | |
| 3 | 28,11 | 23,78 | 17,14 | | |
| 4 | | | | | |
| 5 | | | | | |
| 6 | | | | | |
| 7 | | | | | |
| 8 | | | | | |
| 9 | | | | | |
| 10 | | | | | |
| 11 | | | | | |
| 12 | | | | | |
| 13 | | | | | |

**Tafel 34:** Auszug aus der Liste der Berechnungsergebnisse beim rechnerunterstützten Projektieren von Feuerverzinkungslinien auf der Komplexitätsebene Anlagen.

| CHARAKTERISTISCHE DATEN | KUNDENBEZEICHNUNG H77.5 | | BLATT 1 |
|---|---|---|---|
| ANLAGE | EINLAUFANLAGE BAND | KLASSIFIZIERUNGSNUMMER E0201 | |
| TEILSYSTEMANGABEN | HUBWAGEN-AGG,BAND ZUS. | H0301 | 8540 972.0 |
| | | | 8540 973.0 |
| | ABWICKEL-AGG,BAND | A0301 | 85412881.0 |
| | | | 85412882.0 |
| | | | 85412883.0 |
| | OEFFNER-AGG,BAND | O0300 | 8540 971.0 |
| | | | 8540 976.0 |
| | TREIB-AGG,BAND | T0300 | 8540 977.0 |
| | FUEHRUNGSTISCH BAND | F0700 | 8540 978.0 |
| | HUBWAGEN-AGG,BAND ZUS. | H0301 | 8540 980.0 |
| | | | 8540 981.0 |
| | ABWICKEL-AGG,BAND | A0301 | 85412884.0 |
| | | | 85412885.0 |
| | | | 85412886.0 |
| | OEFFNER-AGG,BAND | O0300 | 8540 979.0 |
| | | | 8540 984.0 |
| | TREIB-AGG,BAND DOPPELT | T0310 | 8540 985.0 |
| | MESSGERAETEGRUPPE BAND | M0300 | 8540 986.0 |
| | SCHER-AGG,B,DOP,QUER.ZUS | S0301 | 8540 988.0 |
| | | | 8540 989.0 |
| | | | 8540 990.0 |
| | | | 8540 993.0 |
| | | | 8540 996.0 |
| | FUEHRUNGSTISCH BAND | F0700 | 85401000.1 |
| | SCHWEISS-AGG,B,UEBERL. | S0310 | 8540 997.0 |
| | FUEHRUNGSTISCH BAND | F0700 | 85401000.2 |
| | KREISMESSERBESAEU.AGG.ZU | K0301 | 85401001.0 |
| | | | 85401002.0 |
| | | | 85412889.0 |
| | | | 85401004.0 |
| | | | 85401008.0 |
| | S-ROLLEN-AGG,B,EINZELANT | S0320 | 85401009.0 |
| ZEICHNUNGSNUMMERN | | | 070100/14 |
| | | | 070101/14 |
| | | | 070106/14 |
| | | | 070107/14 |
| BAULAENGE | | | 40119,99 MM |
| GEWICHT | OHNE SCHWEISSAGGREGAT BAND UND DICKENMESSGERAET BAND | | 130699,99 KG |

**Tafel 35:** Liste mit Daten zur Kennzeichnung einer Einlaufanlage einer Feuerverzinkungslinie.

Welche der Eingabedaten und Berechnungsergebnisse zu dokumentieren sind, kann der Projekteur oder Konstrukteur bereits während des Laufes der Unterprogramme KLADAU, LOGWIZ, PHYWIZ und KONWIZ festlegen. Dafür ist im Anwendungsprogramm zur Projektierung von Feuerverzinkungslinien an definierten Programmstellen eine Bildschirmausgabe zwischengeschaltet, **Bild 98**, die es dem Benutzer erlaubt, die zu dokumentierenden Daten zu bestimmen. Damit wird es möglich, auch Änderungen von Eingabedaten sowie alle Zwischenergebnisse bei einer iterativ ablaufenden Auslegungsberechnung festzuhalten und den Bearbeitungsablauf reproduzierbar zu machen.

Bei der Bildschirmausgabe der Informationen des Bildes 98 kann der Projekteur neben einer kompletten Ausgabe aller Eingabedaten (erste und zweite Spalte des Bildes 98) und der Berechnungsergebnisse (dritte Spalte des Bildes 98) auch wählen, entweder nur die Eingabedaten oder nur die Berechnungsergebnisse als Ausgabedaten zu erhalten. Ebenfalls können durch "Picken" beliebig vieler Schriftzüge des Bildes 98 mit dem Lichtstift die zu dokumentierenden Daten individuell zusammengestellt werden. Dabei lassen sich durch einmaliges "Picken" vorgerückter Schriftzüge alle Datengruppen, welche durch zugehörige eingerückte Schriftzüge beschrieben sind, bestimmen. Entscheidungen, die interaktiv bei einem Programmlauf ein-

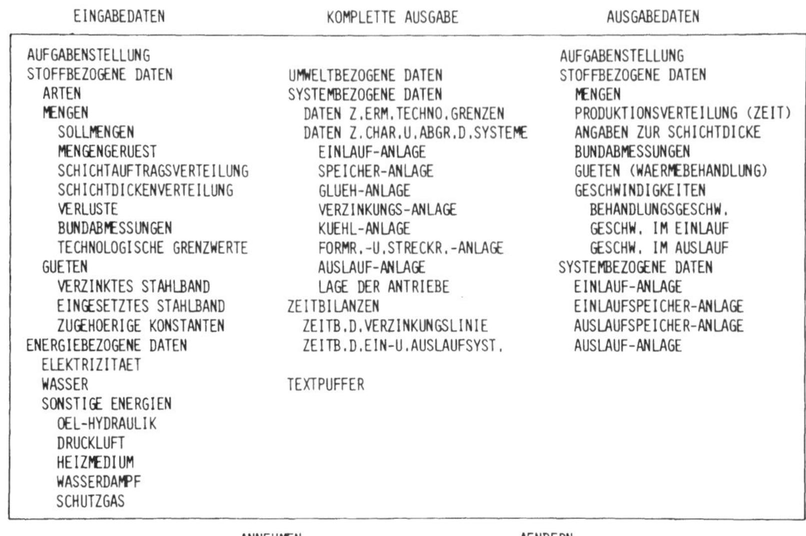


**Bild 98:** Bildschirminformationen bei Festlegung der zu dokumentierenden Daten.

fließen, können durch Texteingabe in einer Datei (Textpuffer) festgehalten und durch Abrufen der im Textpuffer enthaltenen Informationen wieder ausgegeben werden. Aus der Liste der Klassifizierungsnummern mit der Bezeichnung der durch diese Nummern beschriebenen Erzeugnisgruppen wird deutlich, welcher Art die Teilsysteme sind, die zur Konkretisierung des zu projektierenden oder zu konstruierenden Gesamtsystems auf der bearbeiteten Komplexitätsebene herangezogen wurden. Für die durch Rückgriff ermittelten wiederverwendungsfähigen Systeme (Wiederholsysteme) können die systemkennzeichnenden Daten ausgegeben werden, Tafel 35. Dieser Tafel sind für das Beispiel der Einlaufanlage einer Verzinkungslinie die kennzeichnenden Daten dieser Anlage (Klassifizierungsnummer und Kundenbezeichnung als Identnummer) und deren Teilsysteme (Klassifizierungs- und Identnummern) zu entnehmen.
Wenn kein Wiederholsystem für das auf der bearbeiteten Komplexitätsebene durch Teilsysteme konkretisierte technische System eingesetzt wurde, dann ist mit der Ausgabe der Ergebnisse des Berechnungsablaufes das Programm ANDANG/ANDERS beendet. Danach folgt entsprechend der Darstellung des Programmes EBSTEU, Tafelseiten 3 und 4 unter 6., die Konkretisierung der noch nicht auf der betrachteten Komplexitätsebene konkretisierten technischen Systeme mit vorgeordneter Komplexität. Nach Konkretisierung des letzten Systems mit vorgeordneter Komplexität kann die weitere Bearbeitung auf der nächst niedrigeren Komplexitätsebene erfolgen.

Die kurzgefaßte Darstellung der Ausgabe der Ergebnisse des Berechnungsablaufes ist 6. (Block 1 des Programmes ANDERS, Tafelseite 25) in Form eines Ablaufplanes zu entnehmen.

## 5.6.2. Ausgabe der Daten von Wiederholsystemen

Die Ermittlung der Daten von Wiederholsystemen kann mit Hilfe des bereits bei KONWIZ eingesetzten Rückgriffsystems erfolgen. Innerhalb des Programmes KONWIZ wurde dieses System, wie unter 5.5.2. beschrieben, zur Prüfung der Wiederverwendungsfähigkeit von Erzeugnissen aufgrund vorhandener Unterlagen genutzt. Mit dem Programm ANDANG/ANDERS können nun alle weiteren Daten zu den Wiederholsystemen, die in der Rückgriffdatei gespeichert sind, ermittelt und in Form von Unterlagen ausgegeben werden. Diese Daten sind mit Hilfe der den Wiederholsystemen zugeordneten Klassifizierungsnummer für die Art des Wiederholsystems und der jedem gespeicherten System eigenen Identnummer (Suchnummer) abrufbar. Weil für ein Wiederholsystem alle Teilsysteme festliegen, Tafel 35, können auch deren Daten ermittelt und dokumentiert werden. Im folgenden wird zunächst der Aufbau des Rückgriffsystems, das für das rechnerunterstützte Projektieren der Feuerverzinkungslinien entwickelt wurde, beschrieben / 122, 214 und 218 /.

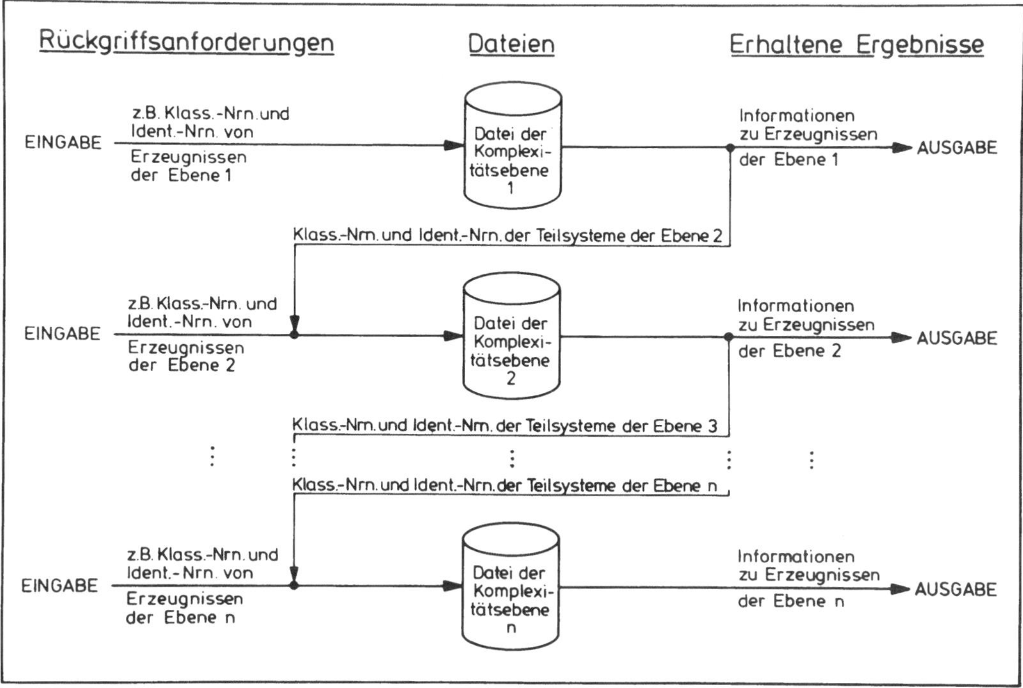


**Bild 99:** Dateien des Rückgriffsystems für das rechnerunterstützte Projektieren von Verzinkungslinien, nach W. Bracke / 122 / und W. Eversheim / 218 /.

Grundlegender Bestandteil des Rückgriffsystems ist eine strukturierte Gesamtdatei. Die Strukturierung der Gesamtdatei ist dem **Bild 99** zu entnehmen. Dabei gibt es für jede Komplexitätsebene eine Datei, in der die Informationen zu den technischen Systemen entsprechend ihrer

Zugehörigkeit zu der jeweiligen Ebene abgelegt sind. Diese Dateien enthalten als Objekte also technische Systeme. Hierbei unterscheidet sich jedes Objekt vom anderen durch seine Identnummer. Die Informationen zu einem Objekt sind in einem Datenblock zusammengefaßt. Die Datenblöcke sind in Datengruppen, **Tafel 36**, unterteilt. Es können zunächst alphanumerische und graphische Daten unterschieden werden. Alphanumerische Daten werden in Form von Listen ausgedruckt, und graphische Daten dienen der automatischen Zeichnungserstellung mit Hilfe von Zeichenautomaten (Plottern). Im folgenden werden die einzelnen Datengruppen beschrieben und durch Beispiele verdeutlicht.

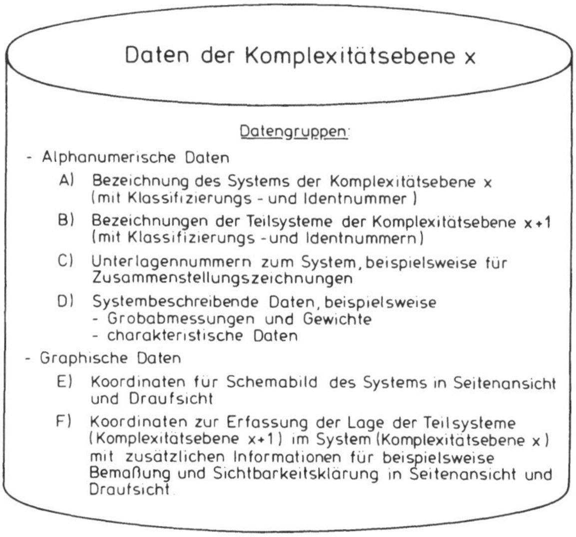

Daten der Komplexitätsebene x

Datengruppen:

- Alphanumerische Daten
  - A) Bezeichnung des Systems der Komplexitätsebene x (mit Klassifizierungs - und Identnummer)
  - B) Bezeichnungen der Teilsysteme der Komplexitätsebene x+1 (mit Klassifizierungs - und Identnummern)
  - C) Unterlagennummern zum System, beispielsweise für Zusammenstellungszeichnungen
  - D) Systembeschreibende Daten, beispielsweise
    - Grobabmessungen und Gewichte
    - charakteristische Daten
- Graphische Daten
  - E) Koordinaten für Schemabild des Systems in Seitenansicht und Draufsicht
  - F) Koordinaten zur Erfassung der Lage der Teilsysteme (Komplexitätsebene x+1) im System (Komplexitätsebene x) mit zusätzlichen Informationen für beispielsweise Bemaßung und Sichtbarkeitsklärung in Seitenansicht und Draufsicht

**Tafel 36:** Datengruppen der Dateien des Rückgriffsystems für jede Komplexitätsebene, nach W. Bracke / 122 / und W. Eversheim / 218 /.

A) **Bezeichnung des Systems** der Komplexitätsebene x (mit Klassifizierungs- und Identnummer):
Eine solche Datengruppe dient der Kennzeichnung des jeweiligen technischen Systems, Tafel 35 (oben). Sie besteht aus der Bezeichnung des Systems, beispielsweise Einlaufanlage Band, der Klassifizierungsnummer, beispielsweise E 0201, und der Identnummer, beispielsweise W 77.5. Dieser Datengruppe sind alle anderen zu dem System gehörenden Datengruppen zugeordnet, so daß ausgehend von der festgelegten Klassifizierungs- und Identnummer alle im Rückgriffsystem gespeicherten Informationen ermittelt werden können.

B) **Bezeichnungen der Teilsysteme** der Komplexitätsebene x + 1 (mit Klassifizierungs- und Identnummern):
Mit dieser Datengruppe werden alle Teilsysteme des betrachteten technischen Systems, die der nachgeordneten Komplexitätsebene angehören, ausgewiesen, Tafel 35 (Mitte). Ausgehend von diesen Daten, die wie die erste Datengruppe aus Bezeichnung, Klassifizierungs- und Identnummer bestehen, kann entsprechend Bild 99 die Datei der nachgeordneten Komplexitätsebene (x + 1) angesprochen werden. Damit sind weitere, detaillierte Informationen zu den Teilsystemen zu erhalten.

C) **Unterlagennummern zum System:**

Hierunter sind beispielsweise Zeichnungen über ihre Nummern abzulegen, die das betrachtete System als ganzes zum Inhalt haben. Das können Zusammenstellungszeichnungen, aber auch Hydraulikpläne und ähnliche Unterlagen sein. Mit Hilfe dieser Nummern können solche Unterlagen dann bei Bedarf zum Beispiel im Archiv angefordert werden. Den unter dieser Datengruppe abzulegenden Unterlagen ist gemeinsam, daß sie nicht den Teilsystemen des betrachteten Systems zugeordnet werden können und somit nicht in Dateien untergeordneter Komplexitätsebenen enthalten sind. Dies kann auch der Fall sein, wenn ein Rückgriffsystem auf einer bestimmten Komplexitätsebene, die nicht der untersten Ebene (Teileebene) entspricht, enden soll. Hierbei werden alle weiteren vorhandenen und im Rückgriffsystem zu speichernden Unterlagen der letzten im Rückgriffsystem eingebrachten Ebene zugeordnet (beim Projektieren einer Anlagengruppe, beispielsweise einer Feuerverzinkungslinie ist es sinnvoll mit der Maschinengruppen- oder Maschinenebene zu enden). Falls diese Unterlagen, beispielsweise alle Fertigungszeichnungen, umfangreich sind, kann es sinnvoll sein, die Identnummern dieser Unterlagen listenartig zusammenzustellen und diese Informationen in eigenständigen Dateien abzulegen. Über die Identnummer (Suchnummer) des hinsichtlich seiner Komplexität niedrigsten Teilsystems (kleinstes Wiederholelement) können die Informationen dann abgerufen werden. **Tafel 37** zeigt als Beispiel eine Zeichnungsliste, die zusätzlich Gewichtsangaben der auf der aufgelisteten Zeichnung dargestellten Bauteile enthält.

| PROJEKTNUMMER 14,7,77 | AUFTRAGSNUMMER | PROJEKTBEZ. WZL - DEMAG | SEITE 3 |
|---|---|---|---|

| SUCHNUMMER 8540 977,0 TREIB-AGGREGAT BAND | | |
|---|---|---|
| BENENNUNG | ZEICHNUNGS NR | GEW./KG |
| ZUSAMMENSTELLUNG | 065 307 14 | |
| EINZELTEILE ZU DEN ROLLEN | 065 297 14 | 245 |
| ROLLEN D200 | 065 298 14 | 266 |
| ANTRIEB | 065 299 14 | 31 |
| LAGERGEHAEUSE | 065 300 14 | 120 |
| FUEHRUNGSLEISTEN | 065 301 14 | 80 |
| STAENDER | 065 303 14 | 460 |
| UNTERSATZ | 065 304 14 | 513 |
| LUFTZYLINDER | 065 305 14 | 66 |
| GETRIEBEMOTOR UNTERSATZ | 065 306 14 | 280 |
| SCHMIERPLAN | 065 371 14 | |
| PNEUM.UND ENDSCHALTERPLAN | 065 312 14 | 24 |
| EINZELTEILE F,PNEUM,PLAN | 065 313 14 | 1 |
| EINZELTEILE F,PNEUM,PLAN | 065 362 14 | 17 |

**Tafel 37:** Rechnerausdruck einer Zeichnungsliste für eine Maschinengruppe (Treib-Aggregat).

D) **Systembeschreibende Daten:**

Hierzu zählen insbesondere die bereits unter 5.5.2. beschriebenen "charakteristischen Daten", **Tafel 38.** Diese Daten, welche die Systemeigenschaften beschreiben, haben im wesentlichen die Aufgabe, einen Vergleich mit festzulegenden Systemanforderungen zu ermöglichen, Bild 79. Somit können für einen konkreten Anwendungsfall wiederverwendungsfähige Systeme ermittelt werden. Über diese Daten wird innerhalb des Programmes EBSTEU im Unterprogramm KONWIZ der Rückgriff durchgeführt. Darüberhinaus kann das Rückgriffsystem in ähnlicher Weise auch außerhalb eines nach EBSTEU aufgebauten Anwendungsprogrammes genutzt werden, indem für alle oder einige Daten aus der Menge der charakteristischen Daten Werte vorgegeben werden. Die EDV-Anlage ermittelt dann die technischen Systeme, die diesen Anforderungen genügen.

CHARAKTERISTISCHE DATEN — KUNDENBEZEICHNUNG W/7.5 — BLATT 2
ANLAGE — EINLAUFANLAGE BAND — KLASSIFIZIERUNGSNUMMER E0201

| BEZEICHNUNG | DIM. | HIER. | MIN. | MAX. | ZULAESSIGER BEREICH MIN. | ZULAESSIGER BEREICH MAX. |
|---|---|---|---|---|---|---|
| ANTRIEB LAGE | | 1 | LINKS | | LINKS | |
| ANZAHL ABWICKELAGGREGATE BAND | STCK | 2 | 2.00 | 2.00 | 2.00 | 2.00 |
| BREITE BAND | MM | 3 | 600.00 | 1550.00 | 600.00 | 1550.00 |
| DICKE BAND | MM | 3 | 0.22 | 1.50 | 0.20 | 2.00 |
| DURCHMESSER BUND INNEN | MM | 1 | 508.00 | 508.00 | 506.00 | 510.00 |
| DURCHMESSER BUND INNEN | MM | 1 | 610.00 | 610.00 | 608.00 | 612.00 |
| DURCHMESSER BUND INNEN | MM | 1 | 750.00 | 750.00 | 748.00 | 752.00 |
| DURCHMESSER BUND AUSSEN | MM | 3 | 1000.00 | 2300.00 | 1000.00 | 2300.00 |
| GEWICHT BUND | KG | 3 | 5000.00 | 30000.00 | 1500.00 | 30000.00 |
| GEWICHT BUND / MM BANDBREITE | KG/MM | 1 | 2.60 | 30.20 | 2.60 | 30.20 |
| ANZAHL DURCHLAUFEBENEN | STCK | 2 | 2.00 | 2.00 | 2.00 | 2.00 |
| ZUGFESTIGKEIT | N/QM | 1 | 300.00 | 650.00 | 300.00 | 650.00 |
| STRECKGRENZE | N/QM | 2 | 200.00 | 900.00 | 200.00 | 900.00 |
| BREITE BAND BEI MAX SPEZ RINGGEWICHT | MM | 0 | | 1000.00 | | |
| DMR BUND AUSSEN BEI MAX. BUNDABM. | MM | 0 | | 1900.00 | | |
| GEW. BUND THEOR. BEI MIN/MAX BUNDABM. | T | 0 | 1.50 | 45.00 | | |
| BREITE REFERENZBAND | MM | 0 | | 1000.00 | | |
| DICKE REFERENZBAND | MM | 0 | | 0.50 | | |
| DURCHSATZ REFERENZBAND | T/H | 0 | | 32.40 | | |
| DICKENMESSGERAET BAND | | 2 | JA | | JA | |
| BIEGERICHTAGGREGAT BAND | | 2 | NEIN | | NEIN | |

**Tafel 38:** Ausschnitt aus den charakteristischen Daten der Einlaufanlage einer Feuerverzinkungslinie.

Andere systembeschreibende Daten können Einzelangaben, beispielsweise Hauptabmessungen oder Gewichte sein, Tafel 35 (unten). Darüberhinaus kann es sinnvoll sein, weitere Daten in diese Datengruppe einzuordnen. Derartige Angaben können auf der Maschinengruppenebene sich beispielsweise auf die Antriebssysteme beziehen. Angaben zu elektrischen Antrieben werden oft in sogenannten Motorlisten und zu hydraulischen Antrieben in sogenannten

Hydrauliklisten erfaßt. Falls diese Angaben umfangreich sind und/oder nach einem einheitlichen Weg erfaßt und gespeichert werden sollen, kann es sinnvoll sein, hierfür eigenständige Dateien aufzubauen, die, wie bereits am Beispiel der Zeichnungslisten beschrieben, über die Identnummer (Suchnummer) der zugehörigen Maschinengruppe angesprochen werden können. **Tafel 39** zeigt ein Blatt aus einer Hydraulikliste und **Tafel 40** eines aus einer Motorliste.

E) **Koordinaten für Schemabild des Systems** in Seitenansicht und Draufsicht:

Das sind graphische Informationen, die zur Erstellung von Schemabildern des Systems in Seitenansicht und Draufsicht mit Hilfe eines Zeichenprogrammes benötigt werden. Diese Schemabilder wurden bereits im Rahmen der Bestimmung des Raumbedarfes unter 5.5.2. und der Erstellung der Entwurfszeichnung unter 5.5.3. beschrieben. **Bild 100** zeigt, wie ausgehend von einer sogenannten Projektzeichnung, Bild 100 (links oben), durch Abstraktion dieser Zeichnung das Schemabild erhalten werden kann. Die Maße dieses Schemabildes werden dann in Form von Koordinaten, Bild 100 (rechts), erfaßt und in der Rückgriffdatei gespeichert. Diese Abstraktion der Projektzeichnung zum Schemabild ist nicht unbedingt erforderlich.

```
I------------------------------------------------------------------------------------------I
I                                 I                           I                    I       I
I PROJEKTNUMMER   14,7,77         I AUFTRAGSNUMMER            I PROJEKTBEZ. WZL - DEMAG  I SEITE  1 I
I                                 I                           I                    I       I
I------------------------------------------------------------------------------------------I
I                                                                                          I
I SUCHNUMMER              85401097,0     SCHEREN-AGGREGAT BAND QUERTEILEND  -  TEILSCHERE  I
I                                                                                          I
I------------------------------------------------------------------------------------------I
I                          I                                                               I
I BEZEICHNUNG/FUNKTION     I  TEILSCHERE                                                   I
I                          I                                                               I
I                          I                                                               I
I------------------------------------------------------------------------------------------I
I                          I                                                               I
I LAUFENDE NUMMER          I  1.                                                           I
I SCHALTPLANNUMMER         I  GW 925-7 810                                                 I
I POS. MOTORLISTE          I  1.                                                           I
I                          I                                                               I
I   ZYLINDER               I                                                               I
I     ANZAHL               I  2                                                            I
I     ABMESSUNGEN          I  80/56X125                                                    I
I     KRAEFTE/KN           I                                                               I
I       DRUCK              I  50.                                                          I
I       ZUG                I  25.                                                          I
I     BETRIEBSDRUCK/BAR    I                                                               I
I     GESCHWINDIGKEIT      I                                                               I
I       KOLBEN     MM/S    I  90.                                                          I
I       STANGE     MM/S    I  90.                                                          I
I     HUBZEIT/S            I                                                               I
I       KOLBEN             I                                                               I
I       STANGE             I                                                               I
I     DURCHFLUSS  L/MIN    I                                                               I
I       KOLBEN             I  52.                                                          I
I       STANGE             I  26.                                                          I
I                          I                                                               I
I   MAGNETVENTIL           I                                                               I
I     1 SP/STUECK          I                                                               I
I         NW10             I                                                               I
I         NW16             I                                                               I
I         NW22             I                                                               I
I         NW32             I                                                               I
I     2 SP/STUECK          I                                                               I
I         NW10             I  1                                                            I
I         NW16             I                                                               I
I         NW22             I                                                               I
I         NW32             I                                                               I
I                          I                                                               I
I   GLEICHLAUF             I                                                               I
I     HYDRAULISCH          I                                                               I
I     MECHANISCH           I                                                               I
I       KOLBEN             I                                                               I
I       STANGE             I                                                               I
I                          I                                                               I
I     TAKTGLEICH MIT       I                                                               I
I                          I                                                               I
I------------------------------------------------------------------------------------------I
I                          I                                                               I
I BEMERKUNGEN              I                                                               I
I                          I                                                               I
I------------------------------------------------------------------------------------------I
```

**Tafel 39:** Rechnerausdruck einer Hydraulikliste für eine Maschinengruppe (Scheren-Aggregat).

```
I-----------------------------------------------------------------------------------------------------I
I                                   I                                   I                   I         I
I PROJEKTNUMMER   14.7.77           I AUFTRAGSNUMMER                    I PROJEKTBEZ. WZL - DEMAG I SEITE  3 I
I                                   I                                   I                   I         I
I-----------------------------------------------------------------------------------------------------I
I                                                                                                     I
I SUCHNUMMER              854C 977.0      TREIB-AGGREGAT BAND   -   TREIBER                           I
I                                                                                                     I
I-----------------------------------------------------------------------------------------------------I
I                         I                                      I                                    I
I BEZEICHNUNG/FUNKTION    I  ANTRIEB                             I  TREIBROLLE                        I
I                         I                                      I  ANSTELLEN                         I
I                         I                                      I                                    I
I-----------------------------------------------------------------------------------------------------I
I                         I                                      I                                    I
I LAUFENDE NUMMER         I  1.                                  I  2.                                I
I                         I                                      I                                    I
I    ANTRIEB              I                                      I                                    I
I      ANZAHL             I  1                                   I                                    I
I      BEZEICHNUNG        I  SLV GM                              I                                    I
I                         I                                      I                                    I
I    MOTORDATEN           I                                      I                                    I
I      LEISTUNG KW        I  4.                                  I                                    I
I      BETRIEBSART        I  S4(40PROZ)                          I                                    I
I      DREHZAHL 1/MIN     I  45.                                 I                                    I
I      SCHALT./STD.       I                                      I                                    I
I      BAUFORM            I  B3                                  I                                    I
I      TYP                I                                      I                                    I
I                         I                                      I                                    I
I    HILFSGERAETE         I                                      I                                    I
I      ANZAHL             I                                      I  1  1                              I
I      BEZEICHNUNG        I                                      I  MV E                              I
I      TYP                I                                      I                                    I
I                         I                                      I                                    I
I    STEUERUNG            I                                      I                                    I
I      ANZAHL             I                                      I                                    I
I      BETAETIGT DURCH    I  DR                                  I  DR                                I
I      ART                I  ZB                                  I                                    I
I                         I                                      I                                    I
I-----------------------------------------------------------------------------------------------------I
I                         I                                      I                                    I
I BEMERKUNGEN             I  ROLLENDURCHMESSER 200MM.            I  1MV4/2 1SP.                       I
I                         I  44.6U/MIN=28M/MIN MIT               I  LUFT.                             I
I                         I  LAEUFERSCHLUPFWIDERSTAND            I                                    I
I                         I  U.DIV.ANZAPFUNGEN.                  I                                    I
I                         I                                      I                                    I
I-----------------------------------------------------------------------------------------------------I
```

**Tafel 40:** Rechnerausdruck einer Motorliste für eine Maschinengruppe (Treib-Aggregat).

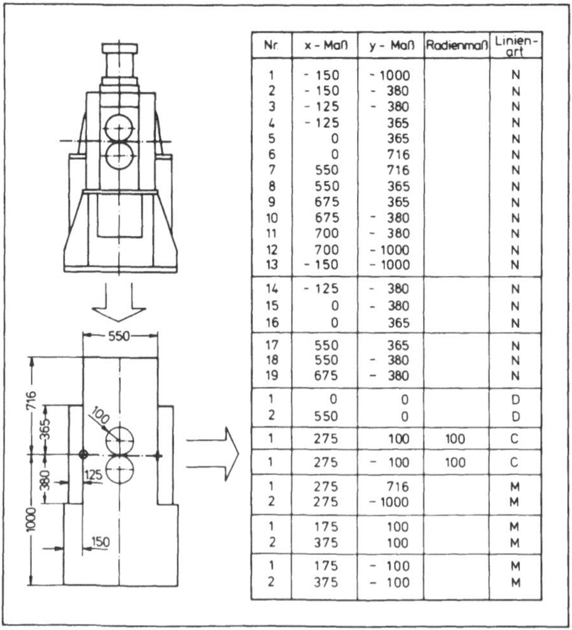


| Nr | x - Maß | y - Maß | Radienmaß | Linien-art |
|---|---|---|---|---|
| 1 | - 150 | - 1000 | | N |
| 2 | - 150 | - 380 | | N |
| 3 | - 125 | - 380 | | N |
| 4 | - 125 | 365 | | N |
| 5 | 0 | 365 | | N |
| 6 | 0 | 716 | | N |
| 7 | 550 | 716 | | N |
| 8 | 550 | 365 | | N |
| 9 | 675 | 365 | | N |
| 10 | 675 | - 380 | | N |
| 11 | 700 | - 380 | | N |
| 12 | 700 | - 1000 | | N |
| 13 | - 150 | - 1000 | | N |
| 14 | - 125 | - 380 | | N |
| 15 | 0 | - 380 | | N |
| 16 | 0 | 365 | | N |
| 17 | 550 | 365 | | N |
| 18 | 550 | - 380 | | N |
| 19 | 675 | - 380 | | N |
| 1 | 0 | 0 | | D |
| 2 | 550 | 0 | | D |
| 1 | 275 | 100 | 100 | C |
| 1 | 275 | - 100 | 100 | C |
| 1 | 275 | 716 | | M |
| 2 | 275 | - 1000 | | M |
| 1 | 175 | 100 | | M |
| 2 | 375 | 100 | | M |
| 1 | 175 | - 100 | | M |
| 2 | 375 | - 100 | | M |

**Bild 100:** Darstellung zur Verdeutlichung der Erfassung einer Zeichnung mit Hilfe von Koordinaten am Beispiel eines Treib-Aggregates.

Allerdings wird durch eine derartige Abstraktion die Anzahl der zu erfassenden Koordinaten und damit Linienzüge erheblich reduziert. Zusätzlich sind in Bild 100 Kennbuchstaben für die Linienarten eingetragen. N steht für Normallinie, D für dicke strichpunktierte Linie (zur Kennzeichnung des Bandverlaufes im System), C für Kreislinie und M für dünne strichpunktierte Linie (Mittellinie). Durch die Anfangs- und Endpunkte der Linie zur Kennzeichnung des Bandverlaufes sind gleichzeitig die zur Kopplung mit anderen Systemen erforderlichen Punkte für die Bandeinlaufstelle (Bezugsstelle, immer Koordinaten 0/0) und die Bandauslaufstelle festgelegt. Die Erfassung der Koordinaten kann manuell oder mit Hilfe eines Digitalisiergerätes erfolgen.

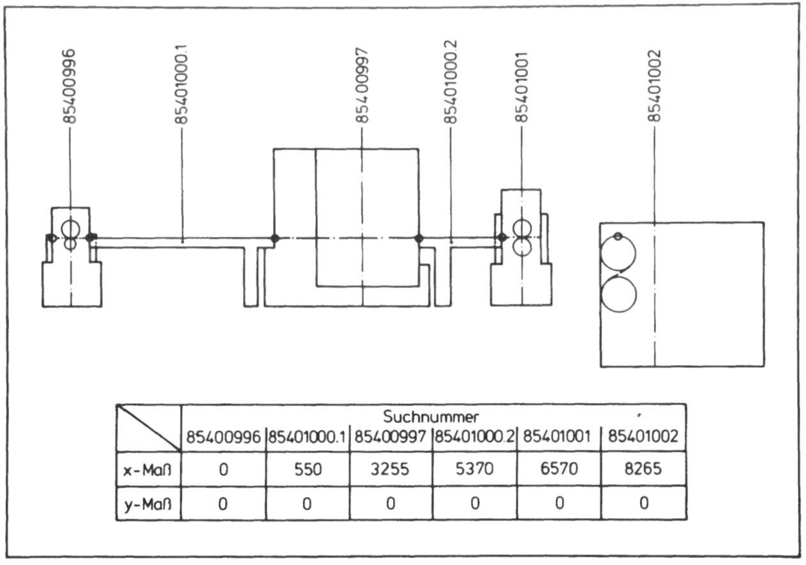


| | Suchnummer | | | | | |
|---|---|---|---|---|---|---|
| | 85400996 | 85401000.1 | 85400997 | 85401000.2 | 85401001 | 85401002 |
| x-Maß | 0 | 550 | 3255 | 5370 | 6570 | 8265 |
| y-Maß | 0 | 0 | 0 | 0 | 0 | 0 |

**Bild 101:** Schematische Darstellung zur Verdeutlichung der Festlegung der Lage von Teilsystemen in einem Gesamtsystem.

F) **Koordinaten zur Erfassung der Lage der Teilsysteme** (Komplexitätsebene x + 1):
Mit Hilfe dieser Datengruppe wird es möglich, die einzelnen Schemabilder der Teilsysteme, die aus der Datei der nachgeordneten Ebene x + 1, Bild 99, ermittelt werden können, zu einem Gesamtsystem für die Zusammenstellungszeichnung zu koppeln. Die hier abzulegenden Daten bestimmen die Lage der Teilsysteme im Gesamtsystem. Am Beispiel der Seitenansicht eines Teils einer Einlaufanlage für eine Feuerverzinkungslinie werden diese Zusammenhänge verdeutlicht werden, **Bild 101.** Mit den im unteren Teil dieses Bildes dargestellten Koordinaten für den geometrischen Ort der festgelegten Bandeinlaufstelle eines jeden Teilsystems (gekennzeichnet durch seine Suchnummer) ist die Lage des Teilsystems im Gesamtsystem bestimmt. Das Schemabild des Teilsystems kann somit vom Zeichenprogramm an dieser Stelle beginnend gezeichnet werden. Bezugsgröße für die Koordinaten der Teilsysteme des Bildes 101 ist die Bandeinlaufstelle des Schemabildes für das Gesamtsystem.

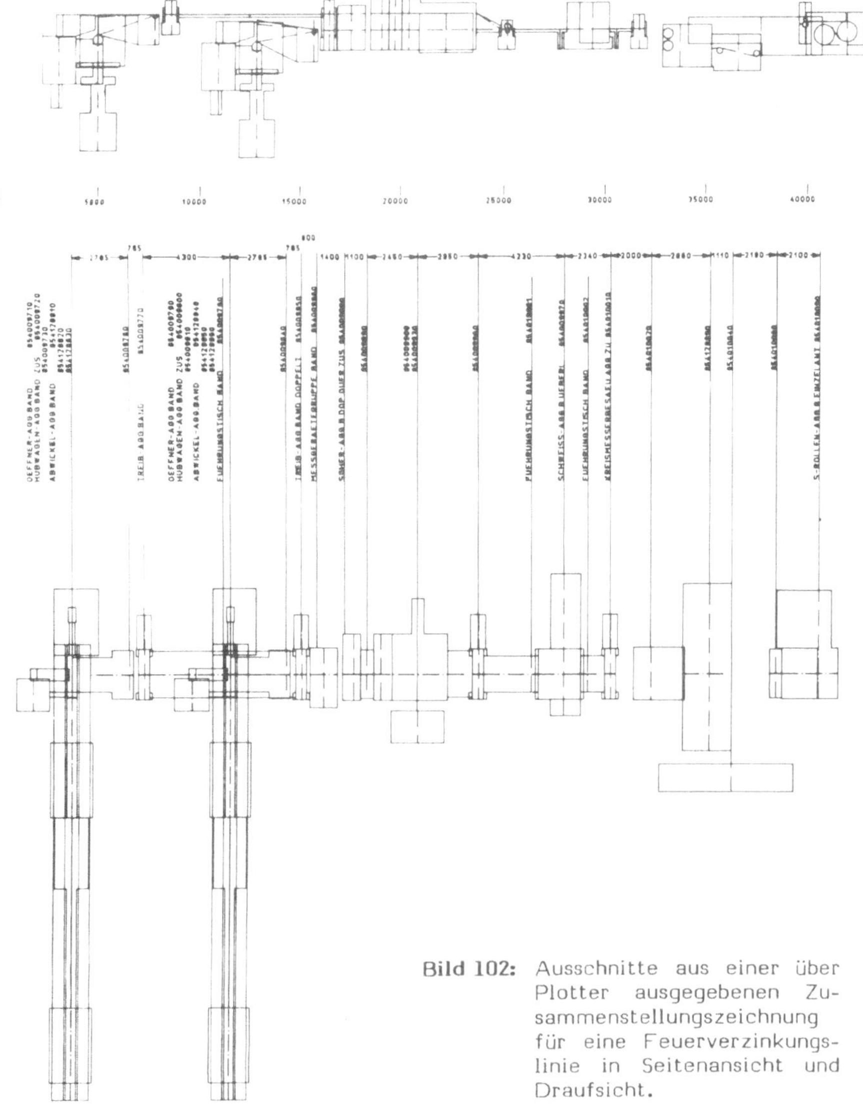

**Bild 102:** Ausschnitte aus einer über Plotter ausgegebenen Zusammenstellungszeichnung für eine Feuerverzinkungslinie in Seitenansicht und Draufsicht.

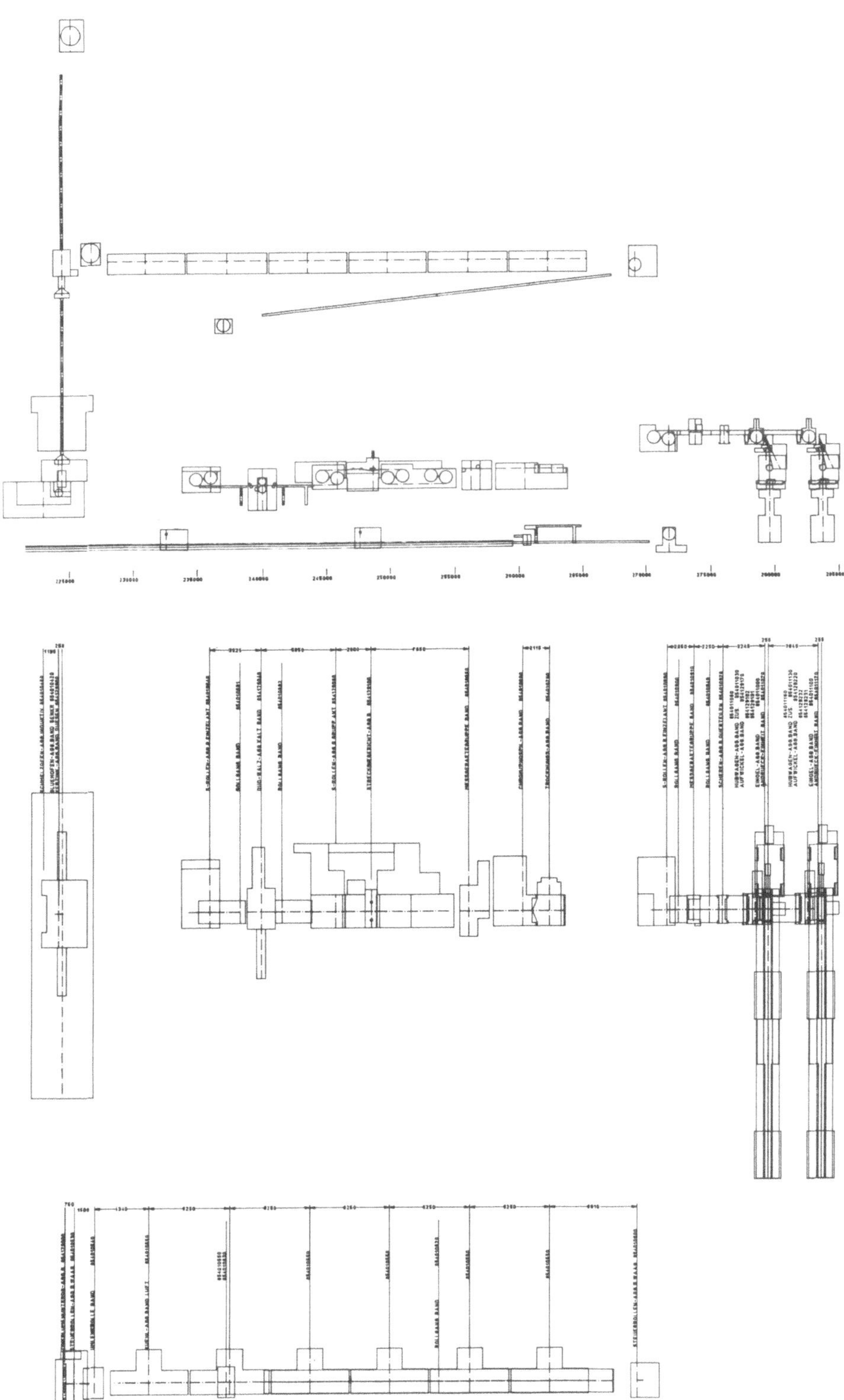

Diese Art der Auflösung eines Gesamtsystems in Teilsysteme kann über mehrere Komplexitätsebenen erfolgen, weil die Datei des Rückgriffsystems entsprechend strukturiert ist, Bild 99 und Tafel 36. So können für ein Wiederholsystem, dessen Lage auf der betrachteten Komplexitätsebene (x) im Rahmen der Erstellung der Entwurfszeichnung unter 5.5.3. vom Projekteur oder Konstrukteur durch Positionieren des zugehörigen Schemabildes festgelegt wurde,

- zunächst in der Datei der Komplexitätsebene x mit Hilfe der Datengruppe B) die Teilsysteme (Komplexitätsebene x + 1) und über die Datengruppe F) deren geometrische Kopplung,
- dann über die Datei der Komplexitätsebene x + 1 deren Teilsysteme (Komplexitätsebene x + 2) und deren geometrische Kopplung und so weiter und
- schließlich über die Datengruppe E) der Datei für die Komplexitätsebene n die Schemabilder der Teilsysteme der Komplexitätsebene n

erhalten und die Zusammenstellungszeichnung für das Wiederholsystem der Komplexitätsebene x mit Teilsystemen der Komplexitätsebene n mit Hilfe des Zeichenprogrammes und Plotters erstellt werden. **Bild 102** zeigt ausschnittsweise eine auf diese Weise erstellte Zusammenstellungszeichnung für eine Feuerverzinkungslinie in Seitenansicht und Draufsicht. Die Schemabilder der technischen Systeme für die Seitenansicht und die Draufsicht stehen rechnerintern nicht in einem räumlichen (dreidimensionalen) Zusammenhang. Deshalb ist es, falls Überdeckungen von einem Teilsystem durch ein anderes in der Zusammenstellungszeichnung (beispielsweise durch gestrichelte Linienzüge im Bereich der Überdeckung) kenntlich gemacht werden sollen, erforderlich, hierzu Daten einzubringen. Diese Daten können die Reihenfolge festlegen, in der die einzelnen Teilsysteme zu zeichnen sind. Mit Hilfe dieser Reihenfolge und diesen Sachverhalt berücksichtigender Unterprogramme eines Zeichenprogrammes kann die Sichtbarkeitsklärung für die einzelnen Teilsysteme erfolgen und in der Zeichnung, beispielsweise durch gestrichelte Linien, eine Überdeckung deutlich gemacht werden. Die Zusammenstellungszeichnung des Bildes 102 ist ohne Sichtbarkeitsklärung erstellt worden. Ähnliche Daten wie für eine Sichtbarkeitsklärung können für die Bemaßung und die Bezeichnung der Teilsysteme innerhalb der Zusammenstellungszeichnung, Bild 102, ermittelt werden. Damit wird beispielsweise eine Überschreibung von Bemaßungen und Benennungen vermieden / 122 und 218 /.

# 6. Grundsätzlicher Ablauf des Ebenensteuerprogrammes, EBSTEU, mit den Unterprogrammen KLADAU, LOGWIZ, PHYWIZ, KONWIZ und ANDANG / ANDERS

Im folgenden wird eine Programmablaufübersicht in Form von grundlegenden Programmablaufplänen mit nebenstehenden Anmerkungen gegeben. Diese Anmerkungen sind zusammen mit den Texten in den Ablaufplänen eine Kurzfassung der unter 5. ausführlich beschriebenen Zusammenhänge.
Die dargelegte Vorgehensweise hat sowohl Gültigkeit für das rechnerunterstützte systematische Projektieren als auch für das rechnerunterstützte systematische Konstruieren komplexer technischer Systeme. Das in den Programmablaufplänen mit "ANDERS" (**AN**fertigung **D**er **ERS**tellungsunterlagen) bezeichnete Unterprogramm wird im Rahmen des Projektierens "ANDANG" (**AN**fertigung **D**er **ANG**ebotsunterlagen) genannt.

Den eigentlichen Programmablaufplänen sind zwei Seiten mit Programmerklärungen vorangestellt. Sie erklären die in den Programmablaufplänen verwendeten Kurzzeichen. Zu diesen Kurzzeichen gehören insbesondere die Programmnamen und eine Reihe von Bildzeichen. Die Bildzeichen sind in den Programmablaufplänen neben in Worten beschriebenen Programmoperationen angeordnet und stehen für Informationsträger. Wenn in den Ablaufplänen ein Pfeil von einem Bildzeichen auf eine Operation weist, dann fließen Daten von dem durch das Bildzeichen dargestellten Informationsträger in das Programm ein. Verläuft dagegen die Richtung des Pfeiles umgekehrt, dann werden Daten auf Informationsträgern gespeichert. Pfeile mit doppelseitiger Spitze weisen darauf hin, daß zwischen Programm und Informationsträger eine Wechselbeziehung besteht. Dabei handelt es sich im allgemeinen um einen Austausch von Daten.

| Firma | Programmablaufplan<br>Programmerklärungen | 26 Seiten · Seite T1<br>Ident-Nr. |
|---|---|---|

| Programmname | E B S T E U | Komplexitätsebene | Arbeitsschritt |
|---|---|---|---|

| | |
|---|---|
| Aufgabe | ALLGEMEINGUELTIGE VORGEHENSWEISE BEIM RECHNERUNTERSTUETZTEN SYSTEMATISCHEN KONSTRUIEREN UND BERECHNEN KOMPLEXER TECHNISCHER SYSTEME, GUELTIG FUER JEDE KOMPLEXITAETSEBENE |
| Anmerkungen | DIESE VORGEHENSWEISE IST AUF EINE EDV-ANLAGE MIT INTERAKTIV ARBEITENDEM BILDSCHIRMGERAET ABGESTIMMT. |

| Zeichen | Erklärungen |
|---|---|
| EBSTEU | EBENEN - STEUERPROGRAMM, SEITEN 3 UND 4 |
| KLADAU | KLAERUNG DER AUFGAGE, SEITEN 5 BIS 10 |
| LOGWIZ | FESTLEGUNG DER LOGISCHEN WIRKZUSAMMENHAENGE, SEITEN 11 BIS 13 |
| PHYWIZ | FESTLEGUNG DER PHYSIKALISCHEN WIRKZUSAMMENHAENGE, SEITEN 14 BIS 18 |
| KONWIZ | FESTLEGUNG DER KONSTRUKTIVEN WIRKZUSAMMENHAENGE, SEITEN 19 BIS 24 |
| ANDERS | ANFERTIGUNG DER ERSTELLUNGSUNTERLAGEN, SEITEN 25 UND 26 |
| GD | GEFUELLTE ARBEITSDATEI DER VORGEORDNETEN KOMPLEXITAETSEBENE |
| UD | UEBERGABEDATEI: SIE ENTHAELT DATEN DER VORGEORDNETEN KOMPLEXITAETSEBENE, DIE AUF DER ZU BETRACHTENDEN KOMPLEXITAETSEBENE BENOETIGT WERDEN. |
| AD | ARBEITSDATEI: SIE WIRD GEFUELLT MIT DATEN, DIE FUER DIE JEWEILS DURCHZUFUEHRENDEN BERECHNUNGEN ERFORDERLICH SIND, UND SPEICHERT BERECHNUNGSERGEBNISSE. |
| VD | VORGABEDATEI: SIE ENTHAELT DATEN IN FORM VON ANALYTISCH GEWONNENEN ANHALTS- UND MITTELWERTEN SOWIE VON VERGLEICHSDATEN. |
| RD | RUECKGRIFFSDATEI: SIE ENTHAELT DATEN WIEDERVERWENDUNGSFAEHIGER TECHNISCHER SYSTEME. |

| Unterprogramme | KLADAU, LOGWIZ, PHYWIZ, KONWIZ UND ANDERS |
|---|---|

| Programmname E B S T E U | Programmablaufplan Programmerklärungen | Ident-Nr. | Seite T2 |
|---|---|---|---|

| Zeichen | Erklärungen |
|---|---|
| BS | BILDSCHIRM zur Eingabe und/oder Ausgabe von Daten |
| MB | MAGNETBAND zur Eingabe oder Speicherung von Daten |
| LK | LOCHKARTEN zur Eingabe oder Speicherung von Daten |
| SD | SCHNELLDRUCKER zur Ausgabe von Daten |
| MF | MIKROFILM zur Ausgabe von Daten |
| PL | ZEICHENPLOTTER zur Ausgabe von Daten |
| NV | Zaehlgroesse fuer technische Systeme der vorgeordneten Komplexitaetsebene |
| NL | Zaehlgroesse fuer logische Funktionen |
| NP | Zaehlgroesse fuer physikalische Funktionen |
| NK | Zaehlgroesse fuer konstruktive Varianten |
| NW | Zaehlgroesse fuer Wiederholsysteme |

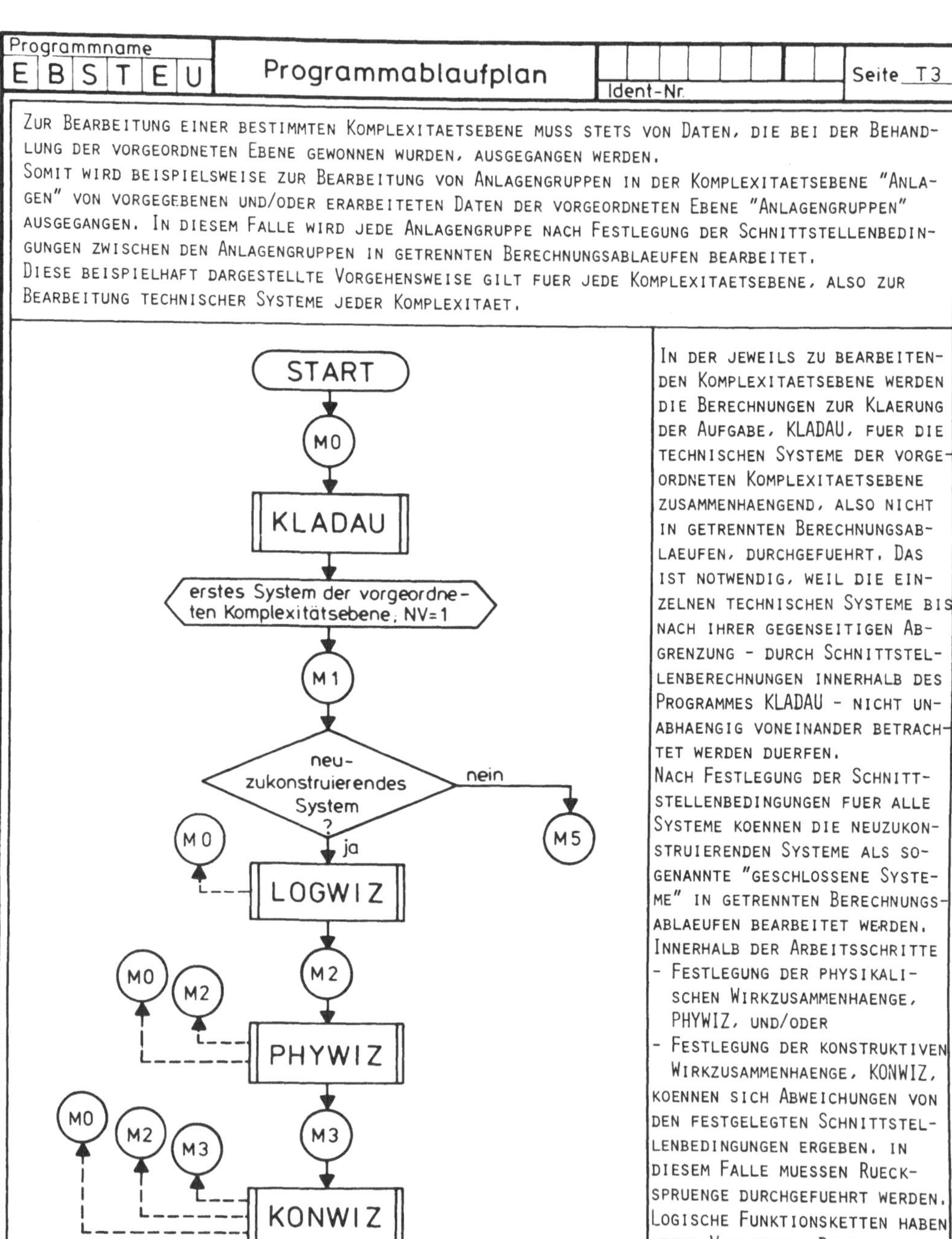

Programmname: EBSTEU | Programmablaufplan | Ident-Nr. | Seite T3

ZUR BEARBEITUNG EINER BESTIMMTEN KOMPLEXITAETSEBENE MUSS STETS VON DATEN, DIE BEI DER BEHANDLUNG DER VORGEORDNETEN EBENE GEWONNEN WURDEN, AUSGEGANGEN WERDEN.
SOMIT WIRD BEISPIELSWEISE ZUR BEARBEITUNG VON ANLAGENGRUPPEN IN DER KOMPLEXITAETSEBENE "ANLAGEN" VON VORGEGEBENEN UND/ODER ERARBEITETEN DATEN DER VORGEORDNETEN EBENE "ANLAGENGRUPPEN" AUSGEGANGEN. IN DIESEM FALLE WIRD JEDE ANLAGENGRUPPE NACH FESTLEGUNG DER SCHNITTSTELLENBEDINGUNGEN ZWISCHEN DEN ANLAGENGRUPPEN IN GETRENNTEN BERECHNUNGSABLAEUFEN BEARBEITET.
DIESE BEISPIELHAFT DARGESTELLTE VORGEHENSWEISE GILT FUER JEDE KOMPLEXITAETSEBENE, ALSO ZUR BEARBEITUNG TECHNISCHER SYSTEME JEDER KOMPLEXITAET.



IN DER JEWEILS ZU BEARBEITENDEN KOMPLEXITAETSEBENE WERDEN DIE BERECHNUNGEN ZUR KLAERUNG DER AUFGABE, KLADAU, FUER DIE TECHNISCHEN SYSTEME DER VORGEORDNETEN KOMPLEXITAETSEBENE ZUSAMMENHAENGEND, ALSO NICHT IN GETRENNTEN BERECHNUNGSABLAEUFEN, DURCHGEFUEHRT. DAS IST NOTWENDIG, WEIL DIE EINZELNEN TECHNISCHEN SYSTEME BIS NACH IHRER GEGENSEITIGEN ABGRENZUNG - DURCH SCHNITTSTELLENBERECHNUNGEN INNERHALB DES PROGRAMMES KLADAU - NICHT UNABHAENGIG VONEINANDER BETRACHTET WERDEN DUERFEN.
NACH FESTLEGUNG DER SCHNITTSTELLENBEDINGUNGEN FUER ALLE SYSTEME KOENNEN DIE NEUZUKONSTRUIERENDEN SYSTEME ALS SOGENANNTE "GESCHLOSSENE SYSTEME" IN GETRENNTEN BERECHNUNGSABLAEUFEN BEARBEITET WERDEN.
INNERHALB DER ARBEITSSCHRITTE
- FESTLEGUNG DER PHYSIKALISCHEN WIRKZUSAMMENHAENGE, PHYWIZ, UND/ODER
- FESTLEGUNG DER KONSTRUKTIVEN WIRKZUSAMMENHAENGE, KONWIZ,

KOENNEN SICH ABWEICHUNGEN VON DEN FESTGELEGTEN SCHNITTSTELLENBEDINGUNGEN ERGEBEN. IN DIESEM FALLE MUESSEN RUECKSPRUENGE DURCHGEFUEHRT WERDEN. LOGISCHE FUNKTIONSKETTEN HABEN KEINE VARIANTEN. DESHALB KOENNEN RUECKSPRUENGE ZUM ARBEITSSCHRITT FESTLEGUNG DER LOGISCHEN WIRKZUSAMMENHAENGE, LOGWIZ, ENTFALLEN.

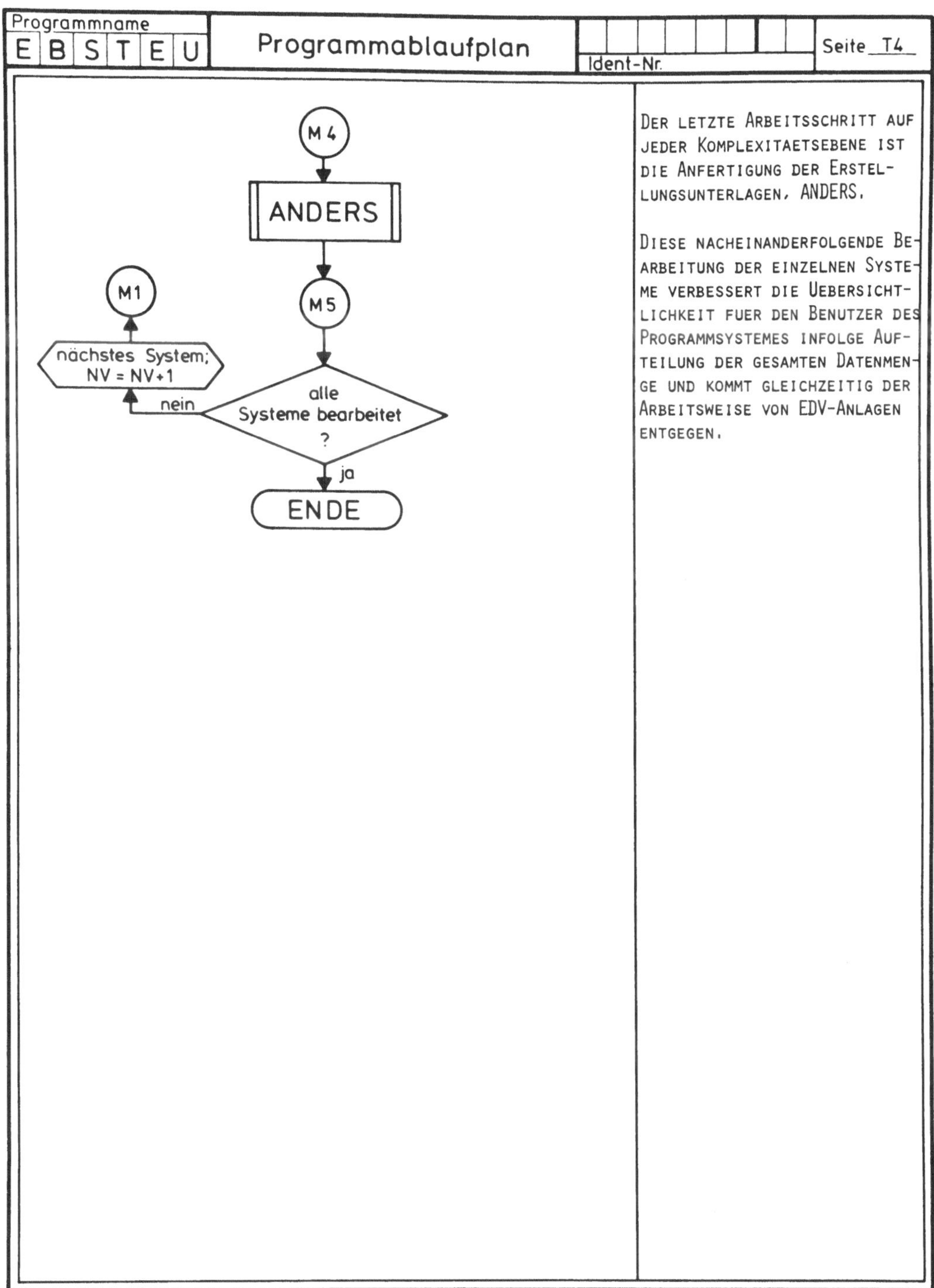
Programmname
EBSTEU
Programmablaufplan
Ident-Nr.
Seite T4
M4
ANDERS
M1
M5
nächstes System;
NV = NV+1
nein
alle
Systeme bearbeitet
?
ja
ENDE
DER LETZTE ARBEITSSCHRITT AUF JEDER KOMPLEXITAETSEBENE IST DIE ANFERTIGUNG DER ERSTELLUNGSUNTERLAGEN, ANDERS.
DIESE NACHEINANDERFOLGENDE BEARBEITUNG DER EINZELNEN SYSTEME VERBESSERT DIE UEBERSICHTLICHKEIT FUER DEN BENUTZER DES PROGRAMMSYSTEMES INFOLGE AUFTEILUNG DER GESAMTEN DATENMENGE UND KOMMT GLEICHZEITIG DER ARBEITSWEISE VON EDV-ANLAGEN ENTGEGEN.

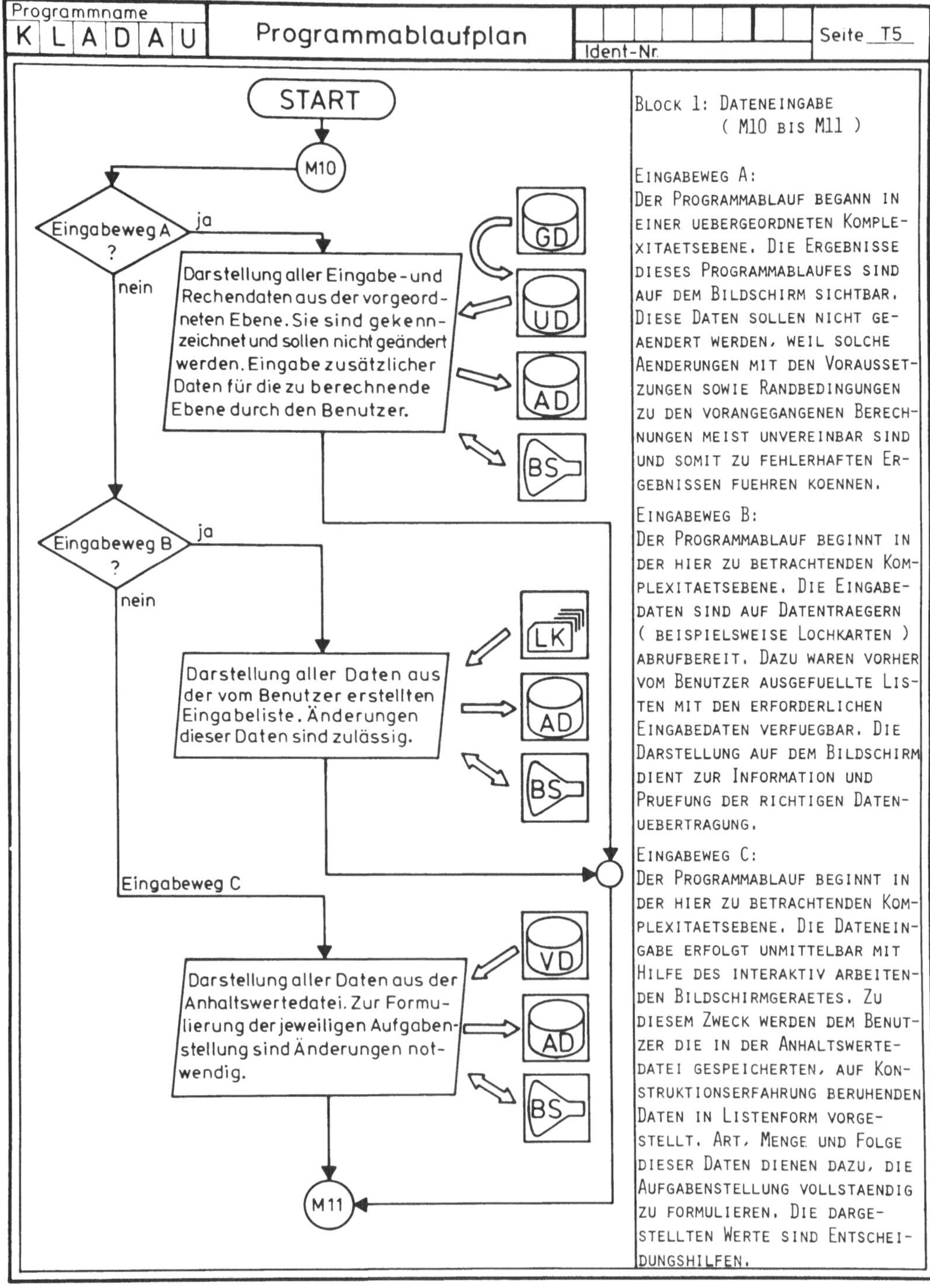
Programmname
KLADAU
Programmablaufplan
Ident-Nr.
Seite T5
START
M10
Eingabeweg A ?
ja
nein
Darstellung aller Eingabe- und Rechendaten aus der vorgeordneten Ebene. Sie sind gekennzeichnet und sollen nicht geändert werden. Eingabe zusätzlicher Daten für die zu berechnende Ebene durch den Benutzer.
GD
UD
AD
BS
Eingabeweg B ?
ja
nein
Darstellung aller Daten aus der vom Benutzer erstellten Eingabeliste. Änderungen dieser Daten sind zulässig.
LK
AD
BS
Eingabeweg C
Darstellung aller Daten aus der Anhaltswertedatei. Zur Formulierung der jeweiligen Aufgabenstellung sind Änderungen notwendig.
VD
AD
BS
M11
BLOCK 1: DATENEINGABE
( M10 BIS M11 )
EINGABEWEG A:
DER PROGRAMMABLAUF BEGANN IN EINER UEBERGEORDNETEN KOMPLEXITAETSEBENE. DIE ERGEBNISSE DIESES PROGRAMMABLAUFES SIND AUF DEM BILDSCHIRM SICHTBAR. DIESE DATEN SOLLEN NICHT GEAENDERT WERDEN, WEIL SOLCHE AENDERUNGEN MIT DEN VORAUSSETZUNGEN SOWIE RANDBEDINGUNGEN ZU DEN VORANGEGANGENEN BERECHNUNGEN MEIST UNVEREINBAR SIND UND SOMIT ZU FEHLERHAFTEN ERGEBNISSEN FUEHREN KOENNEN.
EINGABEWEG B:
DER PROGRAMMABLAUF BEGINNT IN DER HIER ZU BETRACHTENDEN KOMPLEXITAETSEBENE. DIE EINGABEDATEN SIND AUF DATENTRAEGERN ( BEISPIELSWEISE LOCHKARTEN ) ABRUFBEREIT. DAZU WAREN VORHER VOM BENUTZER AUSGEFUELLTE LISTEN MIT DEN ERFORDERLICHEN EINGABEDATEN VERFUEGBAR. DIE DARSTELLUNG AUF DEM BILDSCHIRM DIENT ZUR INFORMATION UND PRUEFUNG DER RICHTIGEN DATENUEBERTRAGUNG.
EINGABEWEG C:
DER PROGRAMMABLAUF BEGINNT IN DER HIER ZU BETRACHTENDEN KOMPLEXITAETSEBENE. DIE DATENEINGABE ERFOLGT UNMITTELBAR MIT HILFE DES INTERAKTIV ARBEITENDEN BILDSCHIRMGERAETES. ZU DIESEM ZWECK WERDEN DEM BENUTZER DIE IN DER ANHALTSWERTEDATEI GESPEICHERTEN, AUF KONSTRUKTIONSERFAHRUNG BERUHENDEN DATEN IN LISTENFORM VORGESTELLT. ART, MENGE UND FOLGE DIESER DATEN DIENEN DAZU, DIE AUFGABENSTELLUNG VOLLSTAENDIG ZU FORMULIEREN. DIE DARGESTELLTEN WERTE SIND ENTSCHEIDUNGSHILFEN.

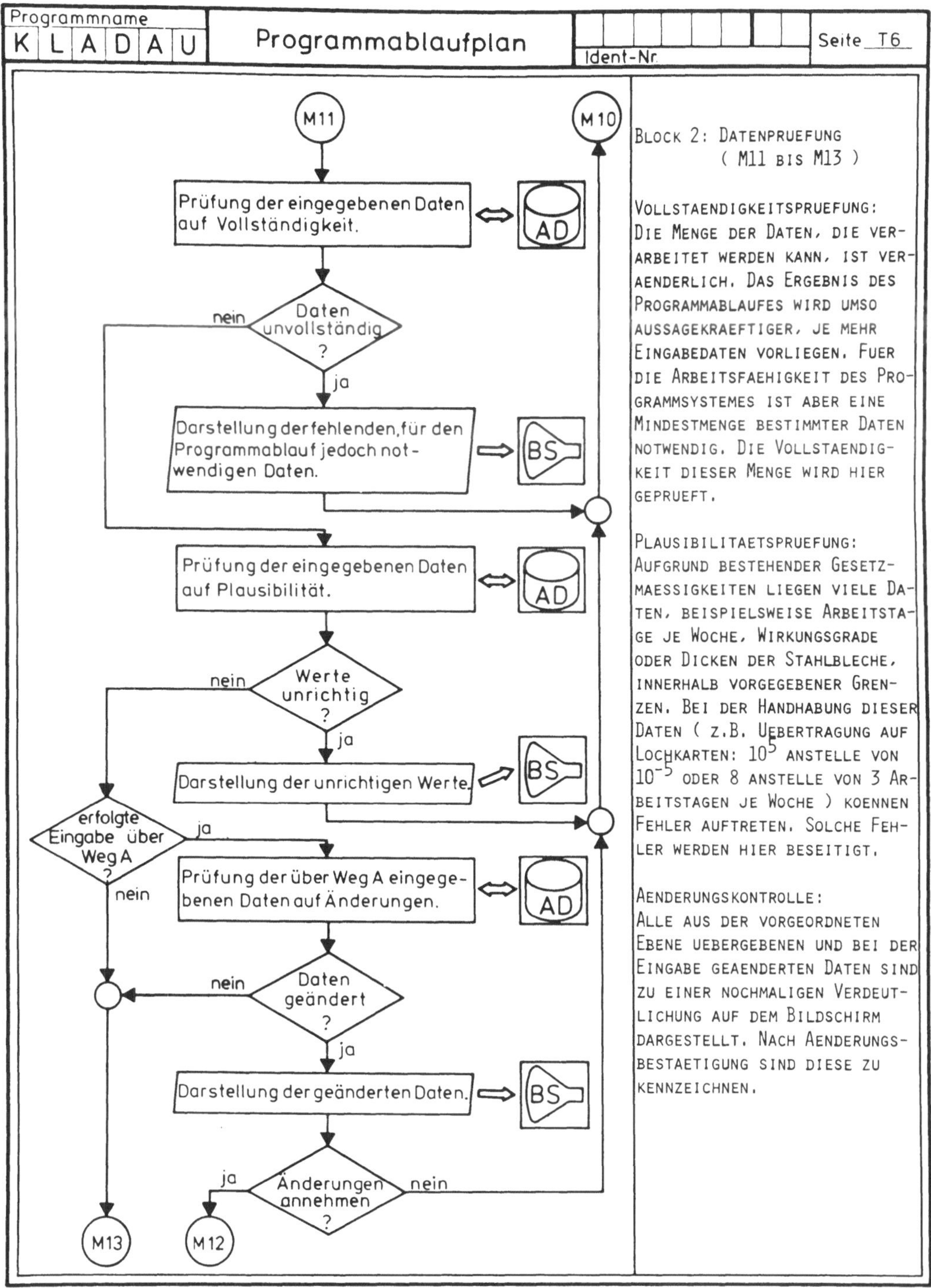
Programmname
KLADAU
Programmablaufplan
Ident-Nr.
Seite T6
M11
M10
Prüfung der eingegebenen Daten auf Vollständigkeit.
AD
Daten unvollständig ?
nein
ja
Darstellung der fehlenden, für den Programmablauf jedoch notwendigen Daten.
BS
Prüfung der eingegebenen Daten auf Plausibilität.
AD
Werte unrichtig ?
nein
ja
Darstellung der unrichtigen Werte.
BS
erfolgte Eingabe über Weg A ?
ja
nein
Prüfung der über Weg A eingegebenen Daten auf Änderungen.
AD
Daten geändert ?
nein
ja
Darstellung der geänderten Daten.
BS
Änderungen annehmen ?
ja
nein
M13
M12
BLOCK 2: DATENPRUEFUNG
( M11 BIS M13 )
VOLLSTAENDIGKEITSPRUEFUNG:
DIE MENGE DER DATEN, DIE VERARBEITET WERDEN KANN, IST VERAENDERLICH. DAS ERGEBNIS DES PROGRAMMABLAUFES WIRD UMSO AUSSAGEKRAEFTIGER, JE MEHR EINGABEDATEN VORLIEGEN. FUER DIE ARBEITSFAEHIGKEIT DES PROGRAMMSYSTEMES IST ABER EINE MINDESTMENGE BESTIMMTER DATEN NOTWENDIG. DIE VOLLSTAENDIGKEIT DIESER MENGE WIRD HIER GEPRUEFT.
PLAUSIBILITAETSPRUEFUNG:
AUFGRUND BESTEHENDER GESETZMAESSIGKEITEN LIEGEN VIELE DATEN, BEISPIELSWEISE ARBEITSTAGE JE WOCHE, WIRKUNGSGRADE ODER DICKEN DER STAHLBLECHE, INNERHALB VORGEGEBENER GRENZEN. BEI DER HANDHABUNG DIESER DATEN ( Z.B. UEBERTRAGUNG AUF LOCHKARTEN: $10^5$ ANSTELLE VON $10^{-5}$ ODER 8 ANSTELLE VON 3 ARBEITSTAGEN JE WOCHE ) KOENNEN FEHLER AUFTRETEN. SOLCHE FEHLER WERDEN HIER BESEITIGT.
AENDERUNGSKONTROLLE:
ALLE AUS DER VORGEORDNETEN EBENE UEBERGEBENEN UND BEI DER EINGABE GEAENDERTEN DATEN SIND ZU EINER NOCHMALIGEN VERDEUTLICHUNG AUF DEM BILDSCHIRM DARGESTELLT. NACH AENDERUNGSBESTAETIGUNG SIND DIESE ZU KENNZEICHNEN.

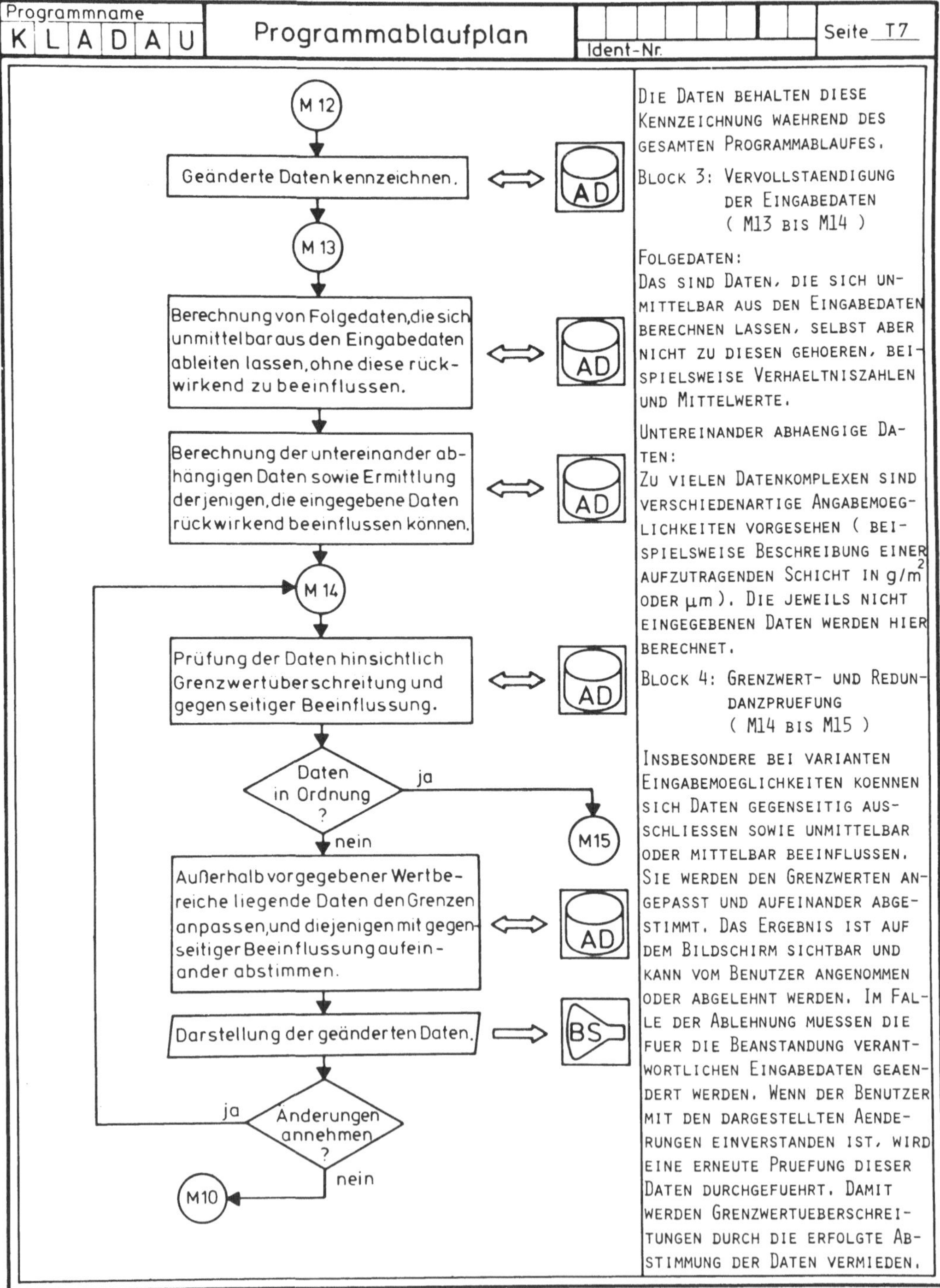
Programmname
KLADAU
Programmablaufplan
Ident-Nr.
Seite T7
M 12
Geänderte Daten kennzeichnen.
AD
M 13
Berechnung von Folgedaten, die sich unmittelbar aus den Eingabedaten ableiten lassen, ohne diese rückwirkend zu beeinflussen.
AD
Berechnung der untereinander abhängigen Daten sowie Ermittlung derjenigen, die eingegebene Daten rückwirkend beeinflussen können.
AD
M 14
Prüfung der Daten hinsichtlich Grenzwertüberschreitung und gegenseitiger Beeinflussung.
AD
Daten in Ordnung ?
ja
M15
nein
Außerhalb vorgegebener Wertbereiche liegende Daten den Grenzen anpassen, und diejenigen mit gegenseitiger Beeinflussung aufeinander abstimmen.
AD
Darstellung der geänderten Daten.
BS
Änderungen annehmen ?
ja
nein
M10
DIE DATEN BEHALTEN DIESE KENNZEICHNUNG WAEHREND DES GESAMTEN PROGRAMMABLAUFES.
BLOCK 3: VERVOLLSTAENDIGUNG DER EINGABEDATEN ( M13 BIS M14 )
FOLGEDATEN:
DAS SIND DATEN, DIE SICH UNMITTELBAR AUS DEN EINGABEDATEN BERECHNEN LASSEN, SELBST ABER NICHT ZU DIESEN GEHOEREN, BEISPIELSWEISE VERHAELTNISZAHLEN UND MITTELWERTE.
UNTEREINANDER ABHAENGIGE DATEN:
ZU VIELEN DATENKOMPLEXEN SIND VERSCHIEDENARTIGE ANGABEMOEGLICHKEITEN VORGESEHEN ( BEISPIELSWEISE BESCHREIBUNG EINER AUFZUTRAGENDEN SCHICHT IN g/m² ODER µm ). DIE JEWEILS NICHT EINGEGEBENEN DATEN WERDEN HIER BERECHNET.
BLOCK 4: GRENZWERT- UND REDUNDANZPRUEFUNG ( M14 BIS M15 )
INSBESONDERE BEI VARIANTEN EINGABEMOEGLICHKEITEN KOENNEN SICH DATEN GEGENSEITIG AUSSCHLIESSEN SOWIE UNMITTELBAR ODER MITTELBAR BEEINFLUSSEN. SIE WERDEN DEN GRENZWERTEN ANGEPASST UND AUFEINANDER ABGESTIMMT. DAS ERGEBNIS IST AUF DEM BILDSCHIRM SICHTBAR UND KANN VOM BENUTZER ANGENOMMEN ODER ABGELEHNT WERDEN. IM FALLE DER ABLEHNUNG MUESSEN DIE FUER DIE BEANSTANDUNG VERANTWORTLICHEN EINGABEDATEN GEAENDERT WERDEN. WENN DER BENUTZER MIT DEN DARGESTELLTEN AENDERUNGEN EINVERSTANDEN IST, WIRD EINE ERNEUTE PRUEFUNG DIESER DATEN DURCHGEFUEHRT. DAMIT WERDEN GRENZWERTUEBERSCHREITUNGEN DURCH DIE ERFOLGTE ABSTIMMUNG DER DATEN VERMIEDEN.

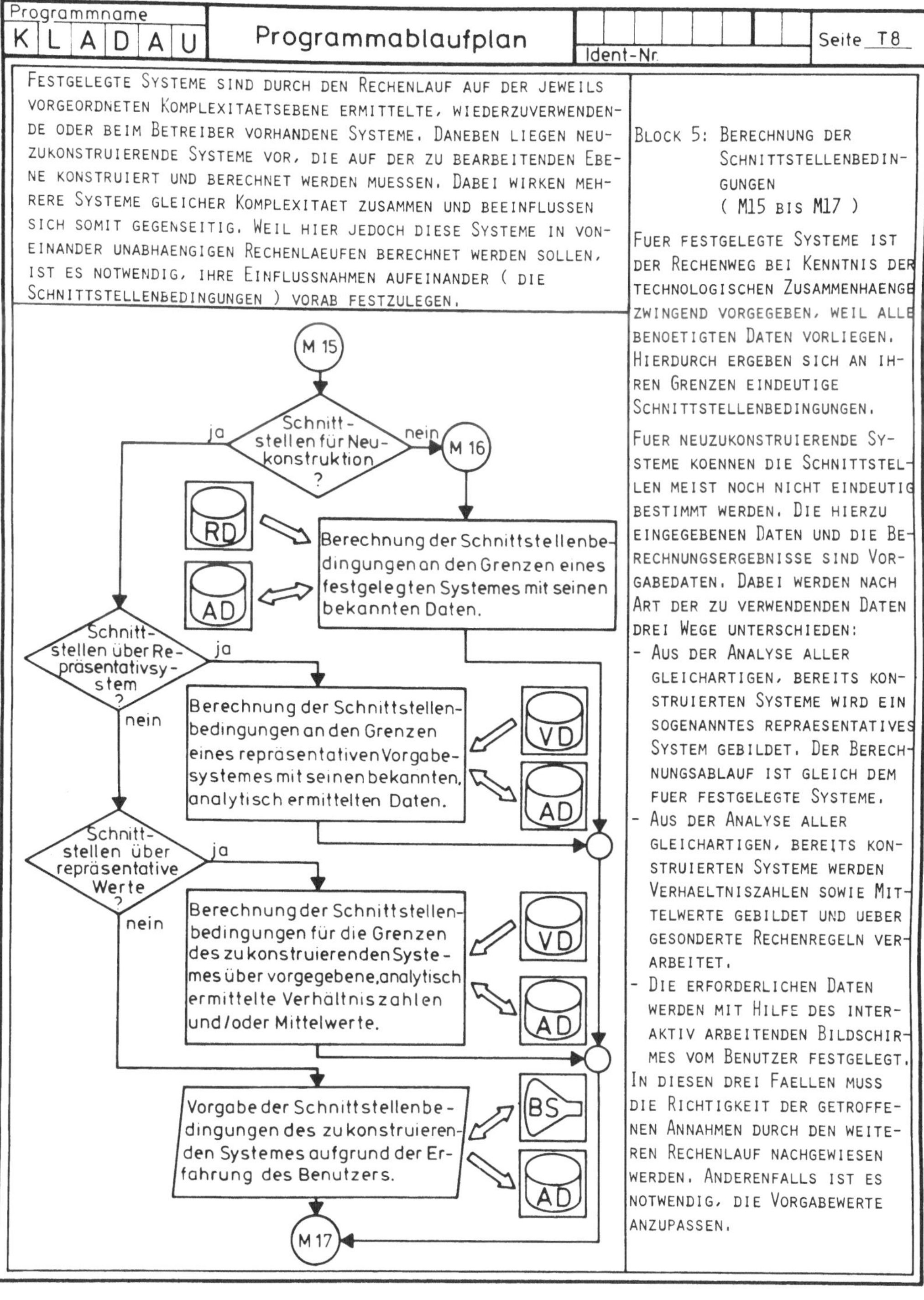

Programmname KLADAU — Programmablaufplan — Ident-Nr. — Seite T8

FESTGELEGTE SYSTEME SIND DURCH DEN RECHENLAUF AUF DER JEWEILS VORGEORDNETEN KOMPLEXITAETSEBENE ERMITTELTE, WIEDERZUVERWENDENDE ODER BEIM BETREIBER VORHANDENE SYSTEME. DANEBEN LIEGEN NEUZUKONSTRUIERENDE SYSTEME VOR, DIE AUF DER ZU BEARBEITENDEN EBENE KONSTRUIERT UND BERECHNET WERDEN MUESSEN. DABEI WIRKEN MEHRERE SYSTEME GLEICHER KOMPLEXITAET ZUSAMMEN UND BEEINFLUSSEN SICH SOMIT GEGENSEITIG. WEIL HIER JEDOCH DIESE SYSTEME IN VONEINANDER UNABHAENGIGEN RECHENLAEUFEN BERECHNET WERDEN SOLLEN, IST ES NOTWENDIG, IHRE EINFLUSSNAHMEN AUFEINANDER ( DIE SCHNITTSTELLENBEDINGUNGEN ) VORAB FESTZULEGEN.

BLOCK 5: BERECHNUNG DER SCHNITTSTELLENBEDINGUNGEN ( M15 BIS M17 )

FUER FESTGELEGTE SYSTEME IST DER RECHENWEG BEI KENNTNIS DER TECHNOLOGISCHEN ZUSAMMENHAENGE ZWINGEND VORGEGEBEN, WEIL ALLE BENOETIGTEN DATEN VORLIEGEN. HIERDURCH ERGEBEN SICH AN IHREN GRENZEN EINDEUTIGE SCHNITTSTELLENBEDINGUNGEN.

FUER NEUZUKONSTRUIERENDE SYSTEME KOENNEN DIE SCHNITTSTELLEN MEIST NOCH NICHT EINDEUTIG BESTIMMT WERDEN. DIE HIERZU EINGEGEBENEN DATEN UND DIE BERECHNUNGSERGEBNISSE SIND VORGABEDATEN. DABEI WERDEN NACH ART DER ZU VERWENDENDEN DATEN DREI WEGE UNTERSCHIEDEN:

- AUS DER ANALYSE ALLER GLEICHARTIGEN, BEREITS KONSTRUIERTEN SYSTEME WIRD EIN SOGENANNTES REPRAESENTATIVES SYSTEM GEBILDET. DER BERECHNUNGSABLAUF IST GLEICH DEM FUER FESTGELEGTE SYSTEME.
- AUS DER ANALYSE ALLER GLEICHARTIGEN, BEREITS KONSTRUIERTEN SYSTEME WERDEN VERHAELTNISZAHLEN SOWIE MITTELWERTE GEBILDET UND UEBER GESONDERTE RECHENREGELN VERARBEITET.
- DIE ERFORDERLICHEN DATEN WERDEN MIT HILFE DES INTERAKTIV ARBEITENDEN BILDSCHIRMES VOM BENUTZER FESTGELEGT.

IN DIESEN DREI FAELLEN MUSS DIE RICHTIGKEIT DER GETROFFENEN ANNAHMEN DURCH DEN WEITEREN RECHENLAUF NACHGEWIESEN WERDEN. ANDERENFALLS IST ES NOTWENDIG, DIE VORGABEWERTE ANZUPASSEN.

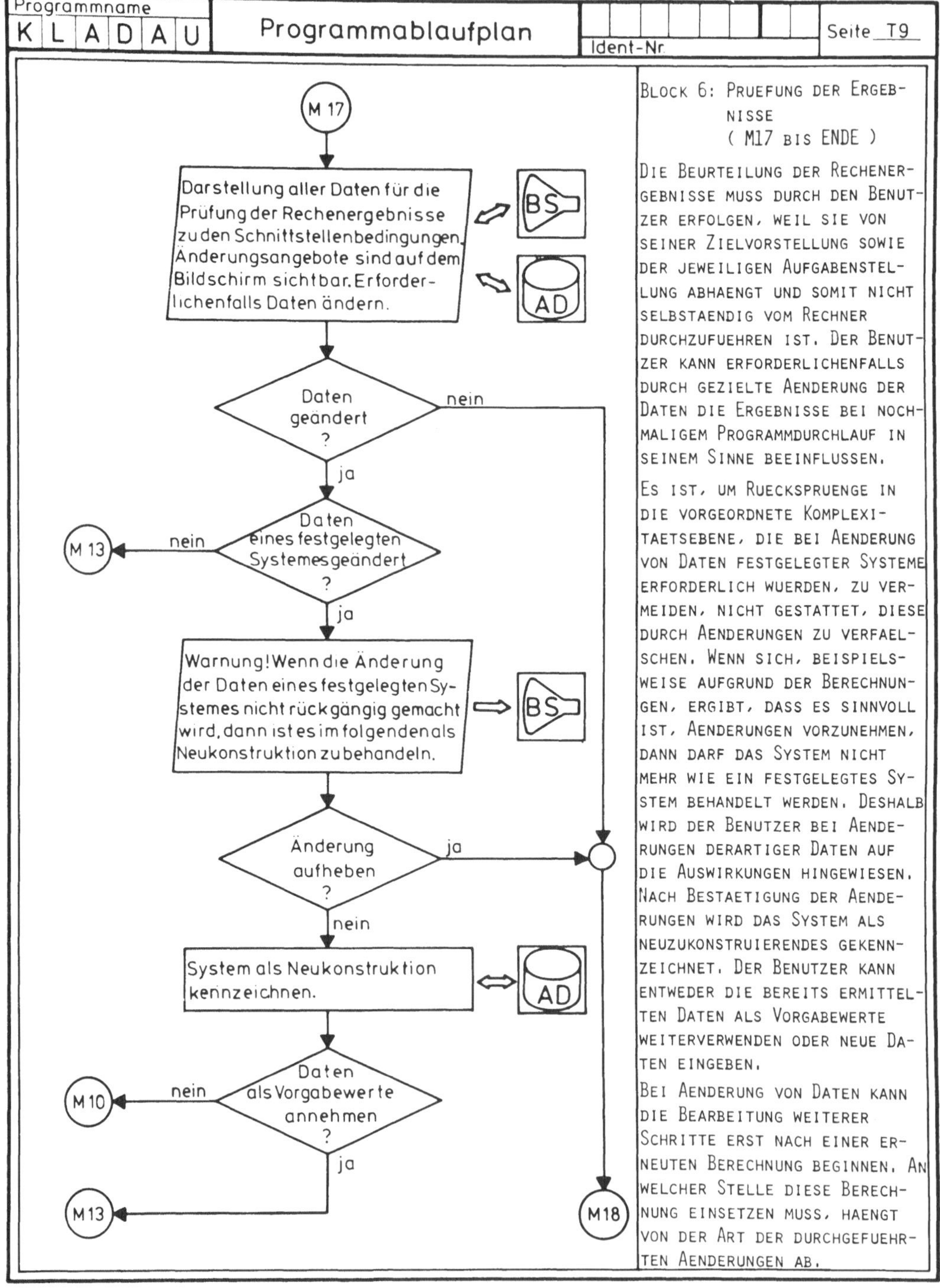
Programmname
KLADAU
Programmablaufplan
Ident-Nr.
Seite T9
M 17
Darstellung aller Daten für die Prüfung der Rechenergebnisse zu den Schnittstellenbedingungen. Änderungsangebote sind auf dem Bildschirm sichtbar. Erforderlichenfalls Daten ändern.
BS
AD
Daten geändert ?
nein
ja
Daten eines festgelegten Systemes geändert ?
nein
M 13
ja
Warnung! Wenn die Änderung der Daten eines festgelegten Systemes nicht rückgängig gemacht wird, dann ist es im folgenden als Neukonstruktion zu behandeln.
BS
Änderung aufheben ?
ja
nein
System als Neukonstruktion kennzeichnen.
AD
Daten als Vorgabewerte annehmen ?
nein
M 10
ja
M 13
M 18
BLOCK 6: PRUEFUNG DER ERGEBNISSE
( M17 BIS ENDE )
DIE BEURTEILUNG DER RECHENERGEBNISSE MUSS DURCH DEN BENUTZER ERFOLGEN, WEIL SIE VON SEINER ZIELVORSTELLUNG SOWIE DER JEWEILIGEN AUFGABENSTELLUNG ABHAENGT UND SOMIT NICHT SELBSTAENDIG VOM RECHNER DURCHZUFUEHREN IST. DER BENUTZER KANN ERFORDERLICHENFALLS DURCH GEZIELTE AENDERUNG DER DATEN DIE ERGEBNISSE BEI NOCHMALIGEM PROGRAMMDURCHLAUF IN SEINEM SINNE BEEINFLUSSEN.
ES IST, UM RUECKSPRUENGE IN DIE VORGEORDNETE KOMPLEXITAETSEBENE, DIE BEI AENDERUNG VON DATEN FESTGELEGTER SYSTEME ERFORDERLICH WUERDEN, ZU VERMEIDEN, NICHT GESTATTET, DIESE DURCH AENDERUNGEN ZU VERFAELSCHEN. WENN SICH, BEISPIELSWEISE AUFGRUND DER BERECHNUNGEN, ERGIBT, DASS ES SINNVOLL IST, AENDERUNGEN VORZUNEHMEN, DANN DARF DAS SYSTEM NICHT MEHR WIE EIN FESTGELEGTES SYSTEM BEHANDELT WERDEN. DESHALB WIRD DER BENUTZER BEI AENDERUNGEN DERARTIGER DATEN AUF DIE AUSWIRKUNGEN HINGEWIESEN. NACH BESTAETIGUNG DER AENDERUNGEN WIRD DAS SYSTEM ALS NEUZUKONSTRUIERENDES GEKENNZEICHNET. DER BENUTZER KANN ENTWEDER DIE BEREITS ERMITTELTEN DATEN ALS VORGABEWERTE WEITERVERWENDEN ODER NEUE DATEN EINGEBEN.
BEI AENDERUNG VON DATEN KANN DIE BEARBEITUNG WEITERER SCHRITTE ERST NACH EINER ERNEUTEN BERECHNUNG BEGINNEN. AN WELCHER STELLE DIESE BERECHNUNG EINSETZEN MUSS, HAENGT VON DER ART DER DURCHGEFUEHRTEN AENDERUNGEN AB.

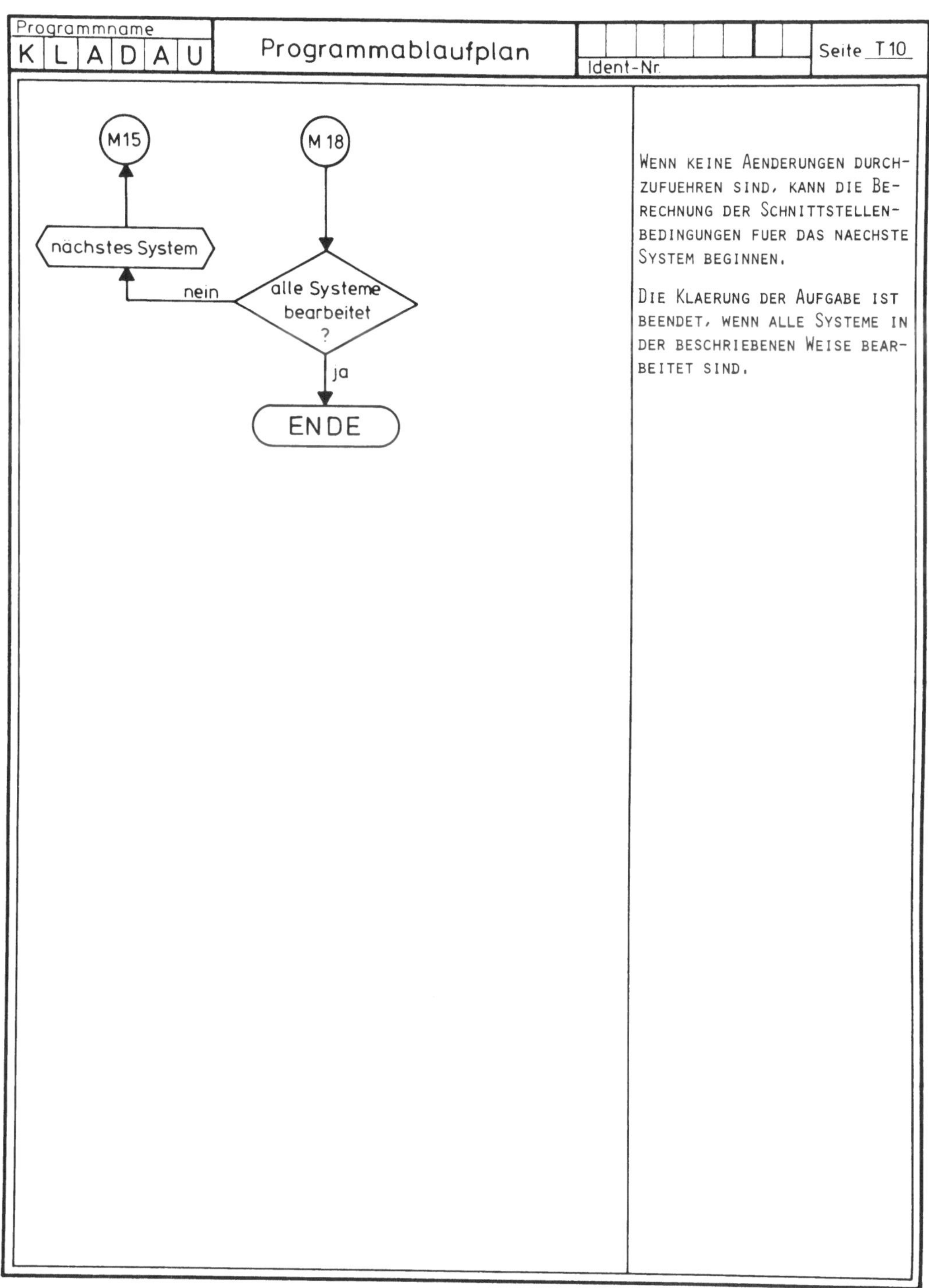
Programmname
KLADAU
Programmablaufplan
Ident-Nr.
Seite T10
M15
M 18
nächstes System
nein
alle Systeme bearbeitet ?
ja
ENDE
WENN KEINE AENDERUNGEN DURCHZUFUEHREN SIND, KANN DIE BERECHNUNG DER SCHNITTSTELLENBEDINGUNGEN FUER DAS NAECHSTE SYSTEM BEGINNEN.
DIE KLAERUNG DER AUFGABE IST BEENDET, WENN ALLE SYSTEME IN DER BESCHRIEBENEN WEISE BEARBEITET SIND.

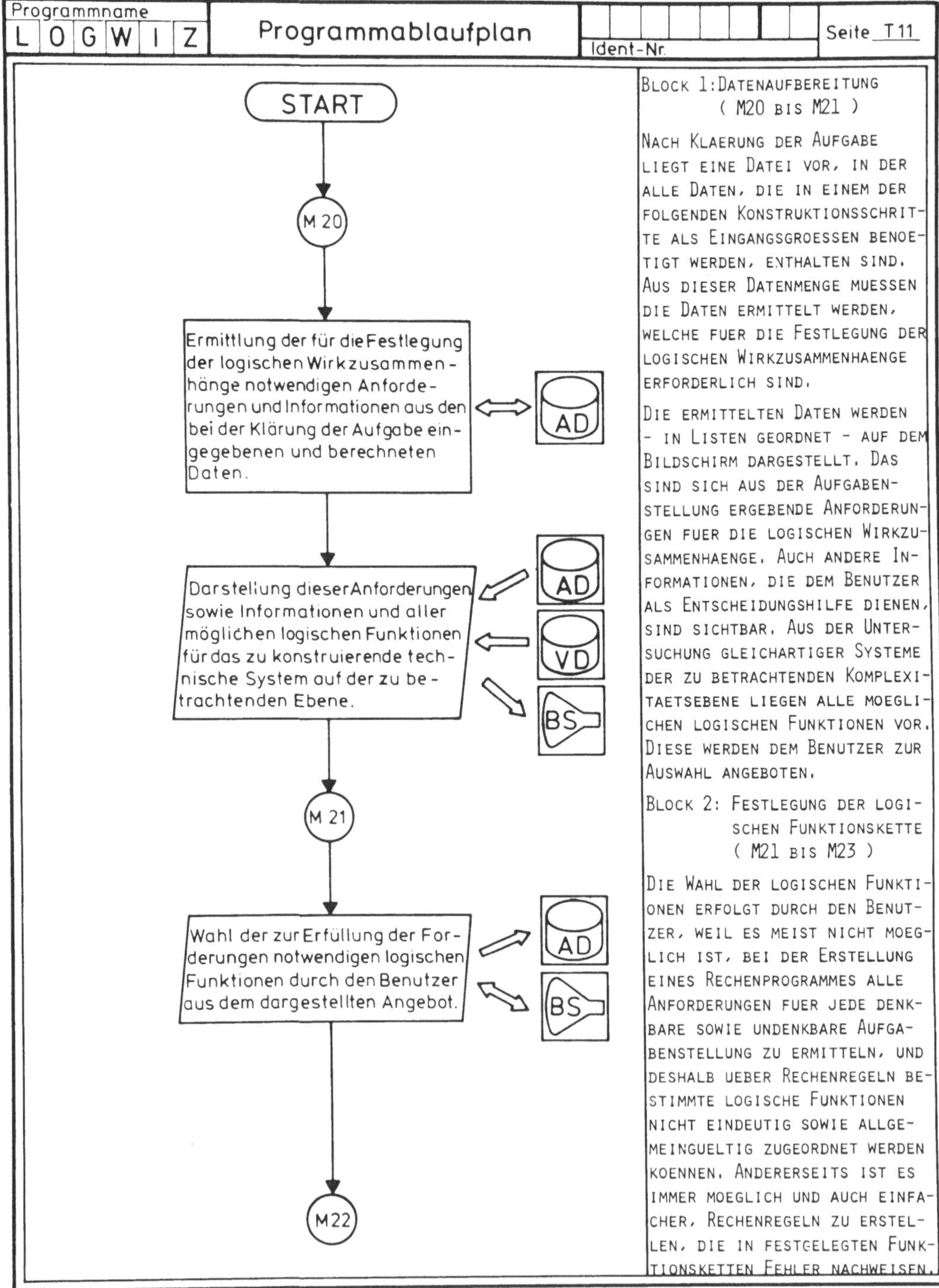
Programmname
L O G W I Z
Programmablaufplan
Ident-Nr.
Seite T11
START
M 20
Ermittlung der für die Festlegung der logischen Wirkzusammenhänge notwendigen Anforderungen und Informationen aus den bei der Klärung der Aufgabe eingegebenen und berechneten Daten.
AD
Darstellung dieser Anforderungen sowie Informationen und aller möglichen logischen Funktionen für das zu konstruierende technische System auf der zu betrachtenden Ebene.
AD
VD
BS
M 21
Wahl der zur Erfüllung der Forderungen notwendigen logischen Funktionen durch den Benutzer aus dem dargestellten Angebot.
AD
BS
M22
BLOCK 1: DATENAUFBEREITUNG
( M20 BIS M21 )
NACH KLAERUNG DER AUFGABE LIEGT EINE DATEI VOR, IN DER ALLE DATEN, DIE IN EINEM DER FOLGENDEN KONSTRUKTIONSSCHRITTE ALS EINGANGSGROESSEN BENOETIGT WERDEN, ENTHALTEN SIND. AUS DIESER DATENMENGE MUESSEN DIE DATEN ERMITTELT WERDEN, WELCHE FUER DIE FESTLEGUNG DER LOGISCHEN WIRKZUSAMMENHAENGE ERFORDERLICH SIND.
DIE ERMITTELTEN DATEN WERDEN - IN LISTEN GEORDNET - AUF DEM BILDSCHIRM DARGESTELLT. DAS SIND SICH AUS DER AUFGABENSTELLUNG ERGEBENDE ANFORDERUNGEN FUER DIE LOGISCHEN WIRKZUSAMMENHAENGE. AUCH ANDERE INFORMATIONEN, DIE DEM BENUTZER ALS ENTSCHEIDUNGSHILFE DIENEN, SIND SICHTBAR. AUS DER UNTERSUCHUNG GLEICHARTIGER SYSTEME DER ZU BETRACHTENDEN KOMPLEXITAETSEBENE LIEGEN ALLE MOEGLICHEN LOGISCHEN FUNKTIONEN VOR. DIESE WERDEN DEM BENUTZER ZUR AUSWAHL ANGEBOTEN.
BLOCK 2: FESTLEGUNG DER LOGISCHEN FUNKTIONSKETTE
( M21 BIS M23 )
DIE WAHL DER LOGISCHEN FUNKTIONEN ERFOLGT DURCH DEN BENUTZER, WEIL ES MEIST NICHT MOEGLICH IST, BEI DER ERSTELLUNG EINES RECHENPROGRAMMES ALLE ANFORDERUNGEN FUER JEDE DENKBARE SOWIE UNDENKBARE AUFGABENSTELLUNG ZU ERMITTELN, UND DESHALB UEBER RECHENREGELN BESTIMMTE LOGISCHE FUNKTIONEN NICHT EINDEUTIG SOWIE ALLGEMEINGUELTIG ZUGEORDNET WERDEN KOENNEN. ANDERERSEITS IST ES IMMER MOEGLICH UND AUCH EINFACHER, RECHENREGELN ZU ERSTELLEN, DIE IN FESTGELEGTEN FUNKTIONSKETTEN FEHLER NACHWEISEN.

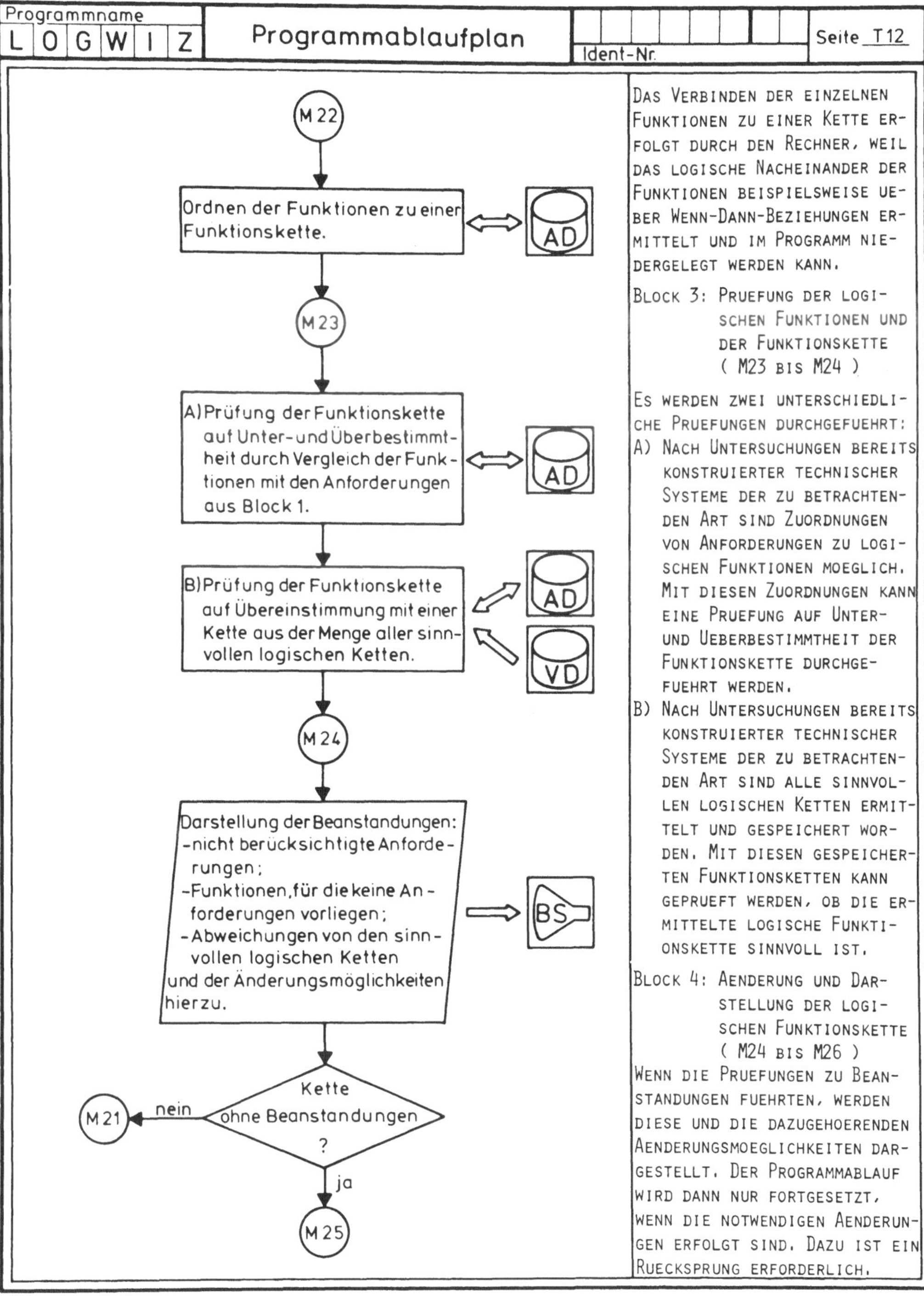
Programmname
L O G W I Z
Programmablaufplan
Ident-Nr.
Seite T12
M 22
Ordnen der Funktionen zu einer Funktionskette.
AD
M 23
A) Prüfung der Funktionskette auf Unter- und Überbestimmtheit durch Vergleich der Funktionen mit den Anforderungen aus Block 1.
AD
B) Prüfung der Funktionskette auf Übereinstimmung mit einer Kette aus der Menge aller sinnvollen logischen Ketten.
AD
VD
M 24
Darstellung der Beanstandungen:
-nicht berücksichtigte Anforderungen;
-Funktionen, für die keine Anforderungen vorliegen;
-Abweichungen von den sinnvollen logischen Ketten
und der Änderungsmöglichkeiten hierzu.
BS
Kette ohne Beanstandungen ?
nein
M 21
ja
M 25
DAS VERBINDEN DER EINZELNEN FUNKTIONEN ZU EINER KETTE ERFOLGT DURCH DEN RECHNER, WEIL DAS LOGISCHE NACHEINANDER DER FUNKTIONEN BEISPIELSWEISE UEBER WENN-DANN-BEZIEHUNGEN ERMITTELT UND IM PROGRAMM NIEDERGELEGT WERDEN KANN.
BLOCK 3: PRUEFUNG DER LOGISCHEN FUNKTIONEN UND DER FUNKTIONSKETTE ( M23 BIS M24 )
ES WERDEN ZWEI UNTERSCHIEDLICHE PRUEFUNGEN DURCHGEFUEHRT:
A) NACH UNTERSUCHUNGEN BEREITS KONSTRUIERTER TECHNISCHER SYSTEME DER ZU BETRACHTENDEN ART SIND ZUORDNUNGEN VON ANFORDERUNGEN ZU LOGISCHEN FUNKTIONEN MOEGLICH. MIT DIESEN ZUORDNUNGEN KANN EINE PRUEFUNG AUF UNTER- UND UEBERBESTIMMTHEIT DER FUNKTIONSKETTE DURCHGEFUEHRT WERDEN.
B) NACH UNTERSUCHUNGEN BEREITS KONSTRUIERTER TECHNISCHER SYSTEME DER ZU BETRACHTENDEN ART SIND ALLE SINNVOLLEN LOGISCHEN KETTEN ERMITTELT UND GESPEICHERT WORDEN. MIT DIESEN GESPEICHERTEN FUNKTIONSKETTEN KANN GEPRUEFT WERDEN, OB DIE ERMITTELTE LOGISCHE FUNKTIONSKETTE SINNVOLL IST.
BLOCK 4: AENDERUNG UND DARSTELLUNG DER LOGISCHEN FUNKTIONSKETTE ( M24 BIS M26 )
WENN DIE PRUEFUNGEN ZU BEANSTANDUNGEN FUEHRTEN, WERDEN DIESE UND DIE DAZUGEHOERENDEN AENDERUNGSMOEGLICHKEITEN DARGESTELLT. DER PROGRAMMABLAUF WIRD DANN NUR FORTGESETZT, WENN DIE NOTWENDIGEN AENDERUNGEN ERFOLGT SIND. DAZU IST EIN RUECKSPRUNG ERFORDERLICH.

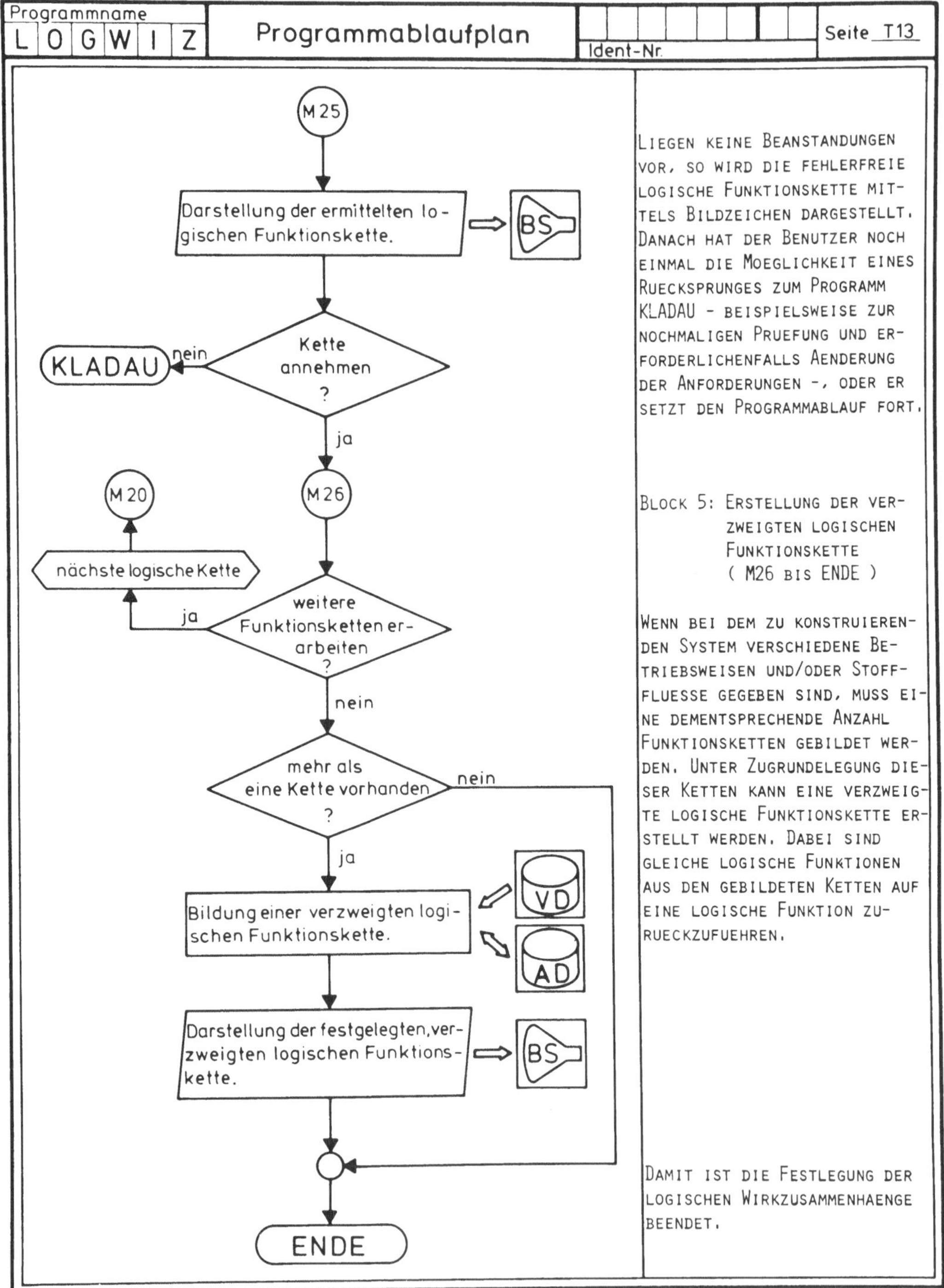
Programmname
LOGWIZ
Programmablaufplan
Ident-Nr.
Seite T13
M25
Darstellung der ermittelten logischen Funktionskette.
BS
Kette annehmen ?
nein
KLADAU
ja
M20
M26
nächste logische Kette
weitere Funktionsketten erarbeiten ?
ja
nein
mehr als eine Kette vorhanden ?
nein
ja
Bildung einer verzweigten logischen Funktionskette.
VD
AD
Darstellung der festgelegten, verzweigten logischen Funktionskette.
BS
ENDE
LIEGEN KEINE BEANSTANDUNGEN VOR, SO WIRD DIE FEHLERFREIE LOGISCHE FUNKTIONSKETTE MITTELS BILDZEICHEN DARGESTELLT. DANACH HAT DER BENUTZER NOCH EINMAL DIE MOEGLICHKEIT EINES RUECKSPRUNGES ZUM PROGRAMM KLADAU - BEISPIELSWEISE ZUR NOCHMALIGEN PRUEFUNG UND ERFORDERLICHENFALLS AENDERUNG DER ANFORDERUNGEN -, ODER ER SETZT DEN PROGRAMMABLAUF FORT.
BLOCK 5: ERSTELLUNG DER VERZWEIGTEN LOGISCHEN FUNKTIONSKETTE
( M26 BIS ENDE )
WENN BEI DEM ZU KONSTRUIERENDEN SYSTEM VERSCHIEDENE BETRIEBSWEISEN UND/ODER STOFFFLUESSE GEGEBEN SIND, MUSS EINE DEMENTSPRECHENDE ANZAHL FUNKTIONSKETTEN GEBILDET WERDEN. UNTER ZUGRUNDELEGUNG DIESER KETTEN KANN EINE VERZWEIGTE LOGISCHE FUNKTIONSKETTE ERSTELLT WERDEN. DABEI SIND GLEICHE LOGISCHE FUNKTIONEN AUS DEN GEBILDETEN KETTEN AUF EINE LOGISCHE FUNKTION ZURUECKZUFUEHREN.
DAMIT IST DIE FESTLEGUNG DER LOGISCHEN WIRKZUSAMMENHAENGE BEENDET.

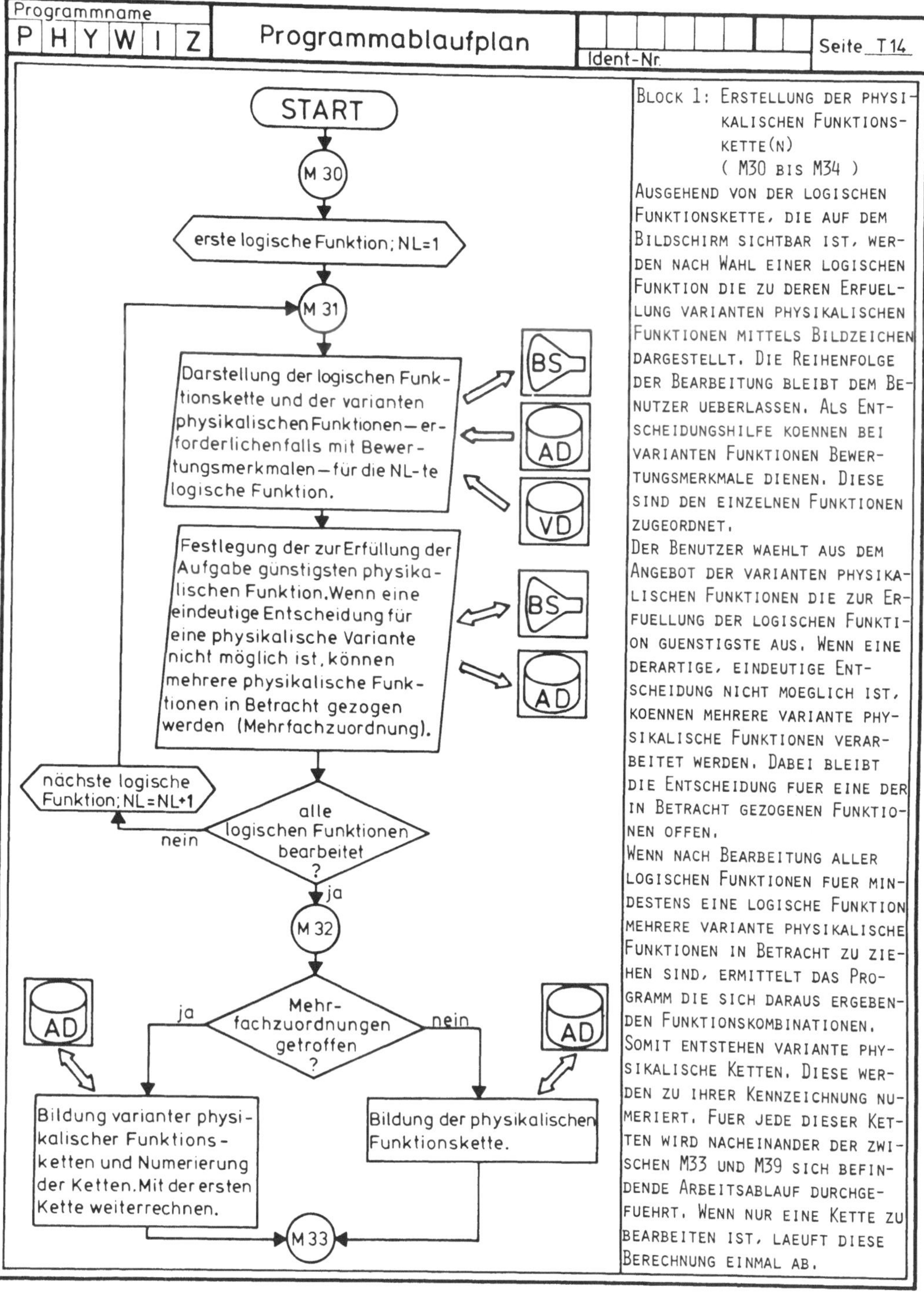
Programmname
PHYWIZ
Programmablaufplan
Ident-Nr.
Seite T14
START
M 30
erste logische Funktion; NL=1
M 31
Darstellung der logischen Funktionskette und der varianten physikalischen Funktionen – erforderlichenfalls mit Bewertungsmerkmalen – für die NL-te logische Funktion.
BS
AD
VD
Festlegung der zur Erfüllung der Aufgabe günstigsten physikalischen Funktion. Wenn eine eindeutige Entscheidung für eine physikalische Variante nicht möglich ist, können mehrere physikalische Funktionen in Betracht gezogen werden (Mehrfachzuordnung).
BS
AD
nächste logische Funktion; NL=NL+1
nein
alle logischen Funktionen bearbeitet ?
ja
M 32
ja
Mehrfachzuordnungen getroffen ?
nein
AD
AD
Bildung varianter physikalischer Funktionsketten und Numerierung der Ketten. Mit der ersten Kette weiterrechnen.
Bildung der physikalischen Funktionskette.
M 33
BLOCK 1: ERSTELLUNG DER PHYSIKALISCHEN FUNKTIONSKETTE(N)
( M30 BIS M34 )
AUSGEHEND VON DER LOGISCHEN FUNKTIONSKETTE, DIE AUF DEM BILDSCHIRM SICHTBAR IST, WERDEN NACH WAHL EINER LOGISCHEN FUNKTION DIE ZU DEREN ERFUELLUNG VARIANTEN PHYSIKALISCHEN FUNKTIONEN MITTELS BILDZEICHEN DARGESTELLT. DIE REIHENFOLGE DER BEARBEITUNG BLEIBT DEM BENUTZER UEBERLASSEN. ALS ENTSCHEIDUNGSHILFE KOENNEN BEI VARIANTEN FUNKTIONEN BEWERTUNGSMERKMALE DIENEN. DIESE SIND DEN EINZELNEN FUNKTIONEN ZUGEORDNET.
DER BENUTZER WAEHLT AUS DEM ANGEBOT DER VARIANTEN PHYSIKALISCHEN FUNKTIONEN DIE ZUR ERFUELLUNG DER LOGISCHEN FUNKTION GUENSTIGSTE AUS. WENN EINE DERARTIGE, EINDEUTIGE ENTSCHEIDUNG NICHT MOEGLICH IST, KOENNEN MEHRERE VARIANTE PHYSIKALISCHE FUNKTIONEN VERARBEITET WERDEN. DABEI BLEIBT DIE ENTSCHEIDUNG FUER EINE DER IN BETRACHT GEZOGENEN FUNKTIONEN OFFEN.
WENN NACH BEARBEITUNG ALLER LOGISCHEN FUNKTIONEN FUER MINDESTENS EINE LOGISCHE FUNKTION MEHRERE VARIANTE PHYSIKALISCHE FUNKTIONEN IN BETRACHT ZU ZIEHEN SIND, ERMITTELT DAS PROGRAMM DIE SICH DARAUS ERGEBENDEN FUNKTIONSKOMBINATIONEN. SOMIT ENTSTEHEN VARIANTE PHYSIKALISCHE KETTEN. DIESE WERDEN ZU IHRER KENNZEICHNUNG NUMERIERT. FUER JEDE DIESER KETTEN WIRD NACHEINANDER DER ZWISCHEN M33 UND M39 SICH BEFINDENDE ARBEITSABLAUF DURCHGEFUEHRT. WENN NUR EINE KETTE ZU BEARBEITEN IST, LAEUFT DIESE BERECHNUNG EINMAL AB.

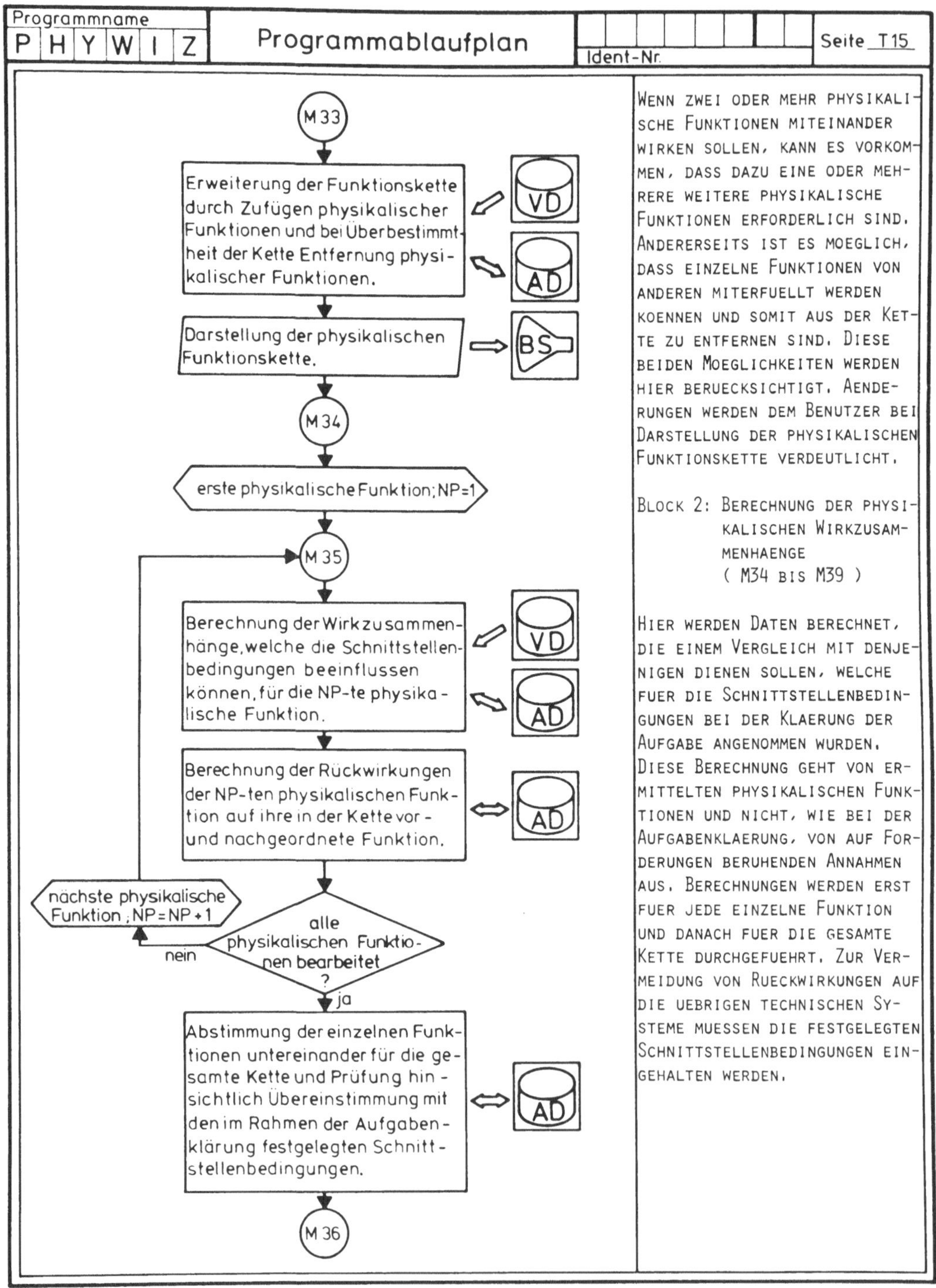


WENN ZWEI ODER MEHR PHYSIKALISCHE FUNKTIONEN MITEINANDER WIRKEN SOLLEN, KANN ES VORKOMMEN, DASS DAZU EINE ODER MEHRERE WEITERE PHYSIKALISCHE FUNKTIONEN ERFORDERLICH SIND. ANDERERSEITS IST ES MOEGLICH, DASS EINZELNE FUNKTIONEN VON ANDEREN MITERFUELLT WERDEN KOENNEN UND SOMIT AUS DER KETTE ZU ENTFERNEN SIND. DIESE BEIDEN MOEGLICHKEITEN WERDEN HIER BERUECKSICHTIGT. AENDERUNGEN WERDEN DEM BENUTZER BEI DARSTELLUNG DER PHYSIKALISCHEN FUNKTIONSKETTE VERDEUTLICHT.

BLOCK 2: BERECHNUNG DER PHYSIKALISCHEN WIRKZUSAMMENHAENGE
( M34 BIS M39 )

HIER WERDEN DATEN BERECHNET, DIE EINEM VERGLEICH MIT DENJENIGEN DIENEN SOLLEN, WELCHE FUER DIE SCHNITTSTELLENBEDINGUNGEN BEI DER KLAERUNG DER AUFGABE ANGENOMMEN WURDEN. DIESE BERECHNUNG GEHT VON ERMITTELTEN PHYSIKALISCHEN FUNKTIONEN UND NICHT, WIE BEI DER AUFGABENKLAERUNG, VON AUF FORDERUNGEN BERUHENDEN ANNAHMEN AUS. BERECHNUNGEN WERDEN ERST FUER JEDE EINZELNE FUNKTION UND DANACH FUER DIE GESAMTE KETTE DURCHGEFUEHRT. ZUR VERMEIDUNG VON RUECKWIRKUNGEN AUF DIE UEBRIGEN TECHNISCHEN SYSTEME MUESSEN DIE FESTGELEGTEN SCHNITTSTELLENBEDINGUNGEN EINGEHALTEN WERDEN.

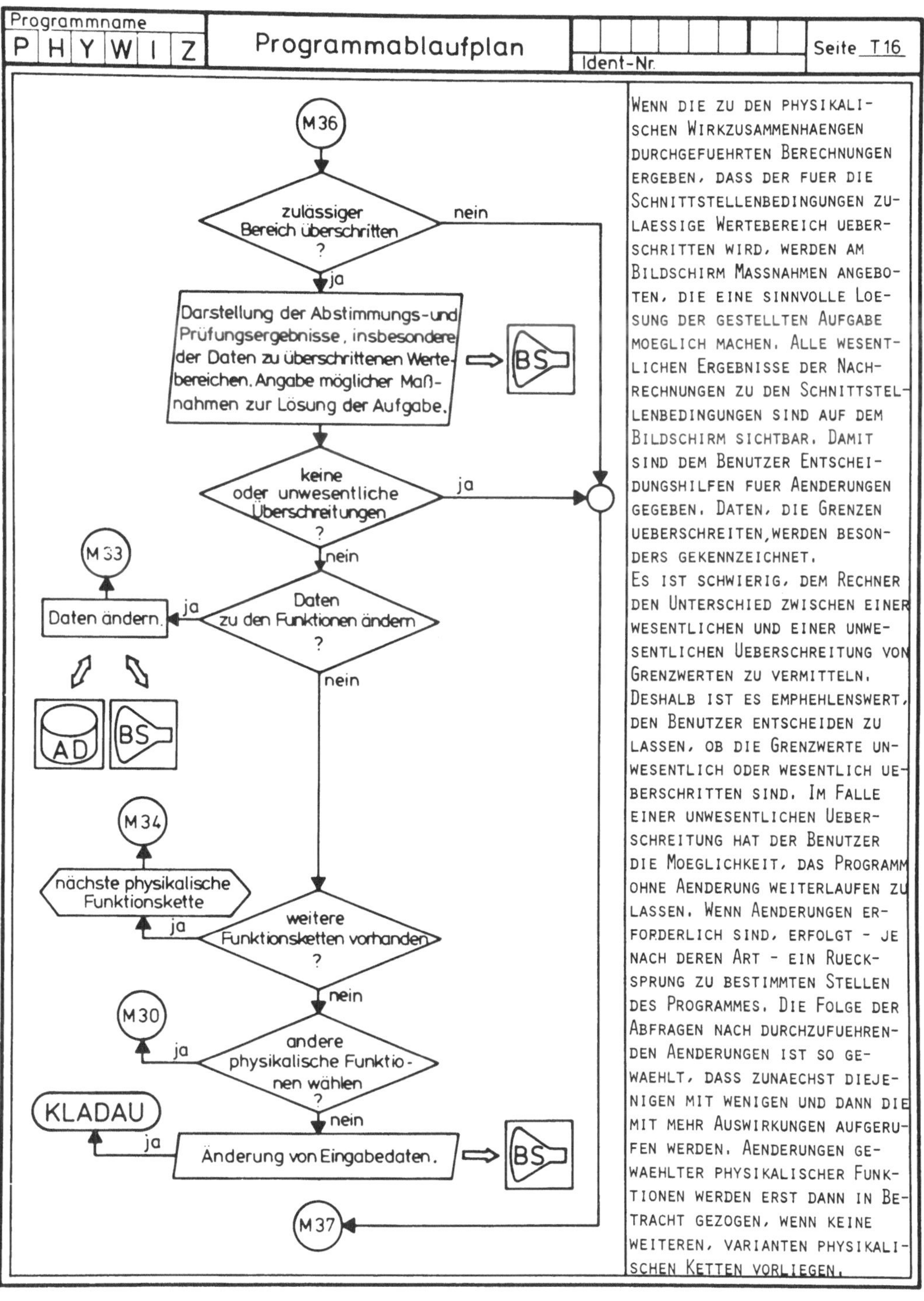
Programmname
P H Y W I Z
Programmablaufplan
Ident-Nr.
Seite T16
M36
zulässiger Bereich überschritten ?
nein
ja
Darstellung der Abstimmungs-und Prüfungsergebnisse, insbesondere der Daten zu überschrittenen Wertebereichen. Angabe möglicher Maßnahmen zur Lösung der Aufgabe.
BS
keine oder unwesentliche Überschreitungen ?
ja
nein
M33
Daten ändern.
ja
Daten zu den Funktionen ändern ?
nein
AD
BS
M34
nächste physikalische Funktionskette
ja
weitere Funktionsketten vorhanden ?
nein
M30
ja
andere physikalische Funktionen wählen ?
nein
KLADAU
ja
Änderung von Eingabedaten.
BS
M37
WENN DIE ZU DEN PHYSIKALISCHEN WIRKZUSAMMENHAENGEN DURCHGEFUEHRTEN BERECHNUNGEN ERGEBEN, DASS DER FUER DIE SCHNITTSTELLENBEDINGUNGEN ZULAESSIGE WERTEBEREICH UEBERSCHRITTEN WIRD, WERDEN AM BILDSCHIRM MASSNAHMEN ANGEBOTEN, DIE EINE SINNVOLLE LOESUNG DER GESTELLTEN AUFGABE MOEGLICH MACHEN. ALLE WESENTLICHEN ERGEBNISSE DER NACHRECHNUNGEN ZU DEN SCHNITTSTELLENBEDINGUNGEN SIND AUF DEM BILDSCHIRM SICHTBAR. DAMIT SIND DEM BENUTZER ENTSCHEIDUNGSHILFEN FUER AENDERUNGEN GEGEBEN. DATEN, DIE GRENZEN UEBERSCHREITEN,WERDEN BESONDERS GEKENNZEICHNET.
ES IST SCHWIERIG, DEM RECHNER DEN UNTERSCHIED ZWISCHEN EINER WESENTLICHEN UND EINER UNWESENTLICHEN UEBERSCHREITUNG VON GRENZWERTEN ZU VERMITTELN. DESHALB IST ES EMPHEHLENSWERT, DEN BENUTZER ENTSCHEIDEN ZU LASSEN, OB DIE GRENZWERTE UNWESENTLICH ODER WESENTLICH UEBERSCHRITTEN SIND. IM FALLE EINER UNWESENTLICHEN UEBERSCHREITUNG HAT DER BENUTZER DIE MOEGLICHKEIT, DAS PROGRAMM OHNE AENDERUNG WEITERLAUFEN ZU LASSEN. WENN AENDERUNGEN ERFORDERLICH SIND, ERFOLGT - JE NACH DEREN ART - EIN RUECKSPRUNG ZU BESTIMMTEN STELLEN DES PROGRAMMES. DIE FOLGE DER ABFRAGEN NACH DURCHZUFUEHRENDEN AENDERUNGEN IST SO GEWAEHLT, DASS ZUNAECHST DIEJENIGEN MIT WENIGEN UND DANN DIE MIT MEHR AUSWIRKUNGEN AUFGERUFEN WERDEN. AENDERUNGEN GEWAEHLTER PHYSIKALISCHER FUNKTIONEN WERDEN ERST DANN IN BETRACHT GEZOGEN, WENN KEINE WEITEREN, VARIANTEN PHYSIKALISCHEN KETTEN VORLIEGEN.

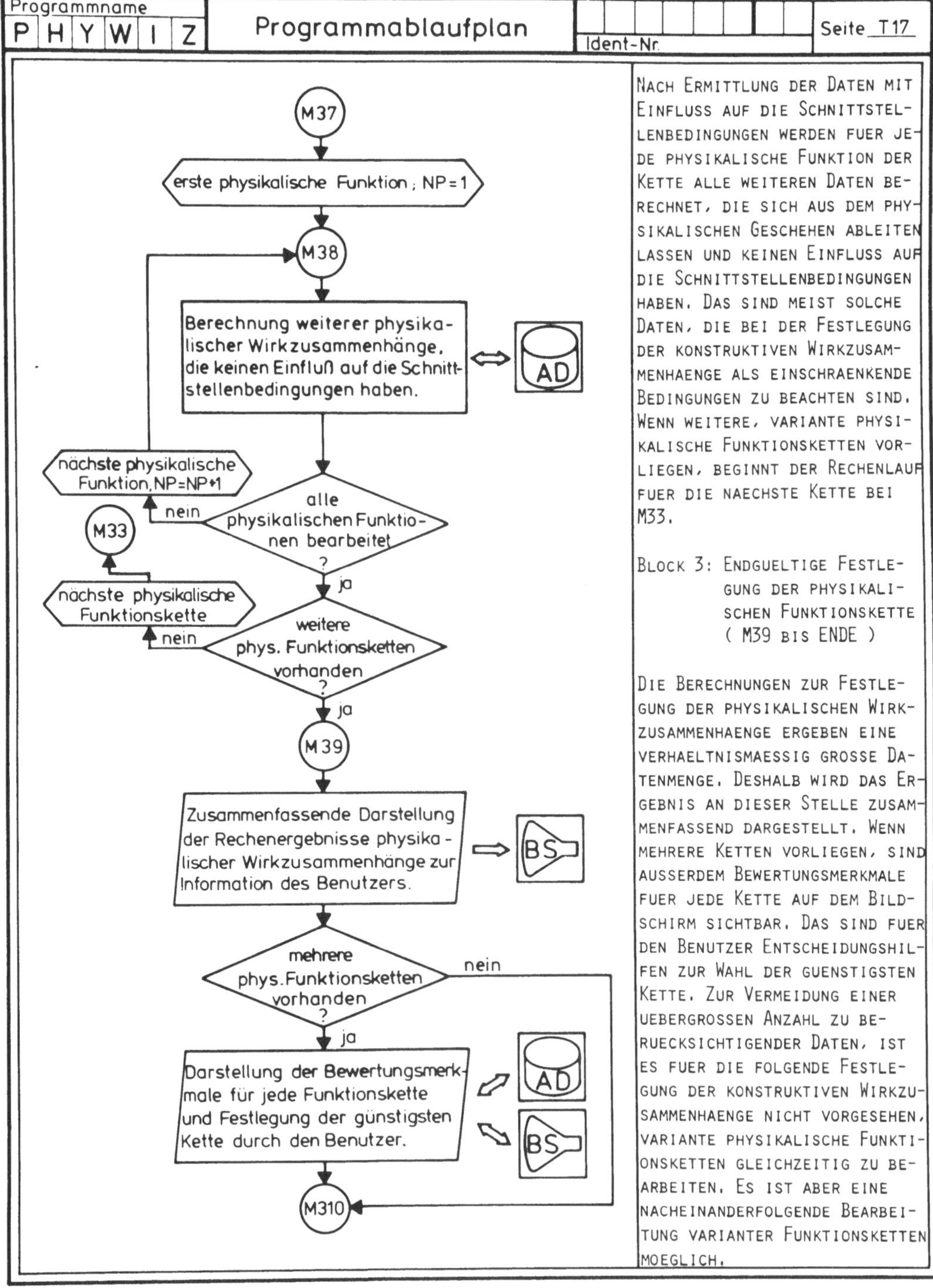
Programmname
P H Y W I Z
Programmablaufplan
Ident-Nr.
Seite T17
M37
erste physikalische Funktion; NP=1
M38
Berechnung weiterer physikalischer Wirkzusammenhänge, die keinen Einfluß auf die Schnittstellenbedingungen haben.
AD
nächste physikalische Funktion, NP=NP+1
nein
alle physikalischen Funktionen bearbeitet ?
ja
M33
nächste physikalische Funktionskette
nein
weitere phys. Funktionsketten vorhanden ?
ja
M39
Zusammenfassende Darstellung der Rechenergebnisse physikalischer Wirkzusammenhänge zur Information des Benutzers.
BS
mehrere phys. Funktionsketten vorhanden ?
nein
ja
Darstellung der Bewertungsmerkmale für jede Funktionskette und Festlegung der günstigsten Kette durch den Benutzer.
AD
BS
M310
Nach Ermittlung der Daten mit Einfluss auf die Schnittstellenbedingungen werden fuer jede physikalische Funktion der Kette alle weiteren Daten berechnet, die sich aus dem physikalischen Geschehen ableiten lassen und keinen Einfluss auf die Schnittstellenbedingungen haben. Das sind meist solche Daten, die bei der Festlegung der konstruktiven Wirkzusammenhaenge als einschraenkende Bedingungen zu beachten sind. Wenn weitere, variante physikalische Funktionsketten vorliegen, beginnt der Rechenlauf fuer die naechste Kette bei M33.
Block 3: Endgueltige Festlegung der physikalischen Funktionskette ( M39 bis ENDE )
Die Berechnungen zur Festlegung der physikalischen Wirkzusammenhaenge ergeben eine verhaeltnismaessig grosse Datenmenge. Deshalb wird das Ergebnis an dieser Stelle zusammenfassend dargestellt. Wenn mehrere Ketten vorliegen, sind ausserdem Bewertungsmerkmale fuer jede Kette auf dem Bildschirm sichtbar. Das sind fuer den Benutzer Entscheidungshilfen zur Wahl der guenstigsten Kette. Zur Vermeidung einer uebergrossen Anzahl zu beruecksichtigender Daten, ist es fuer die folgende Festlegung der konstruktiven Wirkzusammenhaenge nicht vorgesehen, variante physikalische Funktionsketten gleichzeitig zu bearbeiten. Es ist aber eine nacheinanderfolgende Bearbeitung varianter Funktionsketten moeglich.

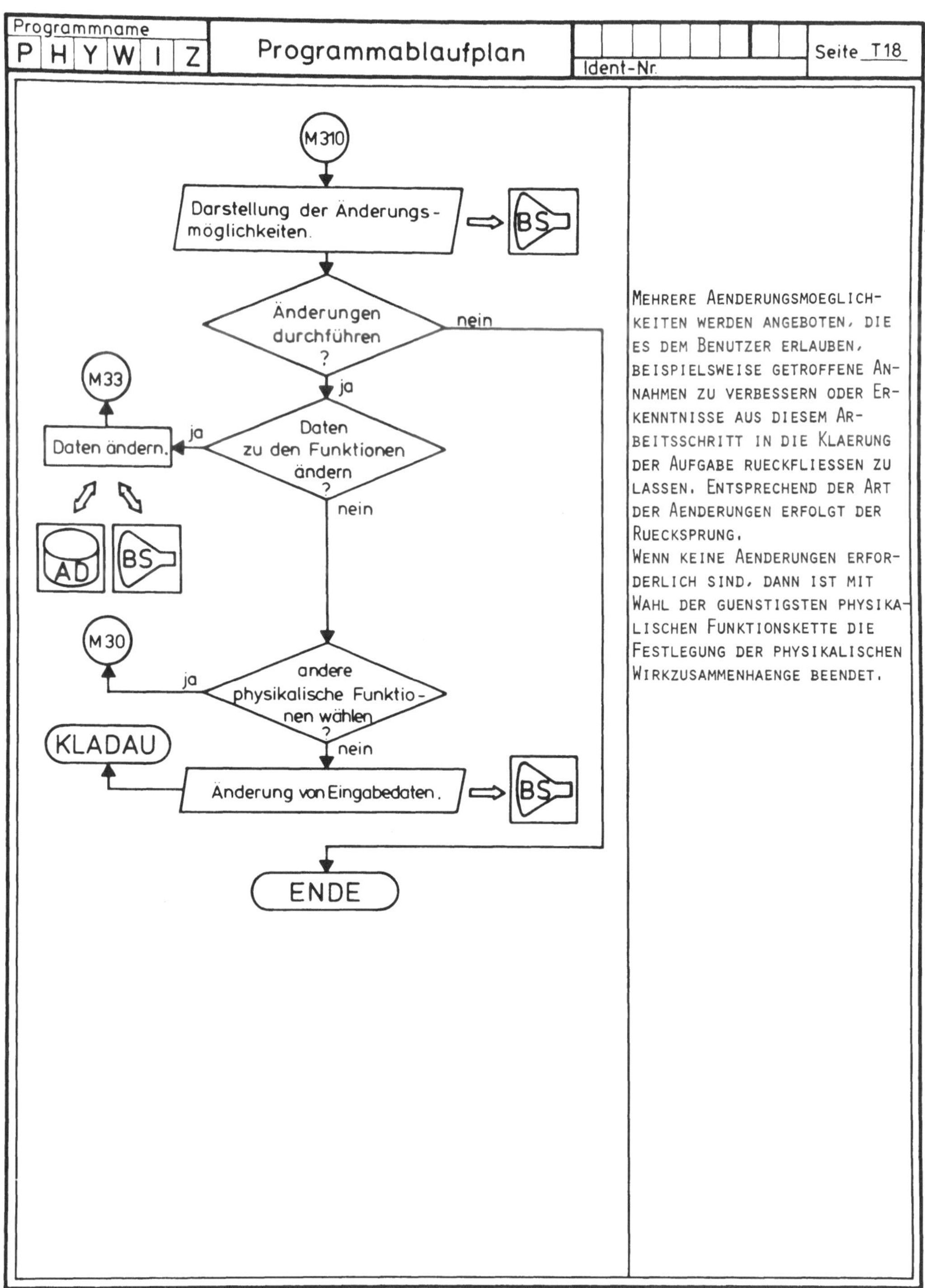
Programmname
P H Y W I Z
Programmablaufplan
Ident-Nr.
Seite T18
M310
Darstellung der Änderungsmöglichkeiten.
BS
Änderungen durchführen ?
nein
ja
M33
Daten ändern.
ja
Daten zu den Funktionen ändern ?
nein
AD
BS
M30
ja
andere physikalische Funktionen wählen ?
nein
KLADAU
Änderung von Eingabedaten.
BS
ENDE
MEHRERE AENDERUNGSMOEGLICHKEITEN WERDEN ANGEBOTEN, DIE ES DEM BENUTZER ERLAUBEN, BEISPIELSWEISE GETROFFENE ANNAHMEN ZU VERBESSERN ODER ERKENNTNISSE AUS DIESEM ARBEITSSCHRITT IN DIE KLAERUNG DER AUFGABE RUECKFLIESSEN ZU LASSEN. ENTSPRECHEND DER ART DER AENDERUNGEN ERFOLGT DER RUECKSPRUNG.
WENN KEINE AENDERUNGEN ERFORDERLICH SIND, DANN IST MIT WAHL DER GUENSTIGSTEN PHYSIKALISCHEN FUNKTIONSKETTE DIE FESTLEGUNG DER PHYSIKALISCHEN WIRKZUSAMMENHAENGE BEENDET.

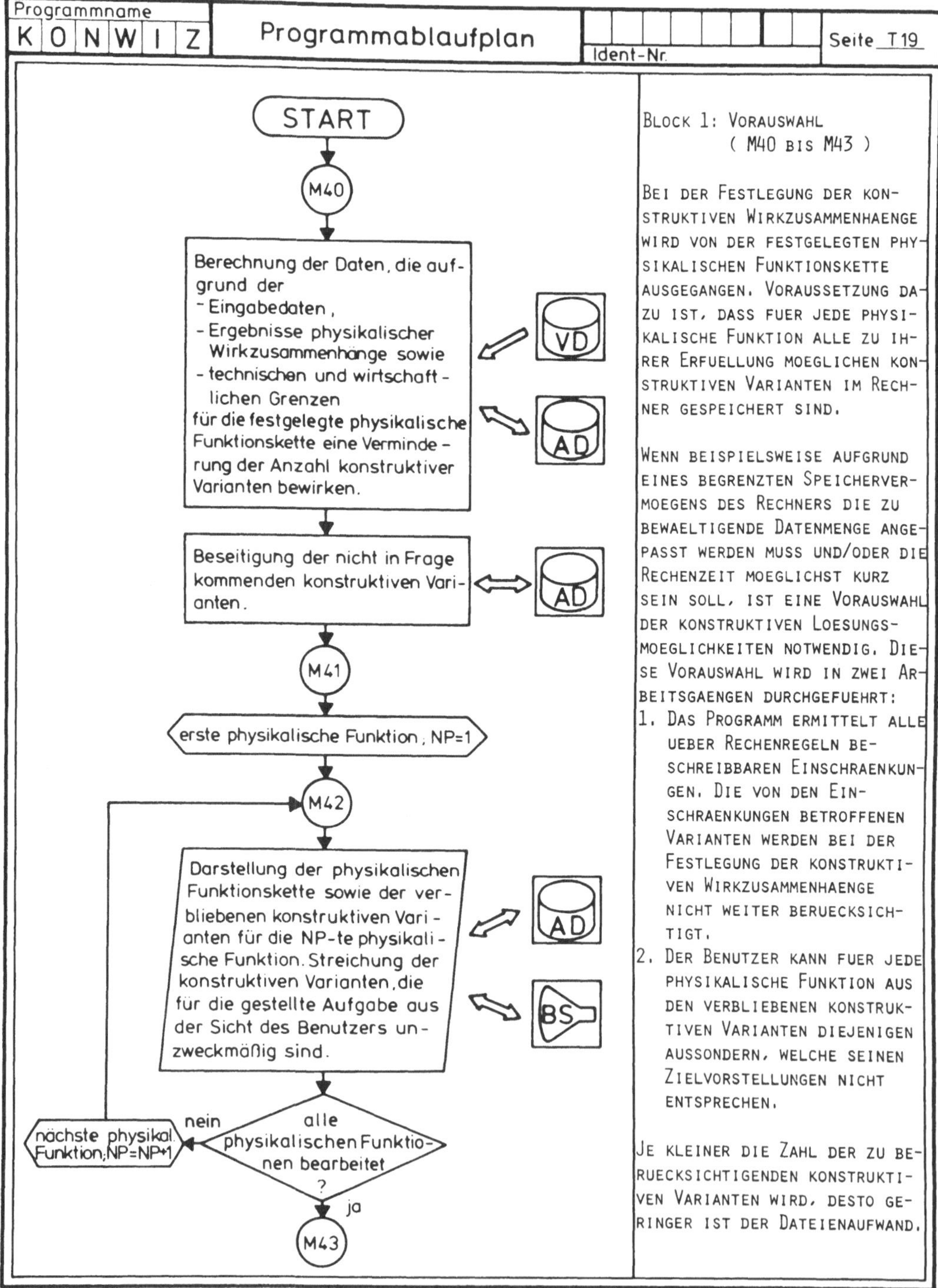
Programmname
KONWIZ
Programmablaufplan
Ident-Nr.
Seite T19
START
M40
Berechnung der Daten, die aufgrund der
- Eingabedaten,
- Ergebnisse physikalischer Wirkzusammenhänge sowie
- technischen und wirtschaftlichen Grenzen
für die festgelegte physikalische Funktionskette eine Verminderung der Anzahl konstruktiver Varianten bewirken.
VD
AD
Beseitigung der nicht in Frage kommenden konstruktiven Varianten.
AD
M41
erste physikalische Funktion, NP=1
M42
Darstellung der physikalischen Funktionskette sowie der verbliebenen konstruktiven Varianten für die NP-te physikalische Funktion. Streichung der konstruktiven Varianten, die für die gestellte Aufgabe aus der Sicht des Benutzers unzweckmäßig sind.
AD
BS
alle physikalischen Funktionen bearbeitet ?
nein
nächste physikal. Funktion; NP=NP+1
ja
M43
BLOCK 1: VORAUSWAHL
( M40 BIS M43 )
BEI DER FESTLEGUNG DER KONSTRUKTIVEN WIRKZUSAMMENHAENGE WIRD VON DER FESTGELEGTEN PHYSIKALISCHEN FUNKTIONSKETTE AUSGEGANGEN. VORAUSSETZUNG DAZU IST, DASS FUER JEDE PHYSIKALISCHE FUNKTION ALLE ZU IHRER ERFUELLUNG MOEGLICHEN KONSTRUKTIVEN VARIANTEN IM RECHNER GESPEICHERT SIND.
WENN BEISPIELSWEISE AUFGRUND EINES BEGRENZTEN SPEICHERVERMOEGENS DES RECHNERS DIE ZU BEWAELTIGENDE DATENMENGE ANGEPASST WERDEN MUSS UND/ODER DIE RECHENZEIT MOEGLICHST KURZ SEIN SOLL, IST EINE VORAUSWAHL DER KONSTRUKTIVEN LOESUNGSMOEGLICHKEITEN NOTWENDIG. DIESE VORAUSWAHL WIRD IN ZWEI ARBEITSGAENGEN DURCHGEFUEHRT:
1. DAS PROGRAMM ERMITTELT ALLE UEBER RECHENREGELN BESCHREIBBAREN EINSCHRAENKUNGEN. DIE VON DEN EINSCHRAENKUNGEN BETROFFENEN VARIANTEN WERDEN BEI DER FESTLEGUNG DER KONSTRUKTIVEN WIRKZUSAMMENHAENGE NICHT WEITER BERUECKSICHTIGT.
2. DER BENUTZER KANN FUER JEDE PHYSIKALISCHE FUNKTION AUS DEN VERBLIEBENEN KONSTRUKTIVEN VARIANTEN DIEJENIGEN AUSSONDERN, WELCHE SEINEN ZIELVORSTELLUNGEN NICHT ENTSPRECHEN.
JE KLEINER DIE ZAHL DER ZU BERUECKSICHTIGENDEN KONSTRUKTIVEN VARIANTEN WIRD, DESTO GERINGER IST DER DATEIENAUFWAND.

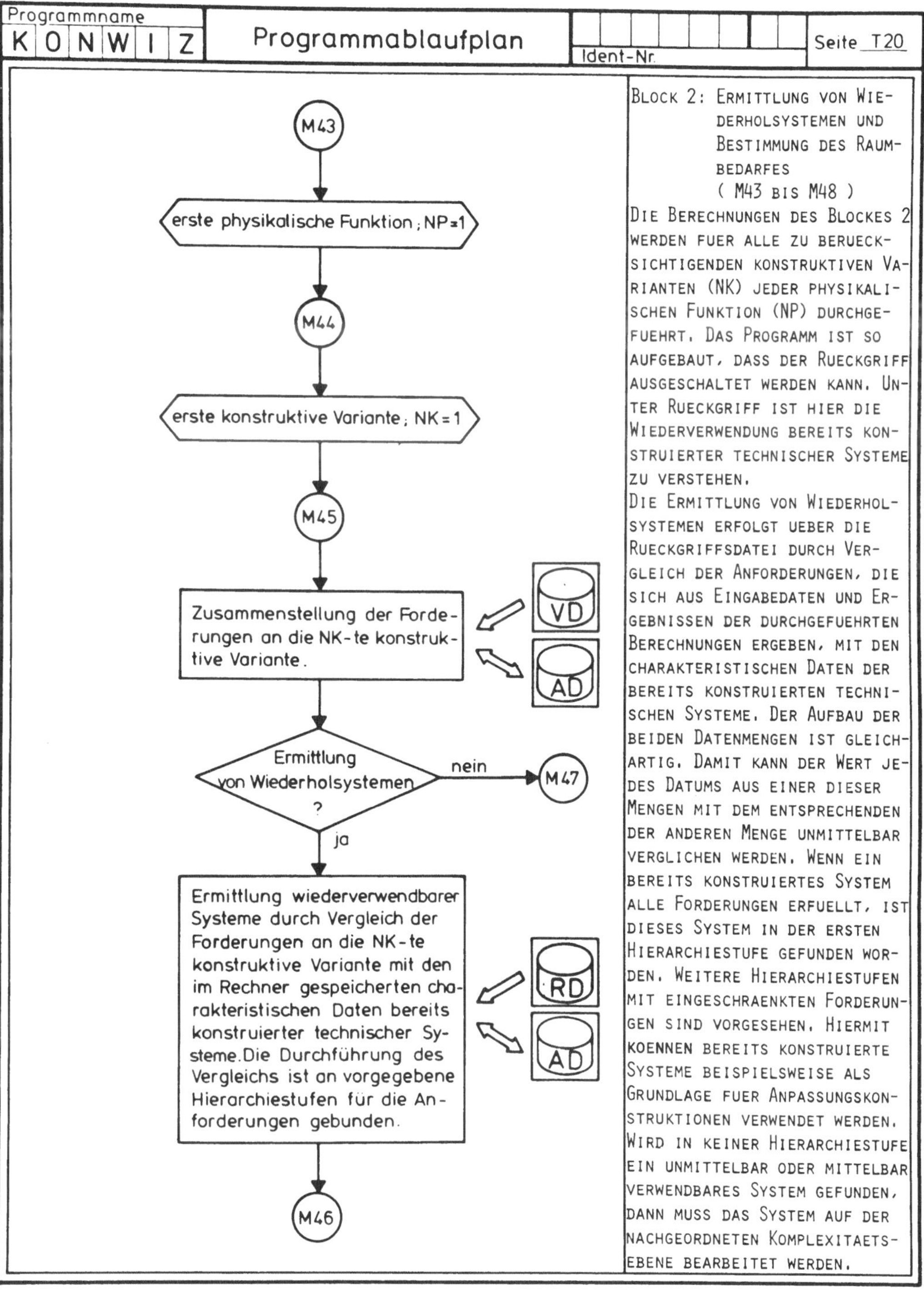
Programmname
KONWIZ
Programmablaufplan
Ident-Nr.
Seite T20
M43
erste physikalische Funktion; NP=1
M44
erste konstruktive Variante; NK=1
M45
Zusammenstellung der Forderungen an die NK-te konstruktive Variante.
VD
AD
Ermittlung von Wiederholsystemen ?
nein
M47
ja
Ermittlung wiederverwendbarer Systeme durch Vergleich der Forderungen an die NK-te konstruktive Variante mit den im Rechner gespeicherten charakteristischen Daten bereits konstruierter technischer Systeme. Die Durchführung des Vergleichs ist an vorgegebene Hierarchiestufen für die Anforderungen gebunden.
RD
AD
M46
BLOCK 2: ERMITTLUNG VON WIEDERHOLSYSTEMEN UND BESTIMMUNG DES RAUMBEDARFES ( M43 BIS M48 )
DIE BERECHNUNGEN DES BLOCKES 2 WERDEN FUER ALLE ZU BERUECKSICHTIGENDEN KONSTRUKTIVEN VARIANTEN (NK) JEDER PHYSIKALISCHEN FUNKTION (NP) DURCHGEFUEHRT. DAS PROGRAMM IST SO AUFGEBAUT, DASS DER RUECKGRIFF AUSGESCHALTET WERDEN KANN. UNTER RUECKGRIFF IST HIER DIE WIEDERVERWENDUNG BEREITS KONSTRUIERTER TECHNISCHER SYSTEME ZU VERSTEHEN.
DIE ERMITTLUNG VON WIEDERHOLSYSTEMEN ERFOLGT UEBER DIE RUECKGRIFFSDATEI DURCH VERGLEICH DER ANFORDERUNGEN, DIE SICH AUS EINGABEDATEN UND ERGEBNISSEN DER DURCHGEFUEHRTEN BERECHNUNGEN ERGEBEN, MIT DEN CHARAKTERISTISCHEN DATEN DER BEREITS KONSTRUIERTEN TECHNISCHEN SYSTEME. DER AUFBAU DER BEIDEN DATENMENGEN IST GLEICHARTIG. DAMIT KANN DER WERT JEDES DATUMS AUS EINER DIESER MENGEN MIT DEM ENTSPRECHENDEN DER ANDEREN MENGE UNMITTELBAR VERGLICHEN WERDEN. WENN EIN BEREITS KONSTRUIERTES SYSTEM ALLE FORDERUNGEN ERFUELLT, IST DIESES SYSTEM IN DER ERSTEN HIERARCHIESTUFE GEFUNDEN WORDEN. WEITERE HIERARCHIESTUFEN MIT EINGESCHRAENKTEN FORDERUNGEN SIND VORGESEHEN. HIERMIT KOENNEN BEREITS KONSTRUIERTE SYSTEME BEISPIELSWEISE ALS GRUNDLAGE FUER ANPASSUNGSKONSTRUKTIONEN VERWENDET WERDEN.
WIRD IN KEINER HIERARCHIESTUFE EIN UNMITTELBAR ODER MITTELBAR VERWENDBARES SYSTEM GEFUNDEN, DANN MUSS DAS SYSTEM AUF DER NACHGEORDNETEN KOMPLEXITAETSEBENE BEARBEITET WERDEN.

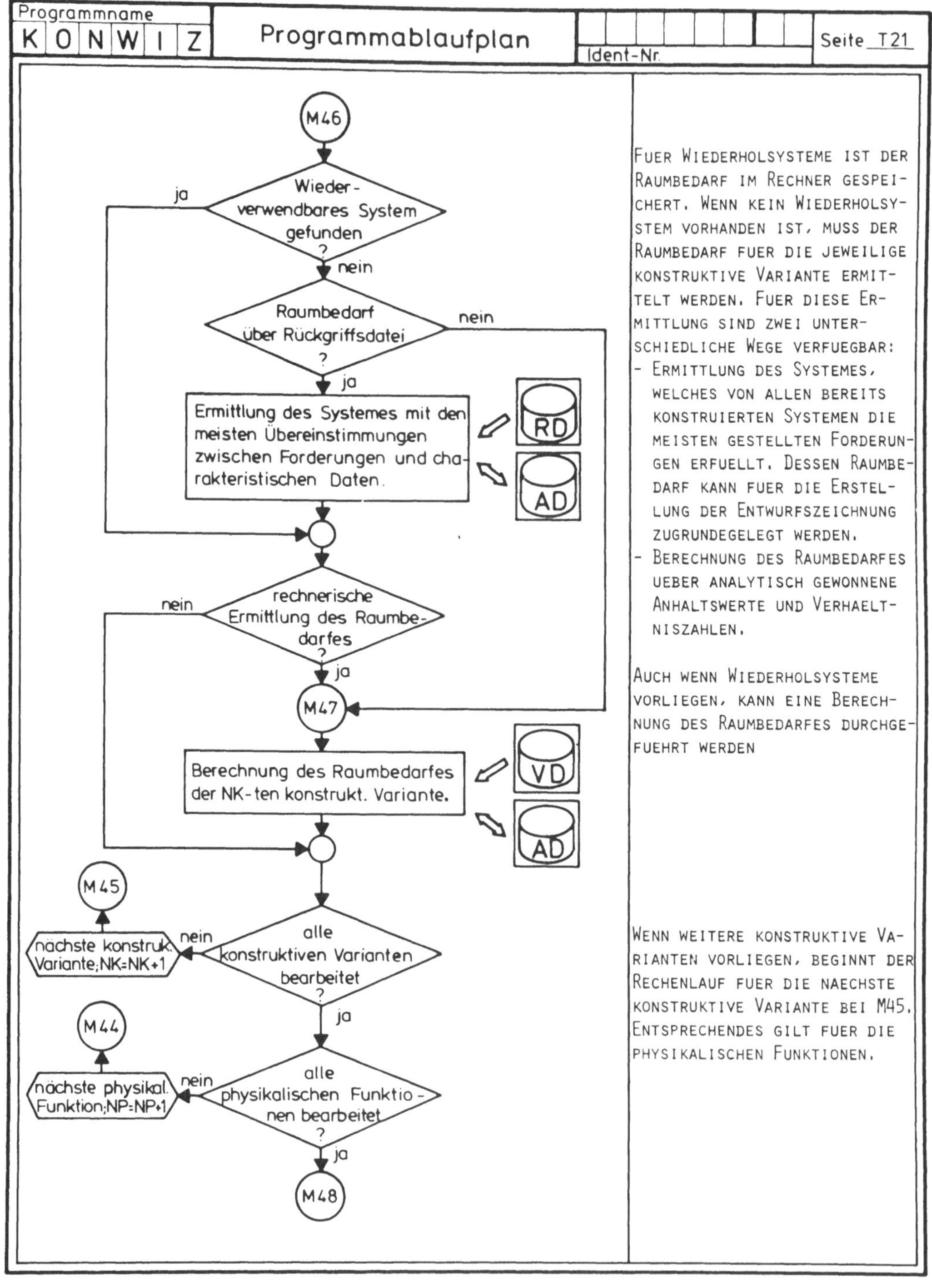
Programmname
KONWIZ
Programmablaufplan
Ident-Nr.
Seite T21
M46
Wieder-verwendbares System gefunden ?
ja
nein
Raumbedarf über Rückgriffsdatei ?
nein
ja
Ermittlung des Systemes mit den meisten Übereinstimmungen zwischen Forderungen und charakteristischen Daten.
RD
AD
rechnerische Ermittlung des Raumbedarfes ?
nein
ja
M47
Berechnung des Raumbedarfes der NK-ten konstrukt. Variante.
VD
AD
M45
nächste konstruk. Variante; NK=NK+1
nein
alle konstruktiven Varianten bearbeitet ?
ja
M44
nächste physikal. Funktion; NP=NP+1
nein
alle physikalischen Funktionen bearbeitet ?
ja
M48
FUER WIEDERHOLSYSTEME IST DER RAUMBEDARF IM RECHNER GESPEICHERT. WENN KEIN WIEDERHOLSYSTEM VORHANDEN IST, MUSS DER RAUMBEDARF FUER DIE JEWEILIGE KONSTRUKTIVE VARIANTE ERMITTELT WERDEN. FUER DIESE ERMITTLUNG SIND ZWEI UNTERSCHIEDLICHE WEGE VERFUEGBAR:
- ERMITTLUNG DES SYSTEMES, WELCHES VON ALLEN BEREITS KONSTRUIERTEN SYSTEMEN DIE MEISTEN GESTELLTEN FORDERUNGEN ERFUELLT. DESSEN RAUMBEDARF KANN FUER DIE ERSTELLUNG DER ENTWURFSZEICHNUNG ZUGRUNDEGELEGT WERDEN.
- BERECHNUNG DES RAUMBEDARFES UEBER ANALYTISCH GEWONNENE ANHALTSWERTE UND VERHAELTNISZAHLEN.
AUCH WENN WIEDERHOLSYSTEME VORLIEGEN, KANN EINE BERECHNUNG DES RAUMBEDARFES DURCHGEFUEHRT WERDEN
WENN WEITERE KONSTRUKTIVE VARIANTEN VORLIEGEN, BEGINNT DER RECHENLAUF FUER DIE NAECHSTE KONSTRUKTIVE VARIANTE BEI M45. ENTSPRECHENDES GILT FUER DIE PHYSIKALISCHEN FUNKTIONEN.

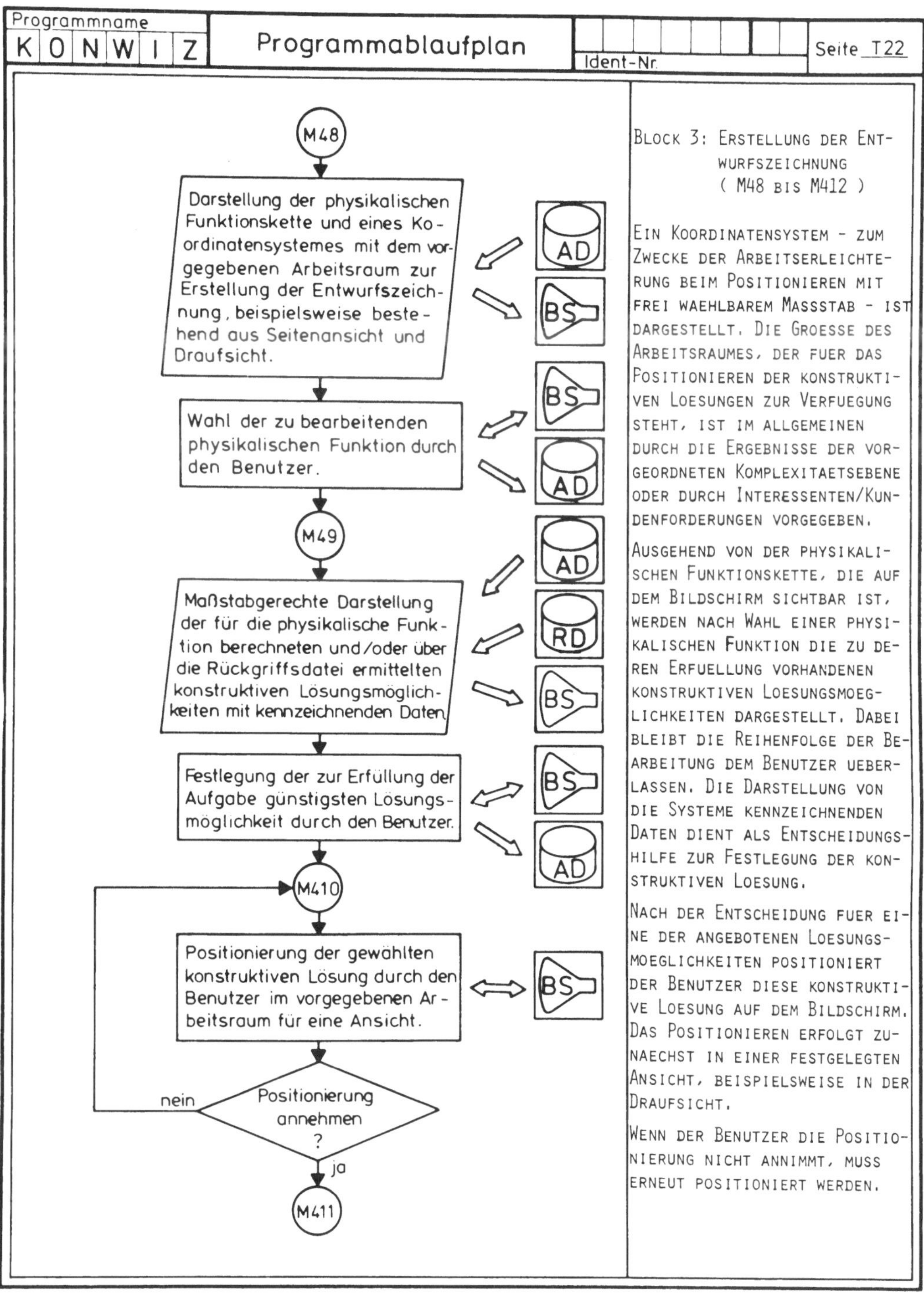
Programmname
KONWIZ
Programmablaufplan
Ident-Nr.
Seite T22
M48
Darstellung der physikalischen Funktionskette und eines Koordinatensystemes mit dem vorgegebenen Arbeitsraum zur Erstellung der Entwurfszeichnung, beispielsweise bestehend aus Seitenansicht und Draufsicht.
AD
BS
Wahl der zu bearbeitenden physikalischen Funktion durch den Benutzer.
BS
AD
M49
Maßstabgerechte Darstellung der für die physikalische Funktion berechneten und/oder über die Rückgriffsdatei ermittelten konstruktiven Lösungsmöglichkeiten mit kennzeichnenden Daten
AD
RD
BS
Festlegung der zur Erfüllung der Aufgabe günstigsten Lösungsmöglichkeit durch den Benutzer.
BS
AD
M410
Positionierung der gewählten konstruktiven Lösung durch den Benutzer im vorgegebenen Arbeitsraum für eine Ansicht.
BS
Positionierung annehmen ?
nein
ja
M411
BLOCK 3: ERSTELLUNG DER ENTWURFSZEICHNUNG
( M48 BIS M412 )
EIN KOORDINATENSYSTEM - ZUM ZWECKE DER ARBEITSERLEICHTERUNG BEIM POSITIONIEREN MIT FREI WAEHLBAREM MASSSTAB - IST DARGESTELLT. DIE GROESSE DES ARBEITSRAUMES, DER FUER DAS POSITIONIEREN DER KONSTRUKTIVEN LOESUNGEN ZUR VERFUEGUNG STEHT, IST IM ALLGEMEINEN DURCH DIE ERGEBNISSE DER VORGEORDNETEN KOMPLEXITAETSEBENE ODER DURCH INTERESSENTEN/KUNDENFORDERUNGEN VORGEGEBEN.
AUSGEHEND VON DER PHYSIKALISCHEN FUNKTIONSKETTE, DIE AUF DEM BILDSCHIRM SICHTBAR IST, WERDEN NACH WAHL EINER PHYSIKALISCHEN FUNKTION DIE ZU DEREN ERFUELLUNG VORHANDENEN KONSTRUKTIVEN LOESUNGSMOEGLICHKEITEN DARGESTELLT. DABEI BLEIBT DIE REIHENFOLGE DER BEARBEITUNG DEM BENUTZER UEBERLASSEN. DIE DARSTELLUNG VON DIE SYSTEME KENNZEICHNENDEN DATEN DIENT ALS ENTSCHEIDUNGSHILFE ZUR FESTLEGUNG DER KONSTRUKTIVEN LOESUNG.
NACH DER ENTSCHEIDUNG FUER EINE DER ANGEBOTENEN LOESUNGSMOEGLICHKEITEN POSITIONIERT DER BENUTZER DIESE KONSTRUKTIVE LOESUNG AUF DEM BILDSCHIRM. DAS POSITIONIEREN ERFOLGT ZUNAECHST IN EINER FESTGELEGTEN ANSICHT, BEISPIELSWEISE IN DER DRAUFSICHT.
WENN DER BENUTZER DIE POSITIONIERUNG NICHT ANNIMMT, MUSS ERNEUT POSITIONIERT WERDEN.

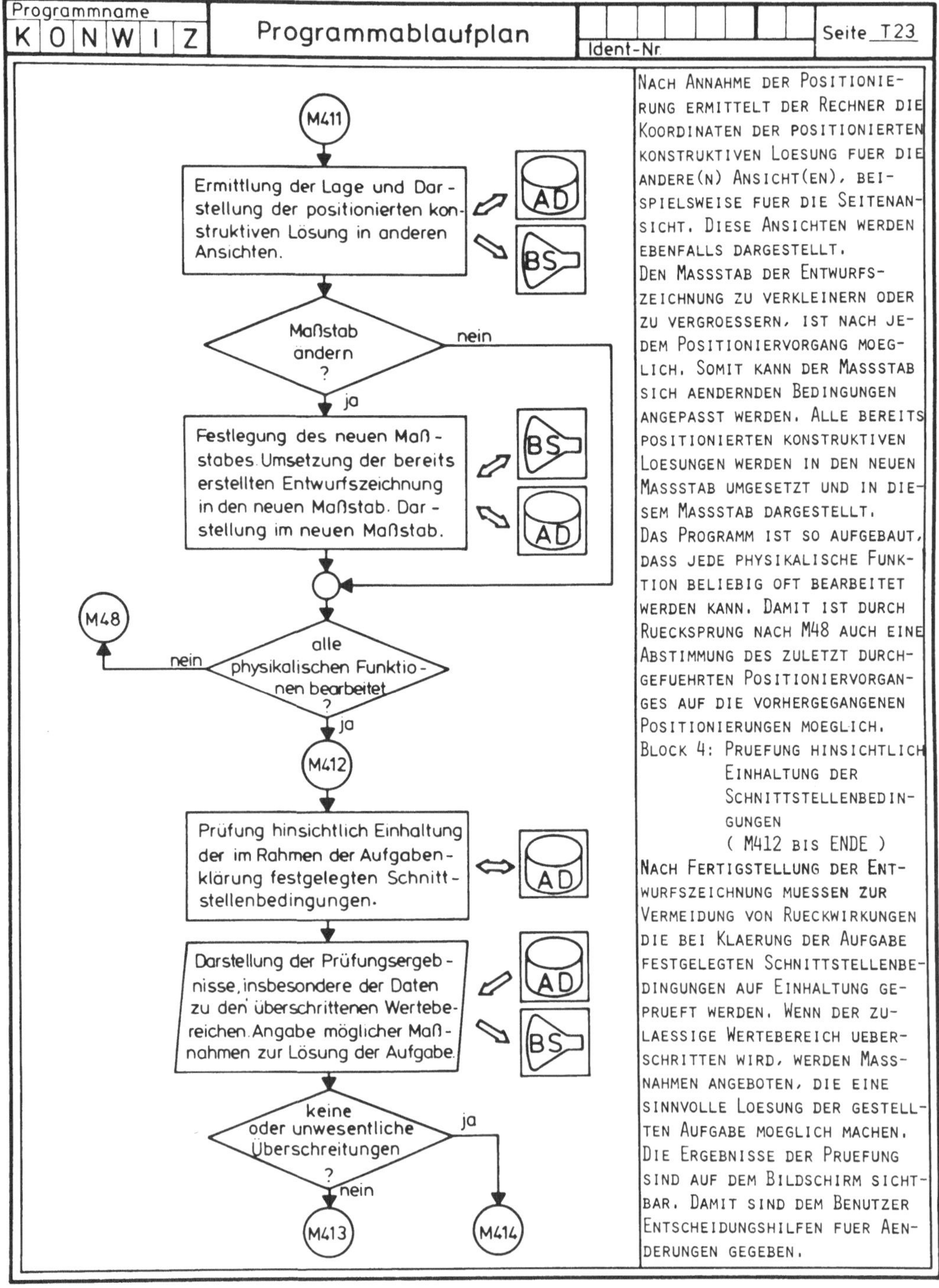
Programmname
K O N W I Z
Programmablaufplan
Ident-Nr.
Seite T23
M411
Ermittlung der Lage und Darstellung der positionierten konstruktiven Lösung in anderen Ansichten.
AD
BS
Maßstab ändern ?
nein
ja
Festlegung des neuen Maßstabes. Umsetzung der bereits erstellten Entwurfszeichnung in den neuen Maßstab. Darstellung im neuen Maßstab.
BS
AD
M48
nein
alle physikalischen Funktionen bearbeitet ?
ja
M412
Prüfung hinsichtlich Einhaltung der im Rahmen der Aufgabenklärung festgelegten Schnittstellenbedingungen.
AD
Darstellung der Prüfungsergebnisse, insbesondere der Daten zu den überschrittenen Wertebereichen. Angabe möglicher Maßnahmen zur Lösung der Aufgabe.
AD
BS
keine oder unwesentliche Überschreitungen ?
ja
nein
M413
M414
NACH ANNAHME DER POSITIONIERUNG ERMITTELT DER RECHNER DIE KOORDINATEN DER POSITIONIERTEN KONSTRUKTIVEN LOESUNG FUER DIE ANDERE(N) ANSICHT(EN), BEISPIELSWEISE FUER DIE SEITENANSICHT. DIESE ANSICHTEN WERDEN EBENFALLS DARGESTELLT.
DEN MASSSTAB DER ENTWURFSZEICHNUNG ZU VERKLEINERN ODER ZU VERGROESSERN, IST NACH JEDEM POSITIONIERVORGANG MOEGLICH. SOMIT KANN DER MASSSTAB SICH AENDERNDEN BEDINGUNGEN ANGEPASST WERDEN. ALLE BEREITS POSITIONIERTEN KONSTRUKTIVEN LOESUNGEN WERDEN IN DEN NEUEN MASSSTAB UMGESETZT UND IN DIESEM MASSSTAB DARGESTELLT.
DAS PROGRAMM IST SO AUFGEBAUT, DASS JEDE PHYSIKALISCHE FUNKTION BELIEBIG OFT BEARBEITET WERDEN KANN. DAMIT IST DURCH RUECKSPRUNG NACH M48 AUCH EINE ABSTIMMUNG DES ZULETZT DURCHGEFUEHRTEN POSITIONIERVORGANGES AUF DIE VORHERGEGANGENEN POSITIONIERUNGEN MOEGLICH.
BLOCK 4: PRUEFUNG HINSICHTLICH EINHALTUNG DER SCHNITTSTELLENBEDINGUNGEN
( M412 BIS ENDE )
NACH FERTIGSTELLUNG DER ENTWURFSZEICHNUNG MUESSEN ZUR VERMEIDUNG VON RUECKWIRKUNGEN DIE BEI KLAERUNG DER AUFGABE FESTGELEGTEN SCHNITTSTELLENBEDINGUNGEN AUF EINHALTUNG GEPRUEFT WERDEN. WENN DER ZULAESSIGE WERTEBEREICH UEBERSCHRITTEN WIRD, WERDEN MASSNAHMEN ANGEBOTEN, DIE EINE SINNVOLLE LOESUNG DER GESTELLTEN AUFGABE MOEGLICH MACHEN.
DIE ERGEBNISSE DER PRUEFUNG SIND AUF DEM BILDSCHIRM SICHTBAR. DAMIT SIND DEM BENUTZER ENTSCHEIDUNGSHILFEN FUER AENDERUNGEN GEGEBEN.

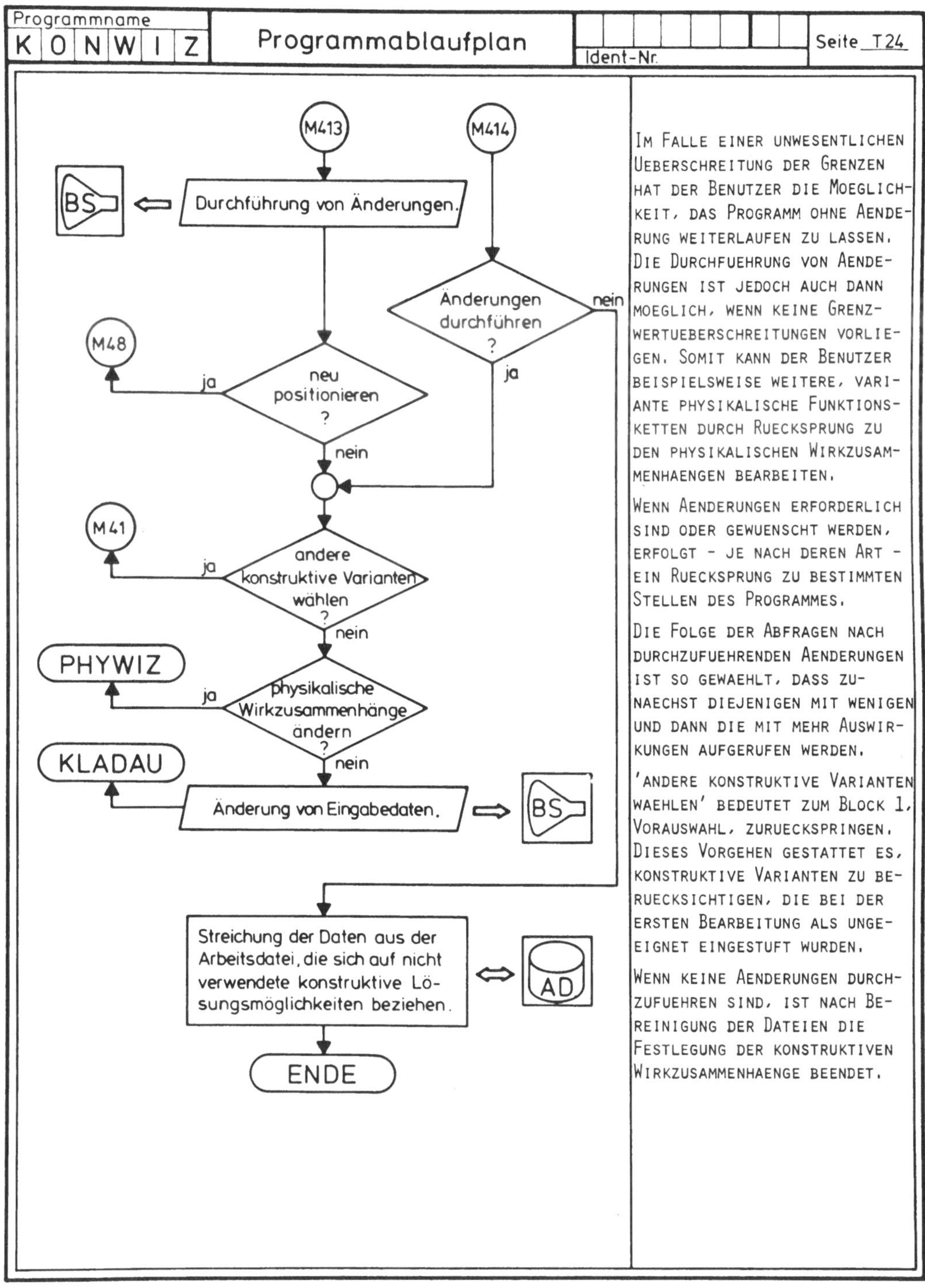


IM FALLE EINER UNWESENTLICHEN UEBERSCHREITUNG DER GRENZEN HAT DER BENUTZER DIE MOEGLICHKEIT, DAS PROGRAMM OHNE AENDERUNG WEITERLAUFEN ZU LASSEN. DIE DURCHFUEHRUNG VON AENDERUNGEN IST JEDOCH AUCH DANN MOEGLICH, WENN KEINE GRENZWERTUEBERSCHREITUNGEN VORLIEGEN. SOMIT KANN DER BENUTZER BEISPIELSWEISE WEITERE, VARIANTE PHYSIKALISCHE FUNKTIONSKETTEN DURCH RUECKSPRUNG ZU DEN PHYSIKALISCHEN WIRKZUSAMMENHAENGEN BEARBEITEN.

WENN AENDERUNGEN ERFORDERLICH SIND ODER GEWUENSCHT WERDEN, ERFOLGT - JE NACH DEREN ART - EIN RUECKSPRUNG ZU BESTIMMTEN STELLEN DES PROGRAMMES.

DIE FOLGE DER ABFRAGEN NACH DURCHZUFUEHRENDEN AENDERUNGEN IST SO GEWAEHLT, DASS ZUNAECHST DIEJENIGEN MIT WENIGEN UND DANN DIE MIT MEHR AUSWIRKUNGEN AUFGERUFEN WERDEN.

'ANDERE KONSTRUKTIVE VARIANTEN WAEHLEN' BEDEUTET ZUM BLOCK 1, VORAUSWAHL, ZURUECKSPRINGEN. DIESES VORGEHEN GESTATTET ES, KONSTRUKTIVE VARIANTEN ZU BERUECKSICHTIGEN, DIE BEI DER ERSTEN BEARBEITUNG ALS UNGEEIGNET EINGESTUFT WURDEN.

WENN KEINE AENDERUNGEN DURCHZUFUEHREN SIND, IST NACH BEREINIGUNG DER DATEIEN DIE FESTLEGUNG DER KONSTRUKTIVEN WIRKZUSAMMENHAENGE BEENDET.

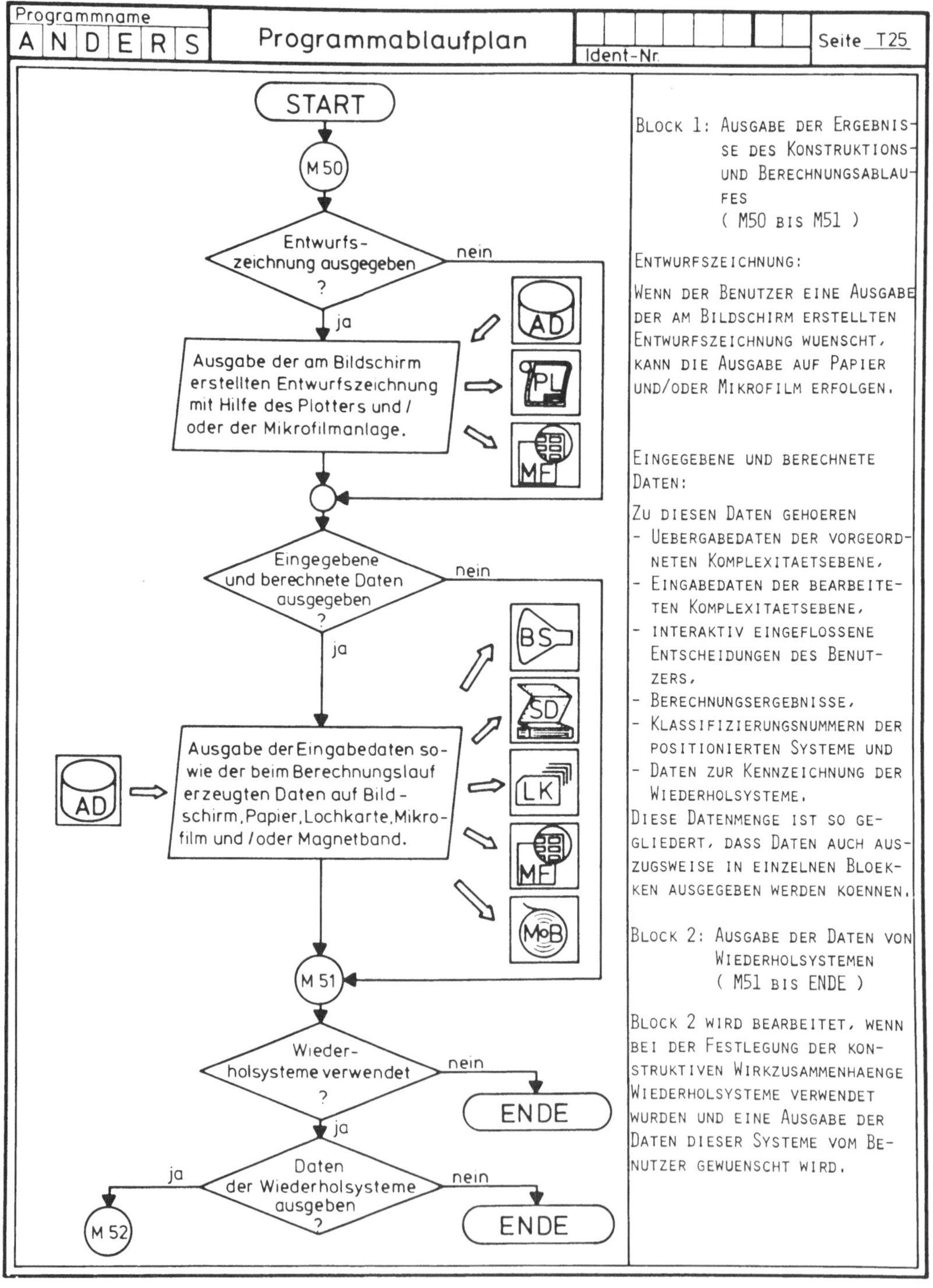
Programmname
ANDERS
Programmablaufplan
Ident-Nr.
Seite T25
START
M 50
Entwurfs-zeichnung ausgegeben ?
nein
ja
Ausgabe der am Bildschirm erstellten Entwurfszeichnung mit Hilfe des Plotters und / oder der Mikrofilmanlage.
AD
PL
MF
Eingegebene und berechnete Daten ausgegeben ?
nein
ja
BS
SD
LK
MF
MoB
AD
Ausgabe der Eingabedaten sowie der beim Berechnungslauf erzeugten Daten auf Bildschirm, Papier, Lochkarte, Mikrofilm und / oder Magnetband.
M 51
Wiederholsysteme verwendet ?
nein
ENDE
ja
Daten der Wiederholsysteme ausgeben ?
ja
nein
M 52
ENDE
BLOCK 1: AUSGABE DER ERGEBNISSE DES KONSTRUKTIONS- UND BERECHNUNGSABLAUFES ( M50 BIS M51 )
ENTWURFSZEICHNUNG:
WENN DER BENUTZER EINE AUSGABE DER AM BILDSCHIRM ERSTELLTEN ENTWURFSZEICHNUNG WUENSCHT, KANN DIE AUSGABE AUF PAPIER UND/ODER MIKROFILM ERFOLGEN.
EINGEGEBENE UND BERECHNETE DATEN:
ZU DIESEN DATEN GEHOEREN
- UEBERGABEDATEN DER VORGEORDNETEN KOMPLEXITAETSEBENE,
- EINGABEDATEN DER BEARBEITETEN KOMPLEXITAETSEBENE,
- INTERAKTIV EINGEFLOSSENE ENTSCHEIDUNGEN DES BENUTZERS,
- BERECHNUNGSERGEBNISSE,
- KLASSIFIZIERUNGSNUMMERN DER POSITIONIERTEN SYSTEME UND
- DATEN ZUR KENNZEICHNUNG DER WIEDERHOLSYSTEME.
DIESE DATENMENGE IST SO GEGLIEDERT, DASS DATEN AUCH AUSZUGSWEISE IN EINZELNEN BLOEKKEN AUSGEGEBEN WERDEN KOENNEN.
BLOCK 2: AUSGABE DER DATEN VON WIEDERHOLSYSTEMEN ( M51 BIS ENDE )
BLOCK 2 WIRD BEARBEITET, WENN BEI DER FESTLEGUNG DER KONSTRUKTIVEN WIRKZUSAMMENHAENGE WIEDERHOLSYSTEME VERWENDET WURDEN UND EINE AUSGABE DER DATEN DIESER SYSTEME VOM BENUTZER GEWUENSCHT WIRD.

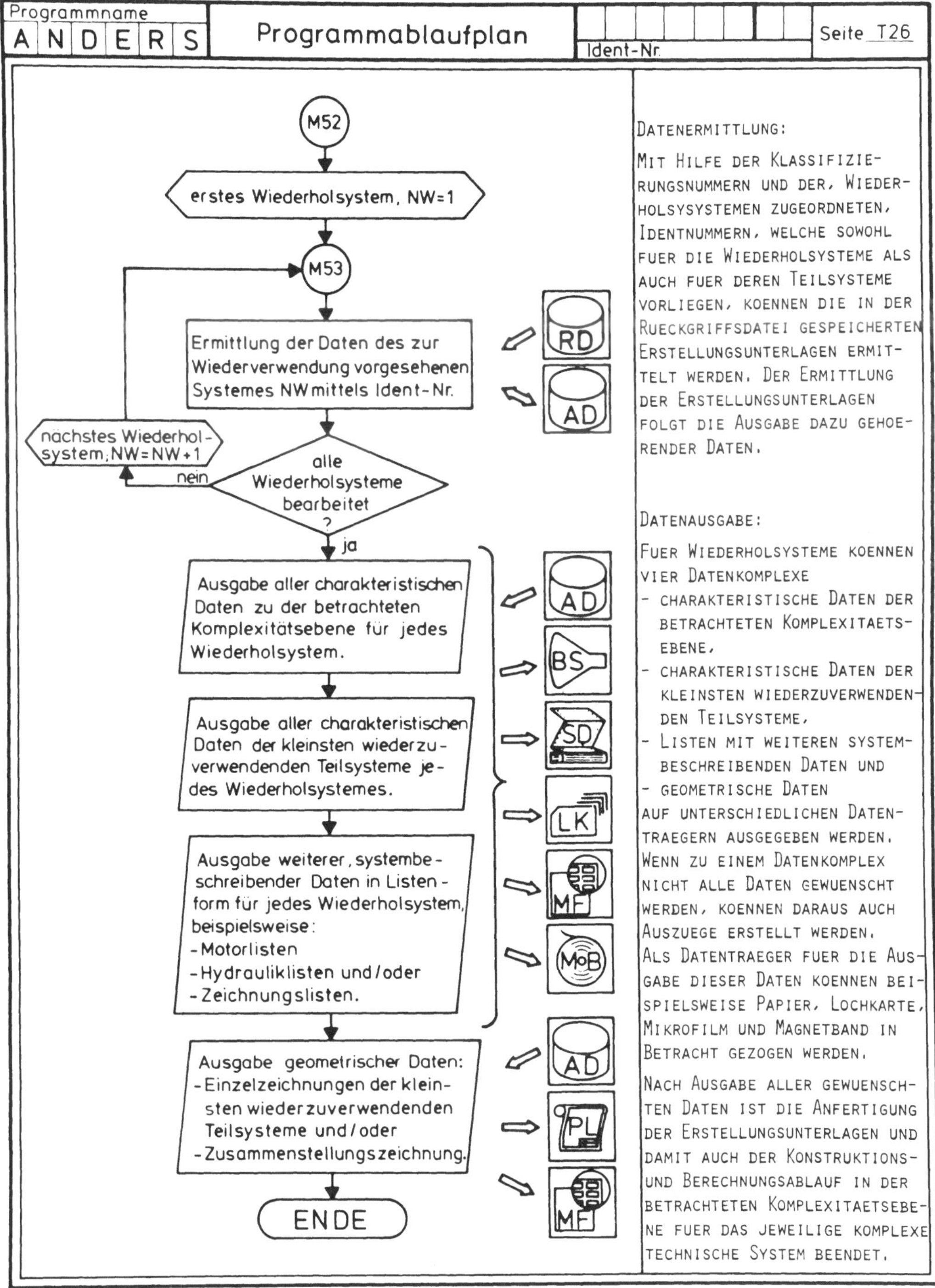
Programmname
ANDERS
Programmablaufplan
Ident-Nr.
Seite T26
M52
erstes Wiederholsystem, NW=1
M53
Ermittlung der Daten des zur Wiederverwendung vorgesehenen Systemes NW mittels Ident-Nr.
RD
AD
nächstes Wiederholsystem; NW=NW+1
nein
alle Wiederholsysteme bearbeitet ?
ja
Ausgabe aller charakteristischen Daten zu der betrachteten Komplexitätsebene für jedes Wiederholsystem.
AD
BS
Ausgabe aller charakteristischen Daten der kleinsten wiederzuverwendenden Teilsysteme jedes Wiederholsystemes.
SD
LK
Ausgabe weiterer, systembeschreibender Daten in Listenform für jedes Wiederholsystem, beispielsweise:
-Motorlisten
-Hydrauliklisten und/oder
-Zeichnungslisten.
MF
MoB
Ausgabe geometrischer Daten:
-Einzelzeichnungen der kleinsten wiederzuverwendenden Teilsysteme und/oder
-Zusammenstellungszeichnung.
AD
PL
MF
ENDE
DATENERMITTLUNG:
MIT HILFE DER KLASSIFIZIERUNGSNUMMERN UND DER, WIEDERHOLSYSYSTEMEN ZUGEORDNETEN, IDENTNUMMERN, WELCHE SOWOHL FUER DIE WIEDERHOLSYSTEME ALS AUCH FUER DEREN TEILSYSTEME VORLIEGEN, KOENNEN DIE IN DER RUECKGRIFFSDATEI GESPEICHERTEN ERSTELLUNGSUNTERLAGEN ERMITTELT WERDEN. DER ERMITTLUNG DER ERSTELLUNGSUNTERLAGEN FOLGT DIE AUSGABE DAZU GEHOERENDER DATEN.
DATENAUSGABE:
FUER WIEDERHOLSYSTEME KOENNEN VIER DATENKOMPLEXE
- CHARAKTERISTISCHE DATEN DER BETRACHTETEN KOMPLEXITAETSEBENE,
- CHARAKTERISTISCHE DATEN DER KLEINSTEN WIEDERZUVERWENDENDEN TEILSYSTEME,
- LISTEN MIT WEITEREN SYSTEMBESCHREIBENDEN DATEN UND
- GEOMETRISCHE DATEN
AUF UNTERSCHIEDLICHEN DATENTRAEGERN AUSGEGEBEN WERDEN. WENN ZU EINEM DATENKOMPLEX NICHT ALLE DATEN GEWUENSCHT WERDEN, KOENNEN DARAUS AUCH AUSZUEGE ERSTELLT WERDEN. ALS DATENTRAEGER FUER DIE AUSGABE DIESER DATEN KOENNEN BEISPIELSWEISE PAPIER, LOCHKARTE, MIKROFILM UND MAGNETBAND IN BETRACHT GEZOGEN WERDEN.
NACH AUSGABE ALLER GEWUENSCHTEN DATEN IST DIE ANFERTIGUNG DER ERSTELLUNGSUNTERLAGEN UND DAMIT AUCH DER KONSTRUKTIONS- UND BERECHNUNGSABLAUF IN DER BETRACHTETEN KOMPLEXITAETSEBENE FUER DAS JEWEILIGE KOMPLEXE TECHNISCHE SYSTEM BEENDET.

# 7. Ausblick

Unter 5. und 6. wurde der grundsätzliche Aufbau sowie Ablauf von Programmsystemen für das rechnerunterstützte systematische Projektieren und Konstruieren komplexer technischer Systeme beschrieben. Die damit dargelegten Grundstrukturen dieser Programmsysteme sind für eine Vielzahl von Anwendungsprogrammen zum Projektieren und Konstruieren unterschiedlichster, komplexer technischer Systeme sinnvoll einzusetzen. Dabei sind die Inhalte der einzelnen Teilschritte auf den jeweiligen Anwendungsfall problemorientiert abzustimmen. Das gilt auch hinsichtlich des Hinzufügens oder Auslassens einzelner Teilschritte. Es kann bei einigen Anwendungsfällen auch eine andere Reihenfolge einzelner Teilschritte notwendig werden. Somit ist die beschriebene Vorgehensweise als ein notwendiges Regelwerk und eine erforderliche Voraussetzung für die Erstellung erzeugnisspezifischer, problemorientierter Anwendungsprogramme zu verstehen. Die angeführten Beispiele der Anwendung bei Feuerverzinkungslinien sollten der Verdeutlichung der beschriebenen grundlegenden Vorgehensweise dienen.

Im Rahmen der Erstellung von Anwendungsprogrammen, welche der Berechnung bestimmter technischer Systeme auf einer Komplexitätsebene oder über mehrere Ebenen hinweg dienen, müssen zunächst die in Form von Rechenprogrammen und in Dateien niederzulegenden erzeugnisspezifischen Zusammenhänge ermittelt sowie rechnergerecht aufbereitet werden / 22, 186 und 222 /.
Die Ermittlung der erzeugnisspezifischen Zusammenhänge schließt unter anderem die

- Festlegung des Umfanges der zu berechnenden Daten,
- Ableitung der mathematischen Formeln für die Berechnungen,
- Zuordnung der einzelnen Berechnungen zu den Komplexitätsebenen und den Hauptschritten der Projektierungs- und Konstruktionssystematik sowie
- Verknüpfung der einzelnen Berechnungen zu einem Berechnungssystem

ein.
Zur rechnergerechten Aufbereitung der Daten gehört beispielsweise das

- Gliedern und Klassifizieren der Erzeugnisse,
- Festlegen, Ermitteln und Zusammenstellen der systembeschreibenden Daten bereits projektierter und/oder konstruierter Erzeugnisse,
- Digitalisieren oder die Koordinatenerfassung vorhandener Zeichnungen sowie
- Erstellen von Programmablaufplänen (Flußdiagrammen) für die ermittelten Zusammenhänge.

Diese Arbeiten sind durchzuführen, bevor mit dem Programmieren begonnen wird. Daneben sind möglichst frühzeitig auch die Forderungen an sowie die Randbedingungen für die EDV-Anlage, auf der die Programme später genutzt werden sollen, festzulegen oder bei vorhandenen EDV-Anlagen deren Möglichkeiten sowie Randbedingungen zu berücksichtigen.

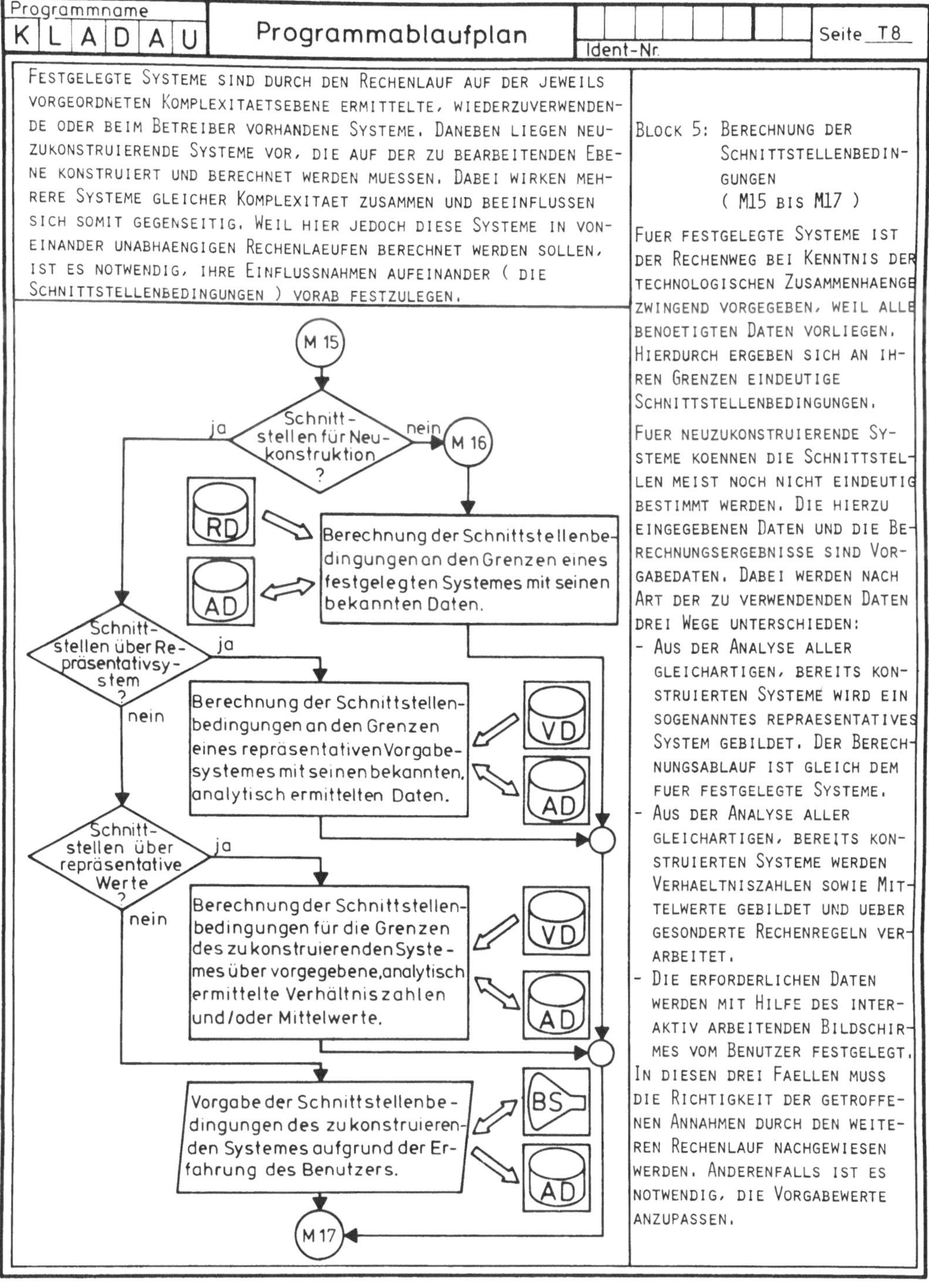
Programmname
KLADAU
Programmablaufplan
Ident-Nr.
Seite T8
FESTGELEGTE SYSTEME SIND DURCH DEN RECHENLAUF AUF DER JEWEILS VORGEORDNETEN KOMPLEXITAETSEBENE ERMITTELTE, WIEDERZUVERWENDENDE ODER BEIM BETREIBER VORHANDENE SYSTEME. DANEBEN LIEGEN NEUZUKONSTRUIERENDE SYSTEME VOR, DIE AUF DER ZU BEARBEITENDEN EBENE KONSTRUIERT UND BERECHNET WERDEN MUESSEN. DABEI WIRKEN MEHRERE SYSTEME GLEICHER KOMPLEXITAET ZUSAMMEN UND BEEINFLUSSEN SICH SOMIT GEGENSEITIG. WEIL HIER JEDOCH DIESE SYSTEME IN VONEINANDER UNABHAENGIGEN RECHENLAEUFEN BERECHNET WERDEN SOLLEN, IST ES NOTWENDIG, IHRE EINFLUSSNAHMEN AUFEINANDER ( DIE SCHNITTSTELLENBEDINGUNGEN ) VORAB FESTZULEGEN.
M 15
Schnittstellen für Neukonstruktion ?
ja
nein
M 16
RD
AD
Berechnung der Schnittstellenbedingungen an den Grenzen eines festgelegten Systemes mit seinen bekannten Daten.
Schnittstellen über Repräsentativsystem ?
ja
nein
Berechnung der Schnittstellenbedingungen an den Grenzen eines repräsentativen Vorgabesystemes mit seinen bekannten, analytisch ermittelten Daten.
VD
AD
Schnittstellen über repräsentative Werte ?
ja
nein
Berechnung der Schnittstellenbedingungen für die Grenzen des zu konstruierenden Systemes über vorgegebene, analytisch ermittelte Verhältniszahlen und/oder Mittelwerte.
VD
AD
Vorgabe der Schnittstellenbedingungen des zu konstruierenden Systemes aufgrund der Erfahrung des Benutzers.
BS
AD
M 17
BLOCK 5: BERECHNUNG DER SCHNITTSTELLENBEDINGUNGEN ( M15 BIS M17 )
FUER FESTGELEGTE SYSTEME IST DER RECHENWEG BEI KENNTNIS DER TECHNOLOGISCHEN ZUSAMMENHAENGE ZWINGEND VORGEGEBEN, WEIL ALLE BENOETIGTEN DATEN VORLIEGEN. HIERDURCH ERGEBEN SICH AN IHREN GRENZEN EINDEUTIGE SCHNITTSTELLENBEDINGUNGEN.
FUER NEUZUKONSTRUIERENDE SYSTEME KOENNEN DIE SCHNITTSTELLEN MEIST NOCH NICHT EINDEUTIG BESTIMMT WERDEN. DIE HIERZU EINGEGEBENEN DATEN UND DIE BERECHNUNGSERGEBNISSE SIND VORGABEDATEN. DABEI WERDEN NACH ART DER ZU VERWENDENDEN DATEN DREI WEGE UNTERSCHIEDEN:
- AUS DER ANALYSE ALLER GLEICHARTIGEN, BEREITS KONSTRUIERTEN SYSTEME WIRD EIN SOGENANNTES REPRAESENTATIVES SYSTEM GEBILDET. DER BERECHNUNGSABLAUF IST GLEICH DEM FUER FESTGELEGTE SYSTEME.
- AUS DER ANALYSE ALLER GLEICHARTIGEN, BEREITS KONSTRUIERTEN SYSTEME WERDEN VERHAELTNISZAHLEN SOWIE MITTELWERTE GEBILDET UND UEBER GESONDERTE RECHENREGELN VERARBEITET.
- DIE ERFORDERLICHEN DATEN WERDEN MIT HILFE DES INTERAKTIV ARBEITENDEN BILDSCHIRMES VOM BENUTZER FESTGELEGT.
IN DIESEN DREI FAELLEN MUSS DIE RICHTIGKEIT DER GETROFFENEN ANNAHMEN DURCH DEN WEITEREN RECHENLAUF NACHGEWIESEN WERDEN. ANDERENFALLS IST ES NOTWENDIG, DIE VORGABEWERTE ANZUPASSEN.

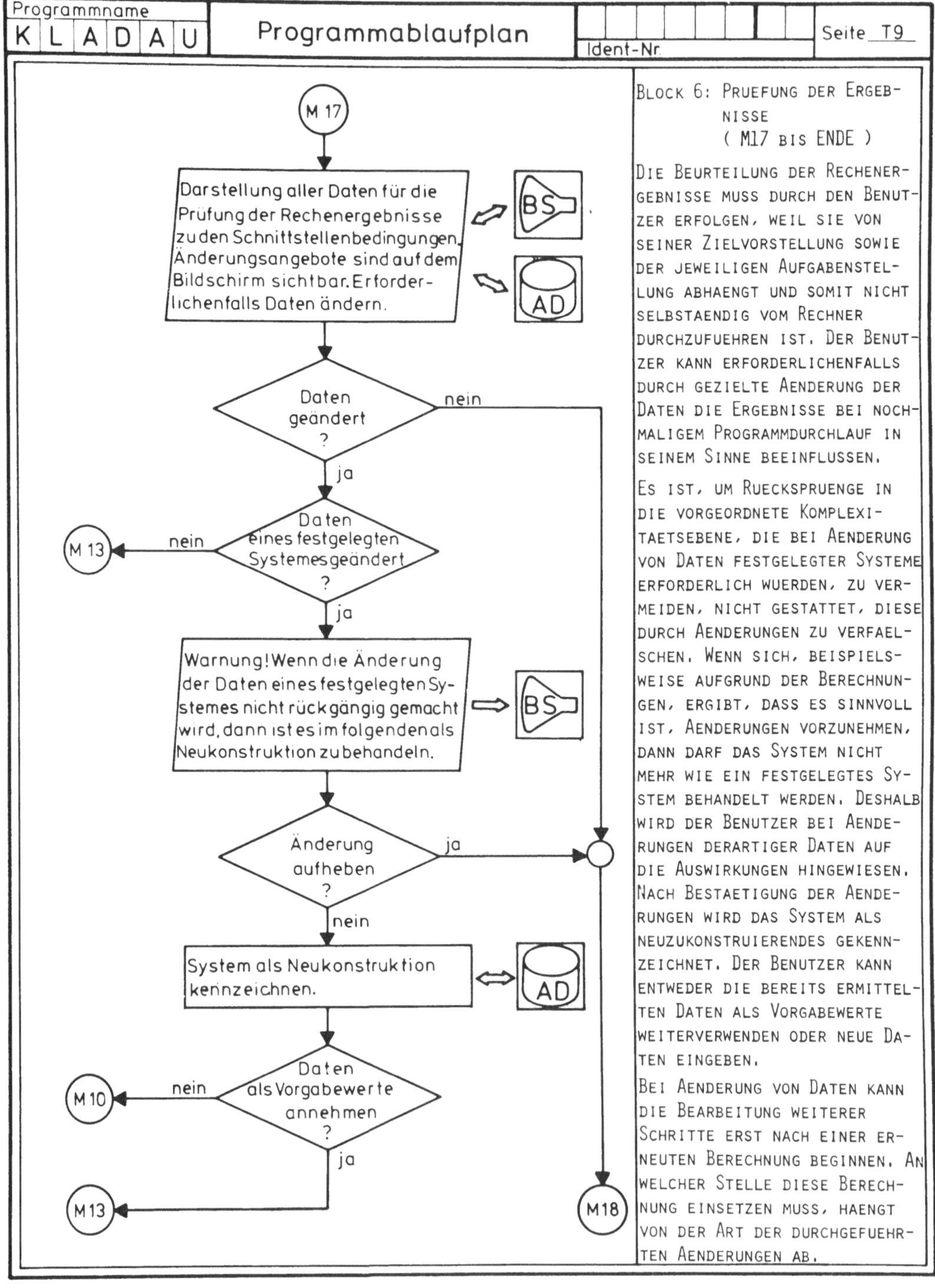
Programmname
KLADAU
Programmablaufplan
Ident-Nr.
Seite T9
M 17
Darstellung aller Daten für die Prüfung der Rechenergebnisse zu den Schnittstellenbedingungen. Änderungsangebote sind auf dem Bildschirm sichtbar. Erforderlichenfalls Daten ändern.
BS
AD
Daten geändert ?
nein
ja
Daten eines festgelegten Systemes geändert ?
M 13
nein
ja
Warnung! Wenn die Änderung der Daten eines festgelegten Systemes nicht rückgängig gemacht wird, dann ist es im folgenden als Neukonstruktion zu behandeln.
BS
Änderung aufheben ?
ja
nein
System als Neukonstruktion kennzeichnen.
AD
Daten als Vorgabewerte annehmen ?
M 10
nein
ja
M13
M18
BLOCK 6: PRUEFUNG DER ERGEBNISSE
( M17 BIS ENDE )
DIE BEURTEILUNG DER RECHENERGEBNISSE MUSS DURCH DEN BENUTZER ERFOLGEN, WEIL SIE VON SEINER ZIELVORSTELLUNG SOWIE DER JEWEILIGEN AUFGABENSTELLUNG ABHAENGT UND SOMIT NICHT SELBSTAENDIG VOM RECHNER DURCHZUFUEHREN IST. DER BENUTZER KANN ERFORDERLICHENFALLS DURCH GEZIELTE AENDERUNG DER DATEN DIE ERGEBNISSE BEI NOCHMALIGEM PROGRAMMDURCHLAUF IN SEINEM SINNE BEEINFLUSSEN.
ES IST, UM RUECKSPRUENGE IN DIE VORGEORDNETE KOMPLEXITAETSEBENE, DIE BEI AENDERUNG VON DATEN FESTGELEGTER SYSTEME ERFORDERLICH WUERDEN, ZU VERMEIDEN, NICHT GESTATTET, DIESE DURCH AENDERUNGEN ZU VERFAELSCHEN. WENN SICH, BEISPIELSWEISE AUFGRUND DER BERECHNUNGEN, ERGIBT, DASS ES SINNVOLL IST, AENDERUNGEN VORZUNEHMEN, DANN DARF DAS SYSTEM NICHT MEHR WIE EIN FESTGELEGTES SYSTEM BEHANDELT WERDEN. DESHALB WIRD DER BENUTZER BEI AENDERUNGEN DERARTIGER DATEN AUF DIE AUSWIRKUNGEN HINGEWIESEN. NACH BESTAETIGUNG DER AENDERUNGEN WIRD DAS SYSTEM ALS NEUZUKONSTRUIERENDES GEKENNZEICHNET. DER BENUTZER KANN ENTWEDER DIE BEREITS ERMITTELTEN DATEN ALS VORGABEWERTE WEITERVERWENDEN ODER NEUE DATEN EINGEBEN.
BEI AENDERUNG VON DATEN KANN DIE BEARBEITUNG WEITERER SCHRITTE ERST NACH EINER ERNEUTEN BERECHNUNG BEGINNEN. AN WELCHER STELLE DIESE BERECHNUNG EINSETZEN MUSS, HAENGT VON DER ART DER DURCHGEFUEHRTEN AENDERUNGEN AB.

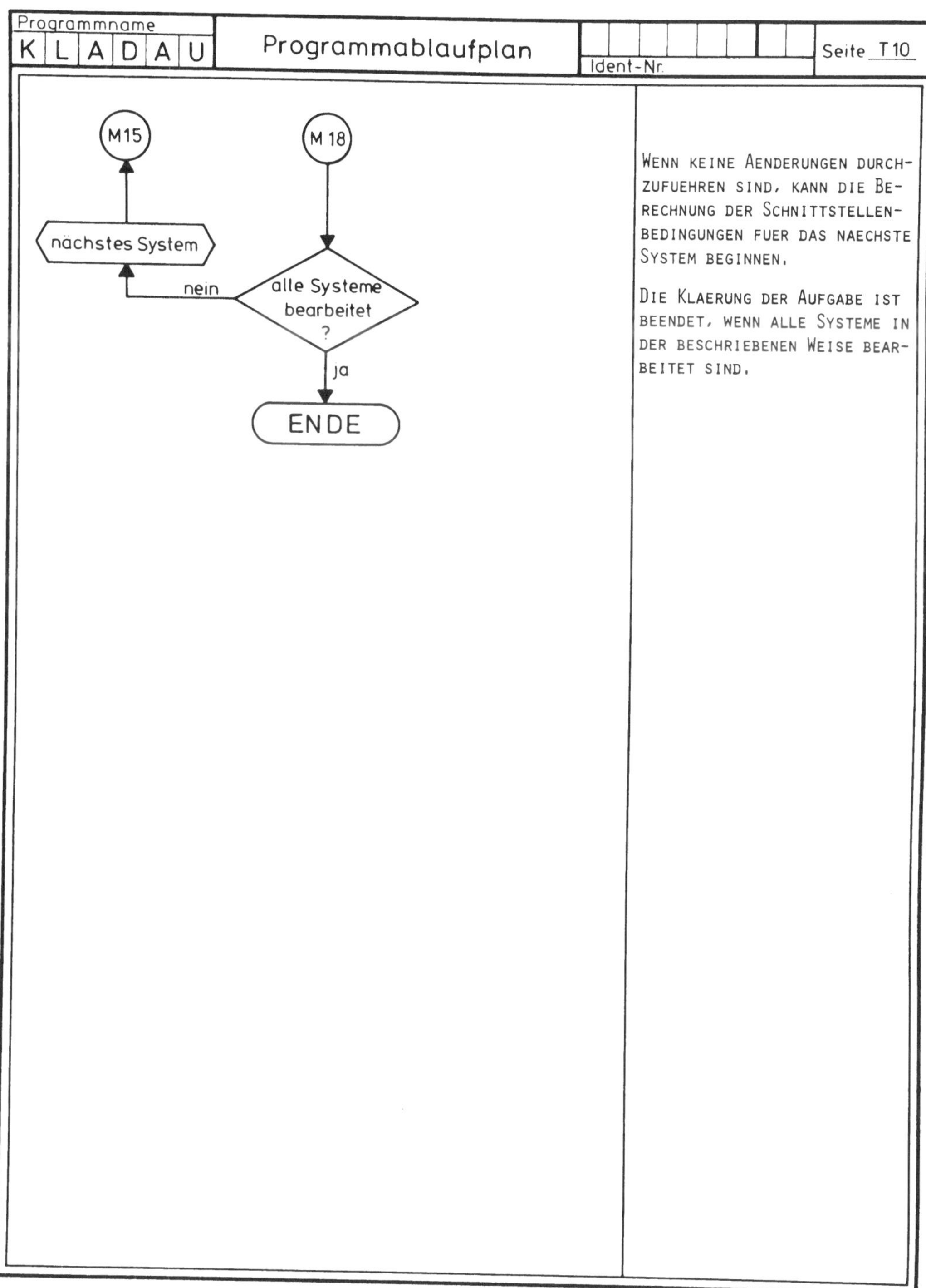
Programmname
K L A D A U
Programmablaufplan
Ident-Nr.
Seite T10
M15
M 18
nächstes System
nein
alle Systeme bearbeitet ?
ja
ENDE
WENN KEINE AENDERUNGEN DURCHZUFUEHREN SIND, KANN DIE BERECHNUNG DER SCHNITTSTELLENBEDINGUNGEN FUER DAS NAECHSTE SYSTEM BEGINNEN.
DIE KLAERUNG DER AUFGABE IST BEENDET, WENN ALLE SYSTEME IN DER BESCHRIEBENEN WEISE BEARBEITET SIND.

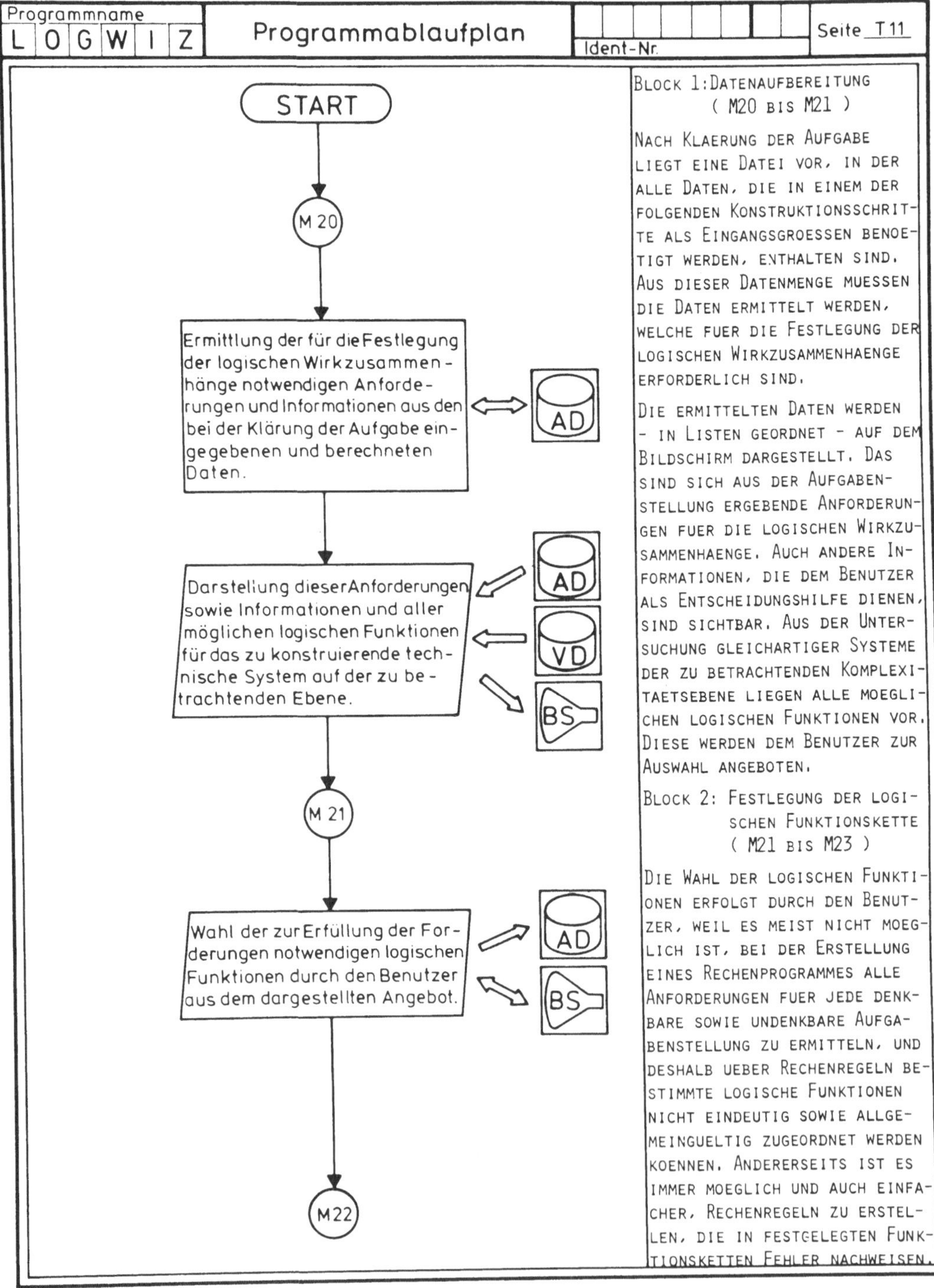


BLOCK 1: DATENAUFBEREITUNG
( M20 BIS M21 )

NACH KLAERUNG DER AUFGABE LIEGT EINE DATEI VOR, IN DER ALLE DATEN, DIE IN EINEM DER FOLGENDEN KONSTRUKTIONSSCHRITTE ALS EINGANGSGROESSEN BENOETIGT WERDEN, ENTHALTEN SIND. AUS DIESER DATENMENGE MUESSEN DIE DATEN ERMITTELT WERDEN, WELCHE FUER DIE FESTLEGUNG DER LOGISCHEN WIRKZUSAMMENHAENGE ERFORDERLICH SIND.

DIE ERMITTELTEN DATEN WERDEN - IN LISTEN GEORDNET - AUF DEM BILDSCHIRM DARGESTELLT. DAS SIND SICH AUS DER AUFGABENSTELLUNG ERGEBENDE ANFORDERUNGEN FUER DIE LOGISCHEN WIRKZUSAMMENHAENGE. AUCH ANDERE INFORMATIONEN, DIE DEM BENUTZER ALS ENTSCHEIDUNGSHILFE DIENEN, SIND SICHTBAR. AUS DER UNTERSUCHUNG GLEICHARTIGER SYSTEME DER ZU BETRACHTENDEN KOMPLEXITAETSEBENE LIEGEN ALLE MOEGLICHEN LOGISCHEN FUNKTIONEN VOR. DIESE WERDEN DEM BENUTZER ZUR AUSWAHL ANGEBOTEN.

BLOCK 2: FESTLEGUNG DER LOGISCHEN FUNKTIONSKETTE
( M21 BIS M23 )

DIE WAHL DER LOGISCHEN FUNKTIONEN ERFOLGT DURCH DEN BENUTZER, WEIL ES MEIST NICHT MOEGLICH IST, BEI DER ERSTELLUNG EINES RECHENPROGRAMMES ALLE ANFORDERUNGEN FUER JEDE DENKBARE SOWIE UNDENKBARE AUFGABENSTELLUNG ZU ERMITTELN, UND DESHALB UEBER RECHENREGELN BESTIMMTE LOGISCHE FUNKTIONEN NICHT EINDEUTIG SOWIE ALLGEMEINGUELTIG ZUGEORDNET WERDEN KOENNEN. ANDERERSEITS IST ES IMMER MOEGLICH UND AUCH EINFACHER, RECHENREGELN ZU ERSTELLEN, DIE IN FESTGELEGTEN FUNKTIONSKETTEN FEHLER NACHWEISEN.

Ein Vorschlag für das Erarbeiten der einzelnen Programmablaufpläne ist in **Tafel 42** beschrieben. Formblätter für die Darstellung solcher Ablaufpläne, die als Originale das Format DIN A3 haben, zeigt das **Bild 103.** Der Formblattsatz besteht aus einem Deckblatt, beginnend mit Programmerklärungen, einem Folgeblatt für Programmerklärungen und einem Blatt zur Darstellung der Ablaufpläne mit einer Spalte für Bemerkungen. Der Aufbau von Programmabläufen und Bildzeichen für diese Pläne sind genormt / 223 /. Die in die Formblätter des Bildes 103 aufzunehmenden Erklärungen und Bemerkungen dienen dazu, den Programmablaufplan zu verdeutlichen sowie notwendige Voraussetzungen für die Programmierung zu schaffen.

Die hier beispielhaft beschriebenen organisatorisch-technischen Voraussetzungen beziehen sich auf die Erstellung eines jeden Anwendungsprogrammes. Wesentlich umfangreichere Zusammenhänge sind zu klären wenn die Fragestellung lautet, was in den Projektierungs- und Konstruktionsbereichen eines Unternehmens rechnerunterstützt zu bearbeiten ist und auf welche Weise das geschehen soll / 224 /. Der Beantwortung dieser Fragen kommt besondere Bedeutung zu, wenn in einem Unternehmen erstmalig rechnerunterstützte Arbeitsweisen einzuführen sind. In diesem Falle ist es notwendig, vor Einführung der neuen Arbeitsweisen (systematisches sowie rechnerunterstütztes Projektieren und Konstruieren) ein Gesamtkonzept für deren Einführung zu erstellen Dieses Gesamtkonzept sollte unter anderem folgende Fragen beantworten:

- Welche derzeitigen und voraussehbaren Arbeiten oder Probleme können rechnerunterstützt durchgeführt oder gelöst werden?
- Ist die rechnerunterstützte Bearbeitung wirtschaftlich?
- Wie sollen die rechnerunterstützten Arbeitsweisen und die dazu erforderlichen EDV-Anlagen in die Unternehmensorganisation integriert werden?
- Wie sollen die Mitarbeiter auf die neuen Arbeitsweisen vorbereitet werden?

Die Klärung und Beantwortung nur dieser vier Fragen ist mit einem nicht zu unterschätzenden aber notwendigen Aufwand verbunden. Danach sollten, ausgehend von dem erstellten Gesamtkonzept, die Projekte für das rechnerunterstützte Projektieren und Konstruieren in Bearbeitung genommen werden.

# 8. Schrifttum


1. Genge, U.: Entwicklung einer Systematik zur Auftragsabwicklung komplexer Hüttenwerksysteme. Dr.-Ing.-Dissertation, Rheinisch-Westfälische Technische Hochschule Aachen, 1977.
2. VDI-Richtlinie 2210, Entwurf: Datenverarbeitung in der Konstruktion, Analyse des Konstruktionsprozesses im Hinblick auf den EDV-Einsatz. VDI-Verlag, Düsseldorf, 1975.
3. Kambartel, K.-H.: Systematische Angebotsplanung in Unternehmen der Auftragsfertigung. Dr.-Ing.-Dissertation, Rheinisch-Westfälische Technische Hochschule Aachen, 1973.
4. Baumann, H.G. und W.R. Gieseking: Gliedern technischer Systeme. Blech Rohre Profile 21 (1974) 10, S. 387/392.
5. Baumann, H.G.: Systematisches Konstruieren und Berechnen technischer Systeme. Stahl u. Eisen 95 (1975) 26, S. 1294/1297.
6. Baumann, H.G.: Systematisches Konstruieren und Berechnen komplexer technischer Systeme. Blech Rohre Profile 23 (1976) 9, S. 234/240; Draht 27 (1976) 11, S. 555/561.
7. Baumann, H.G.: Rationalisierung des Projektierens und Konstruierens komplexer technischer Systeme. Arch. Eisenhüttenwes. 49 (1978) 8, S. 371/378.
8. Wiener, N.: Kybernetik. Econ-Verlag, Düsseldorf/Wien, 1963.
9. Kirsch, W.: Betriebswirtschaftslehre: Systeme, Entscheidungen, Methoden. Betriebswirtschaftlicher Verlag Dr. Th. Gabler, Wiesbaden, 1973.
10. Grochla, E., H. Fuchs und H. Lehmann: Systemtheorie und Betrieb. Sonderheft 3/74 von Schmalenbachs Zeitschrift für betriebswirtschaftliche Forschung. Westdeutscher Verlag, Köln, 1974.
11. Händle, F. und S. Jansen: Systemtheorie und Systemtechnik. Nymphenburger Verlagshandlung, München, 1974.
12. Klaus, G. und H. Liebscher: Systeme, Informationen, Strategien. VEB-Verlag Technik, Berlin, 1974.
13. Fachserie 4: Produzierendes Gewerbe, Reihe 8, Fachstatistiken, 8.1 Eisen und Stahl, Vierteljahresheft. Statistisches Bundesamt, Aussenstelle Düsseldorf, 1968 bis 1979.
14. Charakteristische Merkmale für elektrolytisch verzinktes Feinblech in Tafeln und in Rollen. Deutscher Verzinkerei Verband, Düsseldorf, 1975.
15. Charakteristische Merkmale für feuerverzinktes Feinblech in Tafeln und in Rollen. Deutscher Verzinkerei Verband, Düsseldorf, 1979.
16. Herstellung von kaltgewalztem Band, Teil 2. Verlag Stahleisen, Düsseldorf, 1970.
17. Heintz, P.: Verfahrenstechnische Neuentwicklungen bei der Band-Feuerverzinkung. Blech Rohre Profile 14 (1967) 1, S. 5/12.
18. Zwingmann, R.: Das Düsen-Abstreifverfahren - Ein neues Verfahren für die Regelung der Zinkauflage in Bandverzinkungsanlagen. Stahl u Eisen 80 (1970) 11, S. 592/594.
19. Grischkat, W.: Bandverzinken nach dem Düsenabstreifverfahren. Bänder Bleche Rohre 12 (1971) 10, S. 453/454.
20. Kandler, B., W. Pönisch und H.-J. Wessel: Technologische Probleme und Erfahrungen bei der Breitband-Feuerverzinkung nach dem Düsenabstreifverfahren. Neue Hütte 20 (1975) 10, S. 608/610.
21. Nikoleizig, A., T. Kootz, F. Weber und M. Espenhahn: Gesetzmäßigkeiten des Düsenabstreifverfahrens beim Feuerverzinken. Stahl u. Eisen 98 (1978) 7, S. 336/342.
22. Möllenkamp, F.W., H.G. Baumann und G. Schäfer: Beitrag zur Planung von Hüttenwerken. Klepzig Fachber. 80 (1972) 1, S. 5/11.
23. Baumann, H.G. und C. Wagner: Methodisches Planen und Gestalten der Walzanlagen: Berechnen von Walzgerüsten, Bänder Bleche Rohre 15 (1974) 3, S. 103/109, Richtlinien für das Planen von Walzgerüsten, Bänder Bleche Rohre 15 (1974) 4, S. 153/160, und Bestimmung des Gerüstmoduls, Bänder Bleche Rohre 15 (1974) 5, S. 206/211.
24. Baumann, H.G. und H. Morsek: Methodisches Berechnen der Rollensysteme für das Bewegen von Band, Blech Rohre Profile 21 (1974) 11, S. 437/438, und Beitrag zum systematischen Konstruieren der Rollensysteme für das Bewegen von Band, Blech Rohre Profile 22 (1975) 3, S. 88/96.
25. Baumann, H.G., W. Dahl, W.R. Gieseking, G. Schäfer, A. Theissen und H. Schenck: Methodisches Berechnen der Stahlstrang-Gießanlagen. Stahl u. Eisen 95 (1975) 5, S. 183/188.
26. Baumann, H.G. und H. Morsek: Methodisches Berechnen der Bundhubwagen. Blech Rohre Profile 22 (1975) 6, S. 259/264.
27. Baumann, H.G., H. Morsek und P. Köllensperger: Investitionen, Kalkulationen und Verhältniskosten technischer Systeme. Stahl u. Eisen 95 (1975) 24, S. 1183/1187.

28. Morsek, H.: Systematisches Konstruieren, methodisches Berechnen, Verhältniskosten und Investitionen, dargestellt am Beispiel technischer Systeme für das Behandeln der Stahlbänder. Dr.-Ing.-Dissertation, Rheinisch-Westfälische Technische Hochschule Aachen, 1976.
29. Scheffler, G.: Systematisches Konstruieren und Berechnen von Stahlwerken unter besonderer Berücksichtigung der Investitionen und betrieblichen Verarbeitungskosten. Dr.-Ing.-Dissertation, Rheinisch-Westfälische Technische Hochschule Aachen, 1976.
30. Kesselring, F.: Technische Kompositionslehre. Springer-Verlag, Berlin/Göttingen/Heidelberg, 1954.
31. Kesselring, F.: Morphologisch-analytische Konstruktionsmethode. VDI-Z. 97 (1955) 11/12, S. 327/331.
32. Rodenacker, W.G.: Konstruieren von den Stoffeigenschaften aus. VDI-Z. 100 (1958) 34, S. 1605/1613.
33. Hansen, F.: Konstruktionssystematik. VEB-Verlag-Technik, Berlin, 1965.
34. Rodenacker W.: Physikalisch orientierte Konstruktionsweise. Konstruktion 18 (1966) 7, S. 263/269.
35. Pahl, G.: Entwurfsingenieur und Konstruktionslehre unterstützen die moderne Konstruktionsarbeit. Konstruktion 19 (1967) 9, S. 337/344.
36. Roth, K.: Gliederung und Rahmen einer neuen Maschinen-, Geräte-Konstruktionslehre. Feinwerktechn. 72 (1968) 11, S. 521/528.
37. Eversheim, W.: Konstruktionssystematik - Aufgaben und Möglichkeiten. Habitilationsschrift, Rheinisch-Westfälische Technische Hochschule Aachen, 1969.
38. Roth, K.: Systematik der Maschinen und ihrer mechanischen elementaren Funktionen. Feinwerktechn. 74 (1970) 11, S. 453/460.
39. Beitz, W.: Möglichkeiten methodischer Lösungsfindung bei der Konstruktion. Konstruktion 23 (1971) 5, S. 161/167.
40. Collin, H.: Anwendung einer systematischen Konstruktionsmethode auf einen Einwalzenkalander. Konstruktion 23 (1971) 3, S. 98/110.
41. Kesselring, F. und E. Arn: Methodisches Planen, Entwickeln und Gestalten technischer Produkte. Konstruktion 23 (1971) 4, S. 121/128.
42. Koller, R.: Ein Weg zur Konstruktionsmethodik. Konstruktion 23 (1971) 10, S. 388/400.
43. Lüpertz, H.: Rationalisierung des Konstruktionsprozesses durch Anwendung neuer zeichnerischer Darstellungsarten. Konstruktion 23 (1971) 12, S. 461/469.
44. Roth, K., H.J. Franke und R. Simonek: Algorithmisches Auswahlverfahren zur Konstruktion mit Katalogen. Feinwerktechn. 75 (1971) 8, S. 337/345.
45. Beitz, W.: Übersicht über Konstruktionsmethoden. Konstruktion 24 (1972) 2, S. 68/72 und 3, S. 109/114.
46. Beitz, W.: Methoden zur Lösungsfindung für technische Funktionen. Konstrukton 24 (1972) 9, S. 371/372.
47. Beitz, W.: Diskursiv betonte Methoden zur Lösungsfindung, Konstruktion 24 (1972) 10, S. 409/417.
48. Beitz, W.: Bewertungsmethoden als Entscheidungshilfe zur Auswahl von Lösungsvarianten. Konstruktion 24 (1972) 12, S. 493/498 und 25 (1973) 1, S. 29/32.
49. Pahl, G.: Aufgaben des Konstruktionsbereichs. Konstruktion 24 (1972) 1, S. 31/33.
50. Pahl, G.: Die Arbeitsschritte beim Konstruieren, Konstruktion 24 (1972) 4, S. 149/153.
51. Pahl, G.: Analyse und Abstraktion des Problems, Aufstellen von Funktionsstrukturen. Konstruktion 24 (1972) 6, S. 235/240.
52. Pahl, G.: Intuitiv betonte Methoden zur Lösungsfindung. Konstruktion 24 (1972) 9, S. 373/376.
53. Rodenacker, W.G.: Festlegung der Funktionsstruktur von Maschinen, Apparaten und Geräten. Konstruktion 24 (1972) 8, S. 335/340.
54. Roth, K., H.-J. Franke und R. Simonek: Die allgemeine Funktionsstruktur, ein wesentliches Hilfsmittel zum methodischen Konstruieren. Konstruktion 24 (1972) 7, S. 277/282.
55. Roth, K., H.-J. Franke und R. Simonek: Aufbau und Verwendung von Katalogen für das methodische Konstruieren. Konstruktion 24 (1972) 11, S. 449/458.
56. Beitz, W.: Methodisches Konzipieren technischer Systeme, gezeigt am Beispiel einer Kartoffel-Vollerntemaschine. Konstruktion 25 (1973) 2, S. 65/71.
57. Domke, H., H. Kehrmann und M. Robens: Methodisches Suchen nach neuen Produkten - Brainstorming auf der Basis der Funktionsbetrachtung. Ind.-Anz. 95 (1973) 42, S. 868/872.
58. Gerber, H.: Konstruktionsverfahren mit logischer Funktionsweise. Konstruktion 25 (1973) 1, S. 13/17.
59. Hubka, V.: Theorie der Maschinensysteme. Springer-Verlag, Berlin/Heidelberg/New York, 1973.

60. Jung, A.: Aufgabenstellung und Konstruktionsmethodik, Konstruktion 25 (1973) 3, S. 111/113.
61. Koller, R.: Eine algorithmisch-physikalisch orientierte Konstruktionsmethodik. VDI-Z. 115 (1973) 2, S. 147/152, 4, S. 309/317, 10, S. 843/847 und 13, S. 1078/1085.
62. Pahl, G.: Versuch einer kurzen Antwort. Konstruktion 25 (1973) 3, S. 113/115.
63. Pahl, G.: Prinzip der Aufgabenteilung. Konstruktion 25 (1973) 5, S. 191/196.
64. Pahl, G.: Grundregeln für die Gestaltung von Maschinen und Apparaten. Konstruktion 25 (1973) 7, S. 271/277.
65. Rodenacker, W.G. und U. Claussen: Regeln des methodischen Konstruierens, Teil I und II. Krausskopf-Verlag, Mainz, 1973 und 1975.
66. Beitz, W.: Konstruktion als Wissenschaft - Forschung hilft Praxis. Konstruktion 26 (1974) 8, S. 316/318.
67. Hoffmann, H., W. Koenig und D. Zeus: Die systematische Entwicklung eines Steuerelements für die stufenlose Verstellung eines hydrostatischen Getriebes. Konstruktion 26 (1974) 11, S. 418/424.
68. Kehrmann, H., H. Domke und M. Robens: Bedeutung des Funktionsprinzips für die Produktfindung. Konstruktion 26 (1974) 1, S. 16/21.
69. Pahl, G.: Rückblick zur Reihe "Für die Konstruktionspraxis". Konstruktion 26 (1974) 12, S. 491/495.
70. Seifried, A.: Anwendung theoretischer Methoden im Maschinenbau. Konstruktion 26 (1974) 12, S. 461/467.
71. Ehrlenspiel, K.: Leistungssteigerung in der Konstruktion. Konstruktion 27 (1975) 10, S. 365/373.
72. Koller, R.: Physikalische Grundfunktionen zur Konzeption technischer Systeme. Ind.Anz. 97 (1975) 17, S. 321/325.
73. Roth, K., U. Andresen, H. Birkhofer, M. Ersoy, H.-J. Franke, F. Lohkamp, E. Müller und R. Simonek: Beschreibung und Anwendung des Algorithmischen Auswahlverfahrens zur Konstruktion mit Katalogen (AAK). Konstruktion 27 (1975) 6, S. 213/222.
74. Roth, K., H. Birkhofer und M. Ersoy: Methodisches Konstruieren neuer Sicherheitsgurtschlösser. VDI-Z. 117 (1975) 13/14, S. 613/618.
75. Tjalve, E.: Die Gestaltungsstadien im Konstruktionsprozeß. Konstruktion 27 (1975) 12, S. 492/498.
76. Conrad, P., H. Schiemann und P.G. Vömel: Erfolg durch methodisches Konstruieren. Lexika-Verlag, Grafenau, 1976.
77. Hansen, F.: Konstruktionswissenschaft, Grundlagen und Methoden. 2. Auflage. VEB-Verlag-Technik, Berlin, 1976.
78. Koller, R.: Systematisches Konzipieren von Druckverfahren und Druckwerken für Datengeräte. Feinwerktechn. u. Meßtechn. 84 (1976) 1, S. 1/5.
79. Koller, R.: Konstruktionsmethode für den Maschinen-, Geräte- und Apparatebau. Springer-Verlag, Berlin/Heidelberg/New York, 1976.
80. Redeker, W. und E. Erben: Systematisches Konzipieren von Fräs- und Schleifmaschinen für Mantellaufflächen von Wankelmotorgehäusen. Ind.-Anz. 98 (1976) 15, S. 265/266.
81. Rodenacker, W.G.: Methodisches Konstruieren. Springer-Verlag, Berlin/Heidelberg/New York, 1976.
82. Rosental, E.: Heuristisches Modell der Suche nach ingenieurtechnischen Lösungen. Maschinenbautechn. 25 (1976) 5, S. 202, 203 und 207.
83. Steinwachs, H.O.: Praktische Konstruktionsmethode. Vogel-Verlag, Würzburg, 1976.
84. VDI-Richtlinie 2222, Blatt 1: Konstruktionsmethodik, Konzipieren technischer Produkte. VDI-Verlag, Düsseldorf, 1977.
85. VDI-Richtlinie 2222, Blatt 2: Konstruktionsmethodik, Erstellung und Anwendung von Konstruktionskatalogen. VDI-Verlag, Düsseldorf, 1977.
86. Ehrlenspiel, K.: Wertanalyse und methodisches Konstruieren. VDI-Berichte 293, S. 185/193. VDI-Verlag, Düsseldorf, 1977.
87. Herrig, D. und H. Müller: Variieren beim Konstruieren. Maschinenbautechn. 26 (1977) 2, S. 67/69.
88. Hohmann, K.: Vorteile des methodischen Konstruierens. Ind.-Anz. 99 (1977) 96, S. 1956/1957.
89. Koller, R.: Praktischer Rechnereinsatz, Systematisches Konzipieren von Bewegungssystemen. Techn. Rundschau 69 (1977) 41, S. 13, 15, 17 und 19.
90. Pahl, G. und W. Beitz: Konstruktionslehre. Springer-Verlag, Berlin/Heidelberg/New York, 1977.
91. Presse, G.: Aufbau und Anwendung eines Katalogs physikalischer Effekte. Maschinenbautechn. 26 (1977) 7, S. 330/333.

92. Steinwachs, H.O.: Strategien für den Einsatz von Konstruktionsmethoden. VDI-Z. 119 (1977) 22, S. 1093/1097.
93. Conrad, P., H. Schiemann und P.G. Vömel: Erfolg durch methodisches Konstruieren, Leitfaden für die Praxis, Band 2. Lexika-Verlag, Grafenau, 1978.
94. Jung, A.: Konstruktionsmethodik oder die heuristische Bedeutung der Geometrie. Konstruktion Elemente Methoden 15 (1978) 5, S. 111/113.
95. Richter, W.: Kostensparende Konstruktionsmethoden. Konstruktion 30 (1978) 12, S. 493/496.
96. Rodenacker, W.G.: Methodisches Konstruieren - eine neue Denkweise. VDI-Z. 120 (1978) 22, S. 1062/1065.
97. Tjalve, E.: Systematische Formgebung für Industrieprodukte. VDI-Verlag, Düsseldorf, 1978.
98. Koller, R.: Restriktionsgerechtes Konstruieren. Konstruktion 31 (1979) 9, S. 352/356.
99. Jäger, H.: Methoden zur Lösungsfindung in der Konstruktion. Techn. Zbl. prakt. Metallbearb. 73 (1979) 8, S. 53/60.
100. Roth, K.: Neue Modelle zur rechnerunterstützten Synthese mechanischer Konstruktionen. Konstruktion 31 (1979) 7, S. 283/289.
101. Roth, K. und H. Birkhofer: Konstruktionspraxis im Umbruch - Erfolge mit Methodik. Konstruktion 31 (1979) 8, S. A 9/A 10.
102. Roth, K.: Grundlagen methodischen Vorgehens beim Konstruieren. VDI-Z. 121 (1979) 20, S. 989/997.
103. Theimert, P.-H.: Methodisches Konstruieren - Darstellung am Beispiel einer Anschlag-Geber-Dämpfer-Einheit. Werkstatt u. Betr. 112 (1979) 4, S. 223/230.
104. Baumann, H.G.: Klärung der Aufgabe beim systematischen Projektieren und Konstruieren komplexer technischer Systeme: Teil I, Verfahrenstechn. 13 (1979) 1, S. 36/40, Teil II, Verfahrentechn. 13 (1979) 2, S. 89/94, und Teil III, Verfahrenstechn. 13 (1979) 3, S. 168/173.
105. Baumann, H.G., K.-H. Looschelders und H. von Wyl: Festlegung der logischen Wirkzusammenhänge beim systematischen Projektieren und Konstruieren komplexer technischer Systeme. Metall 33 (1979) 2, S. 167/176.
106. Baumann, H.G., K.-H. Looschelders und H. von Wyl: Klärung der Aufgabe und logische Wirkzusammenhänge beim systematischen Projektieren und Konstruieren. Arch. Eisenhüttenwes. 50 (1979) 2, S. 69/74.
107. Baumann, H.G., K.-H. Looschelders und H. von Wyl: Logische Funktionen im Rahmen der Festlegung logischer Wirkzusammenhänge komplexer technischer Systeme. Arch. Eisenhüttenwes. 50 (1979) 3, S. 117/122.
108. Baumann, H.G., K.-H. Looschelders und H. von Wyl: Logische Funktionsketten, -pläne und -netze. Arch. Eisenhüttenwes. 50 (1979) 4, S. 151/154.
109. Baumann, H.G., K.-H. Looschelders und H. von Wyl: Anwendungsbeispiel zur Festlegung logischer Wirkzusammenhänge. Arch. Eisenhüttenwes. 50 (1979) 5, S. 201/206.
110. Baumann, H.G.: Grundlagen des systematischen Projektierens sowie Konstruierens und Vorgehensweise von der Klärung der Aufgabe bis zur Festlegung physikalischer Wirkzusammenhänge. Fachber. Hüttenprax. Metallweiterverarb. 17 (1979) 2, S. 82/91.
111. Baumann, H.G.: Physikalische Effekte, Funktionen und Funktionsträger im Rahmen der Festlegung physikalischer Wirkzusammenhänge. Fachber. Hüttenprax. Metallweiterverarb. 17 (1979) 8, S. 581/592.
112. Baumann, H.G.: Die Ermittlung physikalischer Funktionen im Rahmen der Festlegung physikalischer Wirkzusammenhänge beim systematischen Projektieren und Konstruieren. Fachber. Hüttenprax. Metallweiterverarb. 17 (1979) 9, S. 685/691.
113. Baumann, H.G., K.-H. Looschelders und H. von Wyl: Physikalische Funktionskettten im Rahmen der Festlegung physikalischer Wirkzusammenhänge beim systematischen Projektieren und Konstruieren. Fachber. Hüttenprax. Metallweiterverarb. 17 (1979) 11, S. 1019/1031.
114. Baumann, H.G.: Funktionspläne und Funktionsnetze im Rahmen der Festlegung physikalischer Wirkzusammenhänge beim systematischen Projektieren und Konstruieren. Fachber. Hüttenprax. Metallweiterverarb. 18 (1980) 6, S. 418/425.
115. Baumann, H.G., K.-H. Looschelders und H. von Wyl: Grundlagen der Festlegung konstruktiver Wirkzusammenhänge im Rahmen des systematischen Projektierens und Konstruierens technischer Systeme. Fachber. Hüttenprax. Metallweiterverarb. 18 (1980) 10, S. 959/968 und Fachber. Metallbearb. Oberflächentechn. Werkzeugmasch. (1981) 1/2, S. 19/29.

116. Baumann, H.G.: Gestaltvarianten bei der Festlegung konstruktiver Wirkzusammenhänge im Rahmen des systematischen Projektierens und Konstruierens technischer Systeme. Fachber. Hüttenprax. Metallweiterverarb. 18 (1980) 10, S. 959/968.
117. Baumann, H.G.: Aufbauvarianten bei der Festlegung konstruktiver Wirkzusammenhänge im Rahmen des systematischen Projektierens und Konstruierens technischer Systeme. Fachber. Hüttenprax. Metallweiterverarb. 18 (1980) 11, S. 1035/1044.
118. Baumann, H.G.: Bewegungsvarianten bei der Festlegung konstruktiver Wirkzusammenhänge im Rahmen des systematischen Projektierens und Konstruierens technischer Systeme. Fachber. Hüttenprax. Metallweiterverarb. 18 (1980), 12, S. 1140/1149.
119. Baumann, H.G. und H. von Wyl: Bewertung und Auswahl konstruktiver Varianten im Rahmen des systematischen Projektierens und Konstruierens technischer Systeme. Fachber. Hüttenprax. Metallweiterverarb. 19 (1981) 2, S. 99/106.
120. Koreimann, D.S.: Lexikon der angewandten Datenverarbeitung. Verlag Walter de Gruyter, Berlin/New York, 1977.
121. Rassbichler, P.: Aktuelles Grundwissen der Datenverarbeitung in 400 Stichworten. WEKA-Verlag, Kissing, 1979.
122. Bracke, W.: Automatisierte technische Angebotsbearbeitung für Industrieanlagen. Dr.-Ing.-Dissertation, Rheinisch-Westfälische Technische Hochschule Aachen, 1978.
123. Goldbecker, H.: Die betriebswirtschaftliche Bewertung von CAD-Systemen im Rahmen des Investitionsentscheidungsprozesses. Fortschrittsberichte der VDI-Zeitschriften, Reihe 2, Nr. 38. VDI-Verlag, Düsseldorf, 1979.
124. Dworatschek, S.: Grundlagen der Datenverarbeitung. Verlag Walter de Gruyter, Berlin/New York, 1977.
125. Baum,M., W.-H. Engelskirchen und J.-P. Lacoste: DIGIGRAPHIC - ein Bildschirmsystem an der Rheinisch-Westfälischen Technischen Hochschule Aachen. Techn. Zbl. prakt. Metallbearb. 64 (1970) 4, S. 199/204.
126. VDI-Richtlinie 2217, Entwurf: Datenverarbeitung in der Konstruktion, Begriffserläuterungen. VDI-Verlag, Düsseldorf, 1979.
127. Rechenzentrum der Rheinisch-Westfälischen Technischen Hochschule Aachen: Mitteilungen Nr. 76/4 vom 09.07.1976.
128. Gwosdzik, N.: Die Anwendung von Computer-Output auf Mikrofilm (COM) im Rechenzentrum der Rheinisch-Westfälischen Technischen Hochschule Aachen. Angew. Informatik (1977) 10, S. 446/449.
129. Brankamp, Grabowski, Wiendahl, Krause, Langebartels, Vassilacopoulos und Fetzer: Rechnergestütztes Konstruieren. Betriebstechnische Reihe RKW-REFA. Beuth-Vertrieb, Berlin/Köln/Frankfurt, 1971.
130. Schlemper, K.: Bildschirmeinsatz beim Konstruieren. Ind.-Anz. 93 (1971) 78, S. 1956/1961
131. Baatz, U.: Bildschirmunterstütztes Konstruieren - Funktionsfindung, Prinziperarbeitung, Gestaltung und Detaillierung mit Hilfe graphischer Datenverarbeitungsanlagen. Dr.-Ing.-Dissertation, Rheinisch-Westfälische Technische Hochschule Aachen, 1971.
132. Heinz, W., D. Schunk und C. Sibbert: Einführung in das Programmieren an einer Rechenanlage CD 1700 mit aktivem Bildschirm. Rechenzentrum der Rheinisch-Westfälischen Technischen Hochschule Aachen, 1975.
133. Blume, P.: Rechnergestütztes Konstruieren. Philips Technische Rundschau 36 (1976/77) 5, S. 125/139.
134. Höring, K. und H.-J. Oppelland: Graphische Bildschirmgeräte. BIFOA Arbeitsbericht Nr. 74/2. Wison Verlag, Köln, 1974.
135. Kaebelmann, E.-F., F.-L. Krause und G. Müller: Aufbau, Funktion und Anwendung grafisch-interaktiver Sichtgeräte. Z. wirtsch. Fertigung 73 (1978) 5, S. 260/269.
136. Kaebelmann, E.-F.: Aufbau und Anwendung von CAD-Arbeitsplätzen in der Konstruktion. Z. wirtsch. Fertigung 74 (1979) 4, S. 187/193.
137. DIN 44300: Informationsverarbeitung, Begriffe. Beuth-Verlag, Berlin/Köln, 1972.
138. Krause, F.-L.: Methoden zur Gestaltung von CAD-Systemen. Dr.-Ing. Dissertation, Technische Universität Berlin, 1976.
139. Computer-Graphics Augmented Design And Manufacturing. IBM Deutschland GmbH, Stuttgart, 1978.
140. AD-2000, Rechnergestützte Konstruktion und Zeichenerstellung. Control Data GmbH, Frankfurt, 1979.
141. Kurth, J.: COMPAC - Ein System zur rechnerorientierten Werkstückbeschreibung, Z. wirtsch. Fertigung 68 (1973) 2, S. 61/67 und 3, S. 127/132.
142. Debler, H.: Zur Problematik einer integrierten Verarbeitung von Werkstückinformationen. Konstruktion 26 (1974) 2, S. 53/57.

143. 16. AWK, Themenkreis 6: Rationalisierung im Vorfeld der Fertigung; Automatische Erstellung von Fertigungsunterlagen, Teil 1: Entwurf und Zeichnung. Ind.-Anz. 100 (1978) 75, S. 33/39.
144. Daßler, R. und J. Gausemeier: Dreidimensionale Beschreibung von Bauteilen. Ind.-Anz. 100 (1978) 61, S. 27/28.
145. Spur, G.: Rechnergestützte Zeichnungserstellung und Arbeitsplanung. Z. wirtsch. Fertigung 73 (1978) 7, S. FK 33/FK 36.
146. Spur, G.: Rechnergestützte Zeichnungserstellung und Arbeitsplanung. Z. wirtsch. Fertigung 73 (1978) 8, S. FK 37/FK 40.
147. Spur, G. und J. Gausemeier: Eine Leitlinie zur Entwicklung von CAD-Programmsystemen. Z. wirtsch. Fertigung 73 (1978) 8, S. 413/419.
148. Spur, G. und G. Müller: Ein Verfahren zur rechnerorientierten Darstellung gekrümmter Flächen mit dem Programmsystem COMPAC. Z. wirtsch. Fertigung 73 (1978) 2, S. 79/84.
149. Grabowski, H.: Veränderte Arbeitsplatzstrukturen durch CAD-Systeme, Produktionstechnisches Kolloquium, Berlin, 1979. Sonderdruck der Z. wirtsch. Fertigung, S. 71/77.
150. Debler, H. und S. Lewandowski: COMVAR - Ein Programmsystem zur komplexteilgebundenen Zeichnungserstellung. Z. wirtsch. Fertigung 70 (1975) 4, S. 171/173.
151. Lewandowski, S.: COMVAR - Ein System zur Zeichnungserstellung für Varianten. Ind.-Anz. 98 (1976) S. 1704/1705.
152. Opitz, H. und H.-J. Wessel: Systeme zur rechnerunterstützten Zeichnungserstellung. VDI-Z. 120 (1978) 3, S. 90/94.
153. Spur, G.: Rechnergestützte Zeichnungserstellung und Arbeitsplanung. Z. wirtsch. Fertigung 73 (1978) 11, S. FK 49/FK 52.
154. Spur, G.: Rechnergestützte Zeichnungserstellung und Arbeitsplanung. Z. wirtsch. Fertigung 73 (1978) 12, S. FK 53/FK 56.
155. Spur, G.: Rechnergestützte Zeichnungserstellung und Arbeitsplanung. Z. wirtsch. Fertigung 74 (1979) 1, S. FK 57/FK 60.
156. Spur, G.: Rechnergestützte Zeichnungserstellung und Arbeitsplanung. Z. wirtsch. Fertigung 74 (1979) 2, S. FK 61/FK 64.
157. Krause, F.-L.: Leistungsvermögen von CAD-Software für Konstruktion und Arbeitsplanung. Produktionstechnisches Kolloquium, Berlin, 1979, Sonderdruck der Z. wirtsch. Fertigung, S. 78/88.
158. Spur, G.: Rechnergestützte Zeichnungserstellung und Arbeitsplanung. Z. wirtsch. Fertigung 74 (1979) 3, S. FK 65/FK 68.
159. Grabowski, H. und W. Rausch: DEROVA, ein CAD-System zur Detaillierung von Neu- und Variantenteilen. VDI-Z. 121 (1979) 8, S. 357/364.
160. Nicolai, M.: Rechnerunterstützte Variantenkonstruktion aus der Sicht des Konstrukteurs. VDI-Z. 121 (1979) 10, S. 493/498.
161. Herold, W.-D.: PROREN 1 - Ein Programmsystem für den Einsatz der EDV im Bereich der Variantenkonstruktion. Konstruktion 26 (1974) 12, S. 468/476.
162. Herold, W.-D.: Die dreidimensionale Erfassung und Weiterverarbeitung von technischen Gebilden mit dem Rechner. Konstruktion 27 (1975) 2, S. 55/59.
163. Seifert, H.: Fortschritte bei der graphischen Datenverarbeitung im Konstruktionsbereich des Maschinenbaus. VDI-Z. 119 (1977) 1/2, S. 9/16.
164. Bargelé, N., B. Fritsche und H. Seifert: Verschiedene Möglichkeiten der rechnerunterstützten dreidimensionalen Bauteilbeschreibung mit PROREN 2. VDI-Z. 121 (1979) 11, S. 565/571.
165. Gnatz, R. und K. Samelson (Hrsg.): Methoden der Informatik für rechnerunterstütztes Entwerfen und Konstruieren. GI-Fachtagung, München, 1977, Informatik Fachberichte 11. Springer-Verlag, Berlin/Heidelberg/New York, 1977.
166. Baatz, U.: Erstellung von Einzelteilzeichnungen mittels graphischer Datenverarbeitungsanlagen. Konstruktion 24 (1972) 9, S. 360/369.
167. Schiele, O. und F. Bernsteiner: Stand und Entwicklungstendenzen der rechnerunterstützten Konstruktion. VDI-Berichte 261, S. 7/17. VDI-Verlag, Düsseldorf, 1976.
168. Etzenbach, D.: Ein System zur Technischen Unternehmensplanung für Unternehmen der Investitionsgüterindustrie. Dr.-Ing.-Dissertation, Rheinisch-Westfälische Technische Hochschule Aachen, 1977.
169. Bernhardt, R.: Vorarbeiten für die Einführung der EDV im Konstruktionsbereich. Z. wirtsch. Fertigung 73 (1978) 1, S. 19/24.
170. Bullinger, H.-J. und W. Hoheisel: Rechnerunterstützte Konstruktion und Arbeitsplanung. 9. IPA-Arbeitstagung, Böblingen, 1977. Tagungsbericht, 1978, S. 6/43.
171. Spur, G.: Rechnergestützte Zeichnungserstellung und Arbeitsplanung. Z. wirtsch. Fertigung 73 (1978) 1, S. FK 9/FK 12.

172. Müller, K.A.: Anwendungsspektrum der Datenverarbeitung in der Entwicklung. VDI-Z. 118 (1976) 8, S. 358/364.
173. Noppen, R.: Rechnerunterstütztes Entwickeln und Konstruieren. VDI-Z. 118 (1976) 17/18, S. 857/862.
174. Spur, G. und F.-L. Krause: Erläuterungen zum Begriff "Computer-Aided Design". Z. wirtsch. Fertigung 71 (1976) 5, S. 190/192.
175. Ehrlenspiel, K., A. Kiewert und U. Lindemann: Produktkosten senken - eine Aufgabe der Konstruktion. Konstruktion 30 (1978) 4, S. 149/154.
176. Grünanger, G.: Möglichkeiten des bildschirmunterstützten Entwerfens im Maschinenbau. Dr.-Ing.-Dissertation, Technische Universität Berlin, 1978.
177. Kapfberger, K., W. Dimmler, W. Osburg und B. Kretschmer: Die elektronische Rechenanlage als Hilfsmittel bei der Herstellung von Werkstattzeichnungen. Konstruktion 19 (1967) 1, S. 1/7.
178. Datenverarbeitung in der Konstruktion Tagung, Wiesbaden, 1969, VDI-Berichte 152. VDI-Verlag, Düsseldorf, 1970.
179. Brankamp, K., U. Claussen und H.P. Wiendahl: Die elektronische Datenverarbeitung - ein Hilfsmittel der Rationalisierung im Konstruktionsbereich. Konstruktion 22 (1970) 4, S. 132/142.
180. Brankamp, K. und H.-P. Wiendahl: Rechnergestütztes Konstruieren - Voraussetzungen und Möglichkeiten. Konstruktion 23 (1971) 5, S. 168/178.
181. Tönshoff, H.K. und D. Sankaran: Konstruieren von Werkzeugmaschinen mit Unterstützung von Rechnern. Konstruktion 23 (1971) 9, S. 333/338.
182. Koller, R., H. Kiesow, C. Friedrich und H. Opitz: Rationalisierung in der Konstruktion durch Einsatz der elektronischen Datenverarbeitung. Verkehrs- und Wirtschaftsverlag Dr. Borgmann, Dortmund, 1972.
183. Seifert, H.: Möglichkeiten des Rechnereinsatzes bei Entwurfsarbeiten im allgemeinen Maschinenbau. Konstruktion 24 (1972) 9, S. 341/348.
184. VDI-Richtlinie 2211, Blatt 2, Entwurf: Datenverarbeitung in der Konstruktion, Methoden und Hilfsmittel, Berechnungen in der Konstruktion. VDI-Verlag, Düsseldorf, 1973.
185. VDI-Richtlinie 2211, Blatt 3, Entwurf: Datenverarbeitung in der Konstruktion, Methoden und Hilfsmittel, Maschinelle Herstellung von Zeichnungen. VDI-Verlag, Düsseldorf, 1973.
186. VDI-Richtlinie 2214, Entwurf: Datenverarbeitung in der Konstruktion, Programmerstellung. VDI-Verlag, Düsseldorf, 1974.
187. VDI-Richtlinie 2215, Entwurf: Datenverarbeitung in der Konstruktion, Organisatorische Voraussetzungen und allgemeine Hilfsmittel. VDI-Verlag, Düsseldorf, 1974.
188. Beitz, W.: Übersicht über Möglichkeiten der Rechnerunterstützung beim Konstruieren. Konstruktion 26 (1974) 5, S. 193/199.
189. Schmigalla, H.: Zum Stand und zu Tendenzen des Einsatzes der EDV als Rationalisierungsmittel bei der technologischen Betriebsprojektierung. Wiss. Z. Friedrich-Schiller-Univ. Jena, Math.-Nat. Reihe 23 (1974) 6, S. 909/919.
190. VDI-Richtlinie 2216, Entwurf: Datenverarbeitung in der Konstruktion, Vorgehen bei der Einführung der EDV im Konstruktionsbereich. VDI-Verlag, Düsseldorf, 1975.
191. Abeln, O.: Probleme bei der Verwendung von CAD-Systemen in der Industrie. Konstruktion 27 (1975) 10, S. 374/380.
192. Domke, H. und R. Sander: Integration des Rechners in den Konstruktionsablauf. Fortschr. Betr.-Führung u. Ind. Eng. 24 (1975) 3, S. 147/152.
193. Encarnaĉao, J.: Computer Graphics, Programmierung und Anwendung graphischer Systeme. R. Oldenbourg Verlag, München/Wien, 1975.
194. Graf, H. und W. Kunerth: Investitionsbeurteilung von EDV-gestützten technisch-organisatorischen Informationssystemen. VDI-Z. 117 (1975) 3, S. 127/134.
195. Abeln, O.: Erfahrungen mit EDV-Konstruktionsarbeitsplätzen. VDI-Berichte 261, S. 119/128. VDI-Verlag, Düsseldorf, 1976.
196. Cullmann, N.: Probleme und Lösungsmöglichkeiten der graphischen Datenverarbeitung in Rechnerverbundsystemen. Forschungsgruppe Graphische Datenverarbeitung, Nr. GDV 76-6.
197. Dautzenberg, H.: Ein Beitrag zur Modellbildung und Bewertung elektronischer Datenverarbeitungsanlagen, aufgezeigt an Beispielen aus der Investitionsgüterindustrie. Dr.-Ing.-Dissertation, Rheinisch-Westfälische Technische Hochschule Aachen, 1976.
198. Diebold Deutschland GmbH: Rechnerunterstütztes Entwickeln und Konstruieren in den USA. KfK-CAD 7. Gesellschaft für Kernforschung, Karlsruhe, 1976.
199. Franke, H.-J.: Untersuchungen zur Algorithmisierbarkeit des Konstruktionsprozesses. VDI-Verlag, Düsseldorf, 1976.

200. Kiesow, H.: Voraussetzungen, Nutzen und Grenzen wirtschaftlichen Computer-Einsatzes in der Konstruktion. VDI-Berichte 261, S. 129/134. VDI-Verlag, Düsseldorf, 1976.
201. Szabó, Z.-J.: Systematische Planung von Programmsystemen zur Erstellung von Fertigungsunterlagen. Dr.-Ing.-Dissertation, Rheinisch-Westfälische Technische Hochschule Aachen, 1976.
202. Spur, G.: Rechnergestützte Zeichnungserstellung und Arbeitsplanung. Z. wirtsch. Fertigung 72 (1977) 11, S. FK 5/FK 8.
203. Eulenberger, K., B. Lull, R. Nollon und B. Weber: Rechnergestützte Konstruktion in der Werkzeugmaschinenindustrie der Deutschen Demokratischen Republik. Z. wirtsch. Fertigung 73 (1978) 8, S. 405/412.
204. Gontermann, G., H.-J. Dohrmann und S. Lewandowski: Automatisiertes Zeichnen von Walzwerkwalzen. Z. wirtsch. Fertigung 73 (1978) 5, S. 247/254.
205. Grabowski, H.: Möglichkeiten und Grenzen des Konstruierens mit Rechnerunterstützung. VDI-Berichte 311, S. 121/129. VDI-Verlag, Düsseldorf, 1978.
206. Kanarchos, A.: Rechnerunterstütztes Entwickeln und Konstruieren. VDI-Z 120 (1978) 7, S 323/330.
207. Klapp, E.: Rechnereinsatz in der konstruktiven Verfahrenstechnik - Möglichkeiten und Grenzen. Verfahrenstechn. 12 (1978) 12, S. 799/805.
208. Beitz, W.: Anforderungen der Konstruktion an die CAD-Technologie. Z. wirtsch. Fertigung 74 (1979) 9, S. 459/464.
209. Grabowski, H. und M. Eigner: Anforderungen an CAD-Datenbanksysteme. VDI-Z. 121 (1979) 12, S. 621/633.
210. Müller, W.: Rechnerauswahl, Eine Übersicht über Probleme und Lösungsansätze. KfK 2730. Kernforschungszentrum Karlsruhe, 1979.
211. Farny, B. und E. Müller: Graphische Datenverarbeitung im Konstruktionsprozeß, Implementierung und Einsatz des graphischen Grundsoftwarepakets GPGS. VDI-Z. 122 (1980) 1/2, S. 21/26.
212. Noppen, R.: Erfahrungen mit dem computerunterstützten Konstruieren und Fertigen in der Industrie. Ind.-Anz. 102 (1980) 29, S. 72/75.
213. Eversheim, W. und W. Bracke: Programmsystem zur rechnerunterstützten Anlagenprojektierung. Ind.-Anz. 99 (1977) 61, S. 1171/1174.
214. Eversheim, W.: Abschlußbericht zum Forschungsvorhaben "Entwicklung eines Systems zur Rechnerunterstützten Anlagenprojektierung". WZL der Rheinisch-Westfälischen Technischen Hochschule Aachen, 1978.
215. 15. Aachener Werkzeugmaschinen-Kolloquium. Ind.-Anz. 96 (1974) 70, S. 1554/1585.
216. Hainke, P.: 16. Aachener Werkzeugmaschinen-Kolloquium. Stahl u. Eisen 98 (1978) 22, S. 1190/1193.
217. 16. Aachener Werkzeugmaschinenkolloquium. Techn. Rundschau 70 (1978) 43, S. 41/45.
218. Eversheim, W.: Abschlußbericht zum Forschungsvorhaben "Konzeption und Realisierung einer Datei zur Speicherung konstruktiver Lösungen bei der Anlagenprojektierung". Lehrstuhl für Produktionssystematik, Rheinisch-Westfälische Technische Hochschule Aachen, 1979.
219. Eversheim, W., W. Bracke und R. Koch: Rechnerunterstützte Anlagenprojektierung am Beispiel von Verzinkungslinien. Ind.-Anz. 101 (1979) 73, S. 22/25.
220. Opitz, H.: Moderne Produktionstechnik. Verlag W. Girardet, Essen, 1970.
221. DEMAG-Werknorm 7807: Sachnummernsystem. Unveröffentlicht. DEMAG Aktiengesellschaft, Duisburg, 1973.
222. Olbertz, H.: Systematische Erstellung von Konstruktionsprogrammen. Ind.-Anz. 92 (1970) 15, S. 319/320.
223. DIN 66001: Informationsverarbeitung, Sinnbilder für Datenfluß- und Programmablaufpläne. Beuth Verlag, Berlin/Köln, 1977.
224. Eversheim, W.: Abschlußbericht zum Forschungsvorhaben "Ermittlung von Anforderungen des Konstruktionsprozesses an den optimalen Einsatz von EDV-Systemen zur Rationalisierung im Konstruktionsbereich". Lehrstuhl für Produktionssystematik, Rheinisch-Westfälische Technische Hochschule Aachen, 1979.

# Sachverzeichnis